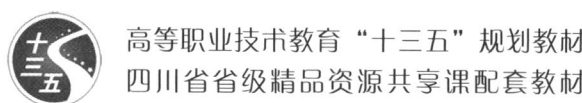

高等职业技术教育"十三五"规划教材

四川省省级精品资源共享课配套教材

工程力学

（第2版）

主　编　○　尹析明　孙作凤
副主编　○　付学敏　赵春玲
主　审　○　穆能伶

西南交通大学出版社
·成　都·

内容简介

本书分为刚体静力学，变形体静力学，运动学和动力学三篇，共计十六章。第一篇分为静力学基础、平面汇交力系与平面力偶系、平面任意力系、摩擦、重心及形心五章；第二篇分为杆件的轴向拉压、联接件的实用计算、圆轴的扭转、梁的弯曲、强度理论及应用、压杆的稳定六章；第三篇分为运动学基础、点的合成运动、刚体的平面运动、动力学基础、动静法五章。每章后有思考题、习题（附答案）、阅读材料。

本书适用于高等职业技术教育院校机械类、机电类以及近机类各专业工程力学课程的教学，也可供有关工程技术人员参考或自学。

图书在版编目（CIP）数据

工程力学／尹析明，孙作凤主编. —2 版. —成都：
西南交通大学出版社，2016.9（2025.1 重印）
高等职业技术教育"十三五"规划教材
ISBN 978-7-5643-4967-7

Ⅰ. ①工… Ⅱ. ①尹… ②孙… Ⅲ. ①工程力学 – 高等职业教育 – 教材 Ⅳ. ①TB12

中国版本图书馆 CIP 数据核字（2016）第 205508 号

高等职业技术教育"十三五"规划教材

| 工程力学 | 主编 | 尹析明 | 责任编辑 | 曾荣兵 |
| （第二版） | | 孙作凤 | 封面设计 | 何东琳设计工作室 |

印张	20	字数	498千	出版 发行	西南交通大学出版社
成品尺寸	185 mm×260 mm			网址	http://www.xnjdcbs.com
版次	2016年9月第2版			地址	四川省成都市二环路北一段111号
					西南交通大学创新大厦21楼
印次	2025年1月第8次			邮政编码	610031
印刷	四川煤田地质制图印务有限责任公司			发行部电话	028-87600564　028-87600533
书号	ISBN 978-7-5643-4967-7			定价	48.00元

课件咨询电话：028-81435775
图书如有印装质量问题　本社负责退换
版权所有　盗版必究　举报电话：028-87600562

第二版序

　　本书作为高等职业教育和省级精品资源共享课的配套教材,加之历经七年的教学实践,表明工程力学的经典内容,在工科机类专业或近机类专业人才的培养,及其在知识的储备上有着不可替代的作用。大千世界,自人类工业革命以来,有了很深远的变化。其中,制造业产品的日新月异,伴随着的无疑是对工程力学知识反复不断的应用。当今层出不穷的高端工业产品,大到如远程火箭、高速列车等,小到如微电子芯片等的加工,无一不涉及工程力学知识。进一步说来,工程力学知识既不深奥,也不玄妙,其实它就在我们身边。可以认为,传统的工程力学知识,是实现人的形象思维向抽象思维转化的集大成者。也正是因为如此,工程力学作为教学用书,给力于学生"学有所用,用有所学",并不只是单一的传授经典本身,而更多的是要让学生学会从实质上认识与实施经典,亦即掌握经典知识所蕴含的多种思维方式和解决问题的方法。基于这一点,推出一本阐述经典的教学用书,就得很讲究在全书整体,以及在每一细节的叙说上,能使解惑者通过有限的时间,获得最有时效,也最灵活的认知,这恰恰就是编写者要编写暨修订好此书的宗旨。

穆能伶
2016 年 5 月

第一版序

长时间以来，工程力学一直都是中外高校众多专业中不可缺少的一门重要课程，它在人才培养的教学任务中担负着基础知识与专业知识的链接作用。在当今的信息社会里，日益要求人们能以先进的手段去使力学与工程达到更完美的结合。工程力学作为传统的经典，将其打造为精品课程，自然顺应了工科机类教育现代化的新要求。成都纺织高等专科学校立足于专业课程"针对性、实用性、先进性"的原则，在课程建设中以多样化手段制作了多媒体网络教学课件，从而使工程力学知识向学生的深入传播得到提升。另一方面，为了适应工科机类专业人才培养的全面优化，成都纺织高等专科学校力学老师以一种坚持经典的学术风范，认真编写了工程力学精品课程的配套教材。本人曾在《力学与实践》(2007年第6期)上撰文讲到"教本教本，教学之本"。可见，教材在教与学的双边活动中不可缺少。同时还指出"对于工科高职高专技能型人才的培养，需要的是一本具有应用真实性和时效性的力学教本。因此更要求教本在知识的编撰上做到图文知识的严谨与规范"。为此纵观全书，作者确实做到或努力做到了"图文知识的严谨与规范"。姑且不论教材体系结构是否完善，以及教材内容应用的可行性，但仅从眼下所提倡的高职高专教育应"贴近实践性教学环节"这一方针看，作者在教材知识的重组上真正突出了学生学习行为的取向，并使之向实践的有效性倾斜。配合精品课程教材应有自身的特色，该书凸显在字里行间的特色就是：

1. 对教材章节结构的设定，做到了符合学生学习的认知规律。如对某一节内容的编写，尽可能更多地依托于工程或身边的实例，对每一新知识点以及围绕这些新知识的原理和方法的给出，基本上都是顺理成章、循序渐进地展开，等等。

2. 对教材词语的表述，做到了符合学生学习的连接理论。如"力F作用线"、"约束力"、"杆AB"等词语一经定义，就不再出现"力F的作用线"、"约束反力"、"AB杆"等类似的说法。

3. 对教材概念的建立，做到了有利学生实现学习的迁移。如很多力学概念的引入，或源于工程或身边的实例，或给出很直观的图文等，如此不一而足。而这些浅显易懂的写法，有利学生实现学习的迁移，也有利学生触类旁通地学习新知识。除此之外，对于力学中的许多专用名词的使用，也都遵守中华人民共和国国家标准和《力学名词》词典所定义的，绝无作者单方自造或教学经验中所约定俗成的口头语。即便对一些频繁使用的介词、连词如"和、与、若、则、因为、所以、不但、而且……"在行文中，一旦用到或需要重复时，都很有讲究。

总之，作者笔下的教材确实真正做到了有利于学生学习工程力学知识，这也就无愧于精品课程在人才培养中的巨大作用。说到底，该教材用于教学，更多的会是学生多种能力，如记忆、理解、分析、对比、辨别、推理、评价、归纳等的强化与放大。

穆能伶
2008 年 10 月

第二版前言

《工程力学》2009年第一版应用于教学已历经七年，在此基础上，编者认真总结课程体系改革与研究之成果，如今又重新编写暨修订该书而推出第二版。

对于新版内容的确立，仍然立足于工程力学的经典知识，但是文字的阐述上却努力向提升学生智力、能力，以及学生对知识的学习行为上倾斜，从而突出教材的实用性和可操作性。为此，本书在第一版的基础上作了如下改动：

1. 适当充实了一些典型的工程实例。做到了使每个章节的知识切入点都由工程实例引入，充分适应学生学习的认知过程，以便循序渐进、由浅入深。

2. 为了最大限度地使学生能在有限的学时内，实现学以致用，即学会用工程力学相关理论分析、解决工程实际中的问题。因此在第二版中，对第一版中的一些重要的理论公式，简化了推导，而更侧重理论结果的工程应用的释述，以降低学生在新知识学习上的认知难度。

3. 局部调整了练习题，增加了一些更能体现工程力学知识与实际关联的习题，部分章节还设有综合应用题，以助学生在学习上获得多种能力培养和训练的机会。

4. 本书采用了双色版印刷，既清晰又醒目，增强了学生对力学的学习兴趣。

5. 对第一版中的错误进行了修订。

参加《工程力学》第二版编写暨修订的人员是：成都纺织高等专科学校赵春玲、尹析明、付学敏、孙作凤、邹云、李文新，重庆工商大学敖文刚，云南能源职业技术学院庄严，甘肃畜牧工程职业技术学院雷文斌。全书由付学敏、赵春玲担任副主编，由尹析明、孙作凤担任主编。本书由成都航空职业技术学院穆能伶教授担任主审，他认真仔细地审阅了本书，并提出了许多宝贵意见，为全书定稿起到了很重要的作用。

由于编者水平有限，书中难免有不妥之处，敬请读者予以批评指正。

编 者
2016年5月

第一版前言

本书是21世纪高等职业技术教育规划教材和2007年度四川省省级精品课程配套教材。全书按照机械类、机电类以及近机类专业工程力学课程教学基本要求，立足加强学生智力、能力的培养，保证了学生对知识学习的深化与提高。在编写本书时，编者注重对传统工程知识的精选和重组，故本书可作为高职高专院校机械类（100～120学时）、机电类和近机类（60～90学时）专业工程力学课程的教学用书。

本书在力学知识的阐述上很讲究对工程概念的建立，突出力学知识与工程实例的贴近和结合，有利于学生获得从工程力学理论到工程实际问题解决的思维和方法的训练。此外，本书在每知识板块后编撰许多灵活多样的思考题、习题及与工程力学知识相关的阅读材料，从而为学生熟练所学力学知识、增加知识趣味性以及拓展力学文化素养开辟了一个很好的学习园地。

参加本书编写的人员有：重庆工商大学敖文刚（第一、二、三章）、成都纺织高等专科学校邹云（第四章）、成都纺织高等专科学校李文新（第五章）、成都纺织高等专科学校孙作凤（第六、七章）、云南能源职业技术学院庄严（第八、九章）、成都纺织高等专科学校尹析明（第十、十一章）、成都纺织高等专科学校付学敏（第十二章）、成都纺织高等专科学校赵春玲（第十三、十四章）、甘肃畜牧工程职业技术学院雷文斌（第十五、十六章）。付学敏和邹云负责本书的习题和绘图工作。

本书由孙作凤、付学敏、邹云、庄严担任副主编，赵春玲、尹析明担任主编，成都航空职业技术学院穆能伶教授担任本书主审，他根据多年来从事工程力学教学的丰富经验，以很严谨的学术态度为全书的编撰提纲挈领，提出了许多具体的建设性意见，并为全书的审定付出了辛勤劳动。在此特向他表示衷心的感谢。

由于编者水平所限，书中难免有不足之处，敬请同行和读者予以批评指正。

编　者

2008年10月

主要符号表

符号	意义	符号	意义
F	荷载，作用力	T	扭矩，动能
F_R	合力	γ	切应变
W	重力	G	切变模量
$M_O(F)$	力矩	τ	切应力
M	力偶矩，弯矩	$[\tau]$	许用切应力
f_s	静摩擦因数	φ	扭转角
f_s'	动摩擦因数	φ'	单位长度扭转角
φ_m	摩擦角	$[\varphi']$	许用单位长度扭转角
$M_z(F)$	力对轴之矩	I_P	截面极惯性矩
x_c, y_c, z_c	重心坐标	W_P	抗扭截面系数
σ	正应力	I_y、I_z	截面惯性矩
$[\sigma]$	许用正应力	W_y、W_z	抗弯截面系数
n	安全系数	λ	柔度
ε	轴向线应变	μ	泊松比，长度因数
ε'	横向线应变	y	挠度
E	材料拉压弹性模量	θ	转角
δ	延伸率	ω	角速度
ρ	曲率半径	α	角加速度
σ_b	拉伸强度极限	v_a	绝对速度
σ_{bc}	压缩强度极限	v_r	相对速度
σ_{cr}	临界应力	v_e	牵连速度
F_{pcr}	临界荷载	n	转速
σ_{bs}	挤压应力	n_{st}	稳定安全系数
$[\sigma_{bc}]$	许用挤压应力	J_z	转动惯量
F_N	轴力	F_g	惯性力
F_Q	剪力	v_C	质心速度
M_e	外力偶矩		

绪 论 ………………………………………………………………………………………… 1

第一篇　刚体静力学

第一章　静力学基础 …………………………………………………………………… 5
第一节　静力学基本概念 ……………………………………………………………… 6
第二节　静力学公理 …………………………………………………………………… 7
第三节　约束和约束力 ………………………………………………………………… 10
第四节　物体的受力分析和受力图 …………………………………………………… 14
思考题 ……………………………………………………………………………………… 17
习　题 ……………………………………………………………………………………… 17

第二章　平面汇交力系与平面力偶系 ……………………………………………… 21
第一节　平面汇交力系的合成与平衡 ………………………………………………… 21
第二节　平面力对点之矩 ……………………………………………………………… 26
第三节　平面力偶系的合成与平衡 …………………………………………………… 27
思考题 ……………………………………………………………………………………… 31
习　题 ……………………………………………………………………………………… 32

第三章　平面任意力系 ………………………………………………………………… 37
第一节　平面任意力系的简化 ………………………………………………………… 37
第二节　平面任意力系平衡方程及应用 ……………………………………………… 43
第三节　物体系统的平衡 ……………………………………………………………… 47
思考题 ……………………………………………………………………………………… 51
习　题 ……………………………………………………………………………………… 52

第四章　摩　擦 ………………………………………………………………………… 57
第一节　滑动摩擦 ……………………………………………………………………… 57
第二节　摩擦角与自锁现象 …………………………………………………………… 59
第三节　考虑有摩擦时物体的平衡问题 ……………………………………………… 61
思考题 ……………………………………………………………………………………… 63
习　题 ……………………………………………………………………………………… 64

第五章　重心及形心 ·· 67
第一节　空间任意力系概述 ·· 67
第二节　重心及形心 ·· 69
思考题 ··· 74
习　题 ··· 75

第二篇　变形体静力学

第六章　杆件的轴向拉伸与压缩 ··· 79
第一节　变形体静力学的基础知识 ·· 79
第二节　轴向拉（压）杆件的轴力及轴力图 ····························· 84
第三节　轴向拉（压）杆件横截面上的应力 ····························· 87
第四节　轴向拉（压）杆件的变形 ·· 90
第五节　材料在拉（压）时的力学性能 ····································· 92
第六节　轴向拉（压）杆件的强度计算 ····································· 97
第七节　应力集中的概念 ·· 101
思考题 ··· 101
习　题 ··· 103

第七章　联接件的实用计算 ·· 107
第一节　剪切和挤压的基本概念 ·· 107
第二节　铆接实用计算 ·· 108
第三节　其他联接件的实用计算 ·· 113
第四节　剪切胡克定律 ·· 116
思考题 ··· 116
习　题 ··· 117

第八章　圆轴的扭转 ·· 120
第一节　扭转圆轴的扭矩及扭矩图 ·· 120
第二节　扭转圆轴横截面上的应力与强度计算 ························ 123
第三节　扭转圆轴的变形与刚度计算 ······································ 129
思考题 ··· 132
习　题 ··· 133

第九章　梁的弯曲 ·· 137
第一节　平面弯曲的概念及梁的简化 ······································ 137
第二节　弯曲梁的剪力与弯矩 ··· 140
第三节　梁的剪力图与弯矩图 ··· 143
第四节　弯曲梁横截面上的正应力 ·· 152
第五节　弯曲梁横截面上的切应力 ·· 159
第六节　弯曲梁的强度计算 ·· 161

第七节 提高梁弯曲强度的主要措施·················166
第八节 弯曲梁的变形与刚度计算·················169
思考题·················176
习 题·················177

第十章 强度理论及应用·················183
第一节 应力状态概述·················184
第二节 强度理论·················191
第三节 组合变形·················193
思考题·················201
习 题·················202

第十一章 压杆的稳定·················207
第一节 压杆的稳定性概念与临界荷载·················207
第二节 临界应力与临界应力总图·················210
第三节 压杆的稳定条件及其应用·················212
第四节 提高压杆稳定性的措施·················214
思考题·················215
习 题·················216

第三篇 运动学和动力学

第十二章 运动学基础·················221
第一节 自然法·················221
第二节 直角坐标法·················227
第三节 刚体的基本运动·················231
第四节 定轴转动刚体上各点的速度和加速度·················235
思考题·················237
习 题·················238

第十三章 点的合成运动·················242
第一节 点的合成运动的概念·················242
第二节 点的合成运动的速度合成定理·················244
思考题·················248
习 题·················250

第十四章 刚体的平面运动·················252
第一节 刚体平面运动的概念及其运动分解·················252
第二节 基点法·················254
第三节 速度瞬心法·················256
思考题·················261
习 题·················262

第十五章 动力学基础 ... 265
第一节 质点运动微分方程 ... 265
第二节 刚体绕定轴转动微分方程与转动惯量 ... 268
第三节 力的功 ... 274
第四节 动能定理 ... 276
思考题 ... 282
习 题 ... 283

第十六单 动静法 ... 287
第一节 惯性力与达朗贝尔原理 ... 287
第二节 刚体惯性力系的简化 ... 289
思考题 ... 294
习 题 ... 294

附录 A 常见截面几何性质 ... 297

附录 B 型 钢 表 ... 299

参考文献 ... 306

绪 论

一、工程力学的主要内容

"工程力学"是一门研究物体机械运动规律和构件承载能力的科学。所谓机械运动规律，是指物体在空间的位置随时间而变化的规律；而构件承载能力，是指构件在外荷载作用下具有能正常工作而不失效或破坏的能力。对于工程类专业，与其相关的是投入工业生产的大量的机器、设备等结构物在机械运动中的安全工作。因此，"工程力学"必然以结构物及其组成构件为研究对象，研究它们在受到外荷载作用时所具有的平衡、运动、变形、失效等各个方面的基本规律，从而得出相关的计算方法、合理的设计，再按一定的技术规则进行制造，然后实现有目的的工程应用。也就是说，工程力学实际面对的是工程，最终服务的也是工程。

工程力学的内容主要分为三篇，包括刚体静力学、变形体静力学、运动学和动力学。

第一篇**刚体静力学**，主要是研究物体在力系作用下平衡的规律，而平衡是物体机械运动的一种特殊情形。物体要平衡，作用在物体上的力需满足一定的条件。刚体静力学所研究的，实际上就是建立平衡所需满足的条件。这时我们所取的力学模型就是把物体视为**刚体**。因此，研究刚体所作用的力的平衡的科学，称为刚体静力学。

第二篇**变形体静力学**，变形体静力学中的力学模型是**变形体**。变形体静力学，主要是研究构件的强度、刚度和稳定性，为构件选取合理的截面形状、尺寸以及适当的材料提供理论基础。

第三篇**运动学和动力学**，如果作用在物体上的力系不平衡，物体的运动状态将发生改变。物体的运动规律不仅与物体的受力情况有关，而且与物体本身的惯性和原来的运动状态有关。这一篇所研究的运动学是从几何的观点来研究描述物体空间位置随时间的变化规律。工程上有大量的结构物作机械运动，如电机转子的回转运动、压缩机活塞的往复直线运动以及其他更复杂的机械运动等。对于每种机械运动的设计，如机床的运行，必须设计一套适当的传动机构，才能使电动机带动主轴和刀架共同运转而实现对工件的加工。可见，研究机械运动规律时，运动学理论不可或缺。至于这一篇所研究的动力学，即要对物体的机械运动进行全面的分析，研究物体的运动与作用于物体的力之间的关系，从而建立物体机械运动的普通规律。动力学的形成与工业生产的发展密切相关，特别是现代科学技术与制造业迅速发展的今天，动力学更侧重于工程技术的应用，如高度自动化机械的动力计算、航空航天飞行器上新型材料高速高温气流下的应用力学问题以及制造业中机械的动态性质,这些都要用到动力学理论。

二、工程力学的研究模型

自然界与各种工程中涉及机械运动的构件往往是很复杂的,在外力作用下构件的变形和破坏形式也是各不相同的,这就要求我们在分析研究其机械运动时,必须抓其主要因素,忽略一些次要因素的影响,对构件进行合理的简化,从而抽象出比较合乎实际的力学模型。

当所研究的构件运动范围远远超过其本身的几何尺寸时,构件的形状和大小对运动的影响很小,这时可将其抽象为只有质量而无体积的"**质点**",由若干相互之间有一定联系的质点组成的系统,称为"**质点系**"。刚体可视为永不变形的质点系。

实际构件在力的作用下或多或少地都会发生变形,但是,对于受力后变形很小,或者虽有变形但不影响整体的平衡或运动规律的构件,变形只是次要因素,可忽略不计,将其简化为"**刚体**"。但要研究构件的力与变形之间的规律时,不管变形多小,不能再将其简化为刚体,必须将其简化为"**可变形固体**"。在本书中,第一篇和第三篇讨论构件机械运动的一般规律,研究模型为刚体或刚体系统(当不考虑尺寸时视作质点),第二篇讨论构件的强度、刚度和稳定性问题,研究模型为可变形固体。

三、工程力学的研究方法

工程力学研究方法遵循认识论的基本法则:实践—理论—实践。从观察、实践出发,经过抽象、概括、综合、归纳、建立公理,再应用数学演绎和逻辑推理的方法得到定理和结论,形成理论体系,然后再回到实践中去解决实践问题并验证理论的正确性。同时力学与数学在发展中始终相互推动、相互促进,一种力学理论往往和相应的一个数学分支相伴产生,如运动基本定律和微积分、运动方程的求解和常微分方程等。

工程力学的理论概念性较强,分析方法典型,解题思路清晰。在学习时要注意以下几点:

(1)要深刻理解力学的基本概念,因为基本概念是一切理论推导和演绎分析的基础。

(2)要结合例证,深入掌握并灵活应用力学的定理、定律和计算方法,逐步培养解决工程实际中力学问题的能力。

(3)注意领悟理论之间的逻辑关系,培养严谨求实的科学作风,锻炼应用理论知识分析问题和解决问题的能力。

(4)数学是研究力学不可缺少的工具,在学习中要做到数学推理严谨,数值计算准确。

第一篇

刚体静力学

静力学基础

平面汇交力系与平面力偶系

平面任意力系

摩　擦

重心及形心

本篇的研究对象是*刚体和刚体系统*，主要研究刚体受力作用时的平衡规律。具体讨论以下几个问题：

1. 物体的受力分析

即研究物体受到哪些力的作用，弄清每个力的大小、方向和作用点。

2. 力系的等效和简化

力系是作用在物体上的一群力。将物体所受的复杂力系加以简化，或称为力系的合成，是力系平衡条件建立的基础。

3. 力系的平衡条件

作用在物体上的力系必须满足某些条件，物体才会处于平衡状态，这些条件称为力系的平衡条件。

刚体静力学是工程力学的基础部分，在实际工程中有着广泛的应用。它所研究的内容，对于研究后续内容，如对于研究物体的运动和变形都有着十分重要的意义。

第一章 静力学基础

【问题导入】

刚体静力学是一门研究物体在力系作用下的平衡规律的学科,是工程力学的基础部分,也为后续变形体静力学、运动学和动力学的学习垫定基础。静力学基础部分研究刚体及刚体系统受力图的画法。如图1.1所示为鄂式破碎机机构,如果给定矿石施加给颚板的作用力 F,试设计电机作用在偏心轴上的力矩。我们应该如何进行设计呢?设计过程的第一步就是破碎机机构各个构件的受力分析。我们通过后续课程的学习还将知道受力分析不但是外力分析和计算的基础,还是强度、刚度和稳定性计算的基础。

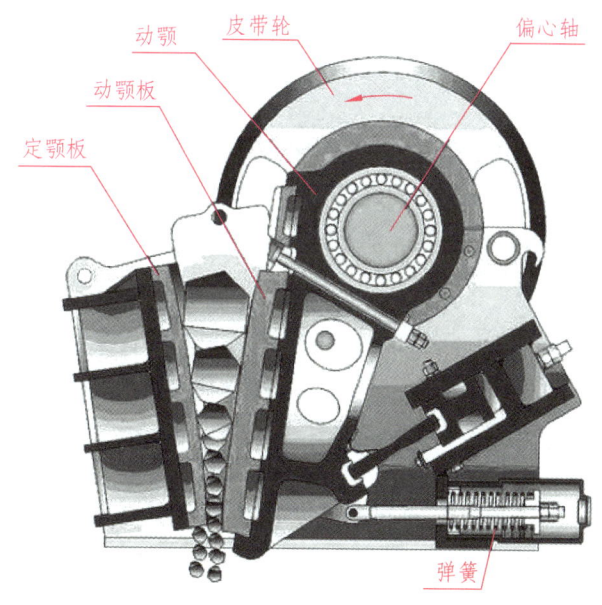

图 1.1

第一节　静力学基本概念

一、力

力是物体间相互的机械作用，这种作用使物体的机械运动状态发生变化。物体间的机械作用，大致可分成两类：一类是物体相互接触的作用，如人在推车时的推力、地面对人的支持力等；另一类是"场"对物体的作用，如电场对电荷的引力、地球重力场对物体的引力等。尽管物体间相互作用力的来源和性质不同，但我们只需要研究不同力对物体所产生的共同效果。力对物体产生的效果一般有两方面：一是使物体的运动状态发生变化，即运动效应（外效应）；二是使物体形状发生变化，即变形效应（内效应）。一般来说，这两种效应是同时存在的。但是，为了使分析的问题简化，通常将外效应和内效应分开来研究。刚体静力学部分主要研究物体的外效应。

力对物体的作用效果取决于三个要素：力的大小、方向和作用点。力的方向包含方位和指向两层含义。例如，重力的方向为"竖直向下"，其中"竖直"是方位，"向下"是指向。人们通常用矢量来描述力的三要素，如图 1.2 中的矢量 F，用有向线段 AB 的长度表示力的大小，箭头的指向表示力的方向，箭头的起端 A 或终端 B 表示力的作用点。力的单位是牛顿（N）或千牛顿（kN）。这里规定用黑体字母 F 表示力的矢量，而普通字母 F 表示力的大小。

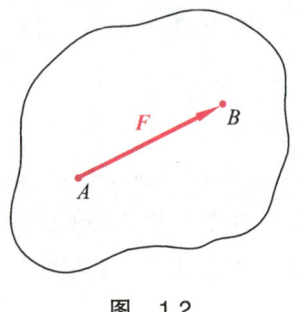

图　1.2

二、力　系

同时作用在物体上的一组力称为力系。根据力作用线在空间分布的不同形式，力系可分为汇交力系、平行力系和一般力系。按照各力作用线是否位于同一平面内，上述三种力系各自又可分为平面力系和空间力系两类，如平面汇交力系、空间一般力系等。

三、刚　体

在力的作用下永远不变形的物体称为刚体。刚体在实际工程中并不存在，仅仅是为了分析问题方便而建立起的理论模型。应指出，并不是变形很微小就是刚体，变形较大就是变形体。研究模型被视作刚体还是变形体应视分析的具体问题而定，当研究的问题涉及物体的受力和平衡时应视作刚体，当研究的问题涉及强度、刚度或稳定性问题的讨论时则应视作变形体。

四、平　衡

所谓平衡，是指物体相对于惯性参考系（通常指地球）处于静止或匀速直线运动的状态。

平衡是机械运动的特殊形式。作用在刚体上使刚体处于平衡状态的力系即为<u>平衡力系</u>，平衡力系应满足的条件称为<u>平衡条件</u>。刚体静力学研究的是刚体的平衡规律，即作用在刚体上力系的平衡条件。

五、分布力与集中力

力的作用点是物体间机械位置作用的抽象化。一般来说，物体间相互接触时，力总是分布作用在一定的面积上。如果力作用的面积较大，这种力称为<u>分布力</u>。如果力作用的面积较小可忽略时，可认为力集中作用在一个点，这种力称为<u>集中力</u>。集中力并不存在，是分布力在特殊情形下的理想化模型。图 1.3（a）所示汽车通过轮胎施加给混凝土桥面的压力可视作集中力，图 1.3（b）所示混凝土桥面施加给桥梁的压力可视作沿着梁长度的分布力，在一般情况下可视作均布荷载，用 q 表示，单位为牛/米或千牛/米。

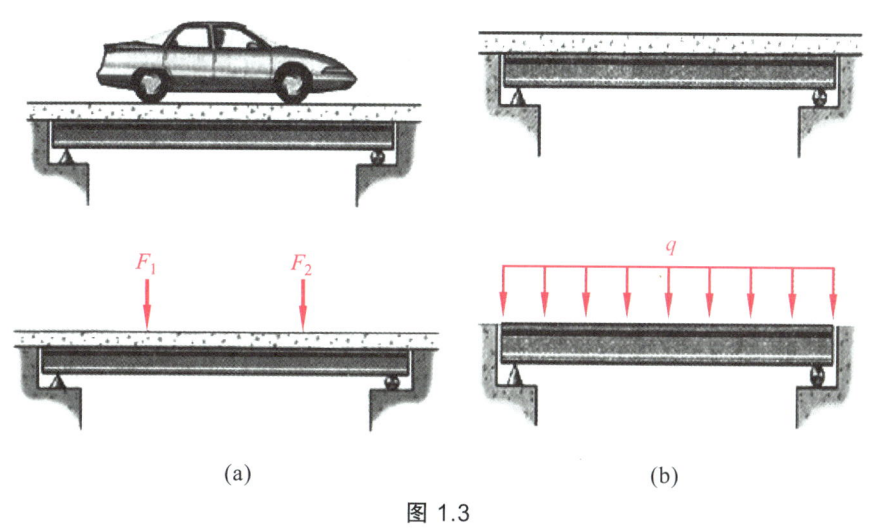

图 1.3

第二节 静力学公理

公理是人们在日常生活和生产实践中，经过长期积累的经验总结和实践反复检验，被确认是符合客观实际的最一般的规律。

公理一　力的平行四边形法则

作用在物体上同一点的两个力可以合成为一个合力，合力也作用于该点，合力的大小和方向由这两个力为邻边所构成的平行四边形的对角线确定。

如图 1.4 所示，图中 F_R 表示合力，F_1、F_2 表示作用于物体上点 A 的两个力即分力。力的平行四边形法则指出，两个力合成求的是矢量的几何和，即合力 F_R 的矢量等式为

$$F_R = F_1 + F_2 \tag{1.1}$$

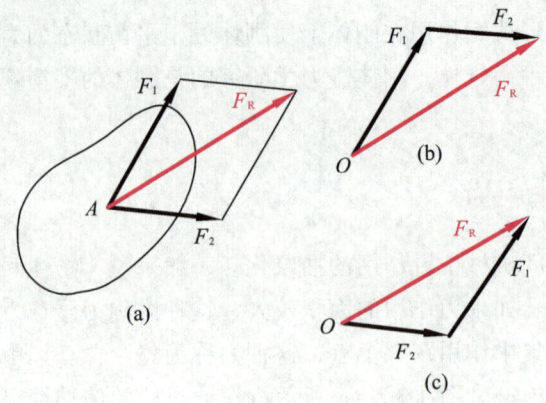

图 1.4

矢量的几何作图如图 1.4（a）所示。有时，也可由任意一点 O 起，只画出平行四边形的一半，即一个力三角形。如图 1.4（b）所示，力三角形的两个边为分力矢量 F_1 和 F_2，从 F_1 的起点开始到 F_2 的终点，首尾相连，最后画的第三边 F_R 代表合力矢量。当然也可以先从 F_2 起再到 F_1，最后画第三边 F_R，如图 1.4（c）所示。

公理二　二力平衡条件

仅受两个力作用的刚体，其平衡的充分必要条件是：这两个力大小相等、方向相反，且作用在同一直线上。满足二力平衡条件的刚体称为**二力体**或二力构件，二力构件可以为任何形状。

如图 1.5 所示，根据二力平衡条件，得

$$F_1 = -F_2 \tag{1.2}$$

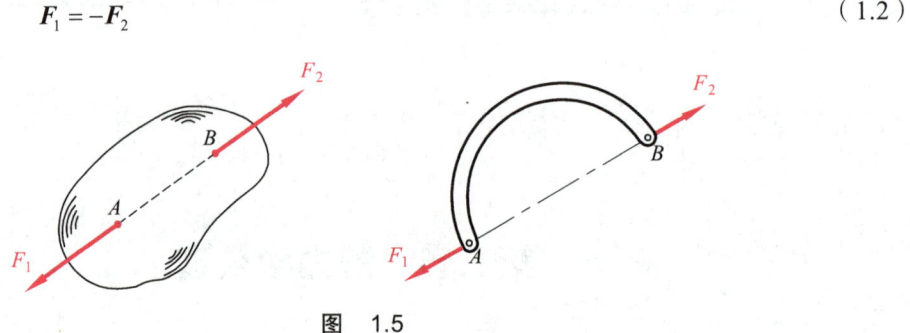

图 1.5

公理三　加减平衡力系原理

在作用于刚体的力系中加上或减去任意的平衡力系，并不会改变原力系对刚体的作用效应。

根据上述公理可以导出下列推论：

推论一　力的可传性原理

作用于刚体上某点的力，可沿其作用线移至刚体上任意一点，而并不改变力对刚体的作用效应。

证明：力 F 作用在点 A，如图 1.6（a）所示。根据加减平衡力系原理，可在力的作用线

上任取一点 B，并加上两个相互平衡的力 F_1 和 F_2，使 $F = F_2 = -F_1$，如图 1.6（b）所示。由于 F 和 F_1 也是一个平衡力系，故可除去，这样只剩下一个力 F_2，即原来的力 F 沿其作用线移到了点 B，如图 1.6（c）所示。

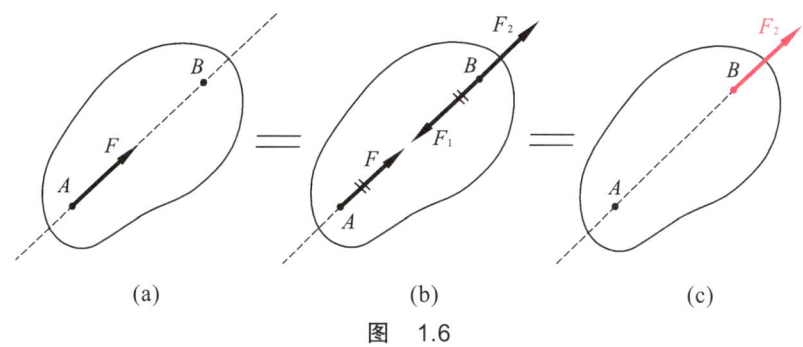

图 1.6

由此可见，对于刚体来说，力的作用点不是决定力作用效应的要素，它被作用线所代替。于是作用于刚体上的力的三要素是：力的大小、方向和作用线。由于作用在刚体上的力可以沿着作用线移动，这种矢量为滑移矢量。

推论二　三力平衡汇交定理

刚体上作用的三个力构成了平衡力系，若其中两个力的作用线汇交于一点，则此三个力必在同一平面内，且第三个力的作用线通过汇交点。

证明：如图 1.7 所示，在刚体的 A、B、C 三点上分别作用三个相互平衡的力 F_1、F_2、F_3。根据力的可传性，将力 F_1 和 F_2 移到汇交点 O，然后由力的平行四边形法则得合力 F_{12}，则力 F_3 与 F_{12} 平衡。由于两个力平衡必须共线，所以力 F_3 必定与力 F_1 和 F_2 共面，且通过力 F_1 与 F_2 的交点 O。

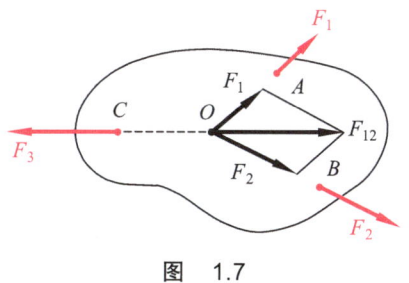

图 1.7

公理四　作用与反作用定律

作用力与反作用力同时产生，两个力大小相等、方向相反，且沿同一直线并分别作用在两个物体上。

如图 1.8（a）所示，物体在重力 W 和地面支持力 F_N 的作用下处于平衡状态，如图 1.8（b）所示，其中地面对物体的支持力 F_N 与物体对地面的压力 F'_N［见图 1.8（c）］就是一对作用力与反作用力，有 $F_N = F'_N$。

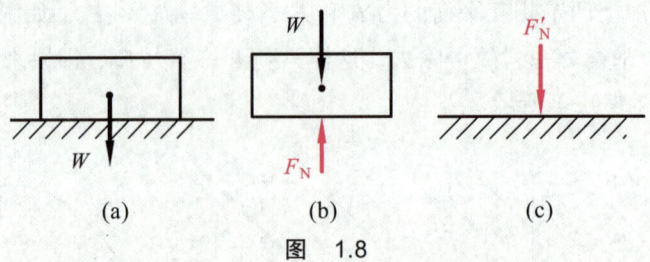

图 1.8

第三节 约束和约束力

一、约束和约束力的概念

在空间的位移不受任何限制的物体称为**自由体**，如空中飞行的飞机、飞船等。在空间的位移受到限制的物体称为**非自由体**，如：火车受铁轨的限制，只能沿轨道行驶；人受到地面的限制，只能在地面运动；重物被钢索吊起，不能下落等。对非自由体的某些位移起限制作用的周围物体称为**约束**，如铁轨对火车、地面对人、钢索对重物等起限制作用的这些物体都是约束。

约束对物体的作用称为**约束力**。约束力的方向与该约束所能限制物体的位移方向相反。非自由体的受力一般分为两类：主动力和约束力。**主动力**一般是一些已知力或通过简单的计算可以得到的力，而约束力大小通常是未知的。在静力学问题中，主动力和约束力组成平衡力系，因此可用平衡条件求出未知的约束力。进行受力分析的时候，判定约束力的方向是一难点。我们通常将工程中常见的约束理想化，归纳为几种基本类型，并根据约束的特性分别说明其约束力。掌握约束力要从对力的三要素的分析入手。**约束力的作用点**在约束与研究对象的接触处，它的**方向**与约束所能限制的运动方向相反，至于它的**大小**，由于受力分析仅仅**是定性分析，不涉及定量的计算，所以其大小暂时不予考虑。**

二、几种常见的约束

1. 柔索约束

缆绳、链条、皮带等统称为**柔索**。柔索约束的特点是，柔软易变形，不能抵抗弯曲，只能受拉，不能受压，因此所产生的约束力沿柔索方向，且只能为**拉力**（见图1.9）。因此，**柔索对物体的约束力过连接点或接触点，方向沿柔索并背离物体，通常用符号 F_T 表示**。应指出，若柔体包络了轮子一部分，如图1.9（b）所示的链传动或带传动等，应把包络在轮上的柔体看成是轮子的一部分，从柔体与轮子的切点处解除柔体。

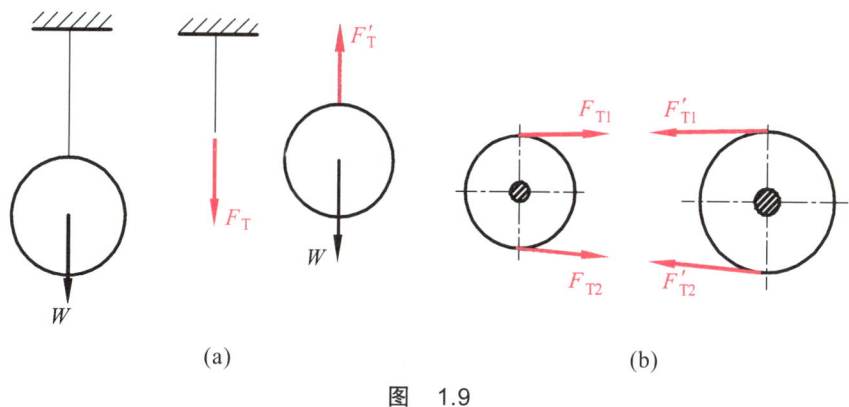

图 1.9

2. 光滑接触面约束

例如，支持物体的固定面 [见图 1.10（a）、（b）]、啮合齿轮的齿面 [见图 1.10（c）]、机床中的导轨等，当不考虑物体与接触面之间的摩擦时，都属于光滑接触面约束。

这类约束不能限制物体沿约束表面切线的位移，只能限制物体沿接触表面法线并进入被约束物体内部的位移。因此，光滑接触面对物体的约束力的特点是过物体的接触点，方向沿接触面的公法线，并指向被约束的物体。这种约束力又称为法向约束力，通常用符号 F_N 表示，如图 1.10 中的约束力 F_{NA}、F_{NB}、F_{NC} 等。

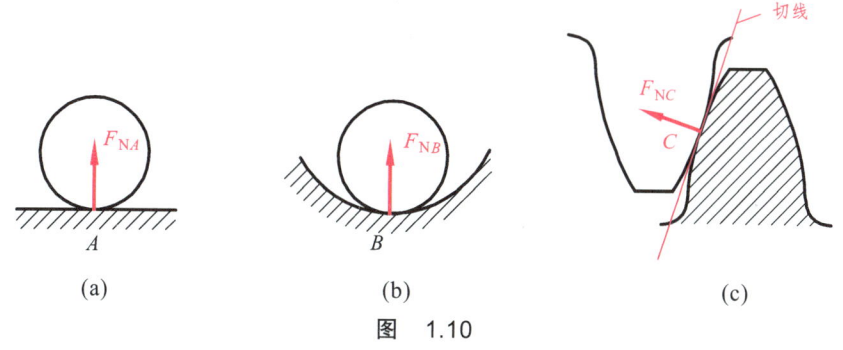

图 1.10

3. 光滑圆柱铰链约束

如图 1.11（a）所示，一个圆柱形销钉插入两个物体的圆孔中，在不考虑摩擦时，即构成光滑圆柱铰链约束。工程上常见的圆柱销钉连接、向心轴承等都属于这类约束。连接铰链的两物体互为对方的约束，这种约束只能限制被约束物体在垂直于销钉轴平面内的相对移动，不能限制被约束物体绕销钉轴的转动。这种约束的约束力过接触点并沿接触面法线方向，即过圆孔中心。由于接触点的位置随外荷载的方向而改变，所以约束力的方向无法预先确定，这种约束力通常用正交二分力 F_x 和 F_y [见图 1.11（b）] 表示，其指向可任意设定。

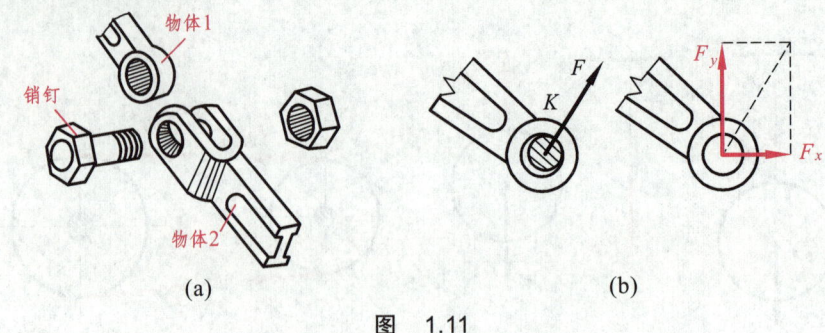

(a)   (b)

图 1.11

光滑圆柱铰链与支座连接后构成以下几种铰链支座形式：

（1）中间圆柱铰链。

如图 1.11 所示，光滑圆柱铰链约束连接的是两个构件，即称为中间圆柱铰链。中间圆柱铰链对构件的约束力无法预先判定，故用两个正交分量 F_x、F_y 表示，如图 1.11（b）所示，其指向可预先假定。另外，在一般情况下，中间圆柱铰链连接的是两个构件，此时可将圆柱铰链的销钉固结在一个构件上，至于固结在哪一个构件上在受力分析时不必指出。但是当中间圆柱铰链连接的构件超过了两个构成复合铰链或销钉上作用有其他外力时，必须指出销钉是进行单独分析还是固结在某一个或某几个构件上进行分析，其具体处理方法应视具体情况而定。在实际工程中，通常对销钉单独进行受力分析。

（2）固定铰链支座。

如图 1.12（a）所示，光滑圆柱铰链约束所要连接的物体通过支座与地、墙、柱、架等支承物连接在一起，即称为固定铰链支座，其简图如图 1.12（b）所示。固定铰链支座对物体的约束力与圆柱铰链的一样是方向无法预先确定的，故用正交二分力 F_{Ax} 和 F_{Ay} 表示［见图 1.12（c）］，其指向可任意设定。

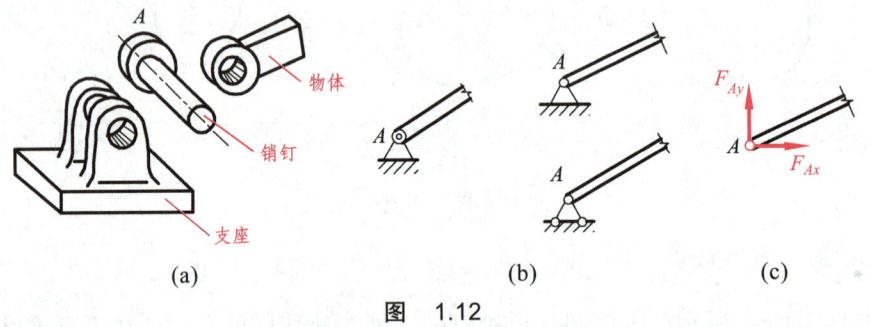

(a)   (b)   (c)

图 1.12

（3）滚动铰链支座。

如图 1.13（a）所示，工程结构中为了减少因温度变化而引起的约束力，通常在固定铰链支座的底部安装一排辊轮或辊轴，可使支座沿光滑支承面自由滚动，因此称其为滚动铰链支座。这种支座允许构件的一端沿支承面自由移动，常用于桥梁、屋架或天车等结构中。滚动铰链支座对物体的约束力通过铰链中心，方向垂直于支承面公法线，如图 1.13（b）、（c）所示，通常用 F_N 表示，其指向可预先假定。

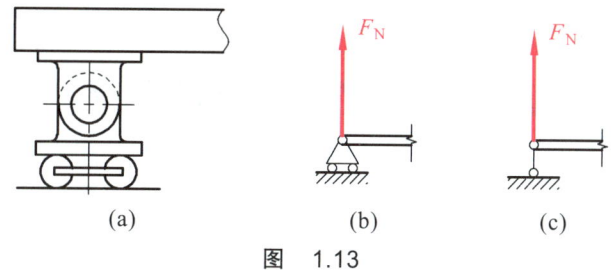

图 1.13

（4）带有滑槽的圆柱铰链约束。

如图 1.14（a）所示，这种通过销钉和滑槽将两个构件连接在一起的约束称为带有滑槽的圆柱铰链约束。这种约束仅仅阻碍构件 BC 沿着与 AD 直槽垂直方向的位移。因此这种类型的约束力通过销钉，方向垂直于滑槽，指向可预先假定，如图 1.14（b）所示。

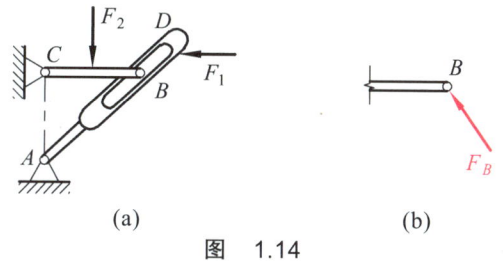

图 1.14

4．二力杆

不计自重且只有两端受力而平衡的物体或杆件，称为**二力体**或**二力杆**。如图 1.15（a）所示三角架中的斜杆 CD，根据经验判断，CD 两端承受压力，如图 1.15（b）所示。由于二力杆只在两端受力作用而平衡，因此作用于杆件两端力的方向总是沿着两受力端点的连线，指向可任意假设。二力杆件不一定是直杆，也可以是曲杆。

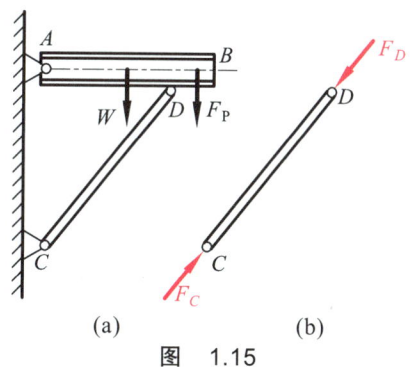

图 1.15

前面所涉及的各种约束可归为平面约束。实际在工程中，各种空间约束更为常见，如光滑球形圆柱铰链，这种约束形成后阻碍构件向任何方向的位移，但转动自由，因此约束力用通过铰链中心的三个正交分量 F_x、F_y、F_z 表示，指向可预先假设。常见的空间约束还有径向轴承、止推轴承、空间固定端等等，此处不作展开分析。本书对各种空间约束均不作讨论。

第四节　物体的受力分析和受力图

在实际工程中，为了求出未知的约束力，需要根据已知主动力，应用约束力和主动力之间的平衡条件求解。为此，首先要确定构件受了几个力、每个力的作用位置和力的作用方向，这种分析过程即称为物体的受力分析。

为了清楚地表示物体的受力情况，就需要将研究对象从周围的物体中分离出来，单独画出它的简图，这一过程即为取分离体；然后在分离体上画出它所受的全部主动力和约束力，由此所得到的表示物体受力情况的简明图形，即称为受力图。画物体的受力图是解决静力学问题的第一步，也是关键的一步。

画受力图的具体步骤如下：

（1）按题意选定合适的研究对象，取分离体。

（2）画出作用在分离体上的主动力。

（3）在分离体的所有约束处，根据约束的性质画出相应的约束力。

如果画受力图所取分离体是由若干个物体组成的系统，那么系统外物体作用于系统的力称为外力，而系统内物体间的相互作用力称为内力。由于内力总是成对出现的，对平衡并无影响，因此对物体系统而言，约定只画外力不画内力。但画物体系统内每个物体的受力图时，一定要注意每两个物体间的相互作用力总是反向的。

【例 1.1】　图 1.16（a）为一起重设备简图，其中梁 AB 一端为铰链，另一端通过柔索固连在墙上，现起吊重物在点 D 处，其重力为 W，不计梁 AB 的自重。试画出梁 AB 的受力图。

【解】　取梁 AB 为研究对象，因不计梁 AB 的自重，故此梁只有三处受约束力作用。点 A 处为固定铰链约束，其约束力为正交二分力 F_{Ax} 和 F_{Ay}。点 B 处为柔索约束，约束力为拉力 F_T，背离梁指向。点 D 处也为柔索约束，约束力为拉力 T，背离梁指向，且 $T=W$。最后画出梁 AB 的受力图如图 1.16（b）所示。

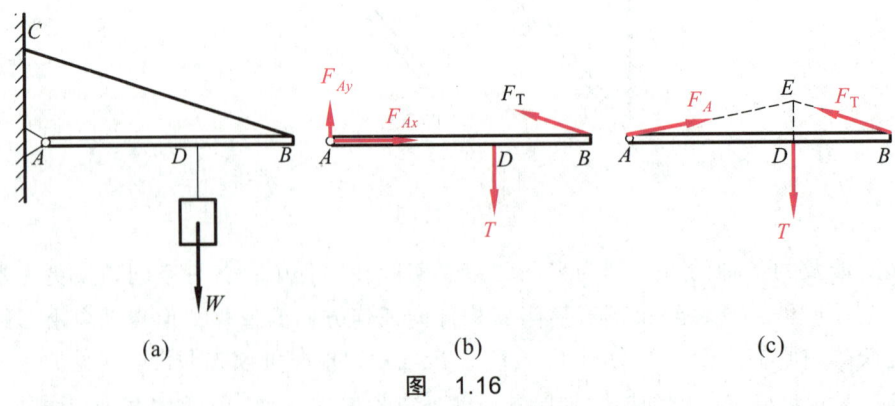

图 1.16

另外，由于梁 AB 在点 A、B、D 三处受力而平衡，因而可运用三力平衡汇交定理确定点

A 处约束力的作用线。约束力 T 和 F_T 方向均为已知,其作用线汇交于点 E,故点 A 处的约束力 F_A 必通过汇交点 E,如图 1.16(c)所示,于是即得出约束力 F_A 的作用线,指向可假定。

【**例 1.2**】 试画出图 1.17(a)所示三铰结构中各杆件的受力图。不计各杆件重力,同时视所有约束为光滑接触。

【**解**】 中间圆柱铰链的销钉上作用有集中力 F,此时有必要说明销钉的具体处理方法。可采用下列两种画法:

方法一,将中间铰链 B 固连在杆 AB 上。设杆 BC 为受拉力 F_C 和 F_{B2} 作用的二力杆。杆 AB 在铰 B 处作用有主动力 F、拉力 F_{B2} 的反作用力 F'_{B2},画出 F 和 F'_{B2}。最后由三力平衡汇交定理,即可确定三铰结构固定铰链支座 A 的约束力,所画受力如图 1.17(b)所示。

方法二,将中间铰链 B 从三铰结构中单独取出。杆 AB、BC 都是二力杆。画出铰 B 的主动力 F,然后再画出杆 AB、BC 对铰 B 的反作用力 F'_{B1}、F'_{B2},最后得出所画受力图,如图 1.17(c)所示。

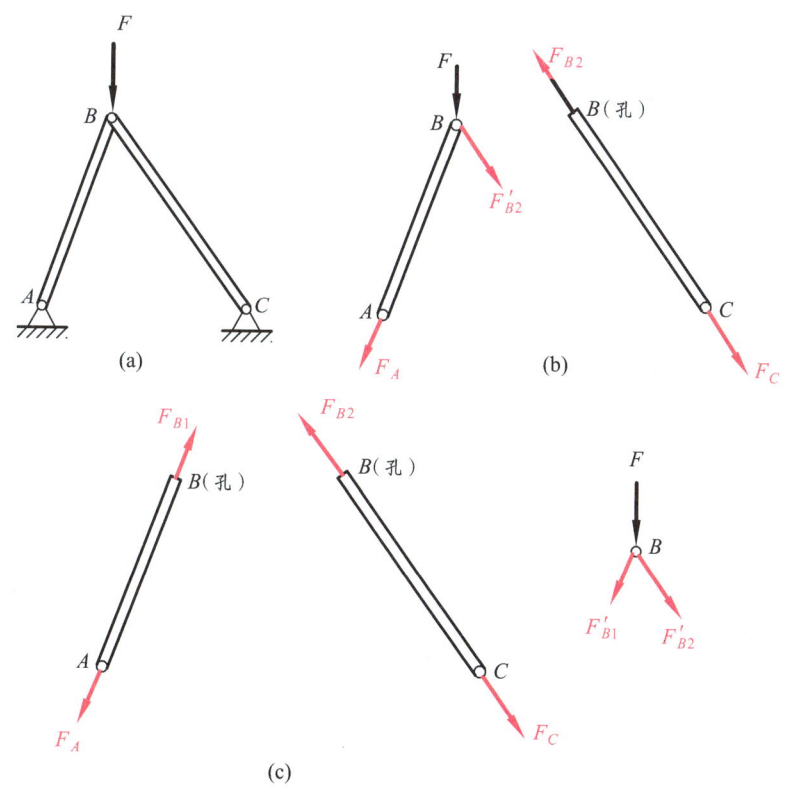

图 1.17

还可将销钉 B 固结在杆 BC 上,此处不作分析。通过此例可知,当圆柱铰链只连接两个构件,但铰链上还作用有其他集中力;或者当圆柱铰链连接的构件超过两个构成复合铰链时在受力分析时必须说明该铰链的具体分析方法。

【**例 1.3**】 图 1.18(a)所示的三铰拱桥由左、右两拱通过三个铰链连接而成,两拱的自重不计。已知左拱 AC 上作用有荷载 F_P,试画出左拱 AC、右拱 BC 和三铰拱桥整体的受力图。

16　第一篇　刚体静力学

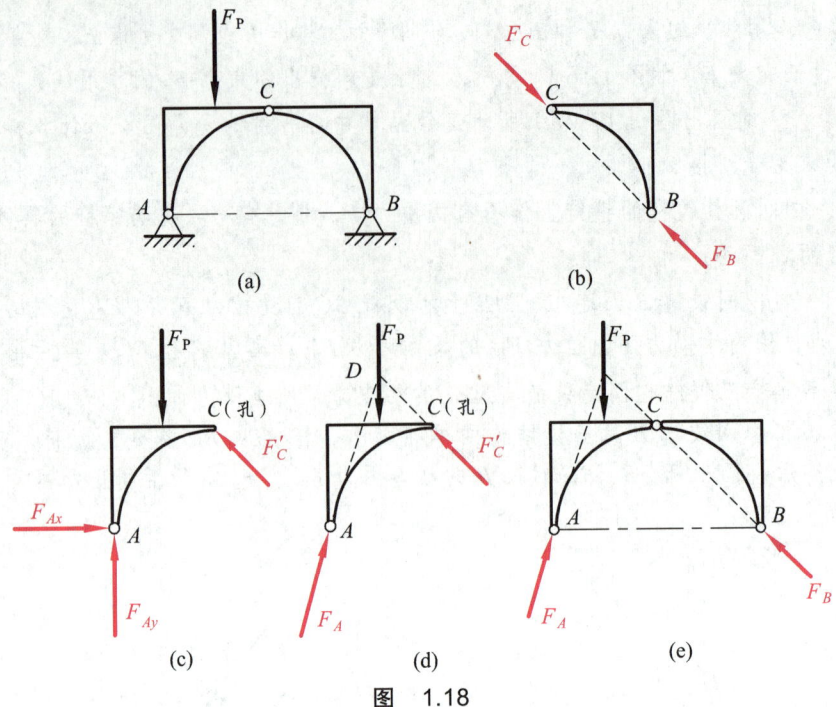

图 1.18

【解】（1）取右拱 BC 为研究对象并取分离体。因右拱 BC 自重不计且右拱只有 B、C 两处为铰链约束，故为二力构件。由经验判断，在铰链 B、C 处受到沿 BC 连线的压力 F_B、F_C 作用，且 $F_B = -F_C$，受力图如图 1.18（b）所示。

（2）取左拱 AC 为研究对象并取分离体。左拱 AC 自重不计，作用于左拱的主动力为荷载 F_P。左拱 AC 在铰链 C 处受到右拱 BC 的约束力 F'_C 作用，由作用力和反作用力定律可知：$F'_C = F_C$。左拱 AC 的 A 端为固定铰链支座，其约束力为正交的分力 F_{Ax} 和 F_{Ay}，受力图如图 1.18（c）所示。再作进一步分析可知，左拱 AC 在三力作用下平衡，荷载 F_P 和约束力 F'_C 作用线交于点 D，由三力平衡汇交定理知，固定铰链支座 A 的约束力 F_A 作用线必通过点 D，受力图如图 1.18（d）所示。

对左拱 AC 而言，采用图 1.18（c）和图 1.18（d）两种受力图的画法均可。为了便于分析计算，当中间铰或固定铰支座约束的是三力构件时，不必用三力平衡汇交定理来确定未知约束力的作用线，而采用两个正交分量来表示对下一步的求解更有利。

（3）取三铰拱桥整体为研究对象并取分离体。所受主动力为荷载 F_P，根据以上分析结果，画出固定铰链支座 A、B 处的约束力 F_A、F_B，受力图如图 1.18（e）所示。

画受力分析图时要注意以下几点：
（1）受力分析图要画在**分离体**上。
（2）**要根据约束的本身性质和特点画约束力的方向**。
（3）**受力图上只画外力**，不画内力。
（4）对物系进行受力分析的时候，**整体和局部要协调一致**。
（5）画完受力图要检查，**不能多画或少画力**，力的作用点应正确，不能将原有力进行分解或合成。
（6）要注意应用**二力平衡条件、三力平衡汇交定理以及作用力与反作用力定律**。

思考题

1.1 在任何外力的作用下,大小和形状都保持不变的物体称为_____。
1.2 在任意一力系中加上或减去一个_____,不会影响原力系对刚体的作用效应。
1.3 静力学中将阻碍物体运动的其他物体称为_____。
1.4 二力平衡条件和加减平衡力系原理能否用于变形体?为什么?
1.5 确定约束力方向的基本原则是什么?
1.6 求二力合力的等式 $F = F_1 + F_2$ 与 $F = F_1 + F_2$ 的区别何在?
1.7 对于图 1.19 所示三铰拱架上的作用力 F,可否依据力的可传性原理把它移到 D 点?为什么?
1.8 二力平衡条件与作用和反作用定律都是说二力等值、反向、共线,二者有什么区别?
1.9 只受两个力作用的构件称为二力构件,这种说法对吗?二力构件形状对其受力分析有影响吗?
1.10 如图 1.20 所示的两个结构在右端 B 作用有同样的集中力 F,试问在这时各个构件的受力是相同的吗?为什么?

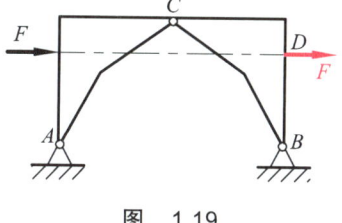

图 1.19

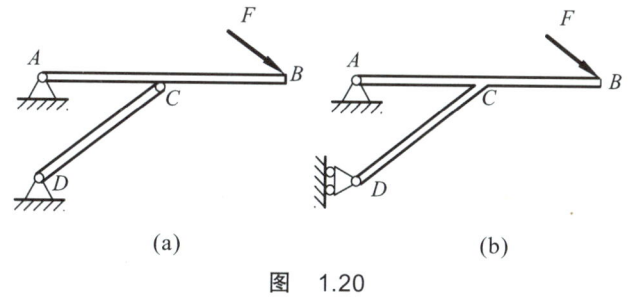

图 1.20

习 题

1.1 请指出图 1.21 所示构件受力图中的哪些力属于二力平衡力,哪些力属于作用力与反作用力。

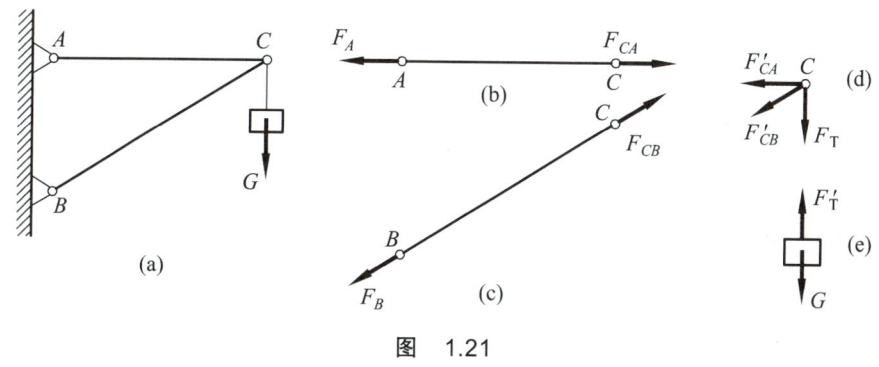

图 1.21

1.2 在图 1.22 所示的各构件中，试指出哪些构件是二力杆。结构中杆的自重均不计。

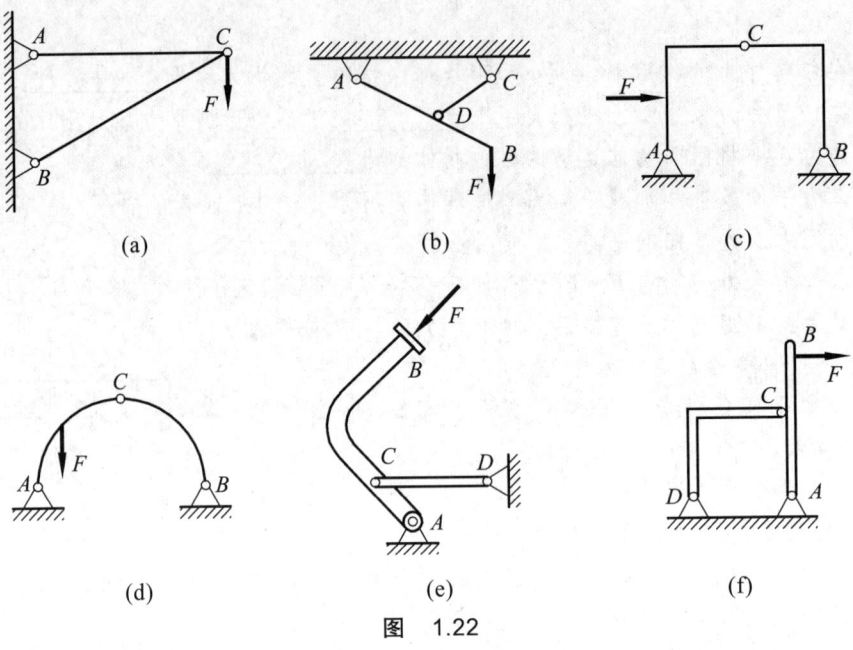

图 1.22

1.3 画出图 1.23 所示的球体以及杆件的受力图。假设受力物体间的各接触面均为光滑面。

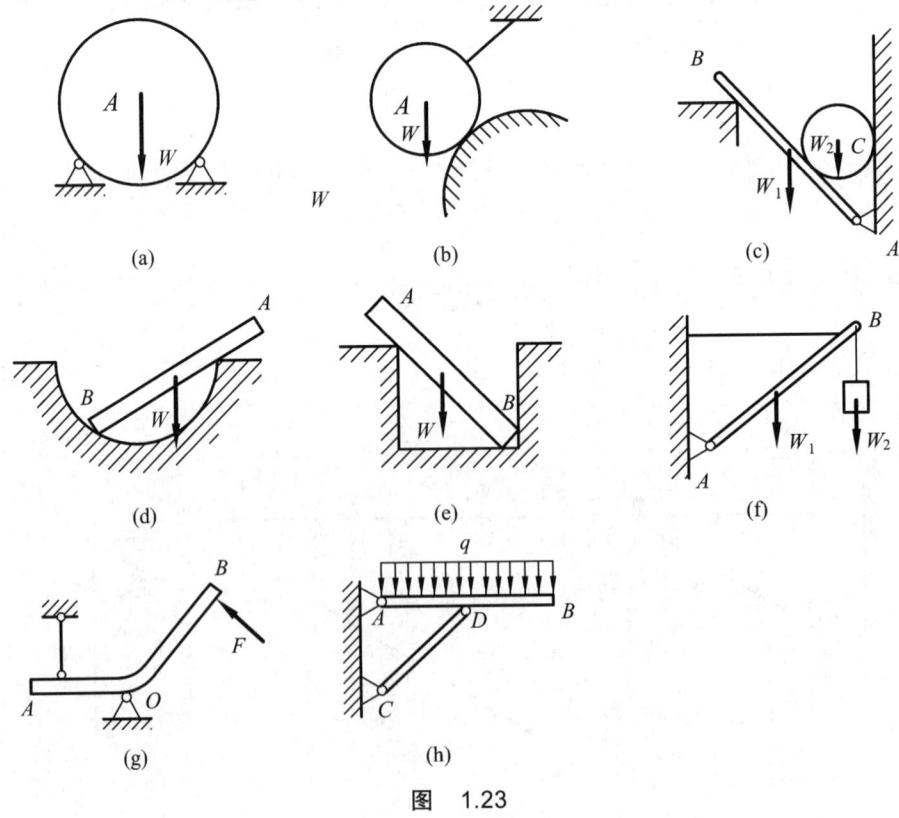

图 1.23

1.4 画出图 1.24 所示各构件及整体的受力图。假设受力物体间的各接触面均为光滑面。

1.5 （综合应用题）图 1.25 所示系统的构件自重均不计。指出哪些构件是二力构件，并画出各个构件的受力分析图。

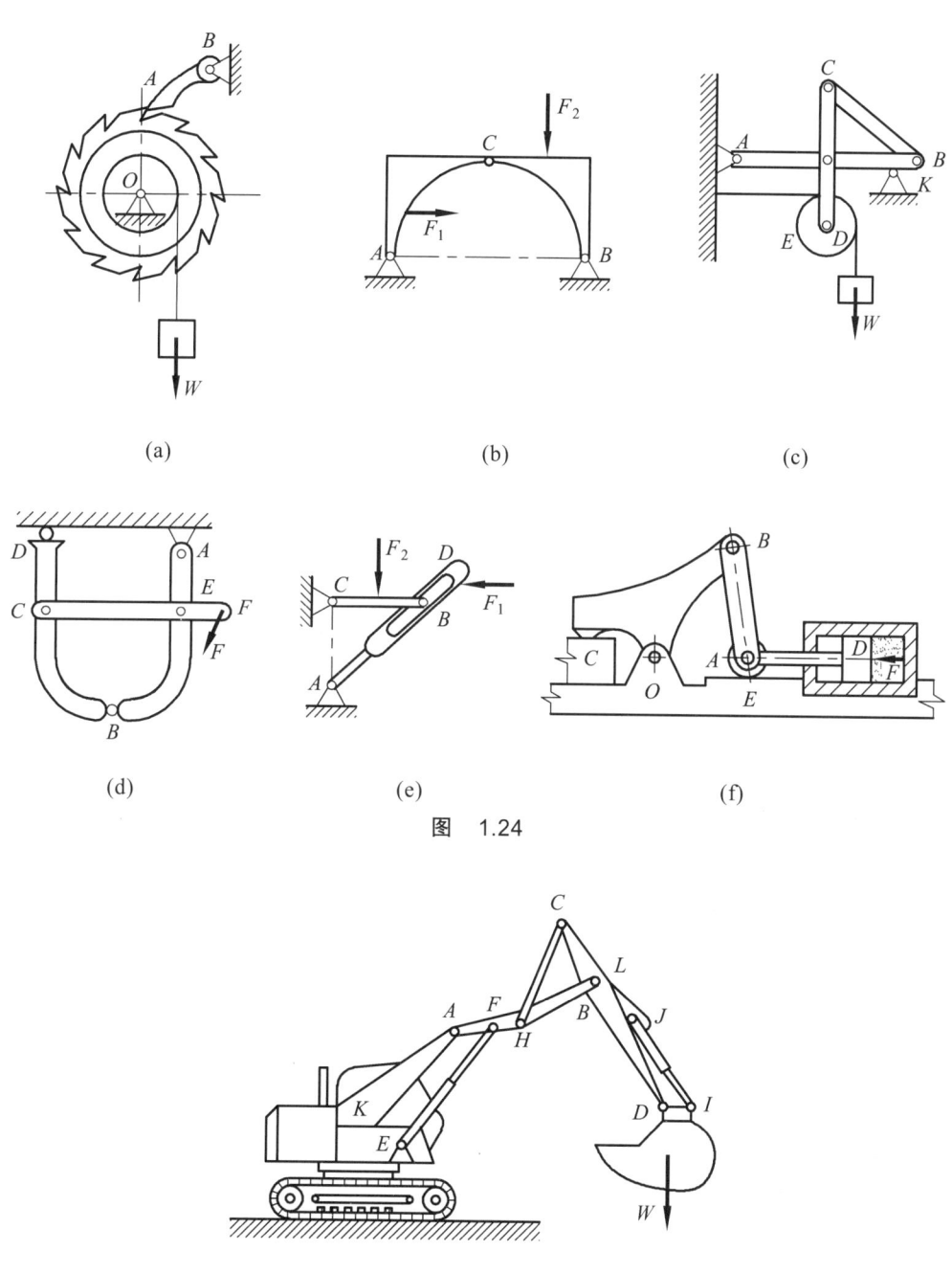

图 1.24

图 1.25

阅读材料

汉语中"力学"一词考源

将西文 Mechanics 一词译为"力学"是从何人开始的呢？这个人不是力学家，也不是自然科学家，而是清末的大思想家严复（1853—1921）。严复在翻译英国自然科学家赫胥黎（T. H. Huxley，1825—1895）的《进化论与伦理学》（严复译为《天演论》）一书的序言中说："夫西学之最为切实而执其例可以御蕃变者，名、数、质、力四者之学是已。"在这里，严复所说的"名学"指的是现今的逻辑学，"数学"和"力学"即现今的数学和力学，而"质学"指的是现今的化学。严复翻译这本书的时间大约是1895年，第一版问世是1898年。这是迄今所知在汉语中用"力学"一词统括现今力学内容的最早说法。

清朝1859年，由李善兰与英国人爱约瑟（Joseph Edkins）合译并出版的英国力学家胡威立（William Whewell）的力学著作《初等力学教程》（译名为《重学》）之后，李善兰又与英国人伟烈亚力（Alexander Wylei）合译牛顿的名著《自然哲学的数学原理》（未出版）。直到1890年前后，英国人傅兰雅（J. Fryer）以汉语书写的自然科学基础教材《格致须知》时，其中有一章为《重学》，一章为《力学》。然而在他的行文中看出，重学分两部分，一为静重学，一为动重学，后者也称为力学。即是说，他将现今的动力学部分称为力学，还不是现今意义上的力学。

综上所述，严复确实是中国把"Mechanics"译为"力学"的第一人。不仅如此，从他的行文"执其例可以御蕃变"中，我们能够体现出他对力学的重视。他在所翻译的《群学肆言》，即斯宾塞（H. Spencer）所著的《社会学的研究》中说："力学之所治者，统热电声光以为纬，分流凝静动以为经。"他对力学的这种深入的理解，无疑超过当时一般人的认识。1936年，爱因斯坦在《物理学与实在》的文章中说："尽管我们今天确实知道古典力学不能用来作为统治全部物理的基础，可是它在物理学中仍然占领着我们全部思想的中心。其理由在于，不管从牛顿时代以来所达到的重大进步，我们还是没有达到一个新的物理基础，它可以使我们确信，我们研究的各种现象，以及各种成功的局部理论关系，都能在逻辑上从它推导出来。"把严复的话同爱因斯坦的话对照，我们发现二者是相通的。而严复的话是在19世纪和20世纪之交说的，比爱因斯坦的话早了30多年。

严复的教育思想虽然没有摆脱失败的命运，但是我们今天重温他的一些主张，还是很有实际意义的，特别是他对力学学科的认识，意义是很深远的。

第二章

平面汇交力系与平面力偶系

【问题导入】

工程上涉及平面汇交力系与平面力偶系的实例很常见,此外,作为平面任意力系的特殊形式,平面汇交力系与力偶系的合成也是平面一般力系简化的基础。如图 2.1 所示为一平面机构,已知条件如图所示,现欲求作用在曲柄 OA 上的力偶矩 M 与作用在滑块 D 上的力 F 之间的关系。应如何进行求解呢?其中涉及的就是平面汇交力系与平面力偶系的相关知识。

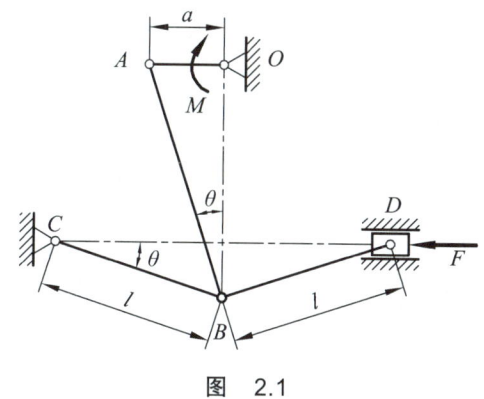

图 2.1

第一节 平面汇交力系的合成与平衡

一、平面汇交力系合成与平衡的几何法

1. 平面汇交力系的合成

如图 2.2(a)所示,已知一刚体受到 F_1、F_2、F_3、F_4 的作用,各力位于同一平面内,且作用线汇交于 O 点,则 F_1、F_2、F_3、F_4 组成的力系为平面汇交力系。现利用力的可传性将各力的作用线延长到汇交点,如图 2.2(b)所示。欲求此平面汇交力系的合力,可连续使用力三角形法则,两两合成合力,即可以得到通过汇交点 O 的合力 F_R。如图 2.2(c)所示,

作三角形先使 F_1 与 F_2 合成为 F_{R1}，再使 F_{R1} 与 F_3 合成为 F_{R2}，最后 F_{R2} 与 F_4 合成为 F_R。由此得到多边形即称为平面汇交力系的力多边形，其中力矢量 F_1、F_2、F_3、F_4 环绕力多边形的边界的同一方向首尾相连，而合力矢量 F_R 则沿其相反方向，也即第一个力 F_1 的起点指向最后一个力 F_4 的终点，而成为力多边形的封闭边。

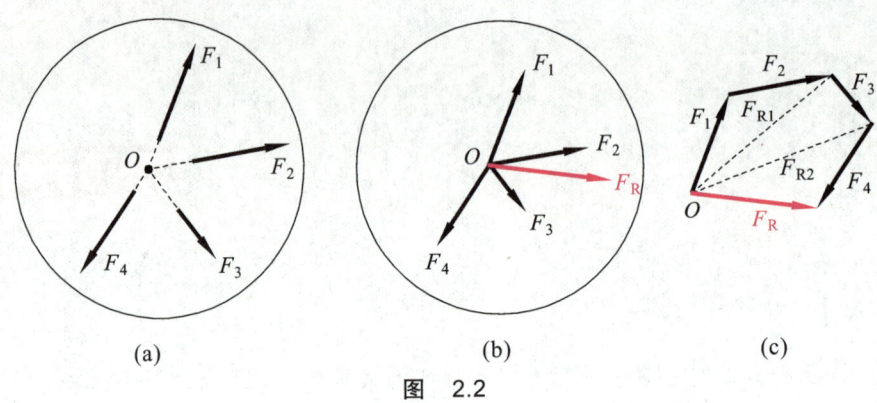

图 2.2

以上这种用力多边形法则求合力的方法，称为平面汇交力系合成的 几何法。这种方法也就是矢量加法，由矢量相加的交换律可知，任意变换各力矢量的先后作图顺序，会得到形状不同的力多边形，但合力矢量始终不变，也即合力矢量与各力相加的次序无关。对于包含 n 个力的平面汇交力系，F_R 为它们合力矢量，写出公式则有

$$F_R = F_1 + F_2 + \cdots + F_n = \sum_{i=1}^{n} F_i \qquad (2.1)$$

这就是说，平面汇交力系的合力等于各力的矢量和。合力 F_R 对刚体的作用与原平面汇交力系对刚体的作用等效。

2. 平面汇交力系平衡的几何条件

由于平面汇交力系可用合力来替换，因而力系平衡显然也就是合力为零。由此得到 平面汇交力系平衡的充分必要条件是：该力系的合力等于零，写成矢量表达式即

$$F_R = \sum_{i=1}^{n} F_i = 0 \qquad (2.2)$$

在平衡状态下，力多边形中最后一力的终点与第一力的起点重合，此时的力多边形为封闭的力多边形。于是，平面汇交力系平衡的充分必要条件是：该力系力多边形自行封闭。这就是平衡的几何条件。

二、平面汇交力系合成与平衡的解析法

1. 平面汇交力系的合成

由上可知，几何法就是视力为矢量后，利用矢量的几何性质来确定合力与各分力之间的关系。而接下来要介绍的解析法，则是利用矢量在选定坐标轴上的投影来确定合力与各分力

的关系。

如图 2.3（a）所示，已知一力矢量 F 在直角坐标系 Oxy 的两轴 Ox 和 Oy 上的单位矢量分别为 i 和 j，将此力沿 Ox 和 Oy 分解，则该力 F 与分力 F_x、F_y 之间的关系用矢量表达式为

$$F = F_x + F_y = F_x i + F_y j \tag{2.3}$$

式中，F_x、F_y 为力 F 在轴 Ox、Oy 上的投影。**投影**是代数量，关于力在某轴上的投影的计算，规定为力的模乘以力与投影轴正向间夹角的余弦，即

$$\left. \begin{array}{l} F_x = F\cos\alpha \\ F_y = F\cos\beta \end{array} \right\} \tag{2.4}$$

式中，α 和 β 分别为力 F 与轴 Ox 和 Oy 正向的夹角，称为**方向角**。

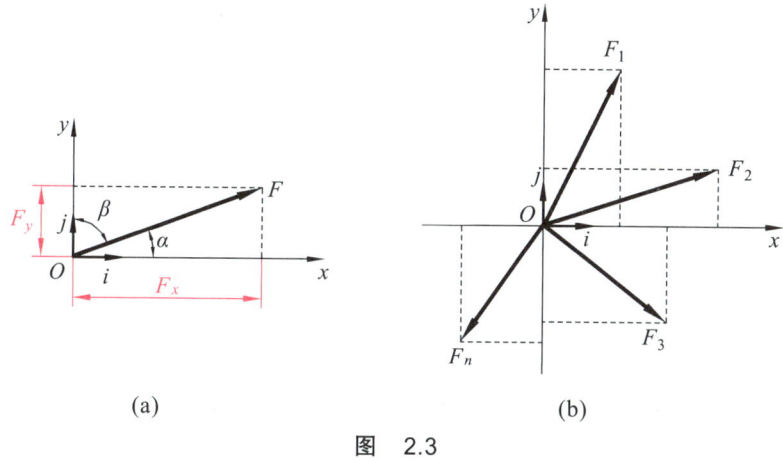

图 2.3

在计算时要特别注意投影的正负号。由于方向角可能是锐角，也有可能是钝角，为计算方便，当方向角为钝角时，可仍按照题目已知的锐角计算投影大小，投影的正负号则单独判断。应注意，力的投影与力的分力是两个不同的概念，力的投影是代数量，而分力是矢量。在正交坐标系中，两者大小相等，而在非正交坐标系中，两者的大小不再相等。

如图 2.3（b）所示，设有 n 个力组成的平面汇交力系作用在一刚体上，以各力的汇交点 O 为坐标原点，建立直角坐标系 Oxy。将式（2.1）分别在坐标轴 Ox、Oy 上投影，得到该平面汇交力系的解析表达式，即

$$\left. \begin{array}{l} F_{Rx} = F_{1x} + F_{2x} + \cdots + F_{nx} = \sum F_x \\ F_{Ry} = F_{1y} + F_{2y} + \cdots + F_{ny} = \sum F_y \end{array} \right\} \tag{2.5}$$

式中，各力投影应分别考虑其正负号。

式（2.5）也可表述为：合力在某一轴上的投影，等于各分力在同一轴上投影的代数和。这就是**合力投影定理**。

根据式（2.5）可以得到合力的大小和方向余弦分别为

$$F_R = \sqrt{F_{Rx}^2 + F_{Ry}^2} = \sqrt{(\sum F_x)^2 + (\sum F_y)^2}$$

$$\cos(F_R, i) = \frac{F_{Rx}}{F_R}, \quad \cos(F_R, j) = \frac{F_{Ry}}{F_R}$$

（2.6）

2. 平面汇交力系平衡的解析条件

平面汇交力系平衡就是合力 F_R 等于零，即

$$F_R = \sqrt{(\sum F_x)^2 + (\sum F_y)^2} = 0$$

要使上式成立，必须满足条件：

$$\left.\begin{array}{l}\sum F_x = 0 \\ \sum F_y = 0\end{array}\right\}$$

（2.7）

这就是平面汇交力系平衡的解析条件，即各力在直角坐标轴上投影的代数和分别等于零。式（2.7）称为平面汇交力系的平衡方程。其解题的一般步骤如下：

（1）选取研究对象：选取恰当的研究对象是正确解题的关键。一般所选取的研究对象应该既包含已知条件，也包含未知量。

（2）绘制受力图：受力图的绘制，要在明确研究对象的基础上，取出分离体，在分离体上绘出全部的主动力和约束力。

（3）建立坐标系：根据物体的受力情况，建立适当的坐标系，尽量使坐标轴与较多的未知力作用线垂直或平行，以使计算简便。

（4）列平衡方程组：根据建立起来的平衡方程组求解约束力。

【例2.1】 如图2.4（a）所示均质杆 AB，重为 W_1，长为 l，在 B 端用跨过定滑轮的绳索吊起重 W_2 的重物。滑轮摩擦不计，A、C 两点在同一铅垂线上，$AC = AB$，杆平衡时角 θ 为多少？

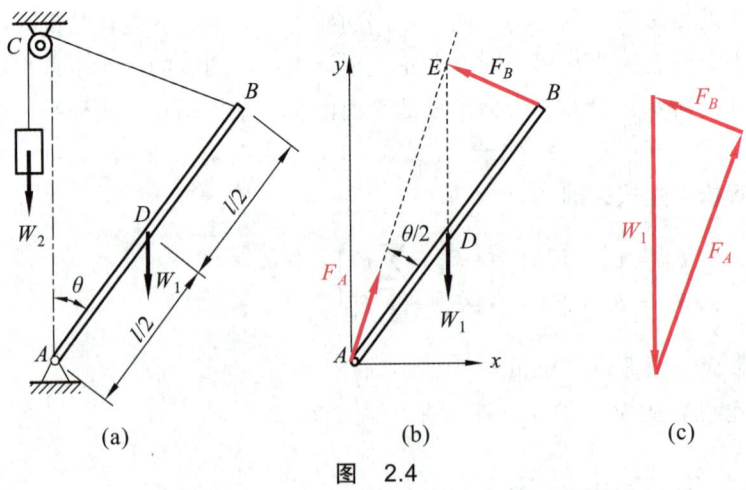

图 2.4

【解】 取杆 AB 为研究对象，杆上共作用有三个力。杆自重 W_1 作用在杆中点 D，方向为

铅垂向下，B 处作用有拉力 $\boldsymbol{F}_B$，方向沿绳索，且 $F_B = W_2$。$\boldsymbol{W}_1$ 和 $\boldsymbol{F}_B$ 汇交于点 E（根据几何知识可知点 E 为 BC 的中点）。A 处为固定铰链约束，当杆平衡，由三力汇交平衡定理可知约束力 $\boldsymbol{F}_A$ 一定通过汇交点 E，所以 $\boldsymbol{F}_A$ 的方向与杆 AB 的夹角为 $\theta/2$。

（1）几何法。根据图 2.4（b）所示受力图中各力作封闭三角形，如图 2.4（c）所示。可判断力三角形为一直角三角形，$\boldsymbol{W}_1$ 与 $\boldsymbol{F}_A$ 夹角为 $\theta/2$，因此

$$\sin\frac{\theta}{2} = \frac{F_B}{W_1} = \frac{W_2}{W_1}$$

则

$$\theta = 2\arcsin\frac{W_2}{W_1}$$

（2）解析法。建立坐标系 Axy，如图 2.4（b）所示，建立平衡方程得

$$\sum F_x = 0, \quad -F_B\cos\frac{\theta}{2} + F_A\sin\frac{\theta}{2} = 0$$

$$\sum F_y = 0, \quad -W_1 + F_B\sin\frac{\theta}{2} + F_A\cos\frac{\theta}{2} = 0$$

联立求解方程组得

$$\theta = 2\arcsin\frac{W_2}{W_1}$$

可见，利用几何法求解过程更简单。但是几何法只适用于三力构件，且角度特殊的情况。当物体受到的力超过三个，或角度复杂时，解析法则更方便。

【**例 2.2**】 图 2.5（a）所示简易起重机 BAC 上装有小滑轮，有一重力 $W = 20\text{ kN}$ 的荷载跨过滑轮的绳子用绞车 D 吊起，起重机支座及杆结点 A、B、C 都是光滑铰链。杆和滑轮的自重不计，并忽略滑轮尺寸。试求当荷载匀速上升时杆 AB 和 AC 所受的力。

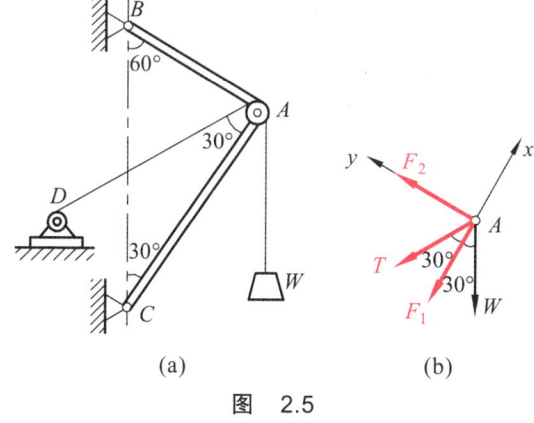

图 2.5

【**解**】 取滑轮 A（含销钉 A）为研究对象，画受力图，如图 2.5（b）所示。由于滑轮尺寸不计，因此所受的力形成一平面汇交力系。选取直角坐标轴 Axy，列平衡方程为

$$\sum F_x = 0, \quad -F_1 - T\cos 30° - W\cos 30° = 0$$

$$\sum F_y = 0, \quad F_2 + T\sin 30° - W\sin 30° = 0$$

联立求解方程组得

$$F_1 = -34.6 \text{ kN}, \quad F_2 = 0$$

所求结果 F_1 为负值，表示该力的假设方向与实际方向相反，可知杆 AB 受压。

第二节　平面力对点之矩

力使刚体运动状态发生变化，产生移动和转动，其中移动效应用力矢量来度量，而转动效应用力对点之矩（简称**力矩**）来度量。如图 2.6 所示，平面上作用有一力 F，在平面内任取一点 O 并将其称为**矩心**，矩心 O 到力 F 作用线的垂直距离 d 称为**力臂**。于是对于平面问题中力对点之矩定义为：**力矩是一个代数量，它的绝对值等于力的大小与力臂的乘积；它的正负号是力使物体绕矩心逆时针转动时为正，反之为负。**

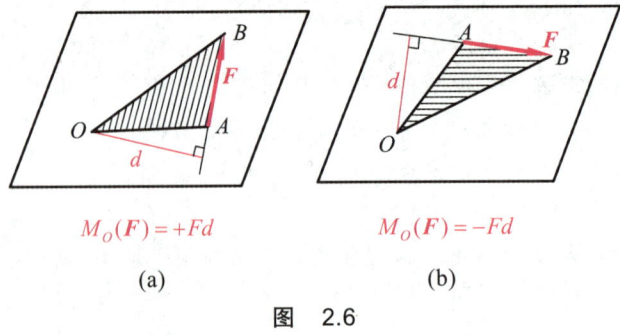

图 2.6

平面力对点 O 之矩用 $M_O(F)$ 表示，其计算公式为

$$M_O(F) = \pm F \cdot d \tag{2.8}$$

可见，平面力对点之矩取决于力矩 $M_O(F)$ 的大小和力矩在平面内的转向两个因素。当力的作用线通过矩心时，即力臂为零，它对矩心的力矩等于零。力 F 对点 O 之矩的大小也可以用力 F 与矩心 O 组成的三角形面积的 2 倍来表示，即

$$M_O(F) = \pm 2\triangle OAB \tag{2.9}$$

力矩的单位通常用牛[顿]·米（N·m）或千牛[顿]·米（kN·m）。

平面汇交力系可合成为一合力，合力与分力对刚体的转动效应即满足**合力矩定理：平面汇交力系的合力对平面内任一点的矩等于所有分力对该点之矩的代数和**，即

$$M_O(F_R) = \sum M_O(F_i) \tag{2.10}$$

按力系等效的概念，式（2.10）适用于任何有合力存在的力系。

可见，求平面力对点之矩可采用下列两种方法：

第一，用力对点之矩的定义求解。这种方法的关键是确定力臂的值。需要注意的是，力臂是矩心到力作用线的垂直距离。

第二，用合力矩定理求解。工程实际中，有时力臂对应的几何关系较复杂，不易确定时，可将作用力正交分解成两个分力，然后应用合力矩定理求原作用力对矩心的力矩。

【例 2.3】 如图 2.7 所示，一圆柱直齿轮受啮合力 F 的作用。设 $F = 1\,400$ N，压力角 $\theta = 20°$，齿轮节圆的半径 $r = 60$ mm。试计算啮合力 F 对轴心 O 的力矩。

【解】 计算力 F 对点 O 的矩，可直接按力矩的定义求得，如图 2.7（a）所示，即

$$M_O(F) = F \cdot d = Fr\cos\theta = 1\,400\text{ N} \times 60 \times 10^{-3}\text{ m} \times \cos 20° = 78.93\text{ N} \cdot \text{m}$$

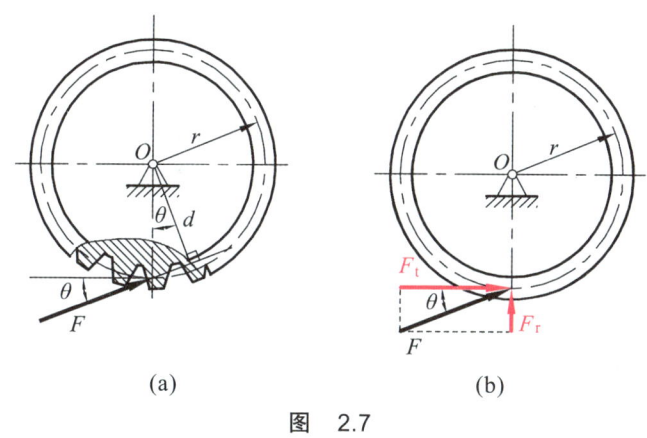

图 2.7

也可按合力矩定理，将啮合力 F 分解为圆周力 F_t 和径向力 F_r，如图 2.7（b）所示，由于径向力 F_r 通过矩心 O，因此

$$M_O(F) = M_O(F_t) + M_O(F_r) = M_O(F_t) = F\cos\theta \times r = 78.93\text{ N} \cdot \text{m}$$

可见，以上两种方法的计算结果完全相同。

第三节 平面力偶系的合成与平衡

一、力偶的概念

在实践中，我们常见到汽车司机用双手转动驾驶盘［见图 2.8（a）］、电动机的定子磁场对转子作用电磁力而使之旋转［见图 2.8（b）］等。对于这些工程实例，可以联想到在驾驶盘或转子等旋转物体上都作用了两个大小相等、方向相反、作用线相互平行的力。这两个等值反向平行力的矢量和等于零，但是它们不共线，因此不满足二力平衡条件，所以不平衡，它们能使物体产生转动效应。这种由两个大小相等、方向相反且不共线的平行力组成的力系，称为力偶，如图 2.8（c）所示，记做符号（F，F'）。图中两力 F 和 F' 之间的垂直距离称为力偶的力偶臂，而所在的平面称为力偶的作用面。

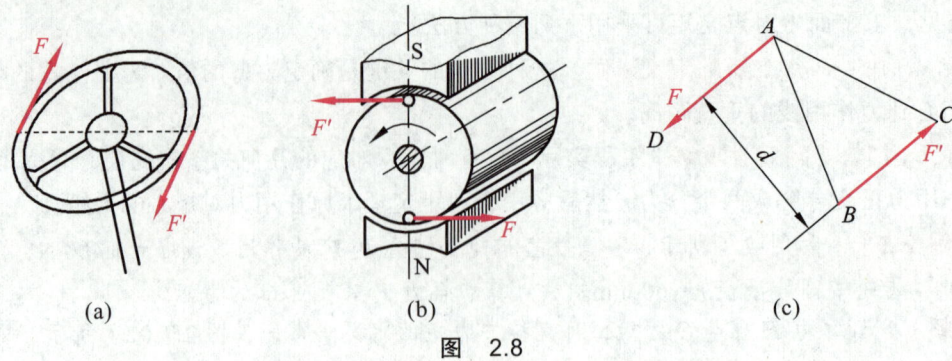

图 2.8

力偶这种简单的力系是由两个反向平行力组成的,因而没有合力,也不能用一个力来平衡。因此,力和力偶是静力学中两个最基本要素。力使刚体平动,力偶使刚体转动。

力偶对刚体作用的转动效应用**力偶矩**度量。力偶矩的大小为两个力对平面内任意点的矩的代数和,这一结论不妨借助于图 2.8(c),在平面内任意取一点作为矩心,看力偶矩的值是否等于力与力偶臂的乘积 Fd。最后,通过分析也可获知力偶对刚体的作用效应完全取决于力的大小和力偶臂的长短,而与矩心位置的选择无关。

力偶在平面内的转向不同,其作用效应也不同。因此,平面力偶对物体的作用效应,还取决于力偶在作用面内的转向。

这样一来,即可视平面力偶矩为代数量,以 $M(\boldsymbol{F}, \boldsymbol{F}')$ 或 M 表示,即

$$M(\boldsymbol{F}, \boldsymbol{F}') = M = \pm Fd = 2\triangle ABC \tag{2.11}$$

综上所述,得出结论:**平面力偶矩是一个代数量,其绝对值等于力的大小与力偶臂的乘积;力偶矩的正负号代表力偶的转向,一般以逆时针转向为正,顺时针转向为负**。力偶矩的单位与力矩相同。

二、同平面内力偶的等效定理

由于力偶的作用只是使刚体的转动状态发生变化,而力偶对刚体的转动效应又用力偶矩来度量,因此可得到**同平面内力偶的等效定理**。

定理:**在同平面内的两个力偶,若力偶矩相等,则两个力偶相互等效**。

该定理给出了同平面内力偶等效的条件,于是可得以下两个推论:

推论一 力偶在其作用平面内可以任意移转,而不改变它对刚体的作用。因此,力偶对刚体的作用与力偶在其作用面内的位置无关。

推论二 只要力偶矩的大小和转动方向不变,可以同时改变力偶中力的大小和力偶臂的长短,而不改变力偶对刚体的作用。

力偶的臂和力的大小都不是力偶的特征量,只有力偶矩是平面力偶作用的唯一度量。因此表示平面力偶时,可以不表示力偶在平面上的具体位置以及组成力偶的力和力偶臂的值,用一带箭头的弧线表示,并标出力偶矩的值即可。通常用图 2.9 所示符号表示力偶,M 为力偶的力偶矩。

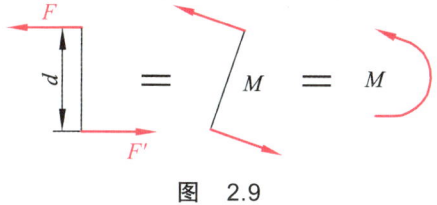

图 2.9

三、平面力偶系的合成

由两个或两个以上的力偶所组成的力系,称为力偶系。如果力偶系中所有力偶都作用在同一平面内,则此力偶系称为平面力偶系。

设在同一平面内有两个力偶 (F_1, F_1') 和 (F_2, F_2'),它们的力偶臂各为 d_1 和 d_2,如图 2.10(a)所示,力偶矩分别为 M_1 和 M_2,求它们的合成结果。

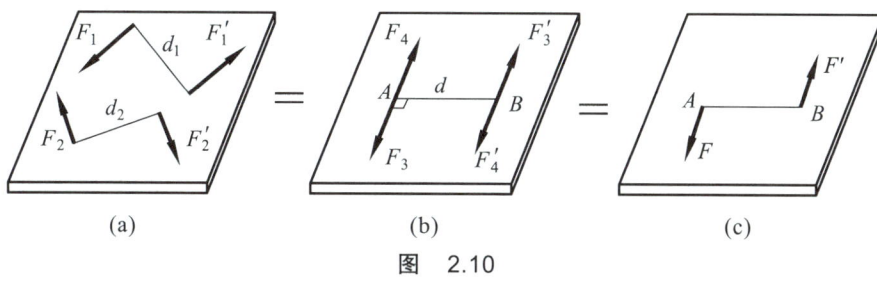

图 2.10

在保持力偶矩不变的情况下,可以同时改变这两个力偶的力的大小和力偶臂的长短,使它们具有相同的臂长 d,并将它们在平面内移转而达到力的作用线重合,如图 2.10(b)所示。于是得到与原力偶等效的两个新力偶 (F_3, F_3') 和 (F_4, F_4'),也即

$$M_1 = F_1 d_1 = F_3 d, \quad M_2 = -F_2 d_2 = -F_4 d$$

分别将作用在点 A 和点 B 的力合成(设 $F_3 > F_4$),得

$$F = F_3 - F_4, \quad F' = F_3' - F_4'$$

由于 F 与 F' 大小相等,所以构成了与原力偶系等效的合力偶 (F, F'),如图 2.10(c)所示。以 M 表示合力偶的力偶矩,得

$$M = Fd = (F_3 - F_4)d = F_3 d - F_4 d = M_1 + M_2$$

如果有两个以上的平面力偶,可以按照上述方法合成。也就是说:在同一平面内的任意个力偶可合成为一个合力偶,合力偶的力偶矩等于各分力偶矩的代数和,或写成

$$M_R = \sum M_i \tag{2.12}$$

此即力偶系的合成定理。

四、平面力偶系的平衡

由合成结果可知,当平面力偶系平衡时,其合力偶的力偶矩等于零,即

$$M_R = \sum M_i = \sum M = 0 \tag{2.13}$$

应用平面力偶系的平衡方程，可以求解相关问题中的未知量。其**解题步骤**如下：**选取研究对象→绘制受力图→列平衡方程并求解**，可见不需要建立参考坐标系。

【例2.4】 如图2.11所示水平放置的工件上作用有三个力偶。三个力偶的力偶矩分别为 $M_1 = M_2 = 10\ \mathrm{N \cdot m}$，$M_3 = 20\ \mathrm{N \cdot m}$，固定螺栓 A 和 B 的距离 $l = 200\ \mathrm{mm}$。试求两个光滑螺栓所受的水平力。

【解】 取工件为研究对象。此工件在水平面内受三个力偶和两个螺栓的水平约束力的作用。根据力偶系的合成定理，已知三个力偶经合成后仍为一力偶，若工件平衡，则必有一反力偶与它相平衡。因此，螺栓 A 和 B 的水平约束力 F_A 和 F_B 必组成为一力偶，它们的方向假设如图2.11所示，则 $F_A = F_B$。写出力偶系的平衡条件，即

$$\sum M = 0, \quad F_A l - M_1 - M_2 - M_3 = 0$$

解得

$$F_A = \frac{M_1 + M_2 + M_3}{l}$$

代入已知数值，即有

$$F_A = \frac{(10+10+20)\ \mathrm{N \cdot m}}{200 \times 10^{-3}\ \mathrm{m}} = 200\ \mathrm{N}$$

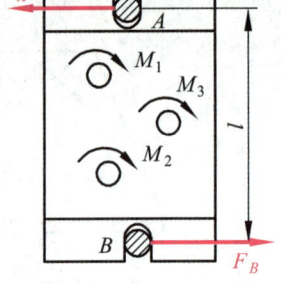

图 2.11

由于所得结果 F_A 是正值，因此所假设的方向是正确的，而螺栓 A、B 所受的力则应与 F_A、F_B 大小相等、方向相反。

【例2.5】 如图2.12（a）所示机构的自重不计。圆轮上的销子 A 放在摇杆 BC 上的光滑导槽内。圆轮上作用一力偶，其力偶矩为 $M_1 = 2\ \mathrm{kN \cdot m}$，$OA = r = 0.5\ \mathrm{m}$。图示位置时 OA 与 OB 垂直，$\theta = 30°$，且系统平衡。求作用于摇杆 BC 上力偶的矩 M_2 及铰链 O、B 处的约束力。

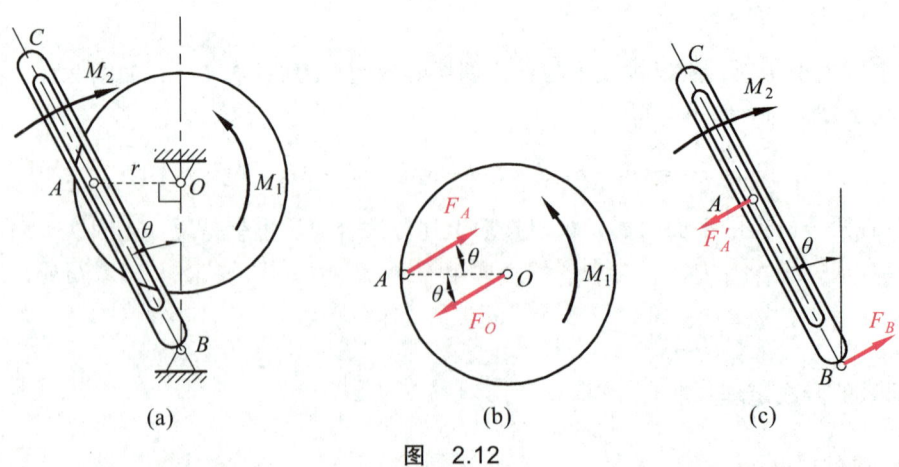

图 2.12

【解】 取圆轮为研究对象，受力分析图如图2.12（b）所示。其上受有力偶矩 M_1 以及光滑导槽对销子 A 的作用力 F_A 和铰链 O 处约束力 F_O 的作用。由力偶平衡条件：

$$\sum M = 0, \quad M_1 - F_A r \sin\theta = 0$$

解得

$$F_A = \frac{M_1}{r\sin 30°} = \frac{2M_1}{r}$$

再以摇杆 BC 为研究对象,其上作用有力偶矩 M_2 及力 $\boldsymbol{F}'_A$ 与 $\boldsymbol{F}_B$,受力分析如图 2.12（c）所示。由平衡条件：

$$\sum M = 0, \quad -M_2 + F'_A \frac{r}{\sin\theta} = 0$$

其中 $F_A = F'_A$,求得

$$M_2 = 4M_1 = 8 \text{ kN} \cdot \text{m}$$

$$F_O = F_B = F_A = \frac{2 \times 2 \text{ kN} \cdot \text{m}}{0.5 \text{ m}} = 8 \text{ kN}$$

力偶矩的转向和力的方向如图 2.12（b）、（c）所示。

思考题

2.1 图 2.13 中两个力多边形的区别是什么？分别具有怎样的含义？

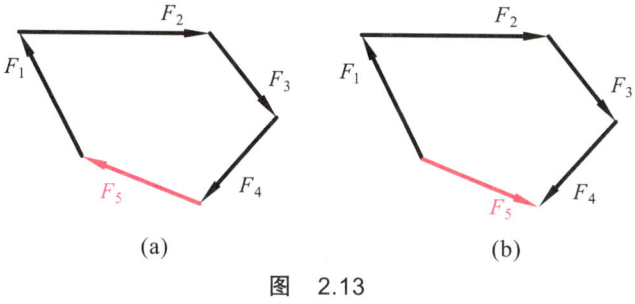

图 2.13

2.2 若平面汇交力系的力矢量所构成的力多边形自行封闭,则表示该力系的_____等于零。

2.3 当力的作用线通过_____时,力对点之矩为零。

2.4 当多轴钻床在水平工件上钻孔时,工件水平面上受到的是_____系的作用。

2.5 同一个力在两个相互平行的轴上的投影有何关系？若两个力在同一个轴上的投影相等,这两个力大小是否一定相等？

2.6 力 $\boldsymbol{F}$ 沿平面坐标系中的轴 Ox 和 Oy 的分力,与该力在这两轴上的投影有何区别？试以图 2.14 所示两种情况为例予以分析说明。

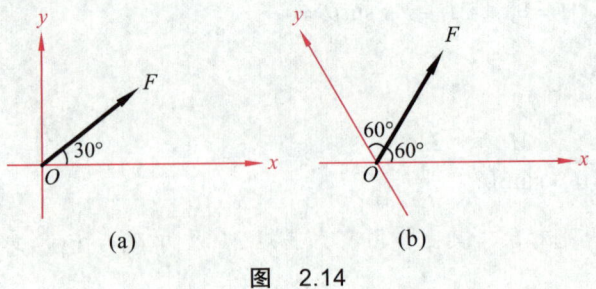

图 2.14

2.7 试比较力矩与力偶矩的异同。

2.8 "力偶的合力等于零"这种说法对吗?

2.9 在刚体上 A、B、C、D 四点作用有四个大小相等的力,此四力沿四个边刚好组成封闭的平行四边形,如图 2.15 所示。试问此刚体是否平衡?若 F_1 和 F_1' 都改变方向,则此刚体又是否平衡?为什么?

2.10 图 2.16 所示的圆轮在力 F 和力偶 M 的作用下保持平衡,这表明了力可与一个力偶平衡。试问这种说法对吗?为什么?

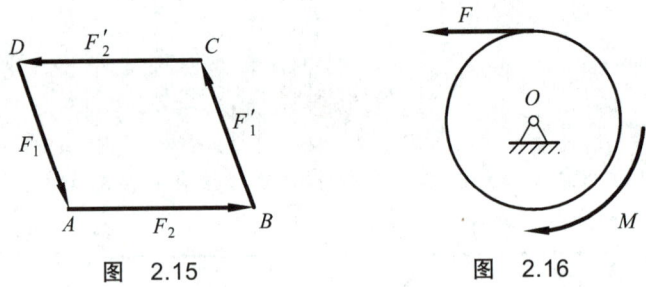

图 2.15　　　　　图 2.16

习 题

2.1 铆接薄板在孔心 A、B 和 C 处受到三个力的作用,如图 2.17 所示。已知 $F_1 = 100$ N, $F_2 = 50$ N, $F_3 = 50$ N,试求此三力的合力。[答案: $F_R = 161.2$ N, $\angle(F_R, F_1) = 29°44'$]

2.2 工件放在 V 形铁内,如图 2.18 所示。若已知压板夹紧力 $F = 400$ N,不计工件自重,试求工件对 V 形铁的压力。[答案: $F_A = 346.4$ N, $F_B = 200$ N]

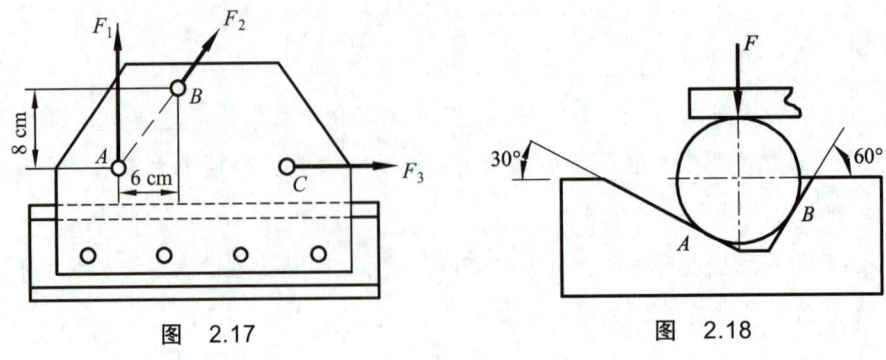

图 2.17　　　　　图 2.18

2.3 图 2.19 所示简易起重机用钢丝绳吊起重 $W = 2$ kN 的重物，各杆自重不计，起重机架的 A、B、C 三处均为光滑铰链，试求杆 AB 和 AC 受到的力（提示：滑轮尺寸及摩擦不计）。[答案：(a) $F_{AC} = 3.15$ kN（压），$F_{AB} = 0.41$ kN（压）；(b) $F_{AB} = 0.56$ kN（拉），$F_{AC} = 3.94$ kN（压）]

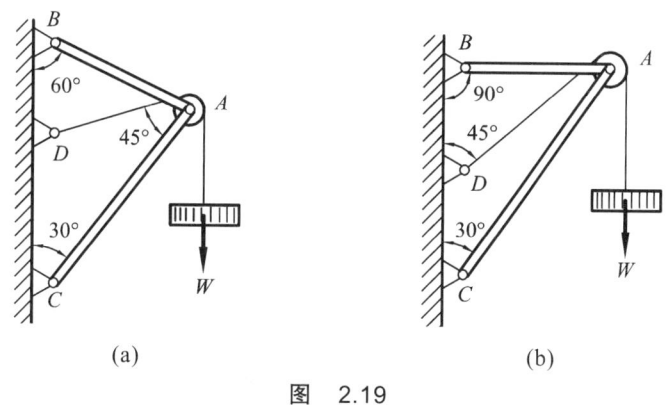

图 2.19

2.4 在图 2.20 所示刚架的点 B 处作用一水平力 F，刚架自重不计，试求支座 A、D 的约束力 F_A 和 F_D。[答案：$F_A = \dfrac{\sqrt{5}}{2}F, F_D = \dfrac{1}{2}F$]

2.5 图 2.21 所示为拖拉机的制动蹬，制动时用力 F 踩踏板，通过拉杆 CD 使拖拉机制动。设 $F = 100$ N，踏板和拉杆自重不计，试求在图示位置时拉杆的拉力 F_T 和固定铰链支座 B 的约束力。[答案：$F_T = 193$ N；$F_B = 141.4$ N，方向沿 BO]

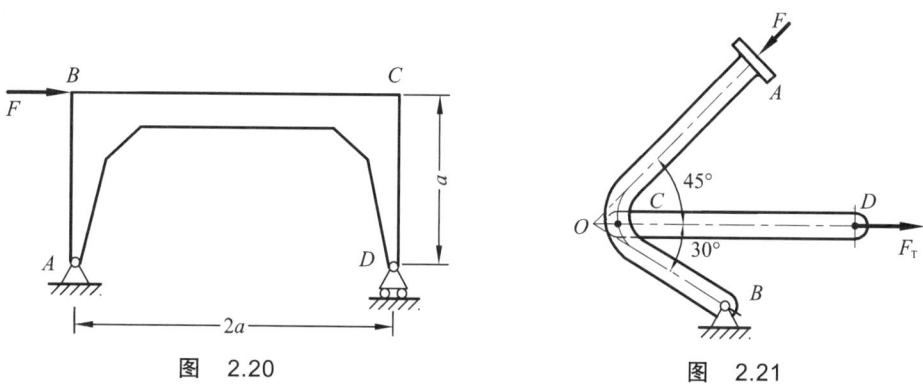

图 2.20   图 2.21

2.6 电动机重 $G = 5$ kN，放在水平梁 AC 的中央，如图 2.22 所示。梁的 A 端用铰链固定，另一端以撑杆 BC 支持，撑杆与水平梁的夹角为 $30°$，梁和撑杆自重不计，试求撑杆 BC 的约束力 F_{BC}。[答案：$F_{BC} = 5$ kN]

2.7 压榨机 ABC 的结构尺寸如图 2.23 所示，已知在铰 A 处作用有水平力 F，B 为固定铰链，由于水平力 F 的作用使 C 块压紧物体 D。C 块与墙壁光滑接触，试求物体 D 所受的压力 F_N。[答案：$F_N = \dfrac{Fl}{2h}$]

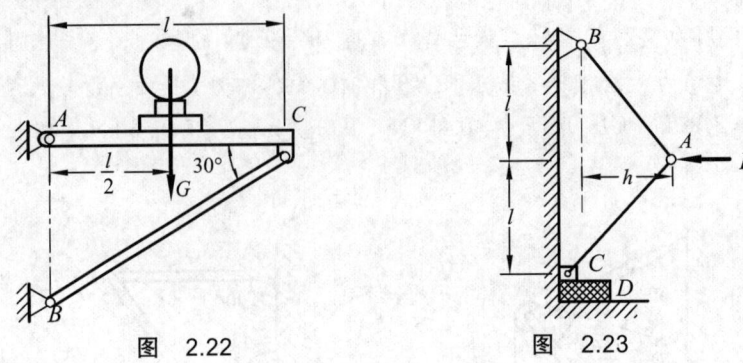

图 2.22　　　　　　　　图 2.23

2.8　一铰接四连杆机构 $CABD$（见图 2.24）的 C、D 为固定铰链，A、B 为中间铰链。在 A、B 处分别作用有力 F_1 和 F_2，四边形 $CABD$ 在图示位置处于平衡，杆自重不计，试求力 F_1 与 F_2 的关系。[答案：$F_1:F_2=0.61$]

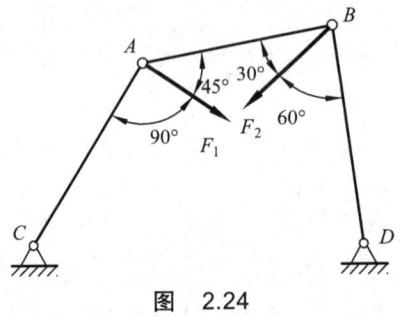

图 2.24

2.9　求图 2.25 所示各杆件的作用力对杆端 O 点的力矩。[答案：（a）$M_O(F)=Fl\sin\beta$；（b）$M_O(F)=Fl\sin\beta$；（c）$M_O(F)=F\sqrt{a^2+b^2}\sin\alpha$；（d）$M_O(F)=-F\sqrt{a^2+d^2}\sin\alpha$]

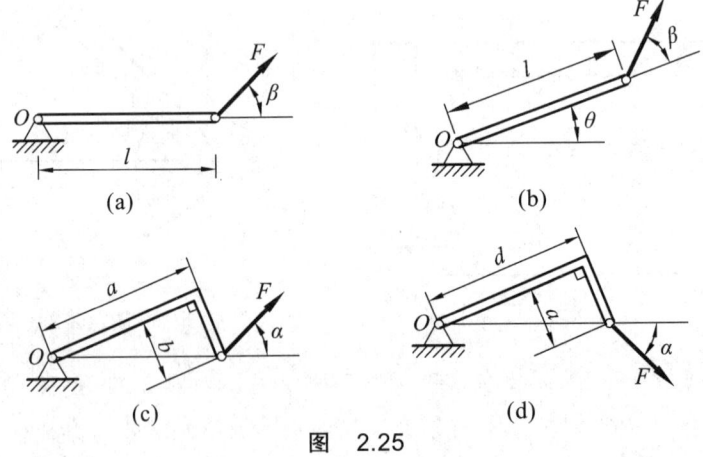

图 2.25

2.10　已知梁 AB 上作用有一个力偶，此力偶的力偶矩为 M，梁长为 l，梁自重不计。试求在图 2.26 所示的三种情况下，支座 A 和 B 的约束力。[答案：(a)、(b)：$F_A=F_B=\dfrac{M}{l}$；(c)：$F_A=F_B=\dfrac{M}{l\cos\theta}$]

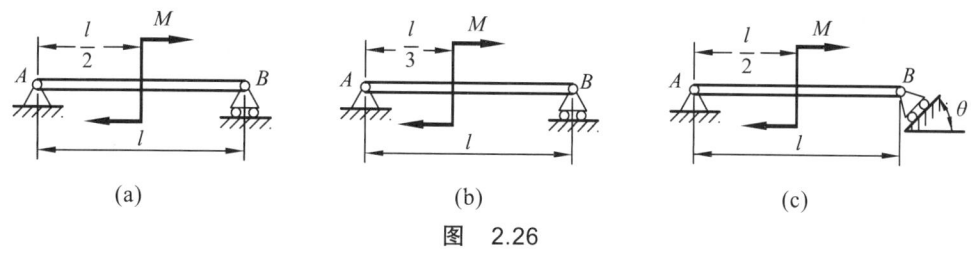

图 2.26

2.11 如图 2.27 所示的锻锤在工作时,若锻件给它的反作用力有偏心,就会使锤头发生偏斜,在导轨上产生很大的压力,从而加速导轨磨损,影响锻件精度。已知锻打力 $F = 1\,000$ kN,偏心距 $e = 20$ mm,锤头高度 $h = 200$ mm,试求锤头给两侧导轨的压力。[答案: $F_N = 100$ kN]

2.12 在图 2.28 所示结构中,各构件的自重略去不计。已知在构件 AB 上作用一力偶矩为 M 的力偶,试求支座 A 和 C 的约束力。[答案: $F_A = F_C = \dfrac{M}{2\sqrt{2}a}$]

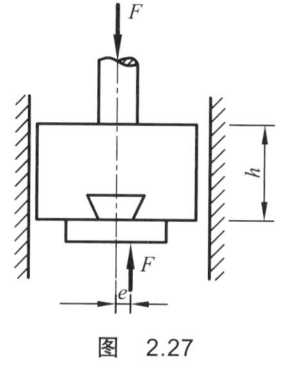

图 2.27

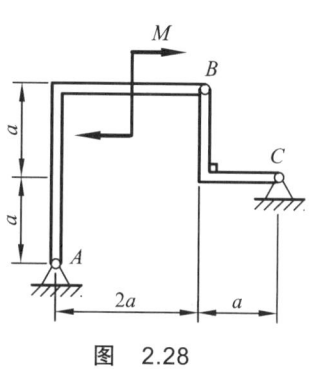

图 2.28

2.13 在图 2.29 所示结构中,各构件的自重略去不计。已知在构件 BC 上作用一力偶矩为 M 的力偶,试求支座 A 的约束力。[答案: $F_A = \sqrt{2}\dfrac{M}{l}$]

2.14 (综合应用题)在图 2.30 所示机构中,曲柄 OA 上作用一力偶,其力偶矩为 M;另在滑块 D 上作用水平力 F。已知机构的各杆件及其相互位置尺寸如图所示,各杆件重量均不计。试求当机构平衡时,水平力 F 与曲柄力偶之力偶矩 M 的关系。[答案: $F = \dfrac{M}{a}\cot 2\theta$]

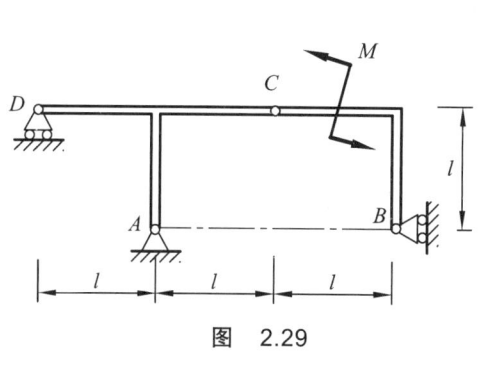

图 2.29

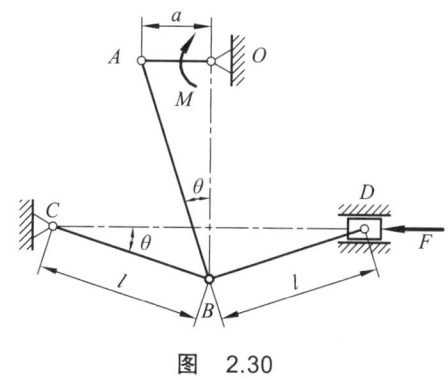

图 2.30

阅读材料

伽 利 略

伽利略是意大利伟大的物理学家和天文学家，科学革命的先驱。历史上他首先在科学实验的基础上融会贯通了数学、物理学和天文学三门知识，扩大、加深并改变了人类对物体运动和宇宙的认识。为了证实和传播 N. 哥白尼的日心说，伽利略献出了毕生精力。他以系统的实验和观察推翻了以亚里士多德为代表的、纯属思辨的、传统的自然观，开创了以实验事实为根据并具有严密逻辑体系的近代科学。因此，他被称为"近代科学之父"。

伽利略 1564 年 2 月 15 日生于比萨，17 岁时遵从父命进入比萨大学学医，可是对医学他感到枯燥无味，而在课外听世交、著名学者 O. 里奇讲欧几里得几何学和阿基米德静力学，并对此产生了浓厚兴趣。1583 年，伽利略在比萨教堂里注意到一盏悬灯的摆动，随后用线悬铜球作模拟（单摆）实验，确证了微小摆动的等时性以及摆长对周期的影响，由此研制出脉搏计用来测量短时间间隔。1585 年因家贫退学，但仍然奋力自学。1586 年，他发明了浮力天平，写出论文《小天平》。1587 年他带着关于固体重心计算法的论文到罗马大学求见著名数学家和历法家 C. 克拉维乌斯教授，大受称赞和鼓励。克拉维乌斯回赠他罗马大学教授 P. 瓦拉的逻辑学讲义与自然哲学讲义，这对于他日后的工作大有帮助。1588 年他在佛罗伦萨研究院做了关于 A. 但丁《神曲》中炼狱图形构想的学术演讲，其文学与数学才华大受人们赞扬。次年发表了关于几种固体重心计算法的论文，其中包括若干静力学新定理。因为这些成就，当年比萨大学聘请他任教，讲授几何学与天文学。当时比萨大学教材均为亚里士多德学派的学者所撰，书中充斥着神学与形而上学的教条。伽利略经常发表辛辣的反对意见，由此受到校内该学派的歧视和排挤。1591 年其父病逝，家庭负担加重，他决定离开比萨。1592 年伽利略转到帕多瓦大学任教。帕多瓦属于威尼斯公国，远离罗马，不受教廷直接控制，学术思想比较自由。在此良好气氛中，他经常参加校内外各种学术文化活动，与具有各种思想观点的同事论辩。此时他一面吸取前辈如 N. F. 塔尔塔利亚、G. B. 贝内代蒂、F. 科门迪诺等人的数学与力学研究成果，一面经常考察工厂、作坊、矿井和各项军用民用工程，广泛结交各行业的技术员工，帮他们解决技术难题，从中吸取生产技术知识和各种新经验，并得到启发。在此时期，他深入而系统地研究了落体运动、抛射体运动、静力学、水力学以及一些土木建筑和军事建筑等，发现了惯性原理，研制了温度计和望远镜。

伽利略于 1642 年 1 月 8 日病逝，葬礼草率简陋，直到 18 世纪，遗骨才迁至家乡的大教堂。

第三章 平面任意力系

【问题导入】

平面任意力系是平面力系的一般形式,上一章介绍的平面汇交力系和平面力偶系均可视作平面任意力系的特殊形式,平面任意力系在工程中有着广泛的应用。如图 3.1 所示为一塔式起重机,塔式起重机在工作过程中要求保持平衡,不能发生倾覆。那么,为保证起重机不发生倾覆,平衡锤的重量和位置应如何设计?要解决此问题,需学习平面任意力系的相关知识。

图 3.1

第一节 平面任意力系的简化

各力都在同一平面内并任意分布的力系称为**平面任意力系**(见图3.2)。当力系中所有力都对称于某一平面时,也可以视为平面任意力系。

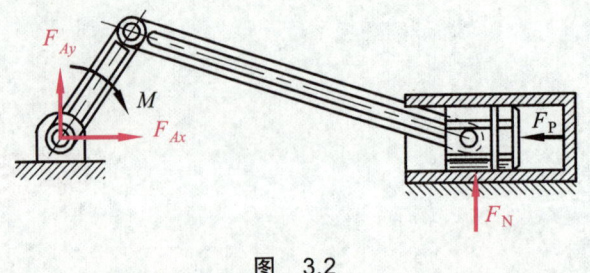

图 3.2

力系向一点简化，是一种具有普遍性的力系简化方法。力系向一点简化的理论基础是力的平移定理。

一、力的平移定理

力是滑移矢量，就是说作用于刚体上的力可沿其作用线滑移而不改变对刚体的作用效应。但若将力平移到作用线外的另一点，则对刚体的作用效应将会改变，这时要不改变对刚体的作用效应，必须附加一个力偶。**力的平移定理**指出：作用于刚体上的力可以平移到平面内任意一点，但必须同时附加一个力偶，这个附加力偶的力偶矩等于原力对新作用点的力矩。

力的平移定理可用以解释单手攻螺纹易断。如图 3.3 所示，钳工用绞杠丝锥攻螺纹时，如果用单手操作，在绞杠手柄上作用力 F。将力 F 平移到绞杠中心时，必须附加一力偶 M 才能使绞杠转动。平移后的力 F' 会使丝锥杆变形甚至折断。如果用双手操作，两手的作用力如保持等值、反向和平行，则平移到绞杠中心的两平移力相互抵消，绞杠只产生转动。所以，用绞杠丝锥攻螺纹时，要求双手操作且均匀用力，而不能单手操作。

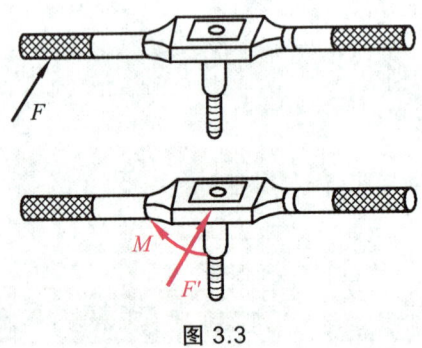

图 3.3

如图 3.4（a）所示，已知刚体上的点 A 作用一个力 F。今在刚体上任取一点 O，并在点 O 加上一对平衡力 F' 和 F''，使他们与力 F 平行，如图 3.4（b）所示，且 $F = F' = F''$。显然，三个力 F、F' 和 F'' 组成的新力系与原来的一个力 F 等效，而同时这三个力又可看作是一个作用点 O 的力 F' 和一个力偶 (F, F'')。由此可知，把作用于点 A 的力 F 平移到另一点 O 而以 F' 表示，这时就得附加一个力偶或称为附加力偶，如图 3.4（c）所示。显然，此附加力偶的力偶矩为 $M = Fd$。这里的 d 为附加力偶的力偶臂，也就是点 O 到力 F 作用线的垂直距离。另外，乘积 Fd 也等于力 F 对点 O 的力矩 $M_O(F)$。

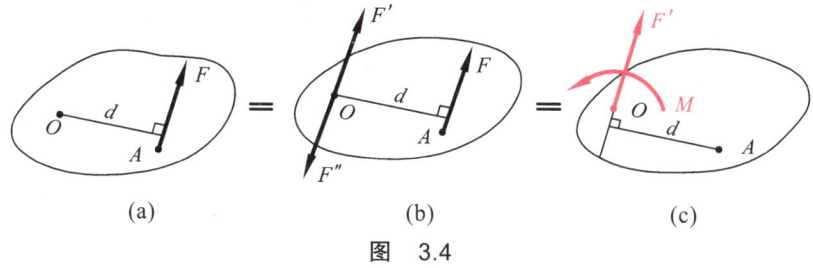

图 3.4

二、平面任意力系向作用面内一点简化

对"杂乱无章"的平面任意力系进行分析,其思路就是要进行"整理",把力"搬家"——利用力的平移定理可实现对力的平移。一平面任意力系 $F_1, F_2, \cdots, F_n$ 分别作用于刚体上的 $A_1, A_2, \cdots, A_n$ 各点,如图 3.5(a)所示,现应用力的平移定理,将力系中各力向平面内任意一点 O(称为简化中心)进行简化,得到一平面汇交力系 $F_1', F_2', \cdots, F_n'$ 和一附加的力偶矩为 $M_1, M_2, \cdots, M_n$ 的平面力偶系,如图 3.5(b)所示。这两个力系对刚体的作用与原力系对刚体的作用等效。平面汇交力系中各力的大小和方向分别与原力系中对应的各力相同,而附加的各力偶的力偶矩分别等于原力系中对应的各力对简化中心之矩。今将平面汇交力系 $F_1', F_2', \cdots, F_n'$ 合成得到一作用线通过点 O 的力矢 F_R',将力偶矩为 $M_1, M_2, \cdots, M_n$ 的平面力偶系合成得到一力偶矩为 M_O 的力偶,如图 3.5(c)所示。综上所述,写出平面任意力系向任一点 O 简化的结果,即

$$F_R' = \sum_{i=1}^{n} F_i' = \sum F \qquad (3.1)$$

$$M_O = \sum_{i=1}^{n} M_i = \sum_{i=1}^{n} M_O(F_i) = \sum M_O \qquad (3.2)$$

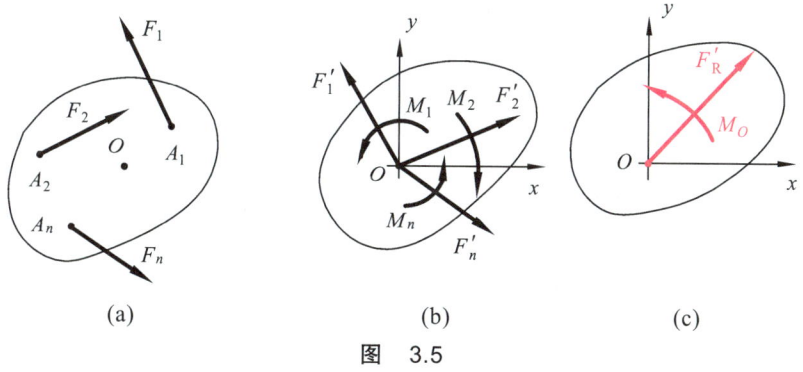

图 3.5

在此,力系中各力的矢量和 F_R' 称为原力系的**主矢**,而各力对简化中心 O 的力矩和 M_O 称为原力系对简化中心 O 的**主矩**。可见,原平面任意力系向作用面内任意一点简化后,即得到一个力和一个力偶。这个力的作用线通过简化中心,其大小和方向取决于力系的主矢;这个力偶的力偶矩取决于该力系对简化中心的主矩。

由于主矢等于力系各力的矢量和，因此它与简化中心位置的选择无关；而主矩等于力系各力对简化中心之矩的代数和，通常它与简化中心位置的选择有关。这是因为选择不同位置的点作为简化中心时，各力偶的力臂及转向均有改变，因此各力对简化中心的矩也随之改变。因此提到主矩时，都必须指明矩心的位置。

在力系所在平面内取直角坐标系 Oxy，将式（3.1）中各力矢量分别在坐标轴上投影，于是可知力系主矢在坐标轴上的投影等于各力在同一坐标轴上投影的代数和，也即

$$\left. \begin{array}{l} F'_{Rx} = \sum_{i=1}^{n} F_{ix} = \sum F_x \\ F'_{Ry} = \sum_{i=1}^{n} F_{iy} = \sum F_y \end{array} \right\} \quad (3.3)$$

求出 F'_{Rx} 和 F'_{Ry}，即可确定主矢 $\boldsymbol{F}'_R$ 的大小和方向余弦，即

$$\left. \begin{array}{l} F'_R = \sqrt{F'^2_{Rx} + F'^2_{Ry}} = \sqrt{(\sum F_x)^2 + (\sum F_y)^2} \\ \cos\alpha = \dfrac{F'_{Rx}}{F'_R} = \dfrac{\sum F_x}{F'_R}, \quad \cos\beta = \dfrac{F'_{Ry}}{F'_R} = \dfrac{\sum F_y}{F'_R} \end{array} \right\} \quad (3.4)$$

三、平面任意力系的简化结果讨论

平面任意力系向作用面内任意一点简化后，其结果可能有以下几种情况：

（1）当主矢 $\boldsymbol{F}'_R = 0$，主矩 $M_O = 0$ 时，力系平衡。这种情况是本章将予以重点讨论的内容。

（2）当主矢 $\boldsymbol{F}'_R = 0$、主矩 $M_O \neq 0$ 时，原力系无论向哪一点简化，最终是作用于简化中心的力系平衡，而附加的力偶系不平衡，可合成为一个力偶，即与原力系等效的合力偶，其合力偶矩等于主矩，主矩与简化中心的选择无关。

（3）当主矢 $\boldsymbol{F}'_R \neq 0$、主矩 $M_O = 0$ 时，附加的力偶系平衡，只有一个与原力系等效的合力，合力作用线通过所选择的简化中心，大小和方向与原力系主矢相同。

（4）当主矢 $\boldsymbol{F}'_R \neq 0$、主矩 $M_O \neq 0$ 时，也即主矢与主矩都不为零，如图 3.6（a）所示，可应用力的平移定理进一步简化。这时，附加力偶系的合力偶可用力偶矩为 M_O 的力偶（$\boldsymbol{F}''_R, \boldsymbol{F}_R$）表示，并令 $F_R = F''_R = F'_R$，显然力 $\boldsymbol{F}''_R$ 与 $\boldsymbol{F}'_R$ 共线并反向，如图 3.6（b）所示，是平衡力系可将其去掉，最后就只剩下一个作用线通过点 O' 的力 $\boldsymbol{F}_R$ 与原力系等效，如图 3.6（c）所示，此力 $\boldsymbol{F}_R$ 就是原力系的合力。合力 $\boldsymbol{F}_R$ 的大小和方向与力系的主矢 $\boldsymbol{F}'_R$ 相同，而合力的作用线在简化中心 O 的哪一侧，需根据主矢和主矩的方向确定，合力 $\boldsymbol{F}_R$ 的作用线到简化中心 O 的距离可由下式计算：

$$d = \frac{|M_O|}{F'_R} \quad (3.5)$$

综上所述，平面任意力系简化的结果有三种情况：一是力系可简化为一个力；二是力系

可简化为一个力偶；三是力系的主矢和主矩同时为零，力系处于平衡状态。简化结果如表 3.1 所示。

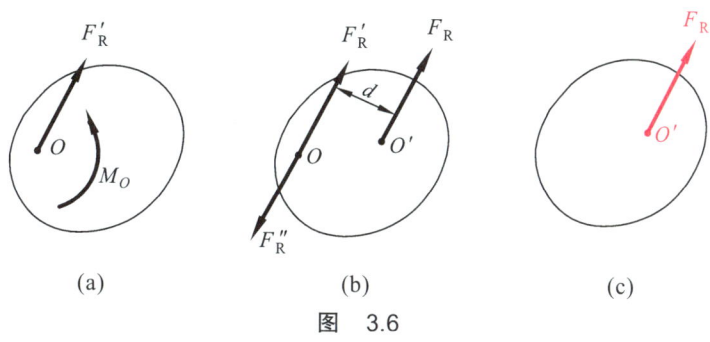

图 3.6

表 3.1 平面任意力系的简化结果

主矢与主矩	简化结果
$F_R' \neq 0$，$M_O \neq 0$	一个力，作用线与简化中心的距离 $d = \dfrac{\|M_O\|}{F_R'}$
$F_R' \neq 0$，$M_O = 0$	一个力，作用线通过简化中心
$F_R' = 0$，$M_O \neq 0$	一个力偶，此时改变简化中心位置，结果不变
$F_R' = 0$，$M_O = 0$	平衡

进一步由图 3.6（c）以及式（3.5）也可以看出，平面任意力系的合力 F_R 对点 O 的矩为

$$M_O(\boldsymbol{F}_R) = F_R d = M_O$$

再由式（3.1），有

$$M_O = \sum M_O(\boldsymbol{F}_i)$$

即得

$$M_O(\boldsymbol{F}_R) = \sum M_O(\boldsymbol{F}_i) \tag{3.6}$$

由于简化中心 O 是任意选取的，故式（3.6）具有普遍意义。可见，平面任意力系的合力对作用面内任意一点的矩等于力系中各力对同一点的矩的代数和。这就是合力矩定理。

工程实际中作用在物体上的力都是比较复杂的，在分析、运算而建立的力学模型中，需要对实际的力进行必要的抽象和简化。例如，一个人站在地面上，虽然人与地面之间有一定的接触面积，但可忽略此面积，把人与地面之间的作用力视为集中力。但是在工程中，有的荷载不能视为集中力，分布于物体中或物体的表面，或沿一条线的方向分布，这些都是分布荷载。对分布荷载的度量我们用"荷载集度"的概念表达，用符号 q 表示。线分布荷载是平面力系问题中常见的一种荷载形式，其单位为 kN/m，在运算中应对分布荷载进行简化，在这里可利用合力矩定理对工程上常见的分布荷载，如均布荷载、线性分布荷载等进行简化，简化结果如图 3.7 所示。

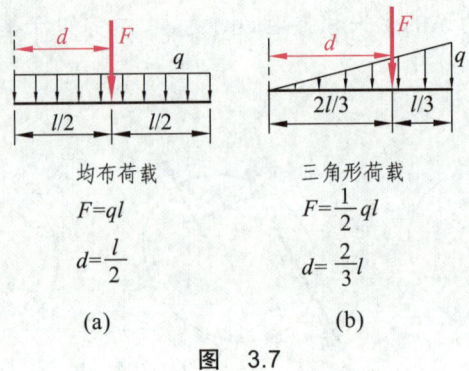

图 3.7

四、固定端约束

工程上的固定端约束很常见,如机床上装卡加工工件的卡盘对工件的约束[见图 3.8(a)]、大型机器(如摇臂钻床)中立柱对横梁的约束[见图 3.8(b)]、房屋建筑中墙壁对雨罩的约束[见图 3.8(c)]等。这类约束的构成形式虽多种多样,但其约束力有共同之处。要分析固定端的约束力,可以运用力系向作用面内一点简化的方法得到。固定端所受到的是一个平面任意力系,如图 3.9(a)所示,向点 O 简化为主矢 F_O 和主矩 M_O,如图 3.9(b)所示;主矢 F_O 因方向未知,故可用两个正交分量 F_{Ox}、F_{Oy} 表示。这样固定端的约束力即简化为 F_{Ox}、F_{Oy} 和 M_O,采用图 3.9(c)所示的表示法。

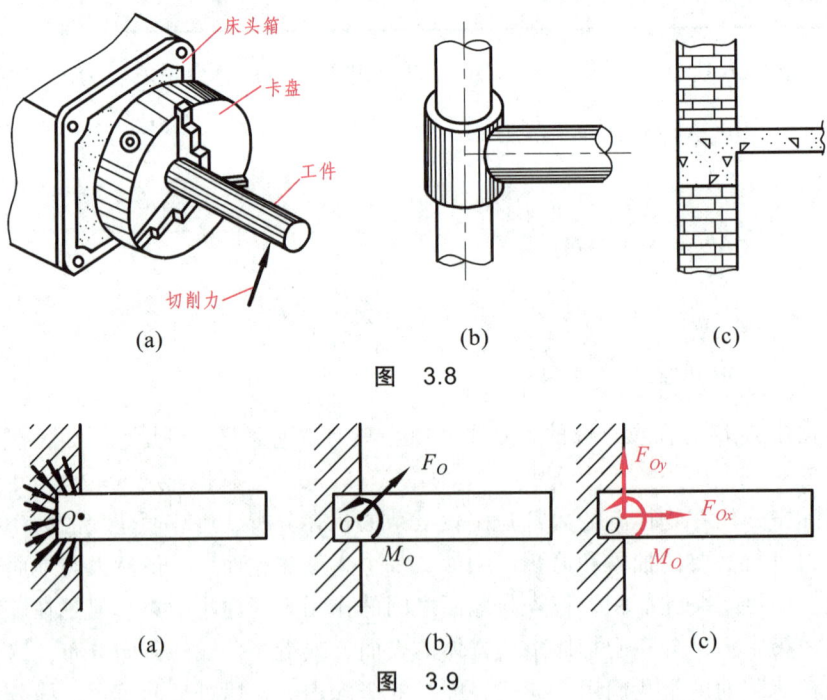

比较固定端约束和固定圆柱铰链的性质,可以看出固定端约束除了限制物体移动外,还限制物体在平面内转动,因此除了约束力外,还有约束力偶。而固定铰链约束没有约束力偶,它不能限制物体在平面内的转动。

第二节　平面任意力系平衡方程及应用

平面任意力系作用面内向一点简化的结果，有一种主矢和主矩为零的情况，即

$$\left.\begin{array}{l} F'_R = 0 \\ M_O = 0 \end{array}\right\} \qquad (3.7)$$

式（3.7）表明，作用于简化中心的平面汇交力系为平衡力系，附加的平面力偶系也是平衡力系，因此原力系必为平衡力系。也就是说，式（3.7）为平面任意力系平衡的充分条件。而从上一节简化结果中的其他情况看，主矢和主矩中只要有一个不等于零或者主矢和主矩都不等于零，这些都表示力系不能平衡。只有当主矢和主矩都等于零，力系才能平衡，因此式（3.7）又为平面任意力系平衡的必要条件。于是平面任意力系平衡的必要和充分条件是：力系的主矢和对任意一点的主矩都等于零。

平面任意力系平衡条件也可用解析式表达。将式（3.2）和式（3.3）代入式（3.7），得

$$\left.\begin{array}{l} \sum F_x = 0 \\ \sum F_y = 0 \\ \sum M_O = 0 \end{array}\right\} \qquad (3.8)$$

这就是平面任意力系平衡的解析表达式。该式表明，力系中所有各力在直角坐标系 Oxy 中各坐标轴上的代数和分别等于零，以及各力对任意一点的矩的代数和等于零。式（3.8）称为平面任意力系的平衡方程。式（3.8）为三个独立的平衡方程，只能求解三个未知量。

式（3.8）中只有一个力矩方程，故又称平面任意力系平衡方程的一矩式。其中前两个式子称为投影方程，第三个式子称为力矩方程。另外，平面任意力系平衡方程还可写成其他的两种表达形式。

三个平衡方程中有两个力矩方程和一个投影方程即称为二矩式，即

$$\left.\begin{array}{l} \sum F_x = 0 \\ \sum M_A = 0 \\ \sum M_B = 0 \end{array}\right\} \qquad (3.9)$$

式中，A、B 两点的连线不能与轴 x 垂直。

三个平衡方程是三个力矩方程时称为三矩式，即

$$\left.\begin{array}{l} \sum M_A = 0 \\ \sum M_B = 0 \\ \sum M_C = 0 \end{array}\right\} \qquad (3.10)$$

式中，A、B、C 三点不在同一直线上。

应用平面任意力系的平衡方程可以求解相关问题中的未知量，在实践中主要是求解构件中的约束力。其解题步骤如下：

（1）选合适的研究对象：选取恰当的研究对象是正确解题的关键，简单的问题一般是只有一个构件，比较容易确定研究对象。对于结构中有多个构件的物体系统问题，选取正确的研究对象尤其重要。一般选取的研究对象应该既包含已知条件，也包含未知量。

（2）绘制受力图。

（3）建立坐标系，选取矩心。尽量使坐标轴与较多的未知力作用线垂直或平行，使矩心为更多未知力的交点。

（4）列平衡方程组，求解未知量。

（5）校核。建立多余方程校核计算结果。

【例3.1】 高炉上料车如图3.10（a）所示，车和料共重 $W=300$ kN，重心位于 C 点，已知 $a=1$ m，$b=1.4$ m，$e=1$ m，$d=1.4$ m，$\alpha=60°$，料车处于平衡状态。试求拉力 F 和轨道的支承力。

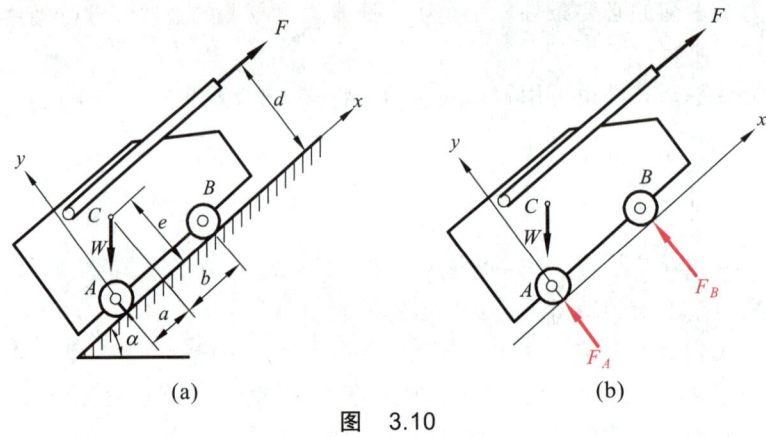

图 3.10

【解】 取整体为研究对象，受力图如图3.10（b）所示。选择坐标轴 Axy，列平衡方程：

$$\sum F_x = 0, \quad -W\cos 30° + F = 0$$

$$\sum F_y = 0, \quad F_A + F_B - W\sin 30° = 0$$

$$\sum M_A = 0, \quad F_B(a+b) - Fd + (We\cos 30° - Wa\sin 30°) = 0$$

解以上方程组得

$$F_A = 44.2 \text{ kN}, \quad F_B = 105.8 \text{ kN}, \quad F = 259.8 \text{ kN}$$

【例3.2】 悬臂梁 AB 如图3.11（a）所示。梁上作用有均布荷载，荷载集度为 q，梁的自由端作用有一集中力 F_P 和一力偶矩 M，梁的长度为 l。试求固定端 A 处的约束力。

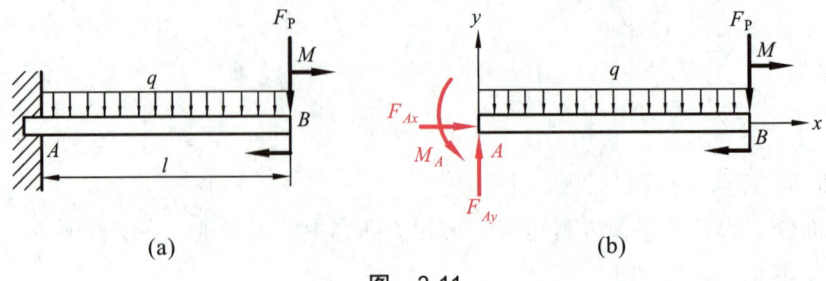

图 3.11

【解】 取悬臂梁 AB 为研究对象，受力图如图 3.11（b）所示。选择坐标系 Axy，列平衡方程：

$$\sum F_x = 0, \quad F_{Ax} = 0$$

$$\sum F_y = 0, \quad F_{Ay} - ql - F_P = 0$$

$$\sum M_A = M_A - ql \cdot \frac{l}{2} - F_P l - M = 0$$

解以上方程组得

$$F_{Ax} = 0, \quad F_{Ay} = ql + F_P, \quad M_A = \frac{1}{2}ql^2 + F_P l + M$$

实际上，第二章所述平面汇交力系和平面力偶系的平衡是平面任意力系平衡的特殊情形。对于前者，因各力对其汇交点之矩均为零，即 $\sum M = 0$，故只有两个平衡方程；而对于后者，因每个力偶在任何一坐标轴上的投影均为零，即 $\sum F_x = \sum F_y = 0$，故只有一个力矩平衡方程。另对于工程上常见的平面平行力系的平衡，也是平面任意力系平衡的一种特殊情形。若已知平面平行力系与选择的轴如 x 轴垂直或与 y 轴平行（见图 3.12），则这些力在 x 轴上的投影为零，即 $\sum F_x = 0$。于是平面平行力系的平衡方程只有两个，即

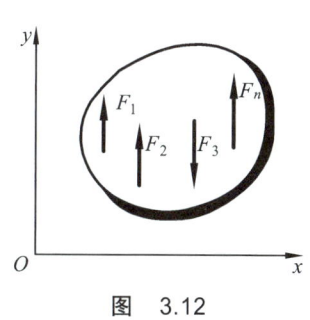

图 3.12

$$\left. \begin{array}{l} \sum F_y = 0 \\ \sum M_A = 0 \end{array} \right\} \quad (3.11)$$

在这种情况下，考察平面任意力系平衡方程的二矩式方程，因 $\sum F_x = 0$，故平面平行力系的平衡方程在这时只有两个力矩方程，即

$$\left. \begin{array}{l} \sum M_A = 0 \\ \sum M_B = 0 \end{array} \right\} \quad (3.12)$$

式中，A、B 两点的连线不能与各力作用线平行。

至此，我们分别讨论了平面汇交力系、平面力偶系、平面任意力系和平面平行力系的平衡条件，现将各种平面力系的平衡方程总结并列表 3.2。

表 3.2 平面力系的平衡方程

力系种类	平衡方程	使用条件	可求未知量数目
平面汇交力系	$\sum F_x = 0$，$\sum F_y = 0$		2
平面力偶系	$\sum M = 0$		1

力系种类	平衡方程	使用条件	可求未知量数目
平面任意力系	$\sum F_x = 0, \sum F_y = 0, \sum M_O = 0$		3
	$\sum F_x = 0, \sum M_A = 0, \sum M_B = 0$	AB 连线不垂直于 x 轴	
	$\sum M_A = 0, \sum M_B = 0, \sum M_C = 0$	A、B、C 三点不共线	
平面平行力系	$\sum F_y = 0, \sum M_O = 0$		2
	$\sum M_A = 0, \sum M_B = 0$	AB 连线不平行于各力作用线	

【例 3.3】 图 3.13 所示塔式起重机,机身总重力的大小 $W_1 = 220$ kN,作用线过塔架的中心,最大起吊重量 $F_P = 50$ kN,平衡块重力为 W_2,尺寸如图所示。

试求:(1)为使起重机在满载和空载时不致翻倒,平衡块的重力应为多大?

(2)设 $W_2 = 30$ kN,且起重机满载,求轨道的约束力。

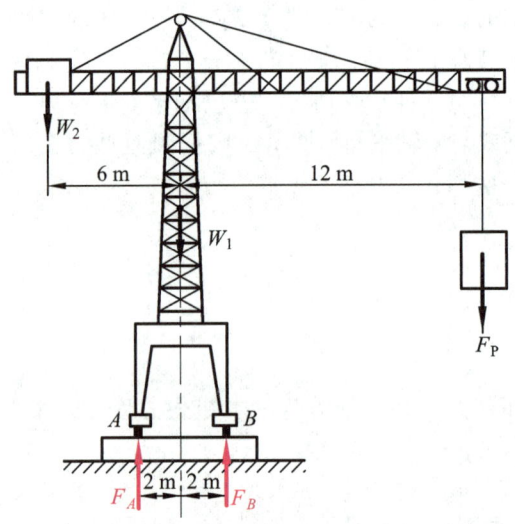

图 3.13

【解】 (1)取起重机整体为研究对象,受力图如图 3.13 所示。为方便,可在原图上画受力图,但应注意此时约束已解除。当起重机满载时,即 $F_P = 50$ kN,列此状态下的平衡方程,得

$$\sum M_B = 0, \quad (6+2)W_2 + 2W_1 - (12-2)F_P - (2+2)F_A = 0$$

在这种情况下,起重机工作不允许绕支点 B 顺时针倾倒,也就应有 $F_A \geqslant 0$,即地面对左轮的支承力必须大于等于零,或者应有

$$F_A = 2W_2 + 0.5W_1 - 2.5F_P \geqslant 0$$

解此方程得

$$W_2 \geqslant 7.5 \text{ kN}$$

同理,当起重机在空载时,即 $F_P = 0$,列出此状态下的平衡方程:

$$\sum M_A = 0, \quad (6-2)W_2 + 4F_B - 2W_1 = 0$$

相应的应有 $F_B \geqslant 0$，即

$$F_B = 0.5W_1 - W_2 \geqslant 0$$

解此方程得

$$W_2 \leqslant 110 \text{ kN}$$

综合以上结论，当 $7.5 \text{ kN} \leqslant W_2 \leqslant 110 \text{ kN}$ 时，为起重机在满载和空载时都不致翻倒的条件。

（2）仍取整体为研究对象，由其受力图，令 y 轴向上取正，列平衡方程：

$$\sum M_B = 0, \quad (6+2)W_2 + 2W_1 - (12-2)F_P - (2+2)F_A = 0$$

$$\sum F_y = 0, \quad F_A + F_B - W_2 - W_1 - F_P = 0$$

以上解方程，得轨道的约束力 $F_A = 45 \text{ kN}$，$F_B = 255 \text{ kN}$。

第三节　物体系统的平衡

两个或两个以上的物体通过一定的约束方式连接而成的系统称为**物体系统**。研究物体系统的平衡问题，不仅要研究整个系统的平衡问题，而且还要研究系统内每个物体的平衡问题。凡系统外任何物体作用于系统的力即为系统的外力，而系统内各物体之间相互作用的力即为系统的内力。由于系统内力是成对的分别作用在系统内两个相连接的物体上，故研究整个系统的平衡时，这些力不必考虑。

求解物体系统平衡问题的步骤，应视物体系统内各物体之间的联系情况而定。为了能简捷地求出所要求的未知量，需要灵活选取研究对象，先可以选整个系统或选局部系统为研究对象，然后将系统内各个物体相互脱离，单独取分离体，写出适当的平衡方程，依次求出各个未知量。总之，如何选取研究对象，应根据问题的具体情况而定，以解题简便为原则。

当然，也不是所有的物体系统都可以用平衡方程解出全部未知量。如图 3.14 所示的结构是三铰拱，左拱 AC 和右拱 BC 在 C 处通过铰链连接，如图 3.14（a）所示，拱 BC 由于只在 B、C 处受力成为二力构件，其受力图如图 3.14（c）所示，图中只有三个未知约束力，可以列出三个平衡方程，故结构的未知约束力可完全解出。当把左拱 AC 和右拱 BC 在铰 C 处焊接成一个整体，如图 3.14（b）所示，其受力图如图 3.14（d）所示，图中有四个未知约束力，但只能列出三个平衡方程，故结构的未知约束力不能完全解出。

若物体系统中未知约束力的数目等于独立平衡方程的数目，则所有未知约束力都能由平衡方程解出，这类问题即称为**静定问题**。若未知约束力的数目多于独立平衡方程的数目，则这些未知约束力就无法全部由平衡方程解出，这类问题即称为**超静定问题**。对于超静定问题的求解，需要增加一些补充方程，使方程的数目等于未知力的数目，才能够完全求解出所有的约束力。

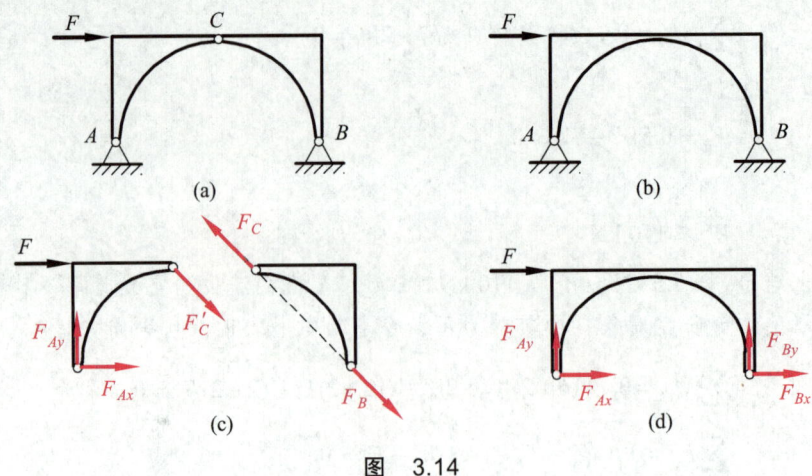

图 3.14

【例 3.4】 图 3.15（a）为三铰拱的示意图。设拱的自重不计，拱上有力 F_1 和 F_2 作用，试求支座 A、B 及中间铰 C 处的约束力。

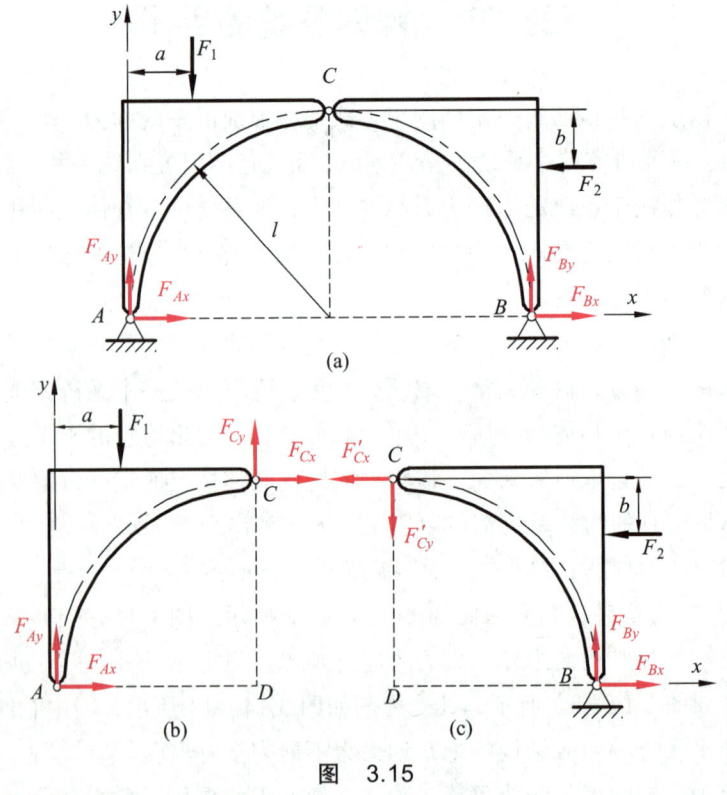

图 3.15

【解】 分别画出左右半拱 AC、BC 的受力图，如图 3.15（b）、（c）所示。AC、BC 在平面一般力系作用下处于平衡，分别可列出三个独立的平衡方程，共有六个平衡方程，可解六个未知量，因此属于静定问题，但这样求解较为烦琐。现从整体的平衡考虑，共有四个未知的约束力，而独立的平衡方程只有三个，可再取左半拱为研究对象，列三个独立的平衡方程，共有六个平衡方程，可解六个未知量，因而问题可解。

(1)取整体为研究对象,受力图如图 3.15(a)所示。为方便可将受力图画在原图上,但应明确此时约束已经解除。可以看出,在三铰拱上作用有主动力 F_1 和 F_2,约束力 F_{Ax}、F_{Ay}、F_{Bx}、F_{By},这些力属于整体系统的外力。

选择坐标系 Axy,列平衡方程:

$$\sum M_A = 0 , \quad -F_1 a + F_2(l-b) + F_{By} \times 2l = 0$$

解此方程得

$$F_{By} = \frac{F_1 a - F_2(l-b)}{2l}$$

$$\sum M_B = 0 , \quad F_1(2l-a) + F_2(l-b) - F_{Ay} \times 2l = 0$$

解此方程得

$$F_{Ay} = \frac{F_1(2l-a) + F_2(l-b)}{2l}$$

$$\sum F_x = 0 , \quad F_{Ax} + F_{Bx} - F_2 = 0$$

显然,以上列出三个独立的平衡方程后,只求得两个约束力 F_{Ay}、F_{By},而无法求出另外两个约束力 F_{Ax}、F_{Bx}。

(2)再取左半拱 AC 为研究对象,受力图如图 3.15(b)所示。拱 AC 上作用有主动力 F_1,除支座约束力 F_{Ax}、F_{Ay} 外,另还有中间铰相互作用力 F_{Cx}、F_{Cy},在整体系统中视为内力的 F_{Cx}、F_{Cy} 此时则属于左半拱 AC 的外力,列平衡方程:

$$\sum M_C = 0 , \quad F_1(l-a) + F_{Ax} l - F_{Ay} l = 0$$

将求得的 F_{Ay} 代入上式,解此方程得

$$F_{Ax} = \frac{F_1 a + F_2(l-b)}{2l}$$

进而由整体的投影方程求得

$$F_{Bx} = \frac{F_2(l+b) - F_1 a}{2l}$$

列平衡方程:

$$\sum F_x = 0 , \quad F_{Ax} + F_{Cx} = 0$$

$$\sum F_y = 0 , \quad F_{Ay} + F_{Cy} - F_1 = 0$$

解此方程组得

$$F_{Cx} = -\frac{F_1 a + F_2(l-b)}{2l}, \quad F_{Cy} = \frac{F_1 a - F_2(l-b)}{2l}$$

由此例题的求解过程可以看出，对于物体系统平衡问题的分析应注意两点：

（1）应通过物体系统的受力分析判断其静定性质。在系统的平衡问题中，不同的力系都对应着一定数目的独立平衡方程数，而所列出的独立平衡方程的数目，一般来说都等于系统中每个物体的独立方程数目的总和。若物体系统由 n 个物体组成，而每个物体可列出 3 个独立平衡方程，则该系统有 $3n$ 个独立方程，可解 $3n$ 个未知量。

（2）由于物体系统由多个物体组成，故研究对象的选取与平衡问题能否求解以及求解繁简密切相关。为使计算简便，在选取研究对象和列平衡方程时，应使方程尽可能含有少的未知量，当然最好是一个方程含一个未知量，避免解联立方程。由此看来，一般情况下先以整体为研究对象，因无法求得全部约束力，故需再以整体系统的某一部分为研究对象，并以选取受已知主动力和未知约束力共同作用的那一部分物体为好。但这不是绝对的，在某些情况下先以局部为研究对象进行计算会更简便，因此应视具体情况而定。

【例 3.5】 构架由杆 AB、AC 和 DF 组成，如图 3.16（a）所示。杆 DF 上的销子 E 可在杆 AC 的光滑槽内滑动，不计各杆的自重。已知杆 DF 水平时在右端作用有铅垂力 F_P，试求铰链 B、C 所受的力。

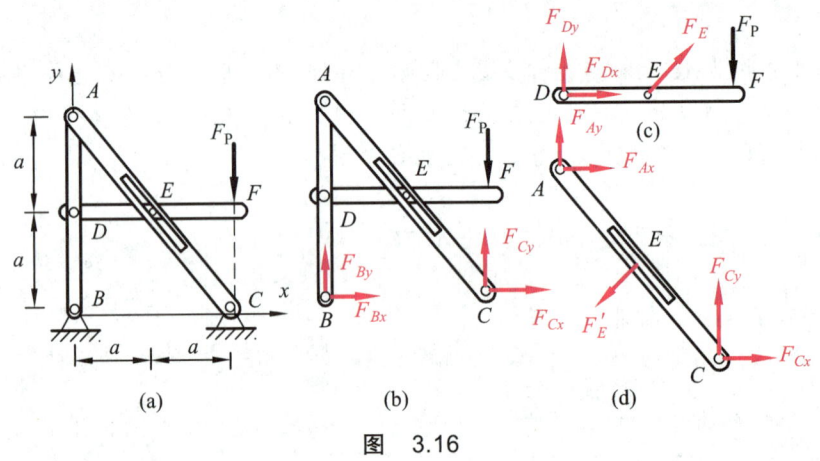

图 3.16

【解】（1）由于只需求解构件系统的外力，应先考虑取整体为研究对象，但由于未知量有四个，方程只有三个，因此还需将构架拆开，并建立补充方程。先取整体为研究对象，受力图如图 3.16（b）所示，选择坐标系 Bxy，列平衡方程：

$$\sum F_x = 0, \quad F_{Bx} + F_{Cx} = 0$$
$$\sum F_y = 0, \quad F_{By} + F_{Cy} - F_P = 0$$
$$\sum M_B = 0, \quad F_{Cy} \times 2a - F_P \times 2a = 0$$

（2）取杆 DF 为研究对象，受力图如图 3.16（c）所示。列平衡方程：

$$\sum M_D = 0, \quad F_E \sin 45° \times a - F_P \times 2a = 0$$

（3）取杆 AC 为研究对象，受力图如图 3.16（d）所示。列平衡方程：

$$\sum M_A = 0, \quad F_{Cy} \times 2a + F_{Cx} \times 2a - F'_E \times \sqrt{2}a = 0$$

式中，$\boldsymbol{F}'_E$ 与 $\boldsymbol{F}_E$ 为作用力与反作用力，有 $F'_E = F_E$。

求解以上 5 个平衡方程，得

$$F_{Bx} = -F_P, \quad F_{By} = 0 \; ; \quad F_{Cx} = F_P, \quad F_{Cy} = F_P \; ; \quad F_E = 2\sqrt{2}F_P$$

约束力 $F_{Bx} = -F_P$ 为负，表示该力假设方向与实际方向相反。

思考题

3.1 平面任意力系向作用面内的任意一点（简化中心）简化，可得到一个力和一个力偶。这个力的力矢等于原力系中各力的_____和，称为原力系的主矢。这个力偶的力偶矩等于原力系中各力对简化中心的_____和，称为原力系对简化中心的主矩。

3.2 平面任意力系的主矢与该力系的合力有何关系？主矢与简化中心的选择有何关系？主矩与简化中心的选择有何关系？

3.3 平面汇交力系、平面力偶系向作用面内任意一点的简化结果分别是什么？

3.4 如何判定物体系统平衡的静定与超静定问题？

3.5 平面力系向平面内某点简化得到一合力，若另选适当的点为简化中心，则最终简化的结果可能是什么？

3.6 某平面力系向点 A 简化后主矢 $\boldsymbol{F}'_R = 0$，主矩 $M_A \neq 0$，向点 B 简化得到主矢 $\boldsymbol{F}'_R$ 和主矩 M_B，试问这种情况下 $\boldsymbol{F}'_R$ 是否一定为零？M_B 与 M_A 有可能相等还是一定相等？

3.7 某平面力系向平面内任意一点简化后的结果都相同，那么此力系简化的最终结果可能会有哪些情况？

3.8 如图 3.17 所示，三个力作用于 A、B、C 点，连接这三点所画 $\triangle ABC$ 是等腰直角三角形。另外，此三力大小有 $\sqrt{2}F_1 = \sqrt{2}F_2 = F_3$。此力系向 A、C 点简化的结果是什么？如果简化结果相同，是何故？

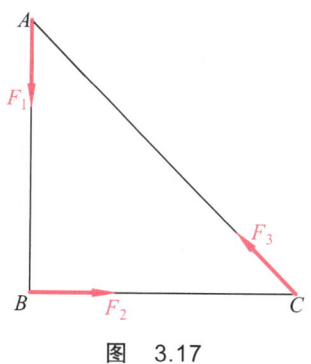

图 3.17

3.9 试判断图 3.18 所示各受力机构是静定结构还是超静定结构。

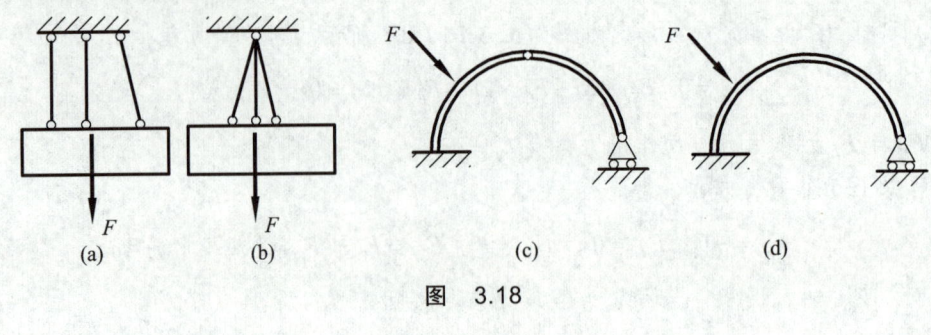

图 3.18

习 题

3.1 试求图 3.19 所示作用于某物体的力系向 A 点简化的结果,并且给出力系合力的大小及其到简化中心 A 点的距离。[答案:$F'_R = 336.7$ N,$M_A = 937$ N·m,$d = 2.8$ m]

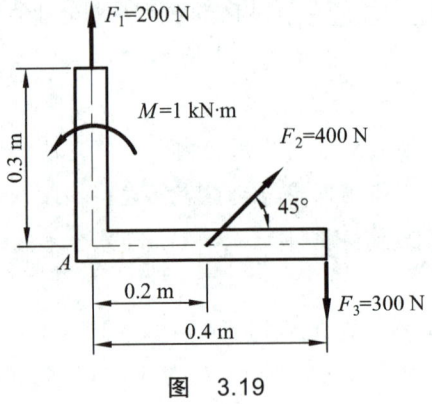

图 3.19

3.2 试求图 3.20 所示各梁和刚架的支座约束力。[答案:(a) $F_{Ax} = -1.4$ kN,$F_{Ay} = -1.1$ kN,$F_B = 2.5$ kN;(b) $F_{Ax} = 0$,$F_{Ay} = 17$ kN,$M_A = 33$ kN·m;(c) $F_{Ax} = 3$ kN,$F_{Ay} = 5$ kN,$F_B = -1$ kN]

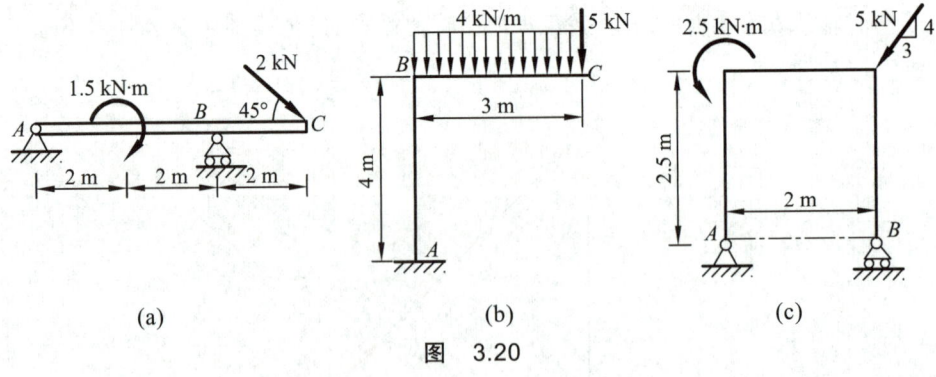

图 3.20

3.3 试求图 3.21 所示外伸梁支座 A、B 的约束力。[答案:(a) $F_{Ax} = 0$,$F_{Ay} = -\dfrac{1}{2}\left(F + \dfrac{M}{a}\right)$,$F_B = \dfrac{1}{2}\left(3F + \dfrac{M}{a}\right)$;(b) $F_{Ax} = 0$,$F_{Ay} = -\dfrac{1}{2}\left(F + \dfrac{M}{a} - \dfrac{5}{2}qa\right)$,$F_B = \dfrac{1}{2}\left(3F + \dfrac{M}{a} - \dfrac{1}{2}qa\right)$]

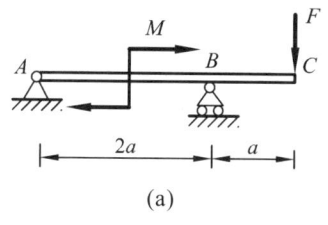
(a)

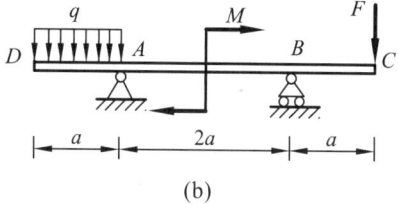
(b)

图 3.21

3.4 飞机起落架的尺寸如图 3.22 所示。各杆连接点 A、B、C 均为铰链，其中杆 OA 垂直于点 A 和 B 的连线。当飞机等速直线滑行时，地面作用于轮上的铅垂正压力 $F_N = 30$ kN，水平摩擦力和各杆自重都比较小，忽略不计，图中尺寸单位为 mm。试求 A、B 两处的约束力。[答案：$F_{Ax} = -4.661$ kN, $F_{Ay} = -47.62$ kN, $F_B = 22.4$ kN]

3.5 水平梁 AB 由铰链 A 和杆 BC 所支持，如图 3.23 所示。在梁上 D 处用销子安装半径为 $r = 0.1$ m 的滑轮。有一跨过滑轮的绳子，其一端水平地系于墙上，另一端悬挂有重 $W = 1.8$ kN 的重物。已知 $AD = 0.2$ m，$BD = 0.4$ m，$\varphi = 45°$，梁、杆、滑轮和绳自重不计。试求铰链 A、杆 BC 对梁的约束力。[答案：$F_{Ax} = 2.4$ kN, $F_{Ay} = 1.2$ kN, $F_{BC} = 848.5$ N]

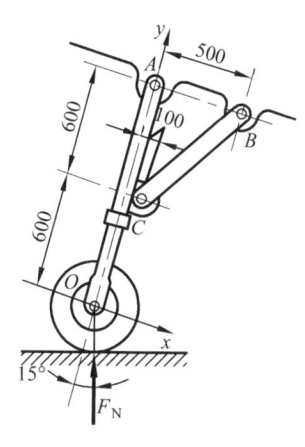

图 3.22

3.6 如图 3.24 所示刚架，已知 $q = 3$ kN/m，$F = 6\sqrt{2}$ kN，$M = 12$ kN·m。刚架自重不计，试求固定端 A 处的约束力。[答案：$F_{Ax} = 0$, $F_{Ay} = 6$ kN, $M_A = -14$ kN·m]

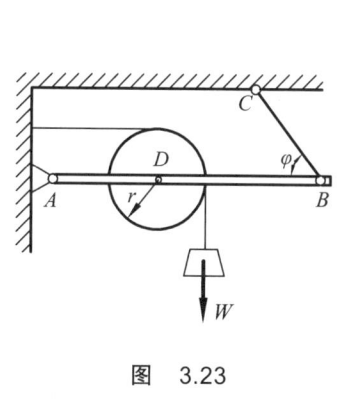

图 3.23

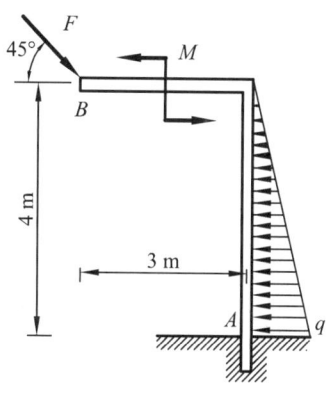

图 3.24

3.7 如图 3.25 所示，组合梁两杆由 AC 和 DC 铰接所构成，起重机置于梁上。已知起重机重 $W_1 = 50$ kN，其重心在铅垂线 EC 上，起重荷载 $W_2 = 10$ kN，今不计梁重，梁结构尺寸如图。试求当起重机的外伸臂和梁 AB 在同一铅垂面内时，支座 A、B 和 D 的约束力。[答案：$F_A = -48.33$ kN, $F_B = 100$ kN, $F_D = 8.333$ kN]

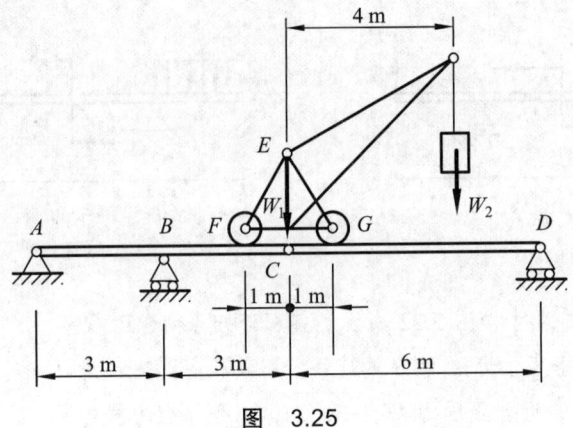

图 3.25

3.8 由杆 AC 和 CD 构成的组合梁通过铰链 C 连接，梁的受力如图 3.26 所示。已知均布荷载集度 $q=10$ kN/m，力偶矩 $M=40$ kN·m，不计梁重。试求支座 A、B、D 的约束力和铰链 C 处所受的力。[答案：$F_A=-15$ kN, $F_B=40$ kN, $F_C=5$ kN, $F_D=15$ kN]

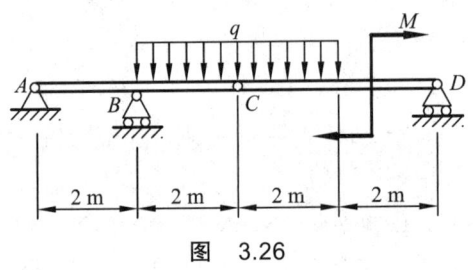

图 3.26

3.9 图 3.27 为一气动夹紧机构简图。已知气体压强 $p=4\times10^5$ Pa，气缸直径 $D=0.04$ m，活塞杆直径 $d=0.02$ m，杠杆 $l_1:l_2=5/3$，夹紧工件时连杆 AB 与铅垂线的夹角 $\alpha=10°$。各构件自重和各处摩擦不计，试求杠杆作用于工件上的夹紧力。[答案：$F=3\,563$ N]

3.10 曲柄滑道机构如图 3.28 所示，已知 $M=600$ N·m，$OA=0.6$ m，$BC=0.75$ m，机构在图示位置处于平衡，滑道和连杆位置角 $\alpha=30°$，$\beta=60°$。不计摩擦，试求此时的水平力 F 和铰链 O 和 B 的约束力。[答案：$F=616$ N, $F_O=1\,155$ N, $F_{Bx}=384$ N, $F_{By}=578$ N]

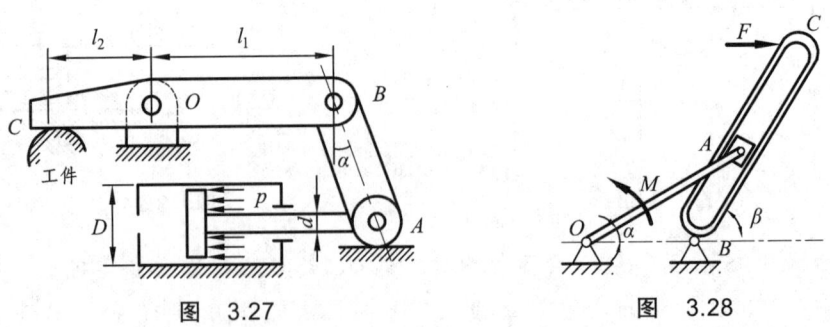

图 3.27 图 3.28

3.11 如图 3.29 所示压缩机，已知加于手柄的力 $F=200$ N，其方向垂直于杠杆 OA，拉杆 BC 垂直于 OB 并等分 $\angle ECD$，$\angle CED=11°20'=\arctan 0.2$，$OA=1$ m，$OB=0.1$ m。试求作用于物体 M 的压力。[答案：$F_N=5$ kN]

3.12 图 3.30 为破碎机传动机构，活动颚板 $AB = 0.6$ m，设破碎机工作时矿石对颚板的作用力大小 $F = 1$ kN，其方向垂直于板 AB，作用点为 H，已知 $AH = 0.4$ m，又 $BC = CD = 0.6$ m，$OE = 0.1$ m。试求破碎机在图示工作位置时电机作用于杆 OE 的力矩 M 的大小。[答案：$M = 70.4$ N·m]

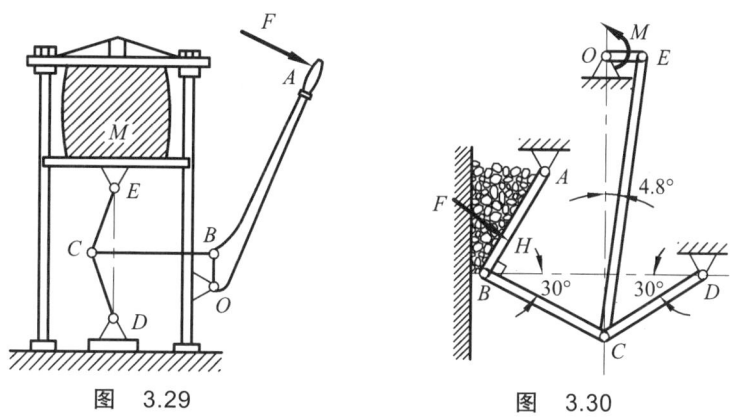

图 3.29　　　　　　　图 3.30

3.13 （综合应用题）图 3.31 所示为塔式起重机机构，试根据已知条件完成下列问题：

（1）绘制起重机受力分析图。

（2）令 $G = 500$ kN，最大起重量 $W_2 = 250$ kN，其他已知条件如图所示。试设计平衡锤 W_1 的最小重量和平衡锤到 A 支座的最大距离。[答案：$W_{1,\min} = 333$ kN，$x_{\max} = 6.75$ m]

（3）令平衡锤到 A 支座的距离 $x = 5$ m，此时平衡锤的取值范围是多少？[答案：406.3 kN $\leqslant W_1 \leqslant 450$ kN]

（4）令平衡锤的重量 $W_1 = 430$ kN，平衡锤到 A 支座的距离 $x = 5$ m，分别在满载和空载的时候计算支座约束力。[答案：满载：$F_{NA} = 63$ kN，$F_{NB} = 1117$ kN；空载：$F_{NA} = 897$ kN，$F_{NB} = 33$ kN]

（5）从上述结论可发现，如果设定 x 的距离为 5 m，平衡锤的取值范围很窄，对起重机而言不是很安全，可采取哪些措施？

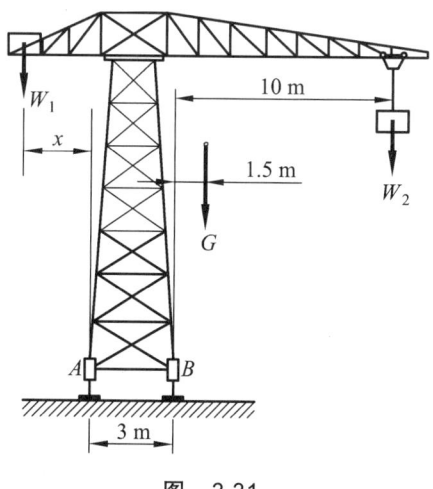

图 3.31

阅读材料

阿基米德

阿基米德是古希腊伟大的数学家、力学家，公元前278年生于西西里岛的叙拉古，公元前212年卒于同地。早年他在当时的文化中心亚历山大跟随欧几里得的学生学习，以后和亚历山大的学者保持紧密联系，因此他算是亚历山大学派的成员。后人对阿基米德给以极高的评价，常把他和I. 牛顿、C. F. 高斯并列为有史以来贡献最大的三位数学家。

他的生平没有详细记载，但关于他的许多故事却广为流传。据说他确立了力学的杠杆定律之后，曾发出豪言壮语："给我一个支点，我就可以撑起整个地球！"叙拉古的玄厄洛王命金匠造一顶纯金的皇冠，因怀疑里面掺有银子，便请阿基米德鉴定一下。一天，他进入浴盆洗澡时，水漫溢到盆外，于是悟得不同材料的物体，虽然质量相同，但因体积不同，排去的水也不相等。根据这一道理，就可以判断皇冠是否掺假。阿基米德高兴得跳起来，赤身奔回家中，口中大呼："尤里卡！尤里卡！"（希腊语意思是"我找到了"）他将这一流体静力学的基本原理，即水对物体的浮力等于物体所排开水的重力，总结在他的名著《论浮体》中，后来以"阿基米德原理"著称于世。

流传下来的阿基米德的著作，主要有下列几种：《论球与圆柱》，这是他的得意杰作，包括许多重大的成就，如他从几个定义和公理出发，推导出了关于球与圆柱面积体积等50多个命题。《平面图形的平衡或其重心》，从几个基本假设出发，用严格的几何方法论证力学的原理，求出若干平面图形的重心。《数沙者》，设计一种可以表示任何大数目的方法，纠正有的人认为沙子是不可数的，即使可数也无法用算术符号表示的错误看法。《论浮体》，讨论物体的浮力，研究了旋转抛物体在流体中的稳定性。除此以外，还有一篇非常重要的著作，是一封给埃拉托斯特尼的信，内容是探讨解决力学问题的方法。这是1906年丹麦语言学家J. L. 海贝格在土耳其伊斯坦布尔发现的一卷羊皮纸手稿，原先写有希腊文，后来被擦去，重新写上宗教的文字。幸好原先的字迹没有擦干净，经过仔细辨认，证实是阿基米德的著作，它主要讲根据力学原理去发现问题的方法。后来以《阿基米德方法》为名刊行于世。

阿基米德的思想具有划时代意义，无愧为近代积分学的先驱。他还有许多其他的发明。没有一个古代的科学家，像阿基米德那样将熟练的计算技巧和严格的证明融为一体，并将抽象的理论和工程技术的具体应用紧密结合起来。

第四章 摩 擦

【问题导入】

工程中绝大多数涉及平衡的问题均不考虑摩擦的影响,这是因为此时摩擦对平衡的影响较小,可忽略不计,因此这样处理是适当的。但在某些情形下必须考虑摩擦对平衡的影响,如图 4.1 所示的梯子必须依赖梯子与地面之间的静滑动摩擦力才能维持平衡。但即使考虑摩擦,人能到达的高度也是有限的,否则将失去平衡,那么梯子的平衡条件是怎样的呢?通过此章内容的学习可找到答案。

图 4.1

第一节 滑动摩擦

两个表面不是很光滑的物体,当其接触面之间有相对滑动趋势或相对滑动时,所产生的阻碍彼此相对滑动的力,即称为滑动摩擦力。滑动摩擦力作用在物体间相互接触面上,其方向与相对滑动趋势或相对滑动的方向相反。两物体尚未产生相对滑动而仅有滑动趋势时的摩擦力称为静滑动摩擦力,两物体已经产生相对滑动的摩擦力称为动滑动摩擦力。

如图 4.2 所示，放在不光滑桌面上的物体受水平拉力 F_T 的作用，拉力的大小由砝码的重力决定。由于拉力有使物体向右滑动的趋势，因此在桌面上会产生阻碍物体向右滑动的摩擦力，其方向水平向左，以 F_S 表示。当拉力 F_T 从零开始增加，在一定范围内，物体都能处于平衡状态，由平衡方程 $\sum F_x = 0$，静滑动摩擦力的大小即为 $F_S = F_T$。可见，静滑动摩擦力 F_S 随水平拉力的增大而增大。当 F_T 大小达到一定数值时，物体处于将要滑动而又尚未滑动的平衡的临界状态，此时用 $F_{max} = F_T$ 表示。这里的 F_{max} 即称为**最大静滑动摩擦力**，简称最大静摩擦力。若 F_T 继续增大，则物体会失去平衡而开始滑动，但最大静摩擦力不会随之增大，且物体滑动后的动摩擦力稍有减小。物体在此过程中摩擦力 F_S 与拉力 F_T 的关系如图 4.3 所示。

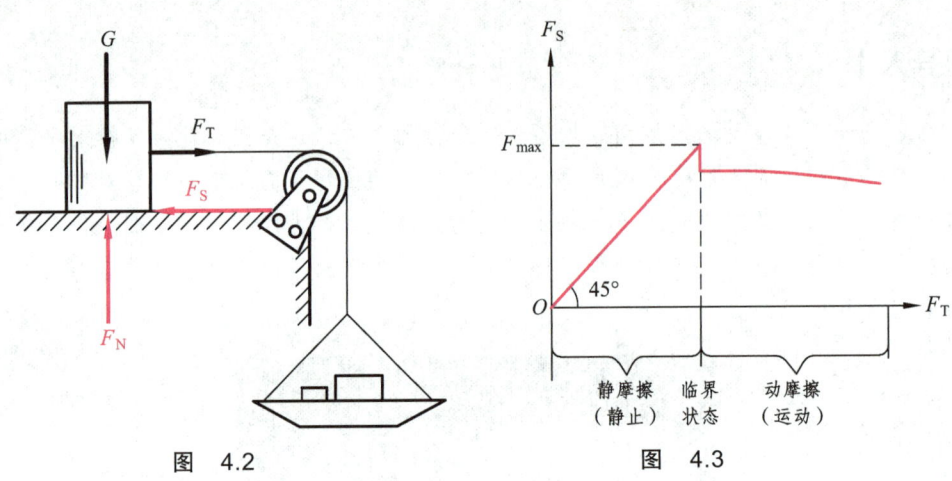

图 4.2　　　　　　　　　　图 4.3

大量实验证明，**最大静摩擦力 F_{max}** 与两物体间的正压力或法向约束力 F_N 成正比，即

$$F_{max} = f_S F_N \tag{4.1}$$

式（4.1）称为**静滑动摩擦定律**。式中的**比例常数 f_S** 称为**静摩擦因数**，为一个无量纲数，它的大小取决于接触物体的材料、接触面的粗糙程度、温度、湿度等，与接触面积大小无关。其值由实验测定，从有关工程手册可查到，表 4.1 为几种常用材料的静摩擦因数。

表 4.1　几种常用材料的静摩擦因数

材　料	f_S 值	材　料	f_S 值
钢-钢	0.15	土-木材	0.3～0.7
钢-铸铁	0.3	木材-木材	0.4～0.6
铸铁-木材	0.4～0.5	混凝土-砖	0.7～0.8
铸铁-橡胶	0.5～0.7	混凝土-土	0.3～0.4

上述分析过程表明，静摩擦力的大小并不是一个定值，而是介于零与最大静摩擦力之间，即 $0 \leq F_S \leq F_{max}$。

物体彼此之间出现相对滑动后，在其接触面会产生动滑动摩擦力。实验表明，动滑动摩擦力的大小与两物体间接触面上的正压力或法向约束力 F_N 成正比，即 $F' = f_S' F_N$。式中，f_S' 称为**动摩擦因数**，它与接触物体的材料和表面状况以及相对滑动的速度大小有关，一般略小于静摩擦因数。在多数情况下，动摩擦因数随相对滑动速度的增大而稍微减小，但当相对滑动速度不太大，动摩擦因数可近似认为是个常数。

归纳起来，在考虑摩擦而分析摩擦力时，应明确物体是处于静止状态、临界状态还是相对滑动状态。也就是说：

（1）在静止时，静滑动摩擦力 F_S 的大小由静力平衡方程确定。其值在零与 F_{max} 之间，随作用于物体上的其他外力的变化而变化。

（2）在临界状态时，此时静滑动摩擦力 F_S 同时满足静滑动摩擦定律和静力平衡方程。

（3）在相对滑动时，动滑动摩擦力满足动滑动摩擦定律，此时动摩擦力 F' 不再由静力平衡方程确定。在一般工程的近似计算中，通常认为动摩擦因数与静摩擦因数相等，即 $f_S' = f_S$。

第二节　摩擦角与自锁现象

一、摩擦角

当有摩擦时，支承面对平衡物体的约束力包括法向约束力 F_N 和切向约束力即静摩擦力 F_S。这两个力的合力 F_R 称为**支承面的全约束力**，它的作用线与接触面法线之间的夹角为 φ，如图 4.4（a）所示。因为 F_N 的大小等于物体重力 W 的大小，所以 φ 的大小随静摩擦力 F_S 的增大而增大。当物体处于平衡的临界状态时，静摩擦力达到最大值 F_{max}，夹角 φ 也达到最大值 φ_m，这时全约束力与接触面法线间夹角的最大值 φ_m 称为**摩擦角**，如图 4.4（b）所示。在 $F_S = F_{max}$ 的情况下，可得

$$\tan \varphi_m = \frac{F_{max}}{F_N} = \frac{f_S F_N}{F_N} = f_S \tag{4.2}$$

即摩擦角的正切等于静摩擦因数。可见摩擦角与静摩擦因数一样，是表征材料表面性质的量。

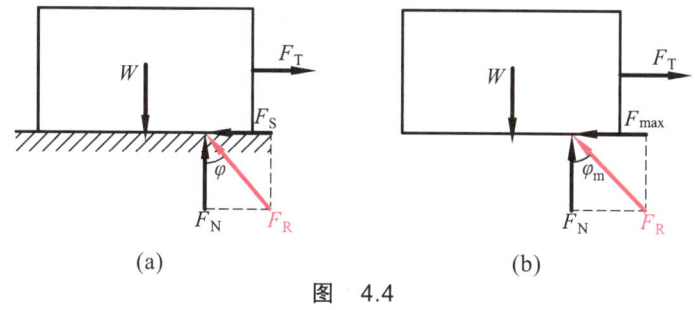

图 4.4

二、自锁现象

物体在平衡状态下，静摩擦力并非一定是最大值，而是在零与最大值 F_{max} 之间变化，相应的全约束力与接触面法线之间的夹角也在零与 φ_m 之间变化，即

$$0 \leqslant \varphi \leqslant \varphi_m$$

因此全约束力与接触面法线之间的夹角一定在摩擦角 φ_m 之内。由此可知：

（1）若作用于物体的主动力的合力 F_P 作用线在摩擦角 φ_m 之内，则不论这个力有多么大，物体必保持静止，这种现象即称为**自锁现象**，如图 4.5（a）所示。因为在这种情况下，只要主动力的合力 F_P 的作用线与接触面法线之间的夹角不超过 φ_m，即

$$\theta \leqslant \varphi_m \tag{4.3}$$

因此主动力的合力 F_P 和全约束力必满足二力平衡条件，相应的式（4.3）即称为**自锁条件**。工程上常应用自锁条件设计一些机具，如千斤顶、压榨机、圆锥销等，使它们始终保持在平衡状态下工作。

（2）若作用于物体的主动力的合力 F_P 的作用线在摩擦角 φ_m 之外，则无论这个力有多么小，物体一定会滑动，如图 4.5（b）所示。因为在这种情况下，$\theta > \varphi_m$，主动力的合力 F_P 和全约束力不能满足二力平衡条件，所以应用这个原理可以设法避免发生自锁现象。

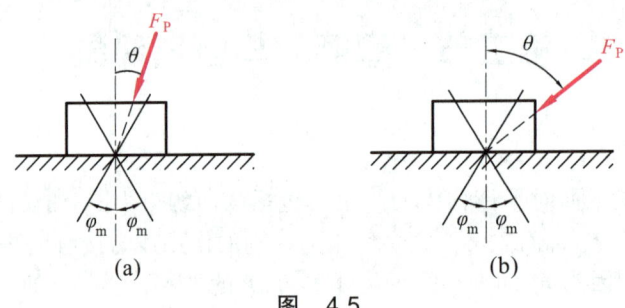

图 4.5

三、自锁现象的工程应用

自锁现象在实际工程中有很重要的应用价值，如电工攀登电线杆所用的套钩、用螺旋千斤顶顶起重物、用传送带输送物料等。而在有时候又要设法避免自锁现象的发生，如机器正常运行时的运动零件不允许因自锁而卡住。

利用摩擦角的概念，可用简单的试验方法测定静摩擦因数。即将要测量的两种材料做成斜面和物块，使物块放在斜面上（见图 4.6），此时物块只受到重力 G 和全约束力 F_R 的作用。慢慢增加斜面倾角 α，直到物块刚开始下滑即处于临界平衡状态时为止，这时的 α 倾角就是要测定的摩擦角 φ_m，继而由摩擦角 φ_m 的正切值即得静摩擦因数为

$$f_S = \tan\varphi_m = \tan\alpha$$

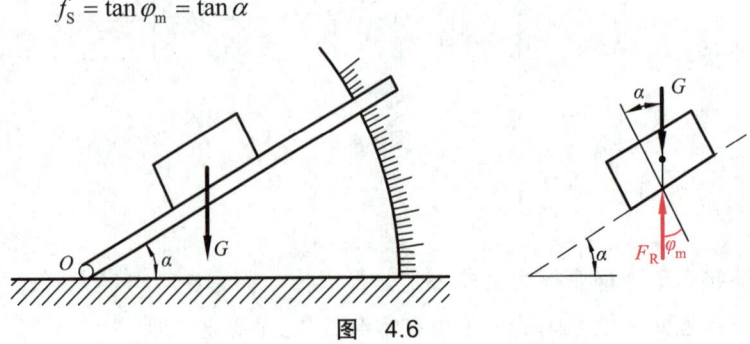

图 4.6

另由前面分析还可知，只要斜面倾角 $\alpha \leqslant \varphi_m$，则无论物块的重力多么大，都不能使物块在斜面上滑动，这就是斜面的自锁条件。斜面的这一自锁条件，其实也正是螺纹的自锁条件。例如螺旋千斤顶（见图 4.7），在工作时要求丝杆连同重物在任意位置都保持平衡，也即实现了自锁。螺纹可看做卷在圆柱体上的斜面，将它展开后，丝杆的一部分相当于滑块，螺纹槽底座相当于斜面，螺纹升角 θ 就是斜面倾角，螺纹的自锁条件就是螺纹升角 θ 小于或等于摩擦角。若螺旋千斤顶的丝杆与螺纹槽底座之间的静摩擦因数 $f_S = 0.1$，则 $\tan\varphi_m = 0.1$，得 $\varphi_m = 5°43'$。为保证螺旋千斤顶实现自锁，一般取螺纹升角 θ 为 $4° \sim 4°30'$。螺纹千斤顶的这一自锁原理适用于其他螺纹。

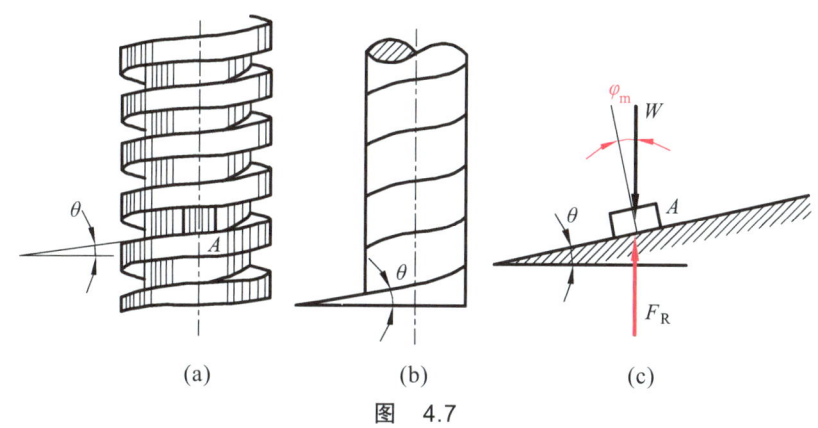

图 4.7

第三节 考虑有摩擦时物体的平衡问题

考虑有摩擦时物体的平衡问题，其解题方法、步骤与前面的在不计摩擦时的情形大致相同。在具体分析求解平衡问题时，还应注意以下几点：

（1）对物体进行受力分析时，除考虑一般约束力外，还必须考虑滑动摩擦力，这实际上是增加了未知量的数目。

（2）为了确定新增加的未知量，还需列补充方程，即 $F_S \leqslant f_S F_N$，补充方程的数目与摩擦力的数目相同。

（3）物体平衡时的摩擦力有一定范围，即 $0 \leqslant F_S \leqslant F_{max}$，因此有摩擦时物体平衡时的解也有一个范围，并不是一个确定的值。

在解决实际问题时，除了判定在有滑动摩擦的情况下物体是否平衡，其他和滑动摩擦有关的平衡问题均应在临界平衡状态下求解。此时应注意，最大静滑动摩擦力的方向必须准确判定。

【例 4.1】 物体重 $W = 980$ N，放在一倾角 $\alpha = 30°$ 的斜面上，已知接触面间的静摩擦因数 $f_S = 0.2$。现有一大小为 $F = 588$ N 的力沿斜面推物体，如图 4.8（a）所示。物体在斜面上是静止还是滑动？若静止，则静摩擦力等于多少？

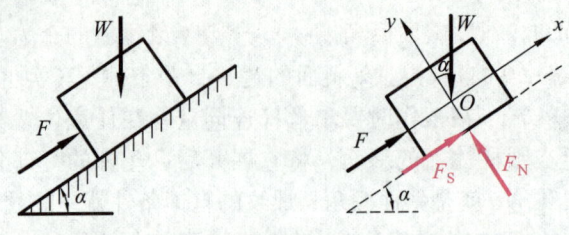

图 4.8

【解】 对物体进行受力分析，受力图如图 4.8（b）所示，选择直角坐标系 Oxy，建立平衡方程：

$$\sum F_y = 0, \quad F_N - W\cos\alpha = 0$$

解此方程得

$$F_N = 849 \text{ N}$$

将 F_N 的值代入式（4.1），得最大静滑动摩擦力为

$$F_{max} = f_S F_N = 0.2 \times 849 \text{ N} = 170 \text{ N}$$

求静滑动摩擦力 F_S：假设物体在斜面上处于静止，设摩擦力 F_S 方向如图 4.8（b）所示，建立平衡方程：

$$\sum F_x = 0, \quad F_S + F - W\sin\alpha = 0$$

$$F_S = W\sin\alpha - F = -98 \text{ N}$$

负号说明平衡时摩擦力 F_S 的实际方向和假设方向相反。因为 $F_S = 98 \text{ N} < F_{max} = 170 \text{ N}$，所以物体在斜面上静止。此题还可利用自锁的定义来求解，此处不作具体分析，读者可自行思考。

【例 4.2】 制动器的构造和主要尺寸如图 4.9（a）所示。制动块与鼓轮表面间的静摩擦因数为 f_S，制动块的厚度尺寸不计。试求制动鼓轮转动所需最小的力 F_P。

【解】 当鼓轮恰能被制动，即处于平衡的临界状态，这时所需的力 F_P 为最小。取鼓轮为研究对象，受力图如图 4.9（b）所示，列平衡方程：

$$\sum M_{O1} = 0, \quad F_T r - F_{max} R = 0$$

解此方程得

$$F_{max} = \frac{r}{R} F_T = \frac{r}{R} W$$

由于 $F_{max} = f_S F_N$，因此得 $F_N = \dfrac{Wr}{f_S R}$。

再取制动杆为研究对象，受力图如图 4.9（c）所示，列平衡方程：

$$\sum M_O = 0, \quad F_P a + F'_{max} c - F'_N b = 0$$

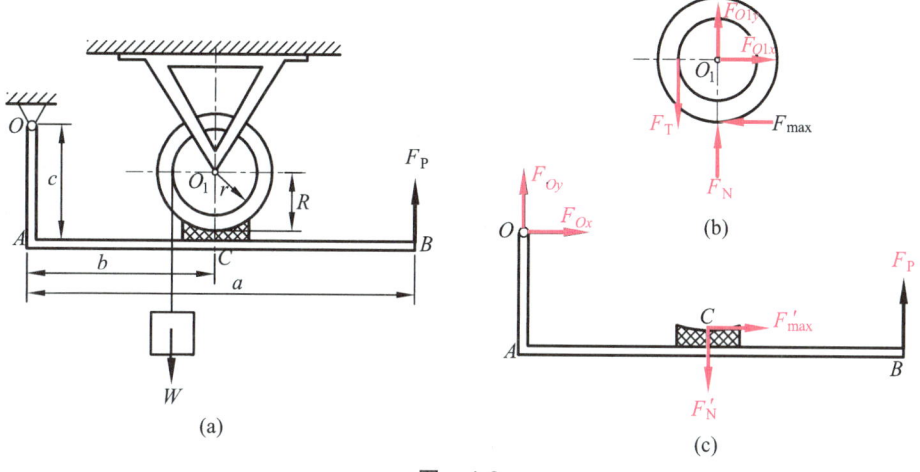

图 4.9

由于 $F_N = F'_N$, $F_{max} = F'_{max}$,所以得

$$F_P = \frac{rW(b - f_S c)}{f_S R a}$$

此即制动鼓轮转动所需最小的力,其方向如图 4.9(c)所示。

思考题

4.1 物体放在不光滑的桌面上是否一定受到摩擦力的作用?请举例说明。

4.2 能否说明只要物体处于平衡状态,摩擦力的大小一定满足 $F_S = f_S F_N$,式中 F_N 为物体之间接触面的正压力的值。

4.3 静滑动摩擦定律中的正压力是否就是物体的重力?在什么情况下静滑动摩擦力的大小等于静滑动摩擦因数与正压力的乘积?

4.4 什么是摩擦角?摩擦角与哪些因素有关?摩擦角的大小表示什么意义?

4.5 重力为 G_1 的物体 A 放在斜面上,如图 4.10 所示。已知斜面倾角 α 小于摩擦角 φ_m,物体在斜面上处于静止状态。若要使物体下滑,则在此物体上另加一重力为 G_2 的物体 B,并使两物体固连在一起。试问:这样做能否达到斜面上物体下滑的目的?为什么?

4.6 物块重 W,一力 F 作用在摩擦角之外,如图 4.11 所示。已知力 F 作用线与铅垂线夹角 $\theta = 25°$,摩擦角 $\varphi_m = 20°$,且 $W = F$。试判断物块是否会滑动?为什么?

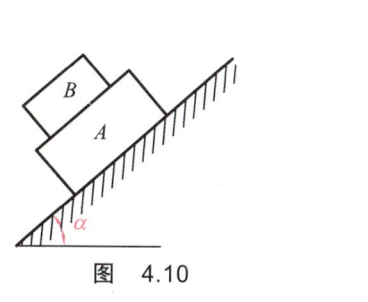

图 4.10

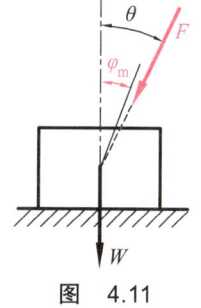

图 4.11

习 题

4.1 图 4.12 所示三种情况中，已知 $W = 200$ N，$F_P = 100$ N，$\alpha = 30°$，物块与支承面间的静摩擦因数 $f_S = 0.5$。试问：物块在哪种情况下能运动？[答案：(a) 静止；(b) 临界平衡；(c) 滑动]

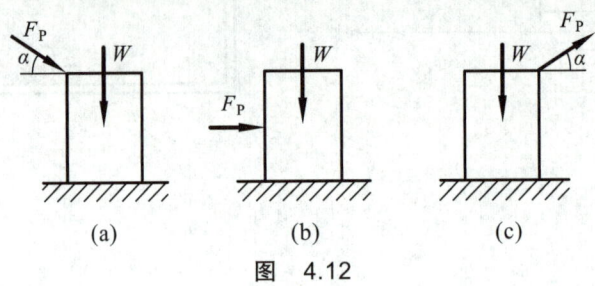

图 4.12

4.2 简易升降混凝土吊桶装置如图 4.13 所示。混凝土和吊桶共重 25 kN，吊桶与滑道间的静摩擦因数为 0.3，重物匀速上升和下降时绳子的拉力分别是多少？[答案：$T_1 = 26$ kN，$T_2 = 20.9$ kN]

4.3 图 4.14 所示为一重力为 W 的轮子，轮子半径为 R。已知轮子与墙面和地面间的静摩擦因数均为 f_S，试问：此轮上所施加力偶的力偶矩 M 为多大时才能驱动轮子？[答案：$M = \dfrac{f_S(1+f_S)WR}{1+f_S^2}$]

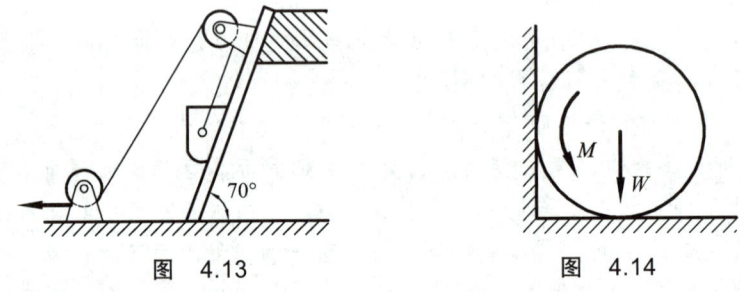

图 4.13   图 4.14

4.4 梯子 AB 靠在墙上，其重力 $W = 200$ N，如图 4.15 所示。梯子长为 l，并与水平面夹角 $\theta = 60°$。已知梯子与墙、地接触面间的静摩擦因数均为 0.25。今有一重 650 N 的人沿梯向上爬，试问：人所能达到的最高点 C 到点 A 的距离 s 应为多少？[答案：$s = 0.456\, l$]

4.5 图 4.16 所示悬臂架活套在铅垂的圆柱上，可以上下移动。当其在悬臂架上所作用的铅垂力 F_P 离铅垂圆柱较远时，架因与圆柱之间的摩擦力作用卡住而将不能移动。设悬臂架的套环与圆柱间的摩擦角为 φ_m，今不计架重。试求架在不致被卡住时，力 F_P 离圆柱的最大距离。[答案：$x_{max} = \dfrac{b}{2\tan\varphi_m}$]

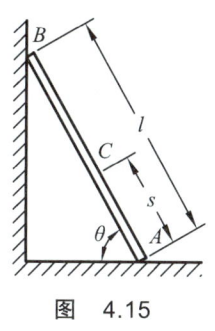

图 4.15

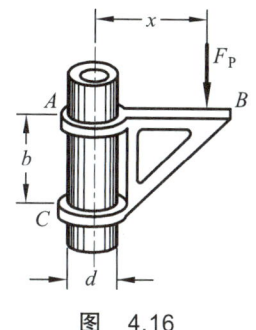

图 4.16

4.6 平面曲柄连杆滑块机构如图4.17所示。已知曲柄 $OA = l$，另在曲柄 OA 上作用有力偶矩为 M 的力偶，且 OA 水平。连杆 AB 与铅垂线的夹角为 θ，滑块与水平面之间夹角和静摩擦因数分别为 β、f_S，今不计自重，已知 $\tan\theta \geqslant f_S$。试求机构在图示位置保持平衡时所施于滑块的力 F 之值。[答案：$\dfrac{M\sin(\theta - \varphi_m)}{l\cos\theta\cos(\beta - \varphi_m)} \leqslant F \leqslant \dfrac{M\sin(\theta + \varphi_m)}{l\cos\theta\cos(\beta + \varphi_m)}$]

4.7 如图4.18所示，两无重杆在 B 处用套筒式无重滑块相连接，在杆 AD 上作用一力偶，其力偶矩 $M_A = 40\text{ N}\cdot\text{m}$，已知滑块和杆 AD 间的静摩擦因数 $f_S = 0.3$。试求保持此结构系统平衡时的力偶矩 M_C 的范围。[答案：$49.6\text{ N}\cdot\text{m} \leqslant M_C \leqslant 70.4\text{ N}\cdot\text{m}$]

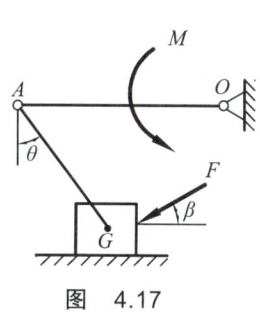

图 4.17

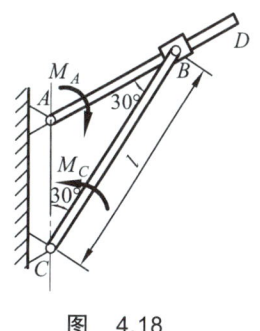

图 4.18

阅读材料

摩 擦

摩擦是一种极为普遍的现象，在实际生活中的例子很多，如抓住物体需要摩擦、皮带传动需要摩擦、铁钉固定在墙上也要靠摩擦等。但摩擦也会给我们的日常生活带来麻烦，如机器开动时，滑动部件之间因摩擦而浪费动力，还会使机器的部件磨损，缩短寿命。我们有时希望地球上从来就没有摩擦力，但如果真的没有摩擦力，人们的生活又会发生什么样的变化呢？

首先，也是最基本的，我们无法行动，脚与地面没有了摩擦力，人们简直寸步难行。自行车车轮与地面间光滑，怎么才能开动呢？汽车还没发动就打滑，要么就算汽车开起来了也停不下来，没有阻碍它运动的力，就只能无限滑下去最后与其他车相撞造成交通事故。飞机无论是活塞发动机还是涡轮喷气发动机都无法启动。

其次，我们无法拿起任何东西，我们能拿东西靠的就是摩擦力，摩擦力来自于物体本身的凹凸和我们手上的指纹。这下好，物体光滑，我们也没有了指纹，想拿东西却和它作用不上，只能干着急，不仅拿不起东西，拧盖子、扭把手，一系列的力的作用都无法进行。

第五章 重心及形心

【问题导入】

在工程上有大量实际问题与重心（或形心）密切相关，如图 5.1 所示为一偏心块机构，它是大量振动类工程机械如压路机、打桩机等的重要组成部分，偏心块的偏心距与机器的振动效果直接相关，那么，其偏心距该如何进行计算呢？通过本章的学习我们可找到答案。

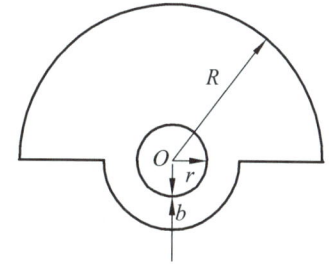

图 5.1

第一节　空间任意力系概述

在工程实际中，经常遇到物体所受力的作用线不全在同一平面内，而是空间分布的。这些力所构成的力系即为空间力系。如图 5.2 所示传动轴的受力即为空间力系。在起重设备、绞车、高压输电线塔和飞机起落架等结构中，都采用空间结构。与平面力系一样，空间力系又可分为空间汇交力系、空间平行力系、空间力偶系以及空间任意力系。

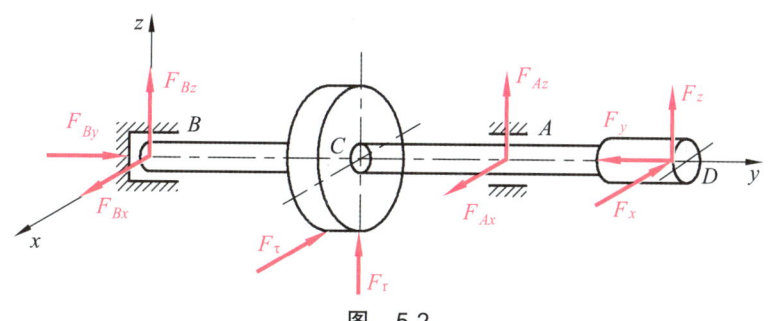

图 5.2

在空间力系所涉及的内容中,力对轴之矩的定义和计算以及合力矩定理是重心公式建立的前提和基础,对空间力系的简化及平衡条件本章不作讨论。

前面曾介绍过平面内力对点之矩的概念,实际上,力对点之矩就是指力对垂直于该平面的轴之矩。工程上力使刚体绕定轴转动的情形很普遍,而度量刚体绕定轴转动的效应采用的正是力对轴之矩的概念。设刚体绕定轴 z 转动,其上作用的力 F 位于刚体的点 A 处,今通过点 A 作平面 Oxy 并使之与轴 Oz 相垂直。为了考察力使刚体绕定轴转动的效应,特将力 F 分解为平行于 z 轴的分力 F_z 和在 Oxy 平面内的分力 F_{xy},如图 5.3 所示。显然,分力 F_z 并不能使物体产生绕 Oz 轴转动,只有在垂直于 Oz 轴的平面内的分力 F_{xy} 才有可能使刚体绕 Oz 轴转动,力 F 对 Oz 轴之矩等于该力在与轴垂直的平面上的投影对轴与平面的交点之矩,它是力使刚体绕此轴转动效应的度量。力对轴之矩用记号 $M_z(F)$ 表示,即

$$M_z(F) = M_O(F_{xy}) = \pm F_{xy} h = \pm 2\triangle AOB \quad (5.1)$$

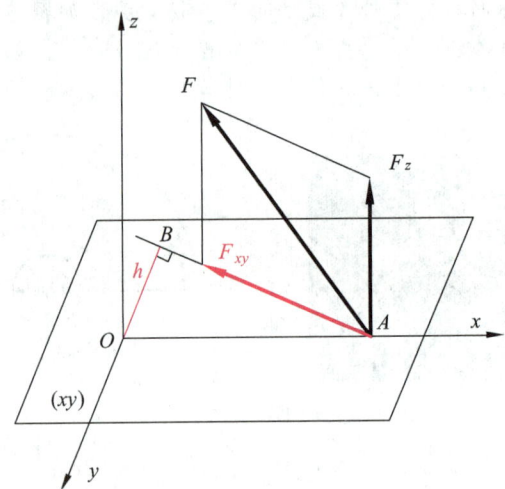

图 5.3

可见,**力对轴的矩**就是力 F 在垂直于该轴的平面上的投影 F_{xy} 对该轴 z 与此平面交点 O 的矩。力对轴的矩为代数量,其正负号由右手螺旋法则确定(见图5.4)或者按以下方法确定:从 z 轴的正向看去,若力的投影使刚体绕该轴逆时针转动,取正号;顺时针转动,取负号。

由此也可以看出力对轴之矩为零的情形:① 力与轴平行时(此时 $F_{xy} = 0$);② 力作用线与轴相交时(此时 $h = 0$),即当力与轴在同一平面内时,力对该轴之矩等于零。力对轴之矩的单位为牛[顿]·米(N·m)。

若一空间力系由 $F_1, F_2, \cdots, F_n$ 组成,其合力为 F_R,则可证明合力 F_R 对某轴之矩等于各分力对同一轴之矩的代数和,这就是空间力系的**合力矩定理**,可表示为

图 5.4

$$M_z(F_R) = \sum M_z(F_i) \quad (5.2)$$

第二节 重心及形心

重心在工程实际中具有很重要的意义，因为重心位置的设计会影响到物体的平衡。例如，起重机在起吊机器或货物时，为了避免它失去平衡而倾倒，其重心的位置必须设计在一定范围内。飞机在整个飞行过程中，重心应位于某一确定的区域内，为了知道飞机重心的准确位置，从设计、生产到试飞，都要经过多次测。又如，高速转动的转子的重心，如果偏离转轴的轴线太多，就会引起强烈的振动而产生较大的动压力；振动类机器如压路机激振器的重心则故意设计得偏离转轴，以产生预期的振动，从而满足工作需求。此外，在分析、研究物体的运动以及构件的承载能力时，也涉及与重心相关的问题。

地球上物体的每一微小部分都有重力，这些微小部分的重力即可看成一空间平行力系，而力系的合力就是物体所受的<u>重力</u>，方向铅垂向下，其合力的作用点就是物体的<u>重心</u>。由此看来，求物体的重心，实际上就是求这一平行力系合力的作用点。物体的重心位置对物体来说是确定的，而重心有时也可能在物体的形体之外。

一、重心的概念及其坐标公式

将一物体分解成许多微小部分，设每一微小部分具有重力 ΔW_i。显然，这些微小部分重力的合力即为物体所具有的重力 W。如图 5.5 所示，在空间直角坐标系 $Oxyz$ 中，物体每一微小部分的重心为 (x_i, y_i, z_i)，物体的重心坐标为 (x_C, y_C, z_C)。由合力矩定理，由于物体重力 W 对某一轴的力矩等于所有分力 ΔW_i 对同一轴之矩的代数和，现分别对轴 x、y、z 取矩，即可得物体的重心坐标为

$$x_C = \frac{\sum W_i x_i}{W}, \quad y_C = \frac{\sum W_i y_i}{W}, \quad z_C = \frac{\sum W_i z_i}{W} \tag{5.3}$$

设物体是均质的，其单位体积的重量 γ 为常量，并以 ΔV_i 表示微小部分的体积，V 表示物体的体积，于是由式（5.3）可得均质物体的重心坐标公式为

$$x_C = \frac{\sum x_i \Delta V_i}{V}, \quad y_C = \frac{\sum y_i \Delta V_i}{V}, \quad z_C = \frac{\sum z_i \Delta V_i}{V} \tag{5.4}$$

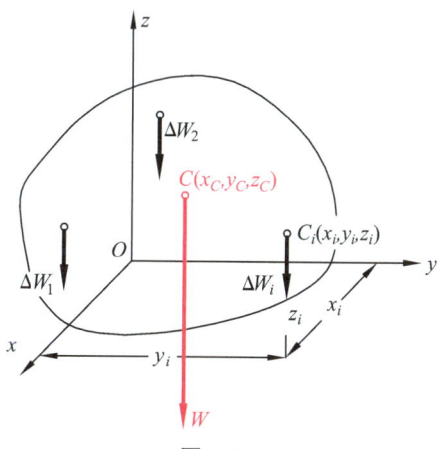

图 5.5

对于均质连续的物体，式（5.4）可用积分形式表达，即

$$x_C = \frac{\int_V x \mathrm{d}V}{V}, \quad y_C = \frac{\int_V y \mathrm{d}V}{V}, \quad z_C = \frac{\int_V z \mathrm{d}V}{V} \tag{5.5}$$

由式（5.4）和（5.5）可以看出，均质物体的重心只取决于物体的形状而与重量无关。这种仅由几何形状决定的重心就是物体的几何中心，通常称为**形心**。

若物体是均质的等厚度薄板，则可认为其重量集中在薄板上下两表面之间的中面上。因此，求均质物体的重心就可以简化为求平面图形的形心。以 A 表示其总面积，ΔA_i 表示其每一微小部分面积，于是其重心（也即形心）坐标公式为

$$x_C = \frac{\sum x_i \Delta A_i}{\sum A} = \frac{\int_A x \mathrm{d}A}{A}, \quad y_C = \frac{\sum y_i \Delta A_i}{\sum A} = \frac{\int_A y \mathrm{d}A}{A} \tag{5.6}$$

若物体是均质连续的等截面平面细长杆件，而截面尺寸又比轴线方向尺寸小很多，则可以认为其重力集中在轴线上。因此，求这类物体的重心就可简化为求平面线段的形心来处理。以 l 表示其长度，Δl_i 表示微小段的长度，其重心也即形心坐标公式为

$$x_C = \frac{\sum x_i \Delta l_i}{l} = \frac{\int_l x \mathrm{d}l}{l}, \quad y_C = \frac{\sum y_i \Delta l_i}{l} = \frac{\int_l y \mathrm{d}l}{l} \tag{5.7}$$

在求解重心时可将物体按实际情况分割成若干部分进行求解。应注意，上述有关重心的计算方法在理论上适用于所有情形。但在实际工程中，仅仅是均质且形状规则的物体可采用上述的重心公式进行求解，非均质物体、均质且形状不规则物体的重心只能通过实验手段求得。

二、确定物体重心的几种实用方法

1. 对称判别法

若物体是均质的，且具有对称面、对称轴或对称中心，其重心或形心必在对称面、对称轴或对称中心上，如平行四边形的重心或形心在其对角线的交点上、均质球体的重心或形心在球心等。如图 5.6 所示，工程实际中常用的几种型钢的截面形状，其重心都在它们的对称轴上。

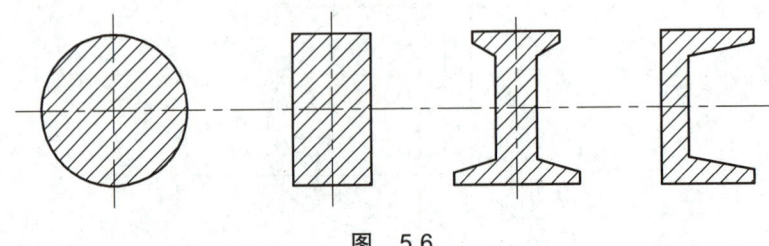

图 5.6

2. 积分法

若物体是均质且形状规则的连续物体，其重心或形心的计算可通过公式（5.5）、（5.6）、

（5.7）中的积分形式求得，这种计算方法也叫**积分法**。

【**例 5.1**】 图 5.7 所示为一扇形，已知半径为 R，顶角为 2α。试求该扇形的形心。

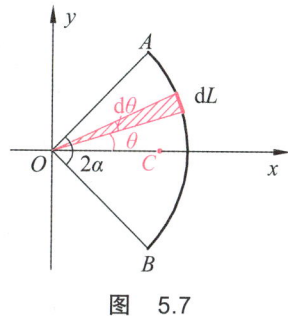

图 5.7

【**解**】 以扇形顶点 O 为原点建立参考直角坐标系，其中 Ox 轴为对称轴。由对称判别法，求得

$$x_C = 0$$

取微扇形 $\mathrm{d}A$，其面积和形心分别为

$$\mathrm{d}A = \frac{1}{2} \times \mathrm{d}L \times R = \frac{1}{2}R^2 \mathrm{d}\theta$$

$$x = \frac{2}{3}R\cos\theta$$

由形心公式（5.6），求得

$$x_C = \frac{\int x \mathrm{d}A}{A} = \frac{\int_{-\alpha}^{\alpha} \frac{2}{3}R\cos\theta \times \frac{1}{2}R^2 \mathrm{d}\theta}{\pi R^2 \times \frac{2\alpha}{2\pi}} = \frac{\frac{1}{3}R^3 \int_{-\alpha}^{\alpha} \cos\theta \mathrm{d}\theta}{R^2 \alpha}$$

$$= \frac{R}{3\alpha} \times 2\sin\alpha = \frac{2R\sin\alpha}{3\alpha}$$

一些简单形状的均质物体的重心或形心可从工程手册查到，表 5.1 列出了几种常见简单图形的形心位置。

表 5.1 简单形状均质物体的形心位置

图 形	形心位置	图 形	形心位置
三角形	在中线的交点 $y_C = \frac{1}{3}h$	梯形	$y_C = \frac{h(2a+b)}{3(a+b)}$

续表

图 形	形心位置	图 形	形心位置
圆弧	$x_C = \dfrac{r\sin\alpha}{\alpha}$ 对于半圆弧 $\alpha = \dfrac{\pi}{2}$， 则 $x_C = \dfrac{2r}{\pi}$	弓形	$x_C = \dfrac{2}{3}\dfrac{r^3\sin^3\alpha}{A}$ 面积 $A = \dfrac{r^2(2\alpha - \sin 2\alpha)}{2}$
扇形	$x_C = \dfrac{2}{3}\dfrac{r\sin\alpha}{\alpha}$ 对于半圆 $\alpha = \dfrac{\pi}{2}$， 则 $x_C = \dfrac{4r}{3\pi}$	部分圆环	$x_C = \dfrac{2}{3}\dfrac{(R^3 - r^3)\sin\alpha}{(R^2 - r^2)\alpha}$
抛物线面	$x_C = \dfrac{3}{5}a$ $y_C = \dfrac{3}{8}b$	抛物线面	$x_C = \dfrac{3}{4}a$ $y_C = \dfrac{3}{10}b$

3. 组合法

若物体是均质且形状规则的非连续物体，其重心或形心的计算可通过公式（5.4）、（5.6）、（5.7）中的一般形式求得，这种计算方法也叫**组合法**。以均质平面薄板为例，可将其视作平面图形，该图形由若干个较简单的图形组成，其中每一图形的形心又容易确定，则此形心公式可由公式（5.6）得到。

【例 5.2】 试求图 5.8 所示平面图形形心的位置，图中尺寸单位为 mm。

【解】 视图形由两个矩形组合而成。取直角坐标系 Oxy（见图 5.8），由此可判别二图形的形心坐标和面积为

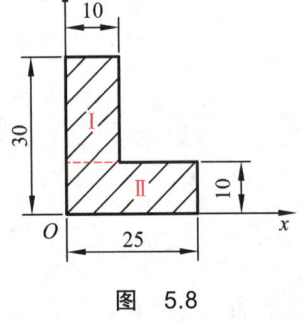

图 5.8

$$x_1 = 5 \text{ mm}, \quad y_1 = 20 \text{ mm}, \quad A_1 = 10 \text{ mm} \times 20 \text{ mm} = 200 \text{ mm}^2$$

$$x_2 = 12.5 \text{ mm}, \quad y_2 = 5 \text{ mm}, \quad A_2 = 25 \text{ mm} \times 10 \text{ mm} = 250 \text{ mm}^2$$

将其代入式（5.6），得

$$x_C = \dfrac{A_1 x_1 + A_2 x_2}{A_1 + A_2} = \dfrac{200 \times 5 + 250 \times 12.5}{200 + 250} \text{ mm} = 9 \text{ mm}$$

$$y_C = \dfrac{A_1 y_1 + A_2 y_2}{A_1 + A_2} = \dfrac{200 \times 20 + 250 \times 5}{200 + 250} \text{ mm} = 12 \text{ mm}$$

若形体有空穴或图形中有空缺时，则取空穴或空缺部分为负体积或负面积，其形心坐标

位置仍可采用组合法求出，有时将这种方法称为<u>负体积法</u>或<u>负面积法</u>。如例 5.2 中平面图形的形心也可采用负面积法求得。

【**例 5.3**】 试求图 5.9 所示偏心块形心的位置，已知 $R = 20$ cm，$r = 2.6$ cm，$b = 3.4$ cm。

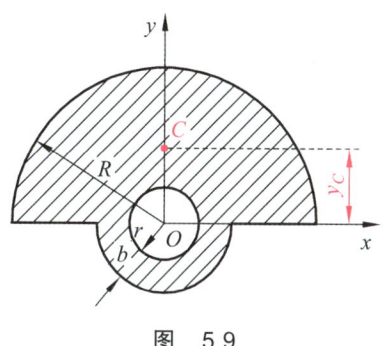

图 5.9

【**解**】 该偏心块可视作平面图形，由两个半径分别为 R 和 $(r+b)$ 的半圆，挖去一个半径为 r 的整圆得到。取直角坐标系 Oxy（见图5.9），其中 y 轴是对称轴。根据对称性，得

$$x_C = 0$$

将偏心块分割成三部分，这三部分的面积及形心坐标为

$$A_1 = \frac{\pi R^2}{2} = 628 \text{ cm}^2 \qquad y_1 = \frac{4R}{3\pi} = 8.4 \text{ cm}$$

$$A_2 = \frac{\pi(r+b)^2}{2} = 56.6 \text{ cm}^2 \qquad y_2 = -\frac{4(r+b)}{3\pi} = -2.5 \text{ cm}$$

$$A_3 = -\pi r^2 = -21.2 \text{ cm}^2 \qquad y_3 = 0$$

将其代入式（5.6），得

$$y_C = \frac{\sum A_i y_i}{A} = \frac{A_1 y_1 + A_2 y_2 + A_3 y_3}{A_1 + A_2 + A_3}$$

$$= \frac{628 \times 8.4 + 56.6 \times (-2.5) + (-21.2) \times 0}{628 + 56.6 - 21.2} \text{ cm}$$

$$= 7.7 \text{ cm}$$

综上，偏心块形心 C 的坐标为

$$x_C = 0, \quad y_C = 7.7 \text{ cm}$$

通过观察可知，此偏心块还有其它分割方法。如可将偏心块视作由内外半径分别为 r 和 R 的半圆环，与内外半径分别为 r 和 $(r+b)$ 的半圆环叠加得到。也可看作由一个半径为 R 的整圆，挖去一个半径为 r 的整圆，再挖去一个内外半径分别为 $(r+b)$ 和 R 的半圆环而得到。

4．实验法

对于形状复杂或质量分布不均匀的物体，用计算的方法一般比较困难，因此工程中常采用实验的方法确定其重心的位置。

（1）悬挂法。

如图 5.10 所示薄板，先在板上任选一点系上绳子将板吊起，根据二力平衡条件，重心必在通过悬挂点 A 的铅垂线上，画出此直线 AB；然后再另取一点，用同样的方法画出另一直线 DE。两直线交点 C 即为其重心位置。按此方法重复实验两次或两次以上，可提高所得重心位置的精度。

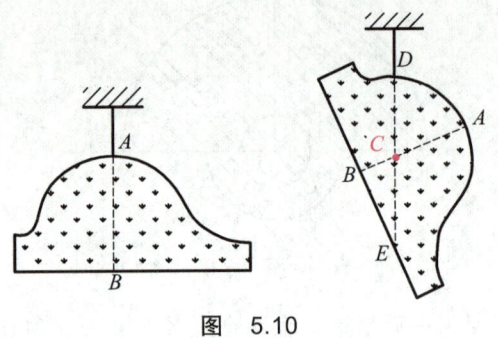

图 5.10

（2）称重法。

一些形状复杂且体积庞大的物体可用称重法确定其重心。如图 5.11 所示的内燃机连杆，因它具有一个对称轴，故只需确定重心在此轴线的位置 x_C。先用台秤称出连杆的重力 W，然后将连杆的 B 端放在台秤上，A 端放在水平面上并使轴线处于水平位置，由台秤称得 B 端的约束力 F_B，另测得连杆两孔中心的距离为 L，最后列出对 A 端的力矩方程 $\sum M_A = 0$，即 $F_B \times L - W \times x_C = 0$，解此方程得 $x_C = F_B L / W$ 即为连杆重心的位置。

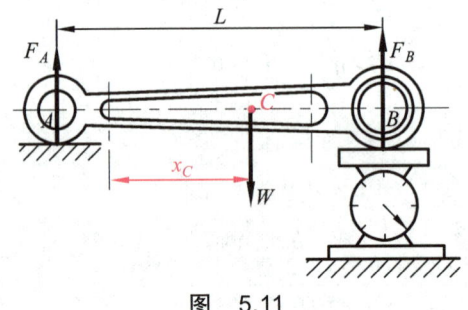

图 5.11

思考题

5.1　空间一力对轴之矩，等于此力在垂直于该轴平面上的投影对该轴与此平面的_____。

5.2　什么情况下一力对轴之矩等于零？

5.3　计算一物体重心的位置时，如果选择的坐标轴不同，重心的坐标是否改变？重心相对于物体的位置是否改变？

5.4　一均质等截面直杆的重心在什么位置？如把它弯成半圆形，重心的位置是否改变？

5.5　已知三角形图形的高为 h，底边宽为 b，由此得出它的形心是在与底边相距离为_____的位置上。

习 题

5.1 试求图 5.12 所示各平面图形的形心坐标，图中尺寸单位符号为 mm。[答案：（a）$x_C = 0$，$y_C = 60.77$ mm；（b）$z_C = 0$，$y_C = 160$ mm；（c）$x_C = \dfrac{r_1 r_2^2}{2(r_1^2 - r_2^2)}$，$y_C = 0$]

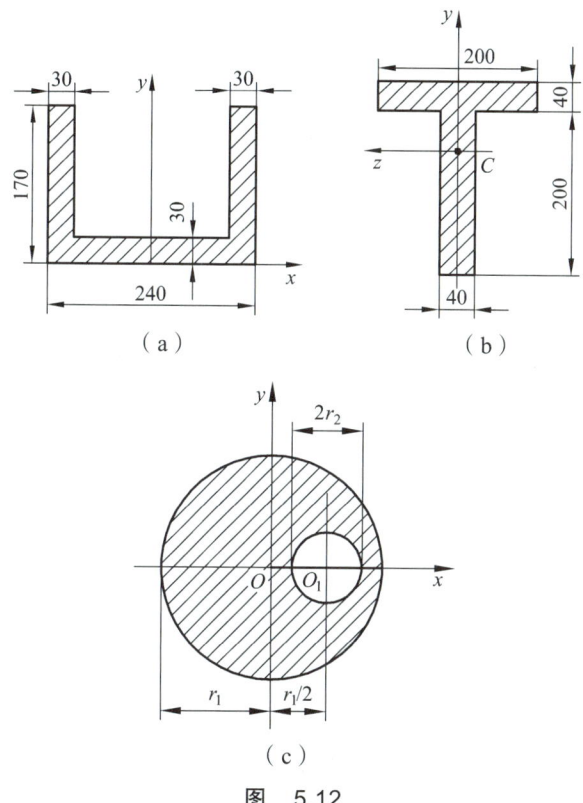

图 5.12

5.2 图 5.13 所示机床的床身总重量为 25 kN，用称重法测量其重心位置。机床的床身水平放置时 $\theta = 0°$，拉力计上的读数为 17.5 kN，使床身倾斜 $\theta = 20°$ 时，拉力计上的读数为 15 kN，机身长为 2.4 m。试确定床身重心的位置。[答案：$x_C = 1.68$ m（距 B 端），$y_C = 0.659$ m（距底边）]

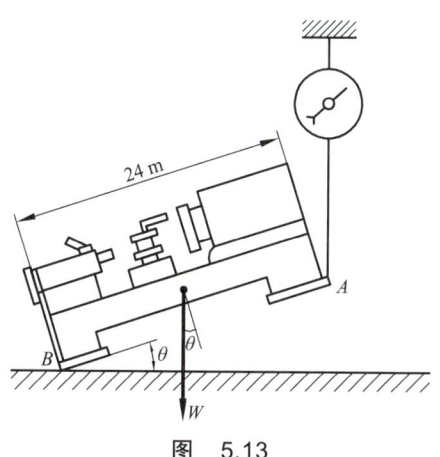

图 5.13

阅读材料

墨 翟

墨翟（公元前468—公元前376），世人尊称墨子，战国初期的鲁国人。墨子出生于下层阶级，少年时代曾经"学儒者之业，受孔子之术"，后来觉得儒家的礼过于烦扰，厚葬浪费财物，使百姓贫困，而长时间的服丧也有伤身体，妨碍生计。因此撇弃儒学，并进而创立了墨家学说，成了儒家的反对派。他有弟子三百人，结成有组织有纪律的墨家学派团体。

在文学方面，墨子和他的弟子流传下来的著作只有《墨子》一书。全书原有71篇，现存53篇。这本书主要是墨子的弟子记述墨子言行的汇集，代表了墨家学派的思想。

在力学方面，墨家给"力"下了科学的定义，对杠杆平衡的条件不仅考虑到力的大小，而且考虑到力臂的长短，实际上提出了力矩的概念。可以说，墨家已经发现了杠杆的平衡条件。此外，墨家对运动和时间、轮轴、斜面、圆球运动以及浮力等问题，都有深刻的论述。

在声学方面，墨家的突出成就是把固体传声和声音共鸣在军事上的巧妙运用。

在光学方面，墨家研究得更多。他们做了世界上最早的小孔成像实验。此外，墨家对飞鸟的影子、物体的本影和半影、凹面镜和凸面镜的成像现象等，也都作了许多研究。

从墨家对物理学的研究成果来看，虽然某些方面还比较原始，但有不少同近代物理上的实验结果是一致的。可以认为，《墨经》是当时世界上最高水平的自然科学论著之一。

第二篇

变形体静力学

杆件的轴向拉伸与压缩

联接件的实用计算

圆轴的扭转

梁的弯曲

强度理论及应用

压杆的稳定

本篇的研究对象是**弹性变形体**。由于在工程上绝大多数物体的变形均被限制在弹性范围内，相应的物体就称为弹性变形体。对于弹性变形体，除了平衡问题外，还将涉及变形以及力和变形之间的物理关系。此外，由于变形，还将涉及弹性变形体的失效、与失效有关的设计准则，以及对工程上常见的杆类构件进行承载能力（强度、刚度和稳定性）的分析和计算。

第六章 杆件的轴向拉伸与压缩

【问题导入】

轴向拉伸和压缩变形是杆件基本变形中最简单、最常见的一种变形。例如图 6.1 所示的简易起重机的斜拉杆,通过分析可知它是一个简单的二力拉杆。在工程实际中,此类杆会涉及材料的选择以及截面尺寸的计算和设计,对简易起重机本身还涉及能承受多大的荷载,这都和轴向拉伸和压缩的强度计算密切相关。

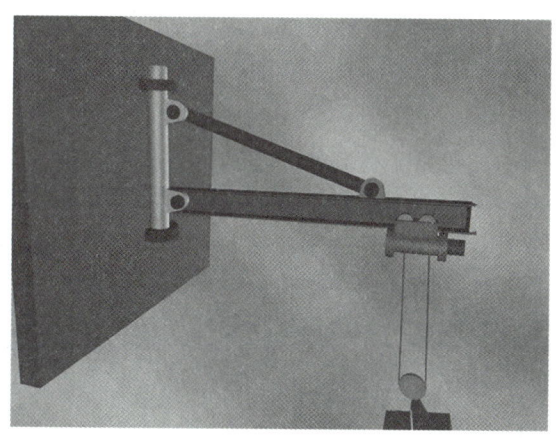

图 6.1

第一节 变形体静力学的基础知识

一、构件的承载能力

各种机器设备和工程结构,都是由若干个构件组成的。生产实践中,必须使组成机器或结构的构件能够安全可靠地工作,才能保证机器或结构的安全可靠性。构件的安全可靠性通常是用构件承受荷载的能力(简称承载能力)来衡量的。构件的承载能力包括了以下三方面的要求:

1. 强　度

构件在荷载作用下会产生变形,构件产生显著的塑性变形或断裂将导致构件失效。例如,联接用的螺栓产生显著的塑性变形就丧失了正常的联接功能。所以，**把构件抵抗断裂或过量塑性变形的能力称为构件的强度**。

2. 刚　度

构件不但要有足够的强度，而且也不能产生过大的弹性变形。产生了过大的弹性变形，也会影响构件的正常工作。例如，传动轴发生较大的弹性变形，轴承和齿轮会加剧磨损，导致寿命降低，影响齿轮的啮合，使机器不能正常运转。所以，**把构件抵抗过大弹性变形的能力称为构件的刚度**。

3. 稳定性

对于受压的细长杆件，当压力超过某一数值时，压杆原有的直线平衡状态就不能维持。因此，**把压杆能够维持原有直线平衡状态的能力称为压杆的稳定性**。

要保证构件在荷载作用下安全可靠地工作，就必须使构件具有足够的承载能力。满足承载能力可通过多用材料或选用优质材料来实现。但是多用材料或选用优质材料，会造成浪费，增加生产成本，不符合经济和节约的原则。显然，构件的安全可靠性与经济性是矛盾的。

研究构件承载能力的目的就是，在保证构件既安全又经济的前提下，为构件选择合适的材料，确定合理的截面形状和尺寸，提供必要的理论基础和实用的计算方法。

二、变形体的基本假设

在刚体静力学的分析中，忽略了荷载作用下物体形状的改变，将物体抽象为刚体。工程实际中，这种不变形的构件（刚体）是不存在的，任何构件在任何荷载作用下，其形状和尺寸都会发生改变，称为变形。研究构件的承载能力时，构件所发生的变形不能忽略，即使构件发生的变形很微小，也不能忽略，因此把构件抽象为变形体，也称为变形固体。

工程实际中，各种构件所用材料的物质结构及性能是非常复杂的。为了便于理论分析，常常略去次要性质，保留其主要属性，对变形固体作如下的基本假设：

1. 均匀连续性假设

假定变形体内部毫无空隙地充满物质，且各点处的力学性能都是相同的。固体材料都是由微观粒子组成的，材料内部存在着不同程度的空隙，而且各粒子的性能也不尽相同，同时材料内部不可避免地存在杂质、气孔等缺陷。但由于我们是从宏观的角度研究构件的强度等问题，材料内部的空隙与构件的尺寸相比非常微小，且所有粒子的排列又是错综复杂的，所以整个变形体的力学性能从宏观上看是这些粒子性能的统计平均值，呈均匀性。

2. 各向同性假设

假定变形体材料内部各个方向的力学性能是相同的。工程中使用的大部分材料，具有各向同性的性能，如多数金属材料。但木材等一些纤维性材料各个方向上的性能显示了各向异性，在此假设上得出的结论只能近似地应用在这类各向异性的材料上。

3. 弹性小变形假设

在荷载作用下，构件会发生变形。当荷载不超过某一限度时，卸载后变形就完全消失。这种**卸载后能够消失的变形称为弹性变形**。若荷载超过某一限度时，**卸载后仅能消失部分变**

形，另一部分残留下来的变形称为**塑性变形**。变形体静力学将主要研究微小的弹性变形问题，称为**弹性小变形**。由于这种弹性小变形与构件的原始尺寸相比是微不足道的，因此在分析变形体的平衡问题时，将尺寸改变带来的影响忽略不计，在构件的原始状态下进行分析。

三、杆件变形的基本形式

工程实际中的构件种类繁多，根据其几何形状，可以简化分类为杆、板、壳、块等。工程上常见的很多构件都可以简化为杆件，如连杆、传动轴、立柱、丝杆、吊钩、梁等，所以杆是工程中最基本的构件。杆件的几何性质是，其纵向尺寸远大于横向尺寸。垂直于杆长的截面称为**横截面**，各横截面的形心的连线称为**轴线**。轴线是直线的杆为直杆，各截面大小、形状相同的杆为等截面杆。**变形体静力学主要研究直杆的变形及其承载能力。**

直杆在荷载作用下，其基本变形的形式如图 6.2 所示，例如托架中的杆件受力后为轴向拉压变形：外力沿轴线作用，杆伸长或缩短，如图 6.2（a）所示；联接件中的螺栓受力后为剪切变形：在大小相等，方向相反，作用线相距很近的横向力作用下，外力间的截面发生相对错动，如图 6.2（b）所示；汽车中的传动轴受力后为扭转变形：在大小相等，转向相反，作用面垂直于杆轴线的力偶作用下，力偶间各截面发生相对转动，如图 6.2（c）所示；单梁吊车的横梁受力后为弯曲变形：外力垂直于杆件轴线或作用于纵向对称平面内，杆件轴线由直线变为曲线，如图 6.2（d）所示。

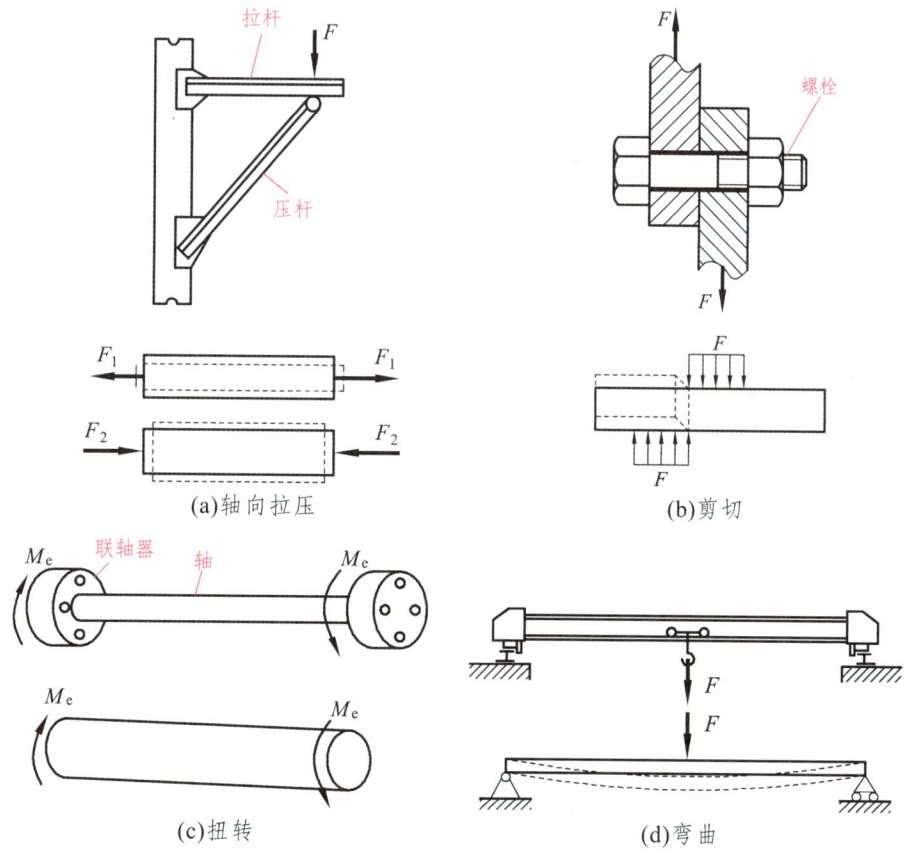

图 6.2

除了以上的基本变形外，工程中还有一些复杂的变形形式，如车床主轴工作时同时发生弯曲、扭转和压缩三种变形。每一种复杂变形都是由两种或两种以上的基本变形组合而成的，称为组合变形。

四、内力与应力的概念

构件内各部分之间存在着相互作用的力，维持着构件各部分之间的联系及构件的形状和尺寸。当构件受到荷载作用时，其形状和尺寸都将发生变化，构件内力也将随之改变，这一因外力作用而引起构件内力的改变量，称为附加内力，简称内力。这样的内力随外力的增加而增加，到达某一限度时构件就会破坏，因而它与构件的强度是密切相关的，也可以说内力分析是强度分析的基础。

为了求得构件在外力作用下某一截面上的内力，用该截面假想地把构件截为两部分。任取其中一部分为研究对象，丢掉的那部分对研究对象的作用力就是内力。这种用截面假想地把构件分为两部分，以显示并确定内力的方法称为截面法。可将截面法解题归纳为三个步骤：

第一，欲求某一截面上的内力时，就沿该截面假想地把构件分成两部分，取任一部分为研究对象，弃去另一部分。

第二，以作用于截面上的内力代替弃去部分对保留部分的作用。

第三，建立取出部分的平衡条件，确定未知的内力。

截面法是求内力的基本方法，各种基本变形的内力均可用此法求得。实际上，截面上的内力是一个分布力系，为了简便，一般用分布力系的合成结果来表示该内力。

用截面法只能求得截面上内力的总和，不能求出截面上某一点的内力。为了解决杆件的强度等问题，不但要知道杆件可能沿哪个截面破坏，而且还要知道从哪一点开始破坏的。因此仅仅知道截面上内力总和是不够的，还必须知道内力在截面上各点的分布情况，为此我们引入应力的概念。设在图 6.3 所示构件的 m—m 截面上，围绕点 C 取微面积 ΔA，如图 6.3（a）所示，ΔA 上分布内力的合力为 ΔF。ΔF 的大小和方向与点 C 的位置、ΔA 的大小均有关。则 ΔF 与 ΔA 的比值为

$$p_m = \frac{\Delta F}{\Delta A} \tag{6.1}$$

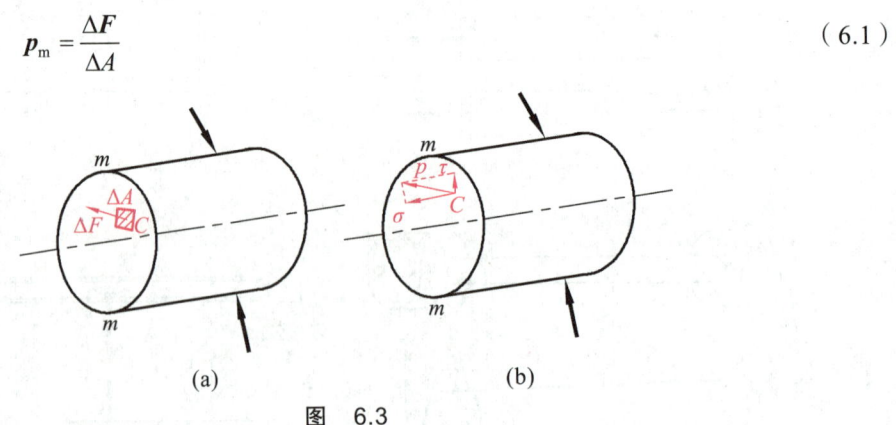

图 6.3

p_m 是一个矢量，其方向与 ΔF 相同，表示在 ΔA 范围内单位面积上内力的平均集度，称为平均应力。当 ΔA 趋于零时，p_m 的大小和方向也将趋于某一极限值，得

$$p = \lim_{\Delta A \to 0} p_m = \lim_{\Delta A \to 0} \frac{\Delta F}{\Delta A} \qquad (6.2)$$

p 就是点 C 的应力，反映了该点内力分布的强弱程度。p 是一个矢量，一般情况下与截面既不垂直，也不相切。工程上的构件常常是垂直于横截面或平行于横截面的应力引起的破坏，因此可把应力 p 分解成垂直于截面的分量 σ 和相切于截面的分量 τ，如图 6.3（b）所示。σ 称为正应力，τ 称为切应力。国际单位制的应力单位为帕斯卡，符号为 Pa，$1\,Pa = 1\,N/m^2$。这个单位由于太小，使用不便，通常用 MPa 或 GPa，$1\,MPa = 10^6\,N/m^2$，$1\,GPa = 10^9\,N/m^2$。

五、正应变与切应变的概念

在荷载作用下，构件的尺寸和形状发生的变化称为变形。为了研究整个构件以及内部的变形，假想构件由许多极其微小的正六面体组成，如图 6.4（a）所示。构件在外力作用下发生变形，这些变形可以看成是各个微小的正六面体变形的宏观效果。一个微小正六面体的变形可以分解成边长的改变[见图 6.4（b）]和各边夹角改变的形式[见图 6.4（c）]。

设正六面体 ab 边原长为 Δx，变形后其长度改变了 Δu，如图 6.4（b）所示，Δu 与原长 Δx 的比值，称为 ab 边的平均正应变，用 ε_m 表示，即

$$\varepsilon_m = \frac{\Delta u}{\Delta x} \qquad (6.3)$$

通常，ab 边上各点的变形情况并不相同，因此各点的正应变也不一样。令 $\Delta x \to 0$，取平均正应变的极限值可得某点沿着 ab 方向的正应变，用 ε 表示，即

$$\varepsilon = \lim_{\Delta x \to 0} \varepsilon_m = \lim_{\Delta x \to 0} \frac{\Delta u}{\Delta x} \qquad (6.4)$$

微小正六面体各边互成直角，微体相邻棱边所夹直角的改变量，称为切应变，用 γ 表示，如图 6.4（c）所示。

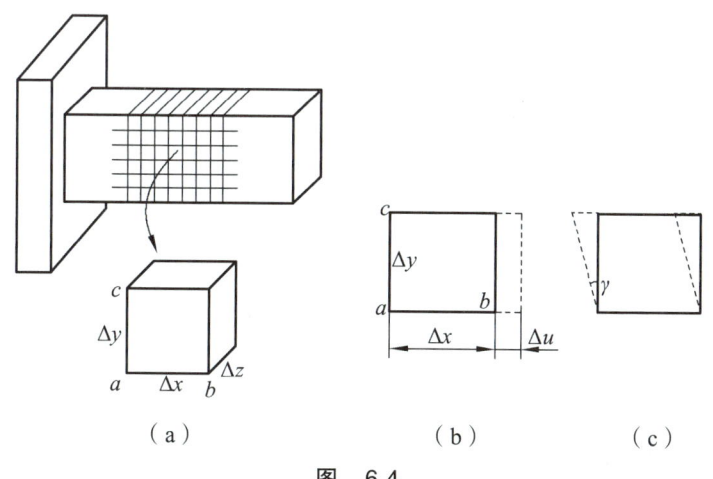

图 6.4

正应变 ε 和切应变 γ 是度量一点处变形程度的两个基本量，它们都是无量纲量。由于力是产生变形的原因，因此应力与应变之间存在着对应关系。实践证明，正应力引起正应变，

切应力引起切应变。在线弹性条件下，应力与应变之间满足线性关系，这个线性关系就是我们后面将要介绍的胡克定律和剪切胡克定律。

第二节 轴向拉（压）杆件的轴力及轴力图

工程实际中的许多构件，如万能材料试验机的立柱（见图 6.5）、内燃机中的连杆（见图 6.6）等，尽管它们在结构中的构成形式各不一样，但都有相似的受力和变形特点，即杆件上所作用的外力的合力作用线与杆的轴线相重合，杆件的变形是沿其轴线方向的伸长或缩短。此外，如起重钢索在起吊重物、拉床的拉刀在拉削工件时，都承受拉伸；千斤顶的螺杆在顶起重物时，则承受压缩。对于杆件的这些变形，通常称为**轴向拉伸**或**轴向压缩**。

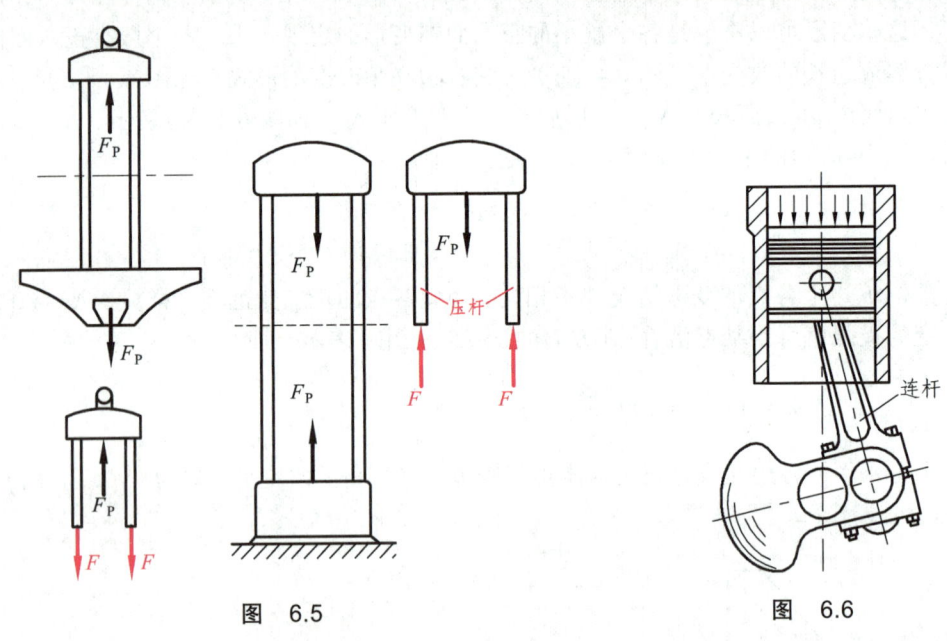

图 6.5　　　　　　　　　　　　图 6.6

一、轴向拉（压）杆横截面上的内力——轴力

现在我们用截面法来求轴向拉（压）杆件横截面上的内力。如图 6.7（a）所示，已知一杆件的两端受轴向拉力作用，现欲求横截面 m—m 上的内力。以一假想的横截面 m—m 将杆切为两段，取左段［见图 6.7（b）］为研究对象，同时在其横截面上用 F_N 表示移去的右段对左段的作用力，由平衡方程得

$$\sum F_x = F_N - F = 0, \quad F_N = F$$

F_N 表示受拉杆件横截面上的内力。F_N 实质上是一分布内力系，其作用线与杆件轴线相重合，称为**轴力**。这里如考察右段［见图 6.7（c）］平衡，同样可求得横截面 m—m 上的轴力的大小，方向则与取左段相反。可见，确定轴力大小的方法与静力分析的方法相同，但同一

截面的轴力应有同样的作用效应。为保证取任一部分为研究对象时得到的同一截面上的轴力不仅数值相等，而且符号相同，变形体静力学根据杆件的变形特点对轴力进行了符号确定：当杆件受拉伸长变形时，其轴力为正；反之，杆件受压缩短变形时，其轴力为负。轴力的正负号规定也可简述为：拉为正，压为负。注意：计算时轴力应设其为正，即设为拉力，采用设正法计算出轴力的正负号与符号的规定一致。轴力的单位为牛[顿]（N）或千牛[顿]（kN）。应指出，对轴力进行符号规定后，就不能视轴力为矢量了，应将其视作代数量。由于轴力是代数量，在对其进行计算时必须采用设正法，后面其它变形如扭转、弯曲等的内力分析和计算也是如此。

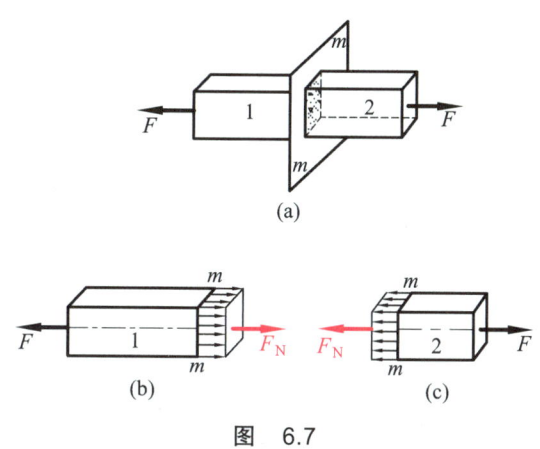

图 6.7

二、轴力图

杆横截面上的轴力随横截面位置的变化而变化。为清楚地表示轴力沿杆件轴线的变化情况，以平行于杆轴线的坐标表示横截面的所在位置，而以垂直于杆轴线的坐标表示横截面轴力的数值，这样绘制出来的图形即为轴力图。

绘制轴力图的具体步骤如下：

（1）将杆件按外力（如果约束力未知，应先进行求解）变化情况分段，集中力作用处即为分段点，并用截面法求出各段截面的轴力。

（2）建立直角坐标系，其中 x 轴与杆的轴线方向一致，表示杆件截面的位置，F_N 垂直于 x 轴，表示轴力的大小，通常坐标原点与杆的一端对齐。

（3）根据各段轴力的值绘出轴力图。

（4）校核轴力图。

【例 6.1】 试绘制图 6.8（a）所示直杆的轴力图。

【解】 （1）求 A 处约束力。以直杆为研究对象，受力图如图 6.8（a）所示。令 x 轴向右取正，列平衡方程，即

$$\sum F_x = 0, \quad -F_A + F_{P1} - F_{P2} - F_{P3} = 0$$

解此方程得

$$F_A = F_{P1} - F_{P2} - F_{P3} = (18 - 8 - 4)\text{ kN} = 6\text{ kN}$$

（2）计算各段轴力。在 AB 段内，沿杆横截面 1—1 将其切开，取左段为研究对象，设轴力为拉力，如图 6.8（b）所示，列平衡方程：

$$\sum F_x = 0, \quad -F_A + F_{N1} = 0$$

解此方程得

$$F_{N1} = 6 \text{ kN}$$

同理，还可求得 BC 段横截面 2—2 上的轴力［见图 6.8（c）］和 CD 段横截面 3—3 上的轴力［见图 6.8（d）］分别为 $F_{N2} = -12$ kN，$F_{N3} = -4$ kN，所得结果为负，表明在 2—2 截面和 3—3 截面上假设轴力方向与实际轴力方向相反，即为压力。

（3）画轴力图。以杆轴线为横坐标 x，建立直角坐标系 F_N-x，将以上所求轴力值标于坐标中，即画出轴力图如图 6.8（e）所示。

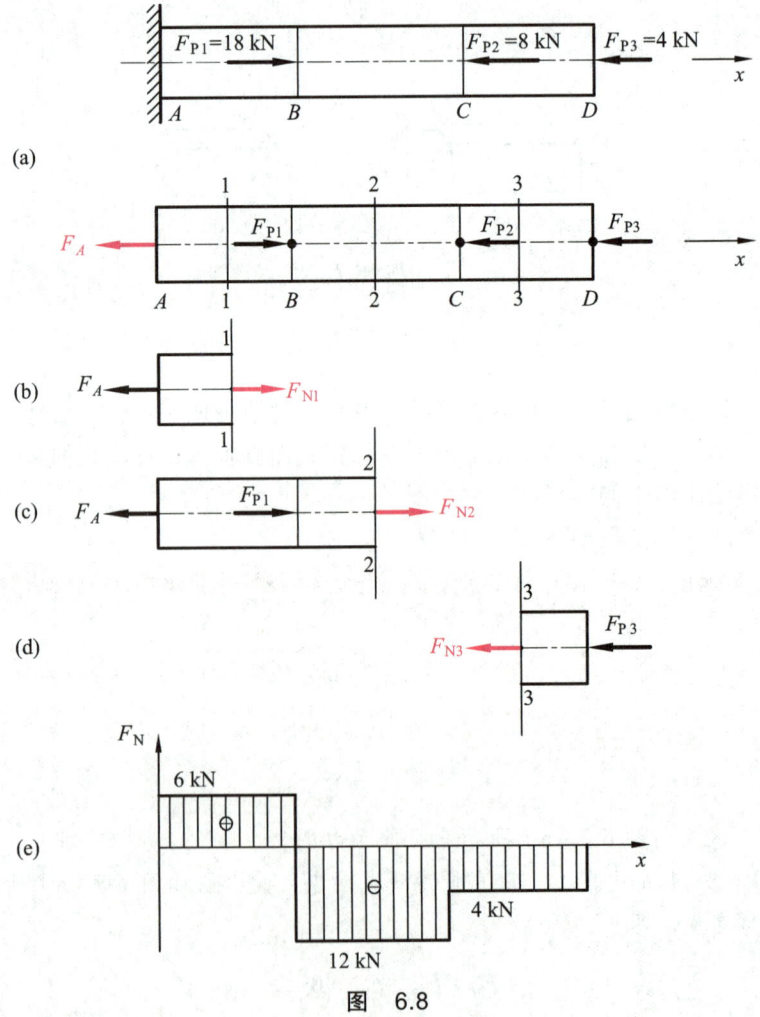

图 6.8

通过例 6.1 中的轴力图可以看出，集中力作用截面轴力发生突变，突变值就是集中力的大小，我们可以通过此规律对绘制出的轴力图进行校核。

第三节 轴向拉（压）杆件横截面上的应力

一、应力的概况

用外力拉伸一根变截面杆件，内力随外力的增加而增加，为什么杆件最终从较细的一段被拉断？这是因为，较细一段横截面单位面积上的内力分布比较粗一段的内力分布的密度大，因此，判断杆件是否破坏的依据不是内力的大小，而是内力在截面上分布的密集程度，这个密集程度就是应力。

二、横截面上的正应力公式

轴向拉（压）杆件横截面上应力的计算公式与其在截面上的分布规律有关，为寻求应力分布规律，可从研究杆件的变形入手。现取一橡皮杆，首先在杆中部表面以等间距画上与杆轴线相平行的纵向线以及与杆轴线相垂直的横向线，如图 6.9（a）所示，然后在杆的两端施加一对轴向拉力，如图 6.9（b）所示，使杆产生伸长变形。接着观察实验现象，发现各纵向线和横向线仍是直线，而且纵向线仍平行于杆轴线、横向线仍垂直于杆轴线，只是纵向线和横向线产生了平行移动。

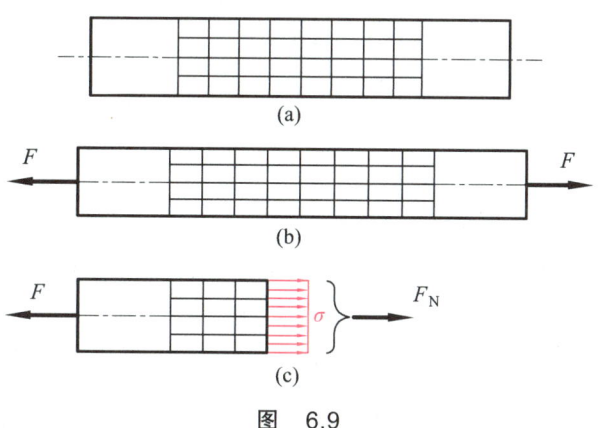

图 6.9

因为实际弹性体的微观结构及变形状态很复杂，故对其变形予以了适当的抽象化，而抽象化的表现就是作出假设，以使轴向拉（压）杆弹性体的静力分析简化。对于这里的拉杆实验，可作出如下假设：

（1）变形前为平面的横截面，假设变形后仍为平面，且仍与杆的轴线相垂直，这样的假设称为平面假设。

（2）根据平面假设，可把杆设想成由无数纵向纤维所组成，从而可知所有纵向纤维的伸长都相等。

因为假设了各纵向纤维的变形都相同，所以横截面上各点受力也相同，于是可知横截面上的内力分布集度是均匀的，且方向垂直于横截面，如图 6.9（c）所示。因此横截面上的应力就是正应力，用符号 σ 表示。于是，轴向拉（压）杆横截面上正应力的计算公式为

$$\sigma = \frac{F_N}{A} \qquad (6.5)$$

式中，F_N 为横截面上的轴力；A 为横截面面积。根据轴力的正负号的符号规定可知，拉应力为正，压应力为负。

在对拉（压）杆进行强度计算时，还需要知道杆件各横截面上正应力的最大值，称为杆的最大工作正应力。最大正应力所在的截面称为危险截面。危险截面上最大正应力所在的点称为危险点，危险点处的应力就是最大工作应力。对于轴向拉压杆件，只要判断出危险截面，危险截面上的任一点都是危险点。

【例 6.2】 一钢制阶梯杆如图 6.10（a）所示，已知各段杆的横截面面积分别为 $A_1 = 1\,600\text{ mm}^2$，$A_2 = 625\text{ mm}^2$，$A_3 = 900\text{ mm}^2$。试画出阶梯杆的轴力图，并求此杆横截面上的最大正应力。

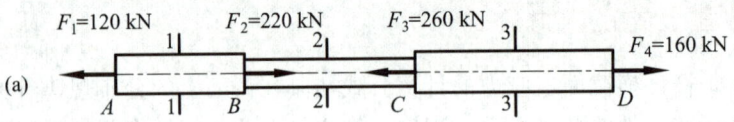

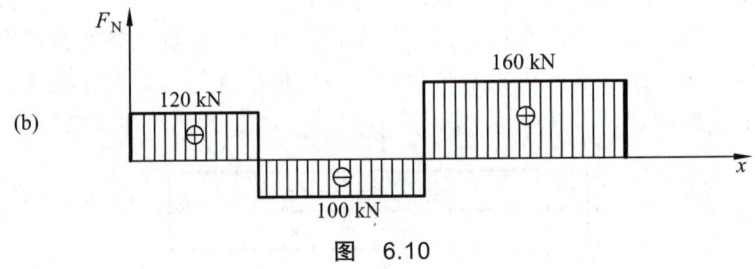

图 6.10

【解】 （1）求各段轴力。用截面法求得横截面 1—1、2—2、3—3 上的轴力分别为

$$F_{N1} = F_1 = 120 \text{ kN}, \quad F_{N2} = F_1 - F_2 = -100 \text{ kN}, \quad F_{N3} = F_4 = 160 \text{ kN}$$

建立 F_N-x 坐标系，其中坐标 x 沿杆轴线。然后将各横截面上的轴力数值标在 F_N-x 坐标系上，于是得出阶梯杆的轴力图，如图 6.10（b）所示。

（2）求横截面上的最大正应力。由式（6.5）计算，得各段杆横截面上的正应力为

杆 AB 段 $\qquad \sigma_1 = \dfrac{F_{N1}}{A_1} = \dfrac{12 \times 10^4 \text{ N}}{1\,600 \times 10^{-6} \text{ m}^2} = 75 \times 10^6 \text{ Pa} = 75 \text{ MPa}$

杆 BC 段 $\qquad \sigma_2 = \dfrac{F_{N2}}{A_2} = -\dfrac{10 \times 10^4 \text{ N}}{625 \times 10^{-6} \text{ m}^2} = -150 \times 10^6 \text{ Pa} = -150 \text{ MPa}$

杆 CD 段 $\qquad \sigma_3 = \dfrac{F_{N3}}{A_3} = \dfrac{16 \times 10^4 \text{ N}}{900 \times 10^{-6} \text{ m}^2} = 178 \times 10^6 \text{ Pa} = 178 \text{ MPa}$

由上述结果可以看出，阶梯杆横截面上的最大正应力在 CD 段内，即 $\sigma_{max} = \sigma_3 = 178 \text{ MPa}$。

【例 6.3】 图 6.11 所示为一悬臂吊车的简图，斜杆 AB 为直径 $d = 20 \text{ mm}$ 的钢杆，荷载 $W = 15 \text{ kN}$。当 W 移到 A 点时，求斜杆 AB 横截面上的应力。

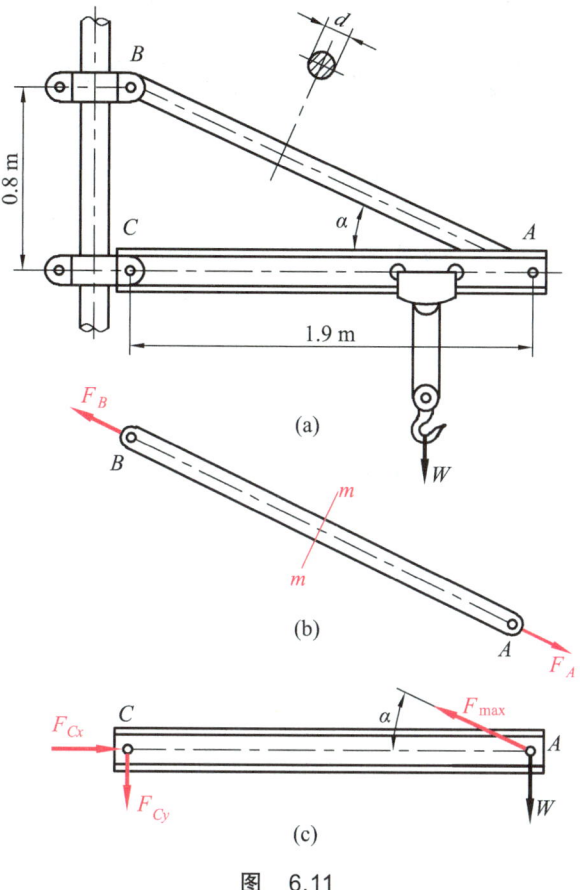

图 6.11

【解】 当荷载 W 移到 A 点时，斜杆 AB 受到的拉力最大，设其值为 F_{max}。取横梁为研究对象，画出受力分析图，如图 6.11（c）所示，列平衡方程，得

$$\sum M_C = 0, \quad F_{max} \sin\alpha \times \overline{AC} - W \times \overline{AC} = 0$$

又由 △ABC，得

$$\sin\alpha = \frac{\overline{BC}}{\overline{AB}} = \frac{0.8}{\sqrt{0.8^2 + 1.9^2}} = 0.388$$

$$F_{max} = \frac{W}{\sin\alpha} = \frac{15 \text{ kN}}{0.388} = 38.7 \text{ kN}$$

斜杆 AB 的轴力为

$$F_N = F_A = F_{max} = 38.7 \text{ kN}$$

由此求得 AB 杆任意横截面 $m—m$［见图 6.11（b）］上的正应力为

$$\sigma = \frac{F_N}{A} = \frac{F_N}{\frac{\pi}{4}d^2} = \frac{4 \times 38.7 \times 10^3 \text{ N}}{3.14 \times 20^2 \times 10^{-6} \text{ m}^2} = 123 \times 10^6 \text{ Pa} = 123 \text{ MPa}$$

第四节 轴向拉（压）杆件的变形

直杆在轴向拉力的作用下，将引起轴向尺寸增大和横向尺寸减小；反之，在轴向压力作用下，将引起轴向尺寸减小和横向尺寸增大。

设一等截面直杆的原长 l，横截面面积为 A。在轴向拉力 F 的作用下，长度将由 l 变为 l_1，如图 6.12（a）所示，此时直杆沿轴线方向的绝对伸长为

$$\Delta l = l_1 - l$$

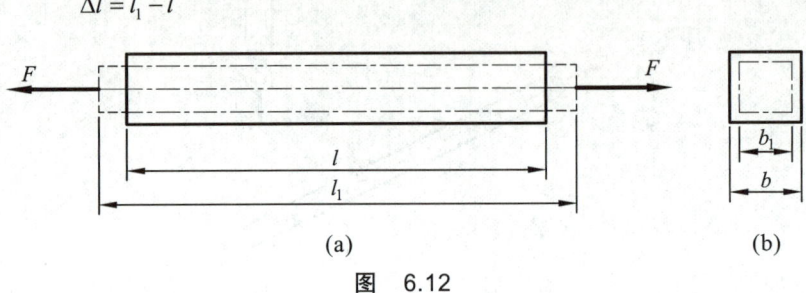

图 6.12

直杆的伸长量与杆的原长有关，绝对变形是无法表示变形程度的，为消除杆长度的影响，以单位长度的伸长量来表征杆的轴向变形程度，称为**轴向线应变**，用 ε 表示：

$$\varepsilon = \frac{\Delta l}{l} \tag{6.6}$$

ε 是一个无量纲的量，其正负号与 Δl 相同。

实验证明，若直杆横截面上的正应力不超过某一极限值，则杆的伸长量 Δl 与轴力 F_N、杆的原长 l 成正比，与横截面面积 A 成反比，即

$$\Delta l \propto \frac{F_N l}{A}$$

引入比例常数 E，则上式可写为

$$\Delta l = \frac{F_N l}{EA} \tag{6.7}$$

这一表达杆轴力与其变形的关系式称为**胡克定律**。将式（6.5）和式（6.6）代入上式，得

$$\sigma = E\varepsilon \tag{6.8}$$

此为胡克定律另一形式，它表示正应力在不超过某一极限值时，杆横截面上的正应力与轴向线应变成正比。

上述应力极限值称为比例极限，不同材料的比例极限在数值上是不同的，可由实验测得，详见本章第五节内容。式中的比例常数 E 称为材料的拉（压）弹性模量，其数值随材料而异，由实验测定，其单位与正应力单位相同。弹性模量 E 值反映材料在拉（压）时抵抗弹性变形的能力。杆件在其他条件相同的情况下，若 E 值越大，则杆件的伸长或缩短就越小。另从式

（6.7）可以看出，对长度相同且受力相等的杆，若 EA 越大，则杆件的轴向变形 Δl 就越小，因此 EA 又称为杆件的**抗拉（压）刚度**。

使用式（6.7）计算杆件的变形时应注意：

（1）轴向变形 Δl 的正负表明杆件伸长或缩短，Δl 与轴力 F_N 的符号相同。

（2）本计算式只适用于在 l 段内 F_N、E 和 A 均为常数的变形计算。若全杆的轴力 F_N、截面面积 A 和弹性模量 E 中任一项有变化时，应该按照式（6.7）分别计算各段的变形量，然后求其代数和，即可求得全段的总变形。

直杆在轴向拉力的作用下，杆的横向尺寸将减小。设直杆变形前的横向尺寸为 b，变形后为 b_1，如图 6.12（b）所示，此时直杆的横向绝对缩短为

$$\Delta b = b_1 - b$$

同样，为了消除杆尺寸的影响，其横向线应变为

$$\varepsilon' = \frac{b_1 - b}{b} = \frac{\Delta b}{b} \tag{6.9}$$

ε' 是一个无量纲的量。拉伸时，轴向伸长而横向缩短，$\varepsilon' < 0$；压缩时，轴向缩短而横向增大，$\varepsilon' > 0$。

实验结果表明，对于同一种材料，当应力不超过比例极限时，其横向线应变与轴向线应变之比的绝对值为一常数，即

$$\mu = \left| \frac{\varepsilon'}{\varepsilon} \right|$$

由于这两个应变 ε 和 ε' 的符号总相反，因此上式也可写为

$$\varepsilon' = -\mu\varepsilon \tag{6.10}$$

式中，μ 称为**横向变形系数**或**泊松比**。它是一个无量纲的量，与弹性模量 E 一样，也是表征材料力学性质的另一个弹性常数，其数值随材料而异，可由实验测定。

工程上常用材料的弹性模量和泊松比见表 6.1。

表 6.1　常用材料的 E 和 μ

材　料	E/GPa	μ
碳素钢	200～220	0.24～0.30
合金钢	186～206	0.25～0.30
灰口铸铁	80～160	0.23～0.27
铜及铜合金	72.6～128	0.31～0.42
铝合金	70	0.26～0.33

【例 6.4】　一木桩受力如图 6.13 所示。已知木桩的横截面为边长 200 mm 的正方形，材料弹性模量 $E = 10$ GPa。今不计桩的自重，试求木桩顶端 A 截面的位移。

【解】 因木桩下端固定，故顶端 A 截面的位移等于全杆的总的绝对变形量。用截面法求木桩各段的轴力为

AB 段　　　$F_{NAB} = -100 \text{ kN}$

BC 段　　　$F_{NBC} = -100 \text{ kN} - 160 \text{ kN} = -260 \text{ kN}$

由式（6.7）求木桩各段的绝对变形，得

AB 段　$\Delta l_{AB} = \dfrac{F_{NAB} l_{AB}}{EA} = \dfrac{-100 \times 10^3 \times 1.5}{10 \times 10^9 \times 200^2 \times 10^{-6}} \text{ m} = -0.000\ 375 \text{ m} = -0.375 \text{ mm}$

BC 段　$\Delta l_{BC} = \dfrac{F_{NBC} l_{BC}}{EA} = \dfrac{-260 \times 10^3 \times 1.5}{10 \times 10^9 \times 200^2 \times 10^{-6}} \text{ m} = -0.000\ 975 \text{ m} = -0.975 \text{ mm}$

木桩全杆总的绝对变形量为

$$\Delta l = \Delta l_{AB} + \Delta l_{BC} = -1.35 \text{ mm}$$

此即木桩顶端截面 A 的位移 1.35 mm，结果为负值，说明木桩缩短。

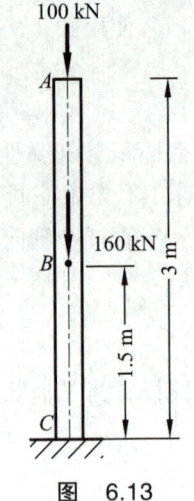

图　6.13

第五节　材料在拉（压）时的力学性能

材料的力学性能是指材料受外力作用后，在强度和变形方面表现出的特性，或称材料的机械性质。材料的力学性能主要与材料的内部成分、组织结构、加载速度、温度、受力状态以及所处环境介质有关。材料在常温、静载作用下的试验，简称常温静载试验，是测定材料力学性能的基本试验。为了便于比较不同材料的试验结果，对试件的形状、加工精度、加载速度、实验环境等，国家标准都有统一规定。试验按国家标准（GB/T 228—2002）在万能材料实验机上进行，试样按国家标准（GB/T 6397—1986）加工。常用的标准拉伸试样如图 6.14 所示，试样中段 l 称为标距，两端为夹持端。标准圆截面拉伸试样，规定标距 l 与截面直径的比例关系分别为 $l = 10d$ 和 $l = 5d$。工程上常用材料种类很多，下面以金属材料低碳钢为代表，介绍材料在拉（压）时的力学性能。

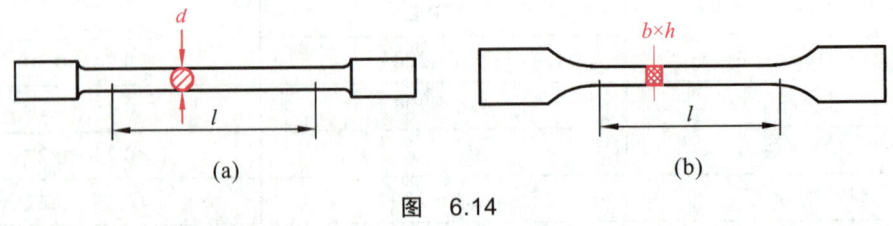

图　6.14

一、低碳钢拉伸时的力学性能

低碳钢是一种应用广泛而典型的塑性材料，拉伸试验在万能材料试验机上进行。试样安装在试验机上，受到缓慢增加的拉力即静载的作用，所测得的荷载 F 和变形量 Δl 对应着一定

的函数关系，F-Δl 这一函数关系（或称拉伸图）与试样的尺寸有关。为了消除试样横截面面积对度量承载能力的影响及杆长对度量变形的影响，因荷载 F 的值等于试样任一横截面上轴力 F_N 的值，特以荷载 F 和变形量 Δl 分别除以试样的初始横截面面积 A 和标距 l，而得到正应力 σ 和线应变 ε 之间的函数关系，即 σ-ε曲线。图 6.15 是低碳钢拉伸时的 σ-ε 曲线，根据试验结果，低碳钢的力学性能大致可分为四个阶段。在此简述如下：

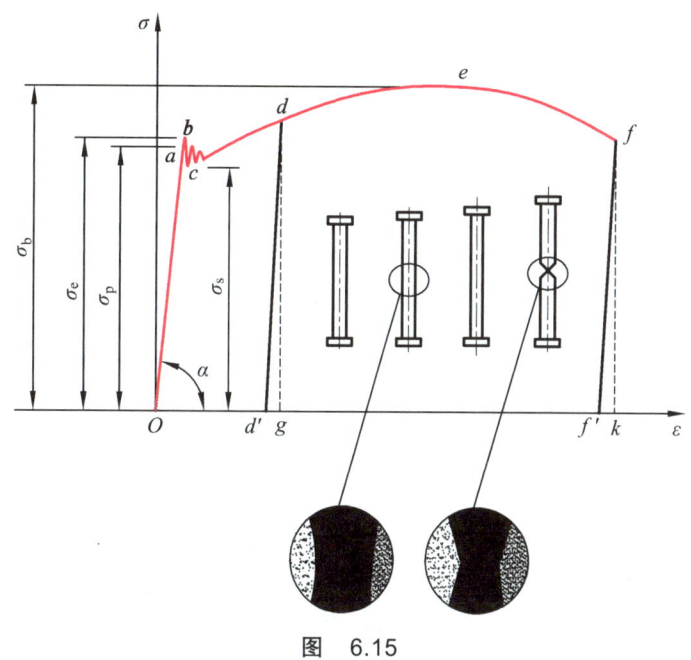

图 6.15

1. 弹性阶段

σ-ε 曲线的 Oab 阶段是材料变形的初始阶段，也就是当在试验机上加载，使其应力不超过 b 点，然后卸载使荷载 F 为零，此时试样变形全部消失而恢复原状，因此此阶段称为弹性阶段。此阶段最高点所对应的应力 σ_e 是材料只出现弹性变形的应力极限值，称为弹性极限。在弹性阶段 Oab 内试样的应力和应变关系基本上符合胡克定律。其中 Oa 段为直线部分，而直线部分最高点 a 所对应的应力 σ_p 称为材料的比例极限，也即试样正应变 ε 与正应力 σ 成正比的应力极限值，而直线的斜率为

$$\tan\alpha = \frac{\sigma}{\varepsilon} = E \tag{6.11}$$

说明直线的正切值就是材料的弹性模量 E。

比例极限与弹性极限的意义不同，但由试验测得的数值非常接近，故在工程应用上不作严格区分。

2. 屈服阶段

当应力超过弹性极限后，σ-ε 曲线上出现接近水平的锯齿形波段 bc 段。这表明，应力

在此阶段基本保持不变，但应变却迅速增加，材料暂时失去了抵抗变形的能力。这种应力变化不大而变形显著增加的现象称为材料的屈服或流动。在屈服阶段内的最高应力和最低应力分别称为上屈服极限和下屈服极限，其中上屈服极限的值与试件形状、加载速度等有关，一般是不稳定的，因此对于有明显屈服现象的金属材料，一般把屈服阶段锯齿形波段的最低点作为材料的屈服极限。按国家标准（GB 228—2002）的规定，不计初始瞬时效应（即在 σ-ε 曲线中进入 bc 段后首次出现的最低点的应力）时对应的曲线最低点，即为材料的下屈服点，而下屈服点对应的应力就是材料的屈服极限 σ_s，如低碳钢材料的 $\sigma_s \approx 235$ MPa。如果试样表面加工得很光滑，其表面在屈服阶段将出现与轴线成大约 45° 倾角的条纹，通常称为滑移线（见图 6.16）。

图 6.16

由以上试验过程可以看出，材料屈服时将产生较显著的塑性变形。结构材料在出现塑性变形后会影响结构构件的正常工作，因此屈服极限在工程上是衡量材料强度的一个重要指标。

3. 强化阶段

过了屈服阶段后，材料又恢复抵抗变形的能力，这种现象称为材料的强化。强化阶段 ce 的最高点 e 所对应的应力是材料所能承受的最大应力，称为抗拉强度或强度极限，记做 σ_b。强度极限即相当于试样拉伸时所加最大荷载的名义应力值。低碳钢材料的 $\sigma_b \approx 400$ MPa。

如果在强化阶段某一点 d 处缓慢卸载直至为零，那么卸载时的 σ-ε 曲线将沿着平行于 Oa 的直线回到零应力点 d'。显然，与 d 点对应的总应变包括 Od' 和 $d'g$ 两部分，其中 $d'g$ 部分应变在卸载时完全消失，显示的是弹性变形，Od' 部分应变显示的即为卸载后遗留的塑性变形。若卸载后再重新加载，则应力应变 σ-ε 曲线大致沿直线 $d'd$ 上升到 d 点，到达 d 点后开始出现塑性变形。可见，将试件拉伸到超过屈服极限后卸载，然后重新加载，材料的比例极限有所提高，而塑性有所降低，这种现象称为"冷作硬化"。工程上常利用冷作硬化来提高构件的承载能力，如起重机中的钢缆、建筑构件中的钢筋等，常用预拉的冷拔工艺来提高其强度。

4. 局部颈缩阶段

当应力达到强度极限后，试件的变形开始集中于某一局部区域内，此时横截面面积出现收缩而产生颈缩现象，因此称该阶段为局部颈缩阶段。试样颈缩后，其承载能力急剧下降，直至断裂。

将以上低碳钢拉伸时的试验结果归纳起来，得下面几个主要的性能指标：

（1）强度指标：屈服极限 σ_s 和强度极限 σ_b，σ_s 标志材料出现显著的塑性变形，σ_b 标志材料失去承载能力。二者均为材料强度失效的重要指标。

（2）**弹性指标**：弹性模量 E 表示材料抵抗弹性变形的能力，是衡量构件刚度的重要弹性性能指标。

（3）**塑性指标**：试样拉断后，弹性变形消失，塑性变形保留下来。工程上用试件拉断后残留的塑性变形来表示材料的塑性。常用的塑性指标如下：

延伸率 δ
$$\delta = \frac{l_1 - l}{l} \times 100\% \tag{6.12}$$

截面收缩率 ψ
$$\psi = \frac{A - A_1}{A} \times 100\% \tag{6.13}$$

式中，l 为试样标距；l_1 为试样拉断后标距的长度；A 为试样的原始横截面面积；A_1 为试样拉断后颈缩处的最小横截面面积。

一般的碳素结构钢，延伸率在 20%～30%，断面收缩率约为 60%。工程上通常根据延伸率将材料分为两大类：$\delta \geq 5\%$ 的材料称为塑性材料，如低碳钢、青铜等；$\delta \leq 5\%$ 的材料称为脆性材料，如铸铁、混凝土等。

二、其他材料拉伸时的力学性能

工程上常用的金属材料在拉伸时，并不完全具有像低碳钢拉伸时所表现出的四个变形阶段。如图 6.17 所示的几种塑性材料的 σ-ε 曲线，可以看出，青铜、硬铝、退火球墨铸铁都无屈服阶段，锰钢没有屈服阶段和局部变形阶段，但它们的延伸率 δ 都比较大，达到 $\delta \geq 5\%$，故都为塑性材料。对于这类没有明显屈服阶段的塑性材料，可以将产生 0.2% 塑性应变时的应力作为材料的强度指标，此时的应力即称为材料的**名义屈服应力，记做** $\sigma_{0.2}$（见图 6.18）。

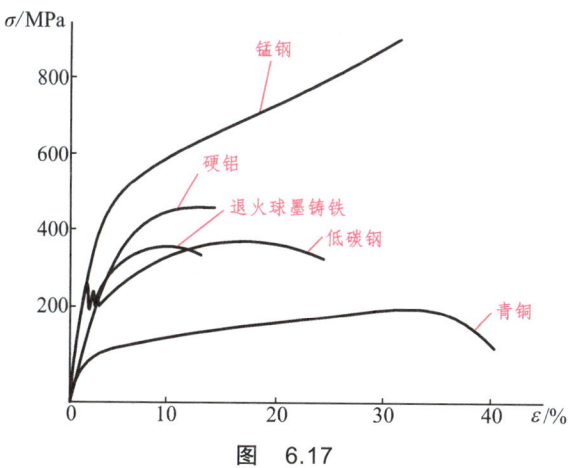

图 6.17

对于脆性材料灰口铸铁，由图 6.19 所示的 σ-ε 曲线可知，从初始受拉到拉断，没有明显的直线部分，在较小的拉力下即断裂，断裂时应变也很小，其延伸率 $\delta < 1\%$，是典型的脆性材料。一般以一直线近似代替这段曲线，认为符合胡克定律。铸铁拉断时的强度极限是衡量强度的唯一指标。

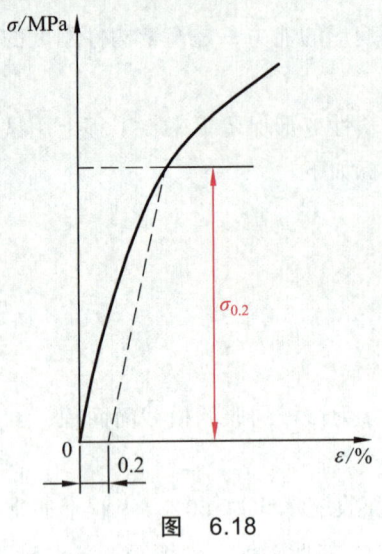

图 6.18

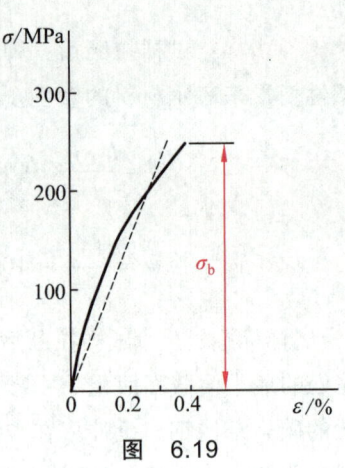

图 6.19

三、材料压缩时的力学性能

金属材料的压缩试样一般制作成高度为直径 1.5~3 倍的短圆柱体，混凝土和石料等则制成立方形的试件。图 6.20 所示为低碳钢压缩与拉伸时的应力应变图。可见，在屈服阶段以前，拉伸与压缩时的 σ-ε 曲线重合，这表明拉伸和压缩时，低碳钢的比例极限、屈服极限及弹性模量大致相同。不同的是低碳钢在压缩试验中，随着压力不断增加，试样越压越扁，其横截面面积也不断增加，抗压能力也随之增加，故无法测得低碳钢压缩时的强度极限。由于可从拉伸试验测定低碳钢压缩时的主要性能，所以通常不用进行压缩试验。

图 6.21 所示为灰口铸铁压缩与拉伸时的应力应变图。可见，抗压强度极限 σ_{bc} 远高于抗拉强度极限 σ_b，高 4~5 倍，试样压缩时突然破坏，其破坏断面的法线与轴线大约成 45° 的倾角。一般，脆性材料压缩时的力学性能与灰口铸铁相似，抗压能力要显著高于抗拉能力。因**脆性材料抗拉强度低、抗压能力强、价格低廉，故宜作承压构件**。例如，铸铁广泛用于铸造机床床身、机壳、底座等受压配件。因此，铸铁的压缩试验比拉伸试验更重要。铸铁经球化处理成为球墨铸铁后，力学性能显著改变，不但有较高的强度，塑性也大为改善，此时可根据需求拓宽其使用范围。

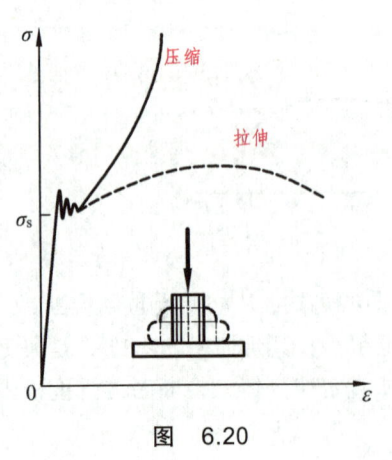

图 6.20

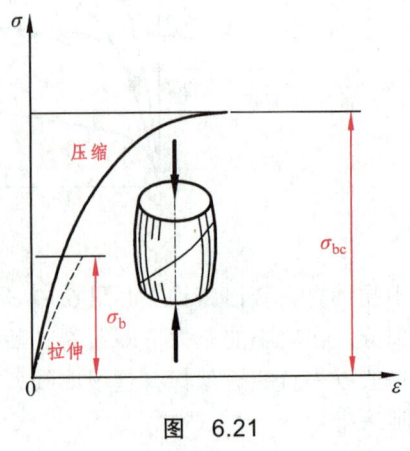

图 6.21

此外，铸铁拉伸时断面与轴线垂直，而压缩时断面与轴线成 45°角。这要用点的应力状态的相关理论进行解释，后面将会进一步讲到。

四、金属材料力学性能小结

（1）在工程实际中，我们按照延伸率 δ 的不同把常见的金属材料分为两类，即塑性材料和脆性材料。把 $\delta \geqslant 5\%$ 的材料称为塑性材料，如低碳钢、青铜等；把 $\delta \leqslant 5\%$ 材料称为脆性材料，如铸铁、混凝土等。

（2）低碳钢是典型的塑性材料，其抗拉能力和抗压能力接近。铸铁是典型的脆性材料，其抗压能力良好，抗拉能力差。因此在工程上，按照安全且经济的要求，低碳钢一般制成拉杆使用，铸铁一般制成压杆使用。

（3）低碳钢这一类的塑性材料在工作过程中如果出现明显的塑性变形视作失效，从而不能继续工作，因此工作应力 σ 不能超过屈服极限 σ_s 或名义屈服极限 $\sigma_{0.2}$，这时我们把屈服极限叫做极限应力，在本章第六节中对极限应力还要进行进一步的阐述。铸铁这一类的脆性材料在工作过程中如果出现断裂视作失效，从而不能继续工作，因此工作应力 σ 不能超过强度极限 $\sigma_b(\sigma_{bc})$，其中 σ_b 是抗拉强度，σ_{bc} 是抗压强度，此时 $\sigma_b(\sigma_{bc})$ 就是极限应力。

（4）在进行工程应用的时候，对常见的塑性材料和脆性材料应了解其力学性能指标。如 Q235 的弹性指标 $E = 200 \sim 210$ GPa，强度指标 $\sigma_s \approx 235$ MPa，$\sigma_b \approx 390$ MPa，塑性指标 $\delta = 20\% \sim 30\%$，$\psi \approx 60\%$。HT150 的抗拉强度 $\sigma_b \approx 150$ MPa，抗压强度 $\sigma_{bc} \approx 600$ MPa。

第六节　轴向拉（压）杆件的强度计算

一、极限应力、许用正应力和安全系数

由脆性材料制成的构件，在拉力作用下，变形很小就会突然断裂。塑性材料制成的构件，在拉断之前已出现显著的塑性变形，由于形状和尺寸的变化过大，已不能正常工作，可以把断裂和出现塑性变形统称为失效。在外力作用下使构件材料失效的最小应力，称为极限应力，记做 σ_u。此极限值只与材料的力学行为有关，而与构件形状和尺寸无关。对于塑性材料，在构件的应力达到屈服极限时，将因塑性变形过大而不能正常工作，因此 $\sigma_u = \sigma_s$（或 $\sigma_{0.2}$）；而对于脆性材料，在构件的应力达到强度极限时，将因断裂而丧失工作能力，因此 $\sigma_u = \sigma_b$（或 σ_{bc}）。

为了保证构件安全工作，仅使工作应力小于材料的极限应力还远远不够，必须使构件具有一定的强度储备。工程上将极限应力 σ_u 除以大于 1 的系数 n，并将所得到的结果作为构件工作时允许达到的最大应力值，此应力值称为许用正应力，记做 $[\sigma]$，即

$$[\sigma] = \frac{\sigma_u}{n} \tag{6.14}$$

式中，n 称为安全系数。

应合理地权衡安全与经济两方面的要求，不应偏重任意一方面。工程实际中，安全系数

的选择取决于多种因素：① 材料的性质，包括材料的均匀程度、质地、是塑性还是脆性等。② 荷载情况，包括荷载估计是否精确、是静荷载还是动荷载等。③ 实际构件简化过程和计算方法的精确程度。④ 零件在设备中的重要性、工作环境、损坏后造成后果的严重程度、制造和修配的难易程度等。可见在确定安全系数时，要综合考虑多方面的因素，很难作统一的规定。目前在一般机械制造中，在静荷载作用下，对于塑性材料取 $n = 1.5 \sim 2.0$，脆性材料均匀性较差，且易发生突然断裂，有更大的危险性，因此对于脆性材料取 $n = 2.0 \sim 3.5$，甚至可以取到 $3 \sim 9$。

二、轴向拉（压）杆件的强度计算

为保证构件安全可靠地工作，必须使构件的最大工作应力不超过其许用正应力，即

$$\sigma = \frac{F_N}{A} \leqslant [\sigma] \tag{6.15}$$

式（6.15）称为拉（压）杆件的强度条件。应用此强度条件，可对拉（压）杆进行三方面的计算：

（1）强度校核。工程实际中，当需要检验某已知构件在已知荷载下能否正常工作时，构件的材料、截面积及所受荷载都是已知或者可以计算出来的，要预先知道构件是否满足强度条件，则要判断强度条件不等式（6.15）是否成立。如果强度条件成立，则强度满足；反之，强度不满足。

（2）截面设计。如果构件的受力情况是已知的，材料也已选定，那么可以在满足强度条件的前提下，将不等式（6.15）变化为 $A \geqslant \dfrac{F_N}{[\sigma]}$。先算出截面面积，再根据截面形状，设计出具体的截面尺寸。

（3）确定许可荷载。通常对于已经加工出的构件，其材料及尺寸都是已经确定的，为最大限度地应用这一构件，往往需要确定该构件所能承受的最大荷载，可将不等式（6.15）变化为 $F_N \leqslant A[\sigma]$。根据上式确定出构件的最大许可荷载，知道了结构中每个构件的许可荷载，再根据结构的受力关系，确定出整个结构的许可荷载。在工程实际的强度问题中，由于许用应力中包含了一定的安全储备，所以最大工作应力稍微大于许用应力，只要不超过 5%，设计规范是允许的。

【例 6.5】 图 6.22（a）所示刚性梁 ACB 与圆杆 CD 在点 C 铰接，梁的 B 端作用有铅垂向下的集中荷载 $F = 25 \text{ kN}$。已知杆 CD 的直径 $d = 20 \text{ mm}$，许用正应力 $[\sigma] = 160 \text{ MPa}$，构件自重不计。试求：（1）校核杆 CD 的强度；（2）令 $F = 50 \text{ kN}$，设计杆 CD 的直径 d。

【解】 （1）校核杆 CD 的强度。画出 ACB 刚性梁的受力图，如图 6.22（b）所示，列平衡方程，得

$$\sum M_A = 0, \quad 2F_{CD}l - 3Fl = 0$$

解此方程得

$$F_{CD} = \frac{3}{2}F$$

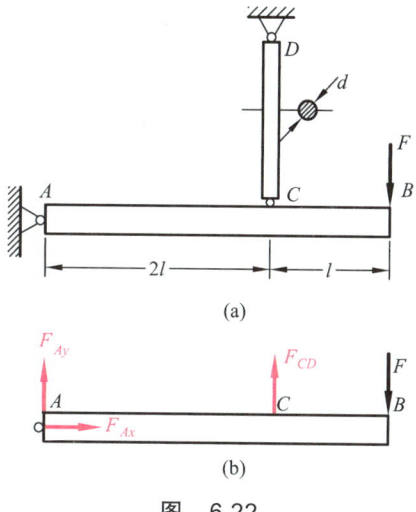

图 6.22

杆 CD 的轴力为 $F_{NCD} = F_{CD}$

由式（6.15）计算杆 CD 的应力，得

$$\sigma_{max} = \sigma_{CD} = \frac{F_{NCD}}{A} = \frac{6F}{\pi d^2} = \frac{6 \times 25 \times 10^3 \text{ N}}{\pi \times 0.02^2 \text{ m}^2}$$
$$= 119.4 \times 10^6 \text{ Pa} = 119.4 \text{ MPa} < [\sigma]$$

可见杆 CD 是安全的。

（2）设计杆 CD 的直径。由式（6.15），得

$$\sigma_{CD} = \frac{F_{NCD}}{A} = \frac{6F}{\pi d^2} \leqslant [\sigma]$$

由上式计算得

$$d \geqslant \sqrt{\frac{6F}{\pi [\sigma]}} = \sqrt{\frac{6 \times 50 \times 10^3 \text{ N}}{\pi \times 160 \times 10^6 \text{ Pa}}} = 24.4 \times 10^{-3} \text{ m} = 24.4 \text{ mm}$$

最后选取 $d = 25$ mm 为杆 CD 的直径。

【例 6.6】 如图 6.23（a）所示三铰结构，圆杆 1 和 2 的直径分别为 $d_1 = 30$ mm 和 $d_2 = 20$ mm，已知两杆的材料相同，许用正应力 $[\sigma] = 160$ MPa。试求结构的最大许可荷载 F_{max}。

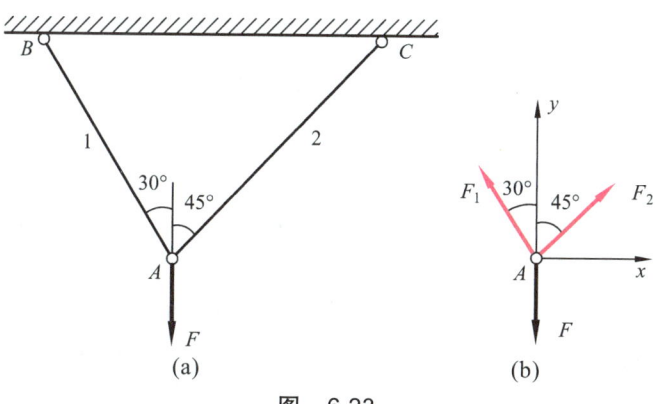

图 6.23

【解】 以销钉 A 为研究对象，画出其受力分析图，选坐标系 Axy，列平衡方程，即

$$\sum F_x = 0, \quad -F_1 \sin 30° + F_2 \sin 45° = 0$$

$$\sum F_y = 0, \quad F_1 \cos 30° + F_2 \cos 45° - F = 0$$

解此方程组得

$$F_1 = 0.732F, \quad F_2 = 0.518F$$

圆杆 1 的轴力 $F_{N1} = F_1 = 0.732F$，圆杆 2 的轴力 $F_{N2} = F_2 = 0.518F$。

为了使圆杆 1 有足够的强度，由式（6.15）计算，得

$$\sigma_1 = \frac{F_{N1}}{A_1} = \frac{0.732F}{\frac{1}{4}\pi d_1^2} \leqslant [\sigma]$$

由上式得

$$F \leqslant \frac{1}{4 \times 0.732}[\sigma]\pi d_1^2 = 154.5 \times 10^3 \text{ N} = 154.5 \text{ kN}$$

计算结果表明，当 F 小于或等于 154.5 kN 时，圆杆 1 的强度得到满足。为了使圆杆 2 也有足够的强度，即

$$\sigma_2 = \frac{F_{N2}}{A_2} = \frac{0.518F}{\frac{1}{4}\pi d_2^2} \leqslant [\sigma]$$

解此方程得

$$F \leqslant \frac{1}{4 \times 0.518}[\sigma]\pi d_2^2 = 97 \times 10^3 \text{ N} = 97 \text{ kN}$$

根据上述计算结果可知，若使圆杆 1 和 2 同时满足强度条件，结构承受荷载 F 必须满足 $F \leqslant 97$ kN。由此确定结构的最大许可荷载 $F_{\max} = 97$ kN。由该结果可知，杆 1 的强度还有富余，因此可根据许可荷载对杆 1 的直径重新进行设计。改进设计后不但可节约构件的材料，减少生产成本，还可减轻结构自重，使之更加轻便。

通过轴向拉（压）杆件的强度计算，可总结出其强度问题的分析方法如下：

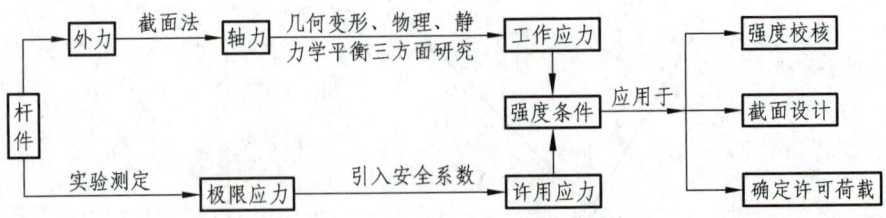

通过后续课程的进一步学习我们将会知道变形体静力学的其他变形形式，如剪切、扭转和平面弯曲的强度问题，都是采用相同的分析方法，因此这是各种变形情形下强度问题分析的基本方法，应熟练掌握。

第七节　应力集中的概念

等截面直杆受轴向拉（压）时，其横截面上的应力是均匀分布的。由于实际需要，有些零件必须有切口、切槽、油孔、螺纹、轴肩等，以至在这些部位出现截面尺寸发生突然变化。实验结果和理论分析表明，在零件尺寸突然改变处的截面上，应力不是均匀分布的。例如开有圆孔或带有切口的板条（见图6.24），当其受到轴向拉力时，在圆孔附近的局部区域内，应力是急剧增加的，而在离开这一区域较远处，应力就迅速降低而趋于均匀。这种因杆件外形突然变化而引起局部应力急剧增大的现象，称为**应力集中**。鉴于这一点，在机械零件的设计上，通常要尽最大可能地去避免给出带尖角的孔和槽，如在阶梯轴的轴肩处一般都采用圆弧过渡，并且尽量使圆弧半径大一些。

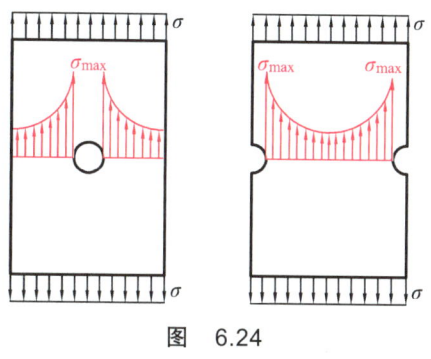

图　6.24

各种材料对应力集中的敏感程度并不相同。在静荷载作用下，对于塑性材料，因存在屈服可不考虑应力集中的影响，材料的塑性力学行为能在一定程度上缓和应力集中；对于脆性材料，因没有屈服，而且在荷载增加时，正应力一直处于优势而首先达到强度极限，故要考虑应力集中的影响。另外，对于机械零件在受到周期性变化的荷载或冲击荷载的作用时，不论是对塑性材料还是脆性材料，应力集中的影响都很显著。总之，应力集中对杆件工作不利，设计时应尽可能使杆件表面平缓光滑，同时尽可能地避免出现尖角、深孔，从而降低应力集中对构件强度的影响。

思考题

6.1　何谓构件的强度、刚度和稳定性？
6.2　研究构件的承载能力，对可变形固体作出的基本假设有哪些？
6.3　试指出下列概念的区别和联系：外力与内力；内力与应力；正应力与切应力；正应变与切应变。
6.4　轴向拉伸和压缩的受力特点是什么？变形特点是什么？
6.5　一拉杆由钢和铜两种材料组成，受力情况如图6.25所示。用截面法求出截面1—1、2—2的轴力，试问：其计算结果能否说明受拉杆件的轴力与材料以及杆件的横截面尺寸无关？

6.6 一直杆 AB 受轴向荷载 F_1、F_2 和 F_3（见图 6.26）的作用，欲求横截面 1—1 的轴力，用截面法切取未受 F_1、F_2 作用的右侧杆段作为研究对象，通过所切取的这一分离体能否说明轴力与直杆左侧作用的外力 F_1 和 F_2 无关？

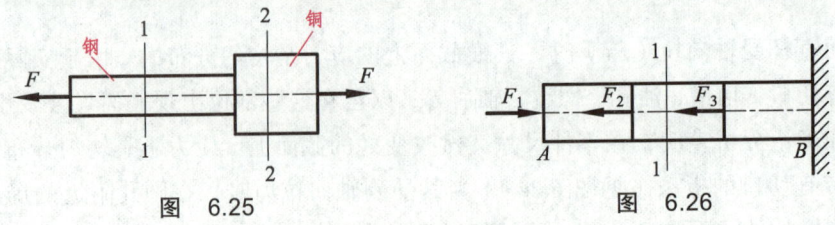

图 6.25　　　　　　图 6.26

6.7 试辨别图 6.27 中哪些构件属于轴向拉伸和压缩。

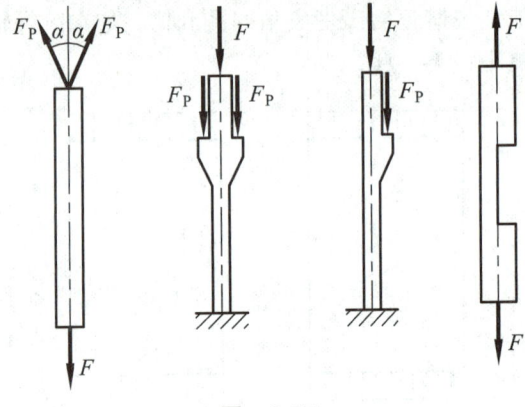

图 6.27

6.8 两根材料不同的等截面直杆，已知承受相同的轴力，而且它们的横截面面积和长度都相同。试判断：杆横截面上的应力是否相等？强度是否相等？绝对变形是否相等？

6.9 两根材料相同的拉杆如图 6.28 所示，试判断它们的绝对变形是否相同。如不相同，哪个变形大？另外，不等截面拉杆的各段应变是否相同？为什么？

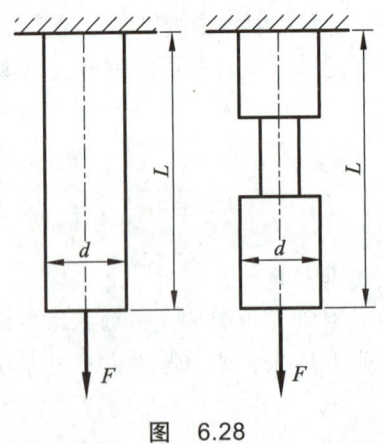

图 6.28

6.10 图 6.29 所示结构中，若用铸铁制作杆 1，用低碳钢制作杆 2。试问：这样做是否合理？为什么？

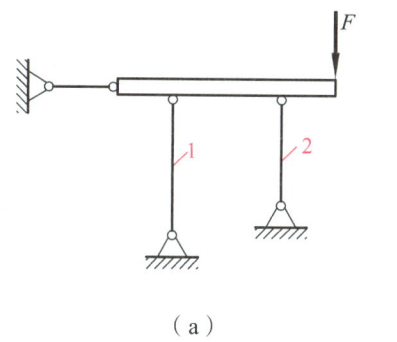
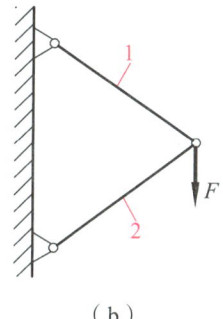

（a） （b）

图 6.29

习 题

6.1 求图 6.30 所示各杆 1—1、2—2、3—3 截面上的轴力，并画出其轴力图。[答案：（a）$F_{N1}=-20$ kN，$F_{N2}=0$，$F_{N3}=20$ kN；（b）$F_{N1}=-20$ kN，$F_{N2}=0$，$F_{N3}=20$ kN；（c）$F_{N1}=20$ kN，$F_{N2}=0$，$F_{N3}=20$ kN；（d）$F_{N1}=-20$ kN，$F_{N2}=0$，$F_{N3}=20$ kN]

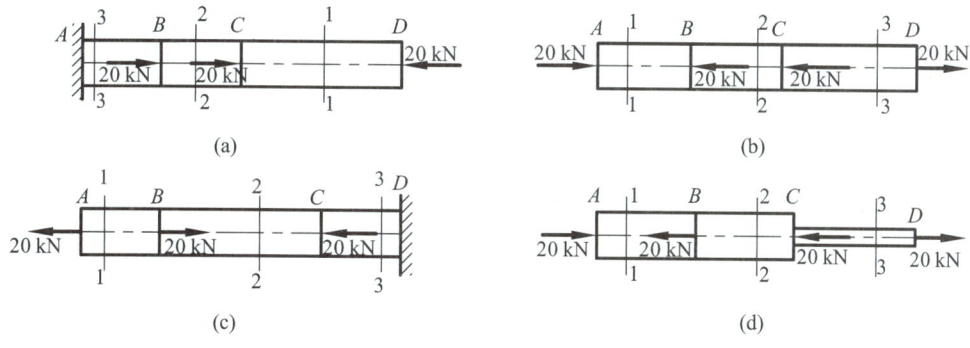

图 6.30

6.2 一直阶梯轴受轴向力 $F_1=25$ kN，$F_2=40$ kN，$F_3=35$ kN 的作用（见图 6.31），横截面面积 $A_1=A_3=300$ mm^2，$A_2=250$ mm^2。试求各段横截面上的正应力。[答案：$\sigma_1=83.3$ MPa，$\sigma_2=-60$ MPa，$\sigma_3=66.7$ MPa]

6.3 圆截面钢杆如图 6.32 所示。已知材料的弹性模量 $E=200$ GPa，试求钢杆的最大正应力及杆的总伸长。[答案：$\sigma_{\max}=127.3$ MPa，$\Delta l=0.573$ mm]

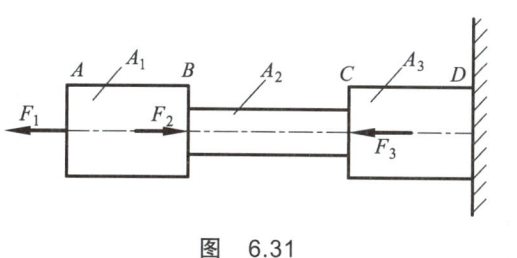
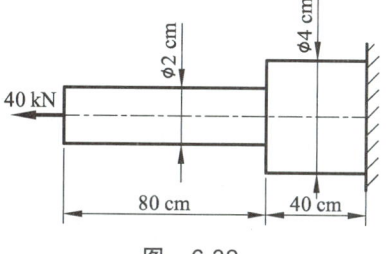

图 6.31   图 6.32

6.4 图 6.33 所示等截面圆杆由钢杆 AC 与铜杆 CD 在 C 处黏接而成。直杆各个部分的直径均为 $d=36$ mm,受轴向力 F_1 和 F_2 的作用,$E_{钢}=200$ GPa,$E_{铜}=105$ GPa。若不考虑杆自重,试求此圆杆 AC 段和 AD 段杆的轴向变形 Δl_{AC} 和 Δl_{AD}。[答案:$\Delta l_{AC}=2.95$ mm,$\Delta l_{AD}=5.29$ mm]

6.5 图 6.34 所示为两种材料组成的圆杆,已知直径 $d=40$ mm,圆杆受轴向荷载 F 的作用后的总伸长 $\Delta l=0.126$ mm,图中尺寸单位为 mm。试求荷载 F 及杆横截面的最大正应力。[答案:$F=20$ kN,$\sigma=15.9$ MPa]

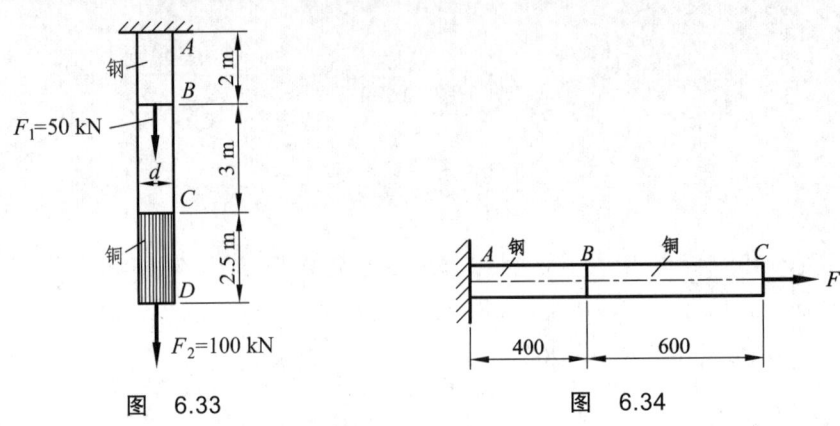

图 6.33   图 6.34

6.6 如图 6.35 所示为一厚度 $\delta=2$ mm 的硬铝试样,试样试验段宽度 $b=20$ mm,试样标距 $l=70$ mm。在轴向拉力 $F=6$ kN 的作用下,测得试验段伸长 $\Delta l=0.15$ mm,宽度缩短 $\Delta b=0.014$ mm。试求硬铝的弹性模量 E 和泊松比 μ。[答案:$E=70$ GPa,$\mu=0.327$]

6.7 如图 6.36 所示结构中的 AB 梁的变形可忽略不计。已知杆 1 为钢质圆杆,直径 $d_1=20$ mm,弹性模量 $E_{钢}=200$ GPa;杆 2 为铜质圆杆,直径 $d_2=25$ mm,弹性模量 $E_{铜}=100$ GPa。试求:(1)荷载加到何处,才能使加力后刚梁仍保持水平?(2)若此时 $F=30$ kN,则两杆横截面上的正应力各为多少?[答案:$x=1.08$ mm,$\sigma_1=44$ MPa,$\sigma_2=33$ MPa]

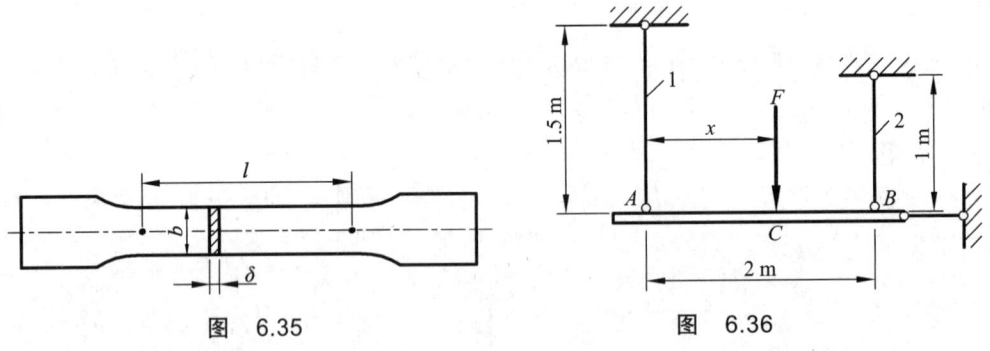

图 6.35   图 6.36

6.8 一阶梯杆如图 6.37 所示,上端固定,下端与刚性支撑面之间留有空隙 $\Delta=0.08$ mm。已知杆的上段是铜材,横截面面积 $A_1=4\,000$ mm^2,弹性模量 $E_1=100$ GPa;下段是钢材,横截面面积 $A_2=2\,000$ mm^2,弹性模量 $E_2=200$ GPa。若在两段交界处施加轴向荷载 F,试问:(1)F 等于多大时,下端空隙恰好消失?(2)当 $F=500$ kN 时,各段横截面上的正应力是多少?[答案:$F=32$ kN,$\sigma_{铜}=86$ MPa,$\sigma_{钢}=78$ MPa]

6.9 托架结构如图 6.38 所示。铰接 B 处作用荷载 $F = 30$ kN, 现有两种材料铸铁和 Q235A 钢, 其横截面都为圆形, 它们的许用正应力分别为 $[\sigma_t]_铁 = 30$ MPa, $[\sigma_c]_铁 = 120$ MPa 和 $[\sigma]_钢 = 160$ MPa。试合理选取托架 AB 和 BC 两杆的材料, 并设计计算构成托架杆件所需的截面尺寸。[答案: $d_{AB} = 18$ mm, $d_{BC} = 23$ mm]

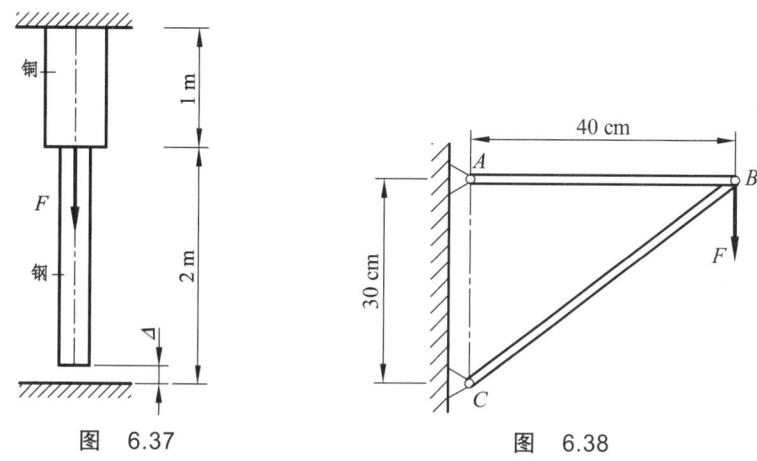

图 6.37　　　　　图 6.38

6.10 现场施工所用的起重机吊环由 AB 和 BC 两根矩形截面杆所组成, A、B、C 三处均为铰接, 如图 6.39 所示。已知起重荷载 $F_P = 1\,200$ kN, 每根矩形杆横截面尺寸比例 $b/h = 0.3$, 材料的许用正应力 $[\sigma] = 78.5$ MPa, 图中尺寸单位为 mm。试设计矩形杆的横截面尺寸 b 和 h。[答案: $h = 167$ mm, $b = 56$ mm]

6.11 图 6.40 所示起吊结构中的滑轮由 AB、AC 两根圆杆支承, 起重绳索的一端绕在卷筒上。已知 AB 圆杆为 Q235 钢, 许用正应力 $[\sigma] = 160$ MPa, 直径 $d = 20$ mm; AC 圆杆为铸铁, 许用正应力 $[\sigma] = 100$ MPa, 直径 $d = 40$ mm。试求此结构可吊起的最大重量。[答案: $W_{max} = 58.3$ kN]

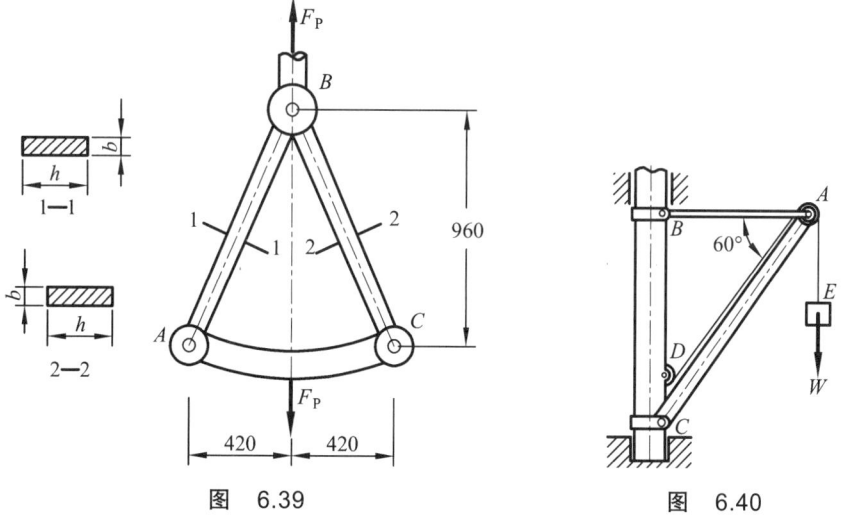

图 6.39　　　　　图 6.40

6.12 在圆截面拉杆上开有一非圆形孔, 如图 6.41 所示。已知圆截面拉杆直径 $d = 20$ mm, 许用正应力 $[\sigma] = 120$ MPa, 试确定该拉杆的许可荷载 F。[答案: $F = 25.7$ kN]

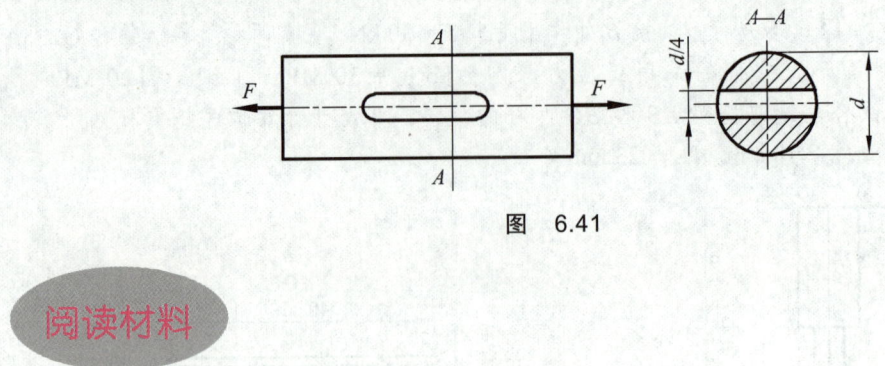

图 6.41

阅读材料

胡 克

胡克是英国物理学家,1635 年 7 月 18 日生于英国怀特岛的弗雷斯沃特村,1703 年 3 月 3 日卒于伦敦。胡克于 1653 年进入牛津大学,后在该校成为 R. 玻意耳的助手。1662 年任伦敦皇家学会实验所的评议员,次年成为皇家学会会员。1665 年成为格雷沙姆学院教授,1677—1683 年任皇家学会秘书。

胡克建立了弹性体变形与力成正比的定律。1660 年,他在实验中发现螺旋弹簧伸长量和所受拉伸力成正比。1676 年在他的《关于太阳仪和其他仪器的描述》一文中用字谜形式发表这一结果,谜面是 ceiiinossstuuv。1678 年在他的小册子《势能的恢复——论说明弹跳体能力的弹簧》一文中公布了谜底:ut tensio sic vis,这句拉丁文的意思是"伸长量和力成正比"。这是关于弹性体胡克定律的最早形式。

胡克对万有引力定律的发现起了重要作用。1679 年他写信给牛顿,信中认为天体的运动是由于有中心引力拉住的结果,而且认为引力与距离平方应成反比。按照这个想法,地球表面抛体的轨道应该是椭圆,如果地球能穿透,物体将回到原处,而不像牛顿所说的,物体的轨迹是一条螺旋线,最终将绕到地心。牛顿对此没有回信,但接受了胡克的观点,之后在 J. 开普勒关于行星运动的第三定律基础上用数学方法导出了万有引力定律。

胡克在天文学、生物学等方面也有贡献。他曾用自己制造的望远镜观测了火星的运动。用自己制造的显微镜观察植物组织,于 1665 年发现了植物细胞(实际上看到的是细胞壁),并命名为"cell",至今仍被使用。

第七章 联接件的实用计算

【问题导入】

在工程中有大量的联接件,这些联接件中在剪切的同时伴随着挤压的发生,它们的剪切和挤压强度问题是工程中要解决的。图 7.1 所示为一钢板搭接接头,该接头采用五个尺寸、材料均相同的铆钉实现两块钢板的联接。为使接头安全工作,应使铆钉满足剪切和挤压的强度条件,钢板由于截面被削弱易被拉断,因此应满足拉伸强度条件。我们要解决上述问题,必然需要学习剪切和挤压这部分的知识。

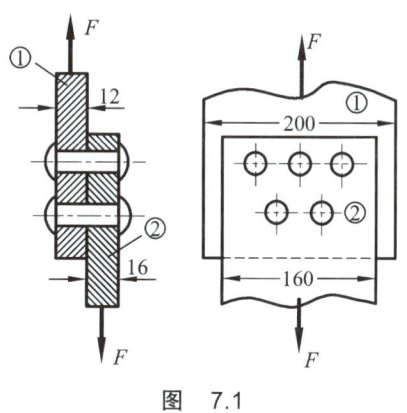

图 7.1

第一节 剪切和挤压的基本概念

工程构件的联接会用到各种形式的联接件,如铆钉(见图 7.2)、键(见图 7.3)以及螺栓、木榫等。联接件的受力特点是:作用于联接件某一截面两侧的外力大小相等、方向相反、作用线相距很近且垂直于轴线。而变形特点是:介于作用力中间部分的截面,有发生相对错动的趋势。联接件的这种变形称为**剪切变形**,发生相对错动的 m—m 截面称为**剪切面**。剪切面的内力称为**剪力,用 F_Q 表示**。当作用于联接件上的外力增加到一定数值时,联接件即被剪断。

联接件在外力的作用下产生剪切变形的同时,还在联接件与被联接件接触的挤压面上产生互相压紧,这种变形现象称为**挤压变形**。挤压面上的压力称为**挤压力,用 F_{bs} 表示**。同样,当联接件上的外力达到一定数值时，联接件的相互接触面上及其相邻近的局部区域将发生较大的塑性变形，乃至被压溃而破坏。挤压和压缩是两个完全不同的概念，挤压变形发生在两构件相互接触的表面上，而压缩则是发生一个整体构件上。

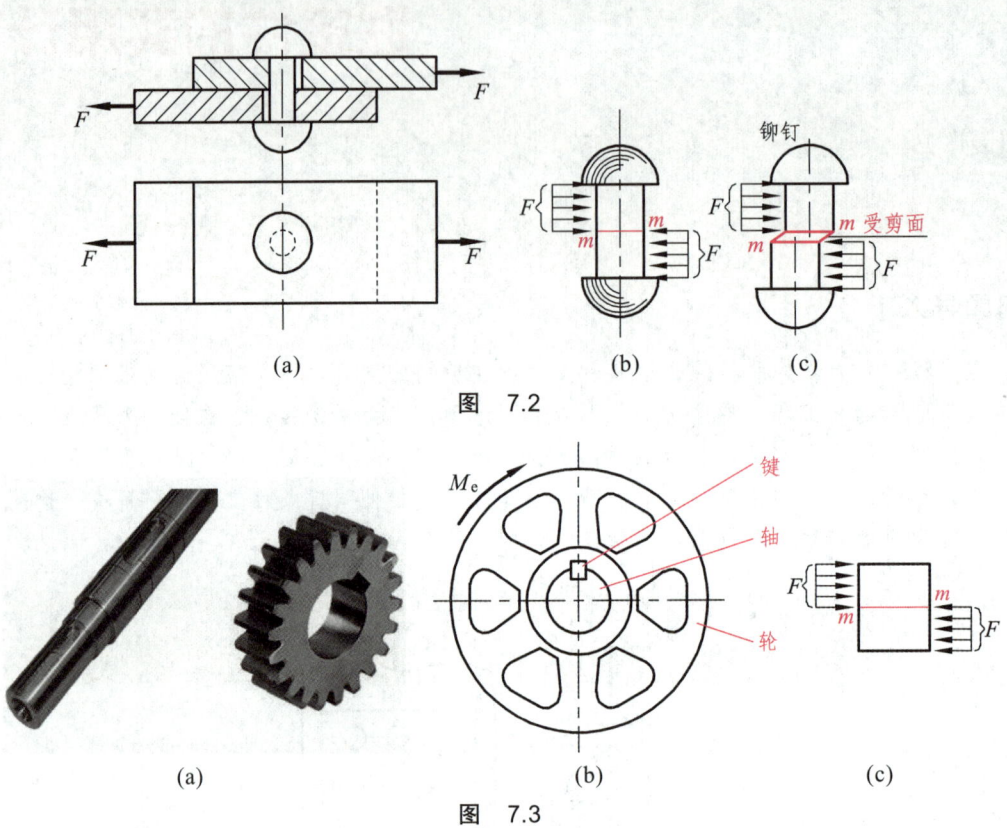

图 7.2

图 7.3

联接件大多为短粗杆件，其本身的受力和变形情况都很复杂，精确计算其内力或理论分析都很难。因此在工程上对联接件通常根据实际的破坏形态，假定剪切面和挤压面上的切应力和挤压应力在相应的剪切面和挤压面上均匀分布，然后采用"**实用计算法**"或"假定计算"的方法进行计算得到。实践证明，按实用计算法建立起来的强度条件能满足工程实际的要求。

第二节　铆接实用计算

铆接、螺栓、销钉等联接件，通常要对被联接件进行冲孔，然后在孔中穿联接件以构成整体。这里以铆接接头为例说明联接件的实用计算的内容和方法。

一、搭接接头

如图 7.4（a）所示，一铆钉将两块钢板以铆接形式联接而成。此联接件受外力作用后存在三种可能破坏的形式：① 铆钉沿横截面被剪断，即剪切破坏；② 铆钉与板孔柱面相互挤压，在铆钉柱表面和板孔柱面的局部范围内将发生压溃破坏，即挤压破坏；③ 板在铆钉孔位置由于其横截面削弱而被拉断，即发生拉伸破坏。

（1）剪切强度的实用计算：应用截面法，可求得铆钉受剪面上的剪力 $F_Q = F$，如图 7.4（b）所示。在联接件的实用计算中，因假定剪切面上的切应力 τ 均匀分布，故剪切面上的切应力为

$$\tau = \frac{F_Q}{A_Q} \tag{7.1}$$

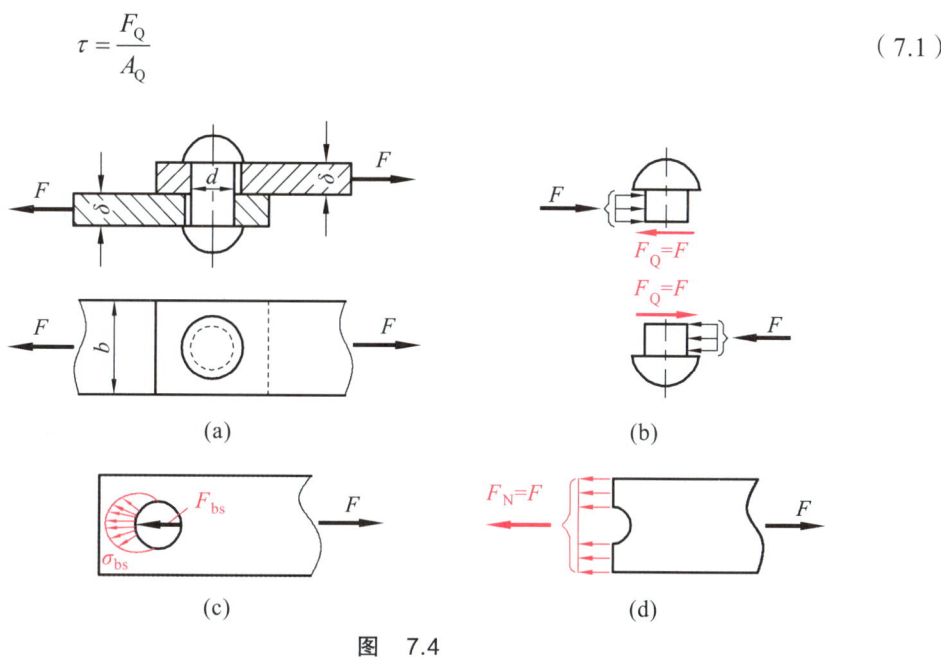

图 7.4

式中，A_Q 为剪切面面积。

为了保证受剪切变形的铆钉不发生剪切破坏，须满足剪切强度条件，即

$$\tau \leqslant [\tau] \quad \text{或} \quad \frac{F_Q}{A_Q} \leqslant [\tau] \tag{7.2}$$

式中，$[\tau]$ 为铆钉的许用切应力。

此搭接联接件的铆钉只有一个剪切面，故又称为**单剪**。

（2）挤压强度的实用计算：铆钉表面与板的孔柱面因相互压紧产生挤压力 $\boldsymbol{F}_{bs}$，从而在挤压面上产生挤压应力 σ_{bs}。同样，应用截面法可求得挤压面上的挤压力 $F_{bs} = F$，如图 7.4（c）所示。挤压应力在挤压面上的分布比较复杂，对于平面挤压面，挤压应力在挤压面上的分布是近似均匀的，对于曲面如圆柱状挤压面，挤压应力在挤压面上的分布是不均匀的，如图 7.4（c）所示。很明显，最大挤压应力在中部，平均挤压应力小于最大挤压应力，但如果我们把该曲面挤压面垂直于外力方向的正投影面作为有效挤压面，所得平均挤压应力非常接近实际最大应力，因此可得

$$\sigma_{bs} = \frac{F_{bs}}{A_{bs}} \tag{7.3}$$

式中，A_{bs} 为**挤压面有效挤压面积**。所谓有效挤压面积，就是实际接触面在垂直于挤压力 F_{bs} 方向的投影面积。当挤压面为平面时，有效挤压面积等于两构件的实际接触面积；当挤压面是曲面时，有效挤压面积等于实际挤压面在垂直于挤压力方向的正投影。

同样，为了保证受挤压变形的铆钉或其联接板孔柱面不发生挤压溃破坏，须满足相应的挤压强度条件，即

$$\sigma_{bs} \leqslant [\sigma_{bs}] \quad \text{或} \quad \frac{F_{bs}}{A_{bs}} \leqslant [\sigma_{bs}] \tag{7.4}$$

式中，$[\sigma_{bs}]$ 为许用挤压应力。

不同材料、不同联接件的 $[\sigma_{bs}]$ 值可从相关的手册中查到。一般对于钢材等塑性材料，其许用挤压应力 $[\sigma_{bs}]$ 与拉伸许用正应力 $[\sigma]$ 间的关系为 $[\sigma_{bs}] = (1.7 \sim 2.0)[\sigma]$。可见，许用挤压应力远高于拉伸许用正应力。

（3）拉伸强度的实用计算：板上有铆钉孔，板的横截面积在开有铆钉孔的地方为最小，此也正是板的危险截面。在板的横截面削弱处将板切开，其受力情况如图 7.4（d）所示。应用截面法可求得板削弱截面上的轴力 $F_N = F$，如图 7.4（d）所示。在联接件的实用计算中，假定板的横截面上拉应力均匀分布，由此计算出相应的名义拉应力为

$$\sigma = \frac{F_N}{A}$$

式中，A 为削弱截面面积，其值 $A = (b-d)\delta$。

为了保证板不发生拉断破坏，须满足的拉伸强度条件为

$$\sigma \leqslant [\sigma] \quad \text{或} \quad \frac{F_N}{A} \leqslant [\sigma]$$

式中，$[\sigma]$ 为许用正应力。

二、对接接头

上述铆接接头形式在工程上通常称搭接，另一种形式称为对接。图 7.5（a）所示的是一对接接头联接件，由此**从联接件中的任意一铆钉的受力情况看，如图 7.5（b）所示，它有两个剪切面，故称为双剪**。应用截面法求得每个剪切面上的剪力 $F_Q = F/2$，如图 7.5（c）所示，根据联接件的实用计算，求得每个剪切面上的切应力为

$$\tau = \frac{F_Q}{A_Q}$$

式中，A_Q 为剪切面面积，其值 $A_Q = \pi d^2 / 4$。

这类联接中，主板厚度 δ 一般小于两盖板厚度之和，即 $\delta < \delta_1 + \delta_2$，因此只需计算铆钉中段圆柱面与主板孔柱面间的挤压变形。铆钉中段圆柱面与主板孔柱面间的相互挤压力为 $F_{bs} = F$，挤压面积 $A_{bs} = \delta d$，由此计算相应挤压应力为 $\sigma_{bs} = F_{bs}/A_{bs}$。同理，由于 $\delta < \delta_1 + \delta_2$，因此只需计算主板的拉伸强度。主板宽为 b，有铆钉孔处的横截面为削弱截面，该截面上的轴力 $F_N = F$，削弱截面的面积 $A = (b-d)\delta$，相应的主板的名义拉应力 $\sigma = F_N/A$。对于对接接头联接件的剪切、挤压以及拉伸的实用强度计算，与搭接接头的情况相同。

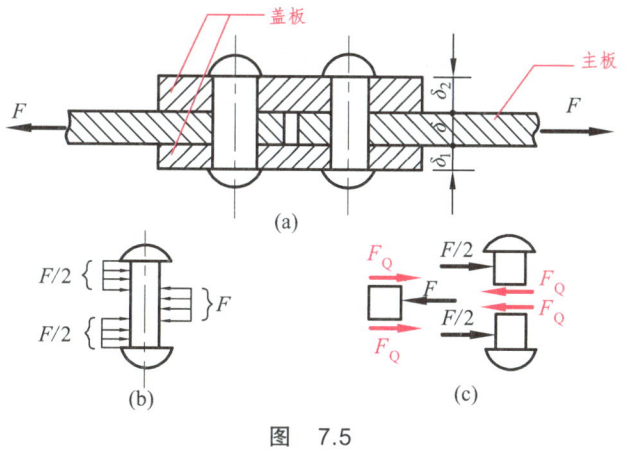

图 7.5

以上两种联接件的接头是按板放置的方式予以区分的，工程上还有一种常用的是显示在铆钉数量多少上的联接件接头。如图 7.6（a）所示，搭接接头每块板或对接接头的每块主板中的铆钉是超过一个以上，通常称为铆钉群接头。在这类接头中，各铆钉直径相等、材料相同，按一定规律排列，同时认为外力均匀分布在每个铆钉上。通过外力分析，如图 7.6（b）所示，可知每个铆钉所受外力为 $F/4$，相应的各铆钉剪切面上的切应力以及各铆钉表面或板孔柱面上的挤压应力均相等，因此可任取一铆钉进行剪切和挤压的强度实用计算。但对板进行拉伸强度计算时，要综合考虑因铆钉孔使横截面面积削弱及轴力大小两个因素，这样才能正确判断危险截面并计算出最大名义拉应力。

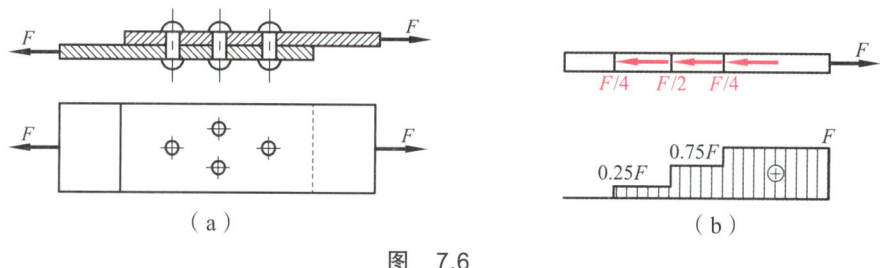

图 7.6

【例 7.1】 电机车挂钩的销钉联接如图 7.7（a）所示。已知挂钩联接板厚度 $t = 8 \text{ mm}$，销钉材料许用切应力 $[\tau] = 60 \text{ MPa}$，许用挤压应力 $[\sigma_{bs}] = 200 \text{ MPa}$，电机车的牵引力 $F = 15 \text{ kN}$。试设计选择销钉的直径。

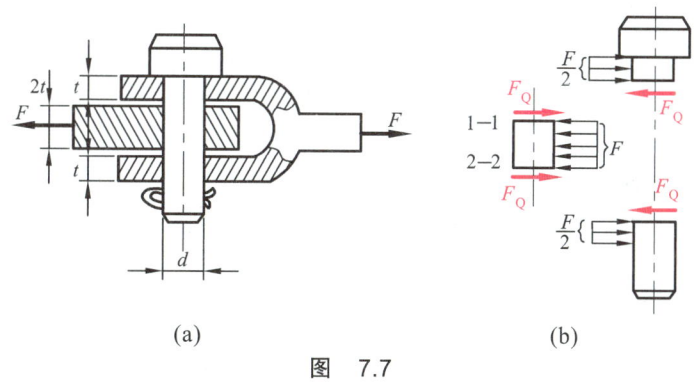

图 7.7

【解】 销钉受力情况如图 7.7（b）所示，因销钉为双剪变形，故有两个剪切面。应用截面法可求得每个剪切面上的剪力 $F_Q = F/2$，剪切面面积 $A_Q = \pi d^2/4$，先按剪切强度条件设计销钉直径，由式 $\tau \leqslant [\tau]$，得

$$\tau = \frac{F_Q}{A_Q} = \frac{F/2}{\pi d^2/4} = \frac{2F}{\pi d^2} \leqslant [\tau]$$

解此方程得

$$d \geqslant \sqrt{\frac{2F}{\pi [\tau]}} \approx 12.6 \times 10^{-3} \text{ m} = 12.6 \text{ mm}$$

取 $d = 13$ mm。

再按挤压强度条件设计销钉直径，由销钉受力分析可知销钉上端或下端挤压面上的挤压力 $F_{bs} = F/2$，挤压面面积 $A_{bs} = td$，由式 $\sigma_{bs} \leqslant [\sigma_{bs}]$，得

$$\sigma_{bs} = \frac{F/2}{td} = \frac{F}{2td} \leqslant [\sigma_{bs}]$$

解此方程得

$$d \geqslant \frac{F}{2t[\sigma_{bs}]} \approx 4.7 \times 10^{-3} \text{ m} = 4.7 \text{ mm}$$

综上所述，选择 $d = 13$ mm 可同时满足挤压和剪切强度条件要求。通过此题可知，该联接件更易发生剪切破坏。在实际工程中，对于圆柱状联接件，剪切强度是主要矛盾，挤压强度一般都是满足的。但对于后面将要讨论的键类联接件，挤压强度是主要矛盾，剪切强度通常都是满足的。

【例 7.2】 一联接件用四个铆钉来联接两块钢板，如图 7.8（a）所示，钢板与铆钉材料相同。已知铆钉直径 $d = 16$ mm，钢板尺寸 $b = 100$ mm，$t = 10$ mm，钢板两端所受拉力为 $F = 90$ kN，各联接零件的许用切应力为 $[\tau] = 120$ MPa，许用正应力 $[\sigma] = 160$ MPa，许用挤压应力 $[\sigma_{bs}] = 300$ MPa。试校核此接头的强度。

【解】 此联接件接头应进行三个方面的强度校核。

（1）铆钉的剪切强度。由于对称布置，可认为每一个铆钉承受的力是相等的。于是，铆钉在剪切面上的剪力 $F_Q = F/4$，如图 7.8（b）、（c）所示，剪切面面积 $A_Q = \pi d^2/4$，因此切应力为

$$\tau = \frac{F_Q}{A_Q} = \frac{F/4}{\pi d^2/4} = \frac{90 \times 10^3 \text{ N}}{\pi \times 0.016^2 \text{ m}^2} = 112 \times 10^6 \text{ Pa} = 112 \text{ MPa}$$

因 $\tau = 112$ MPa $< [\tau] = 120$ MPa，故铆钉满足剪切强度要求。

（2）铆钉和钢板的挤压强度。由于钢板和铆钉的材料相同，故只需校核铆钉的挤压强度。每个挤压面上的挤压力 $F_{bs} = F/4$，如图 7.8（b）所示，挤压面积 $A_{bs} = td$，因此挤压应力为

$$\sigma_{bs} = \frac{F_{bs}}{A_{bs}} = \frac{F}{4td} = \frac{90 \times 10^3 \text{ N}}{4 \times 16 \times 10 \times 10^{-6} \text{ m}^2} = 141 \times 10^6 \text{ Pa} = 141 \text{ MPa}$$

因 $\sigma_{bs} = 141$ MPa $< [\sigma_{bs}] = 300$ MPa，故铆钉满足挤压强度要求。

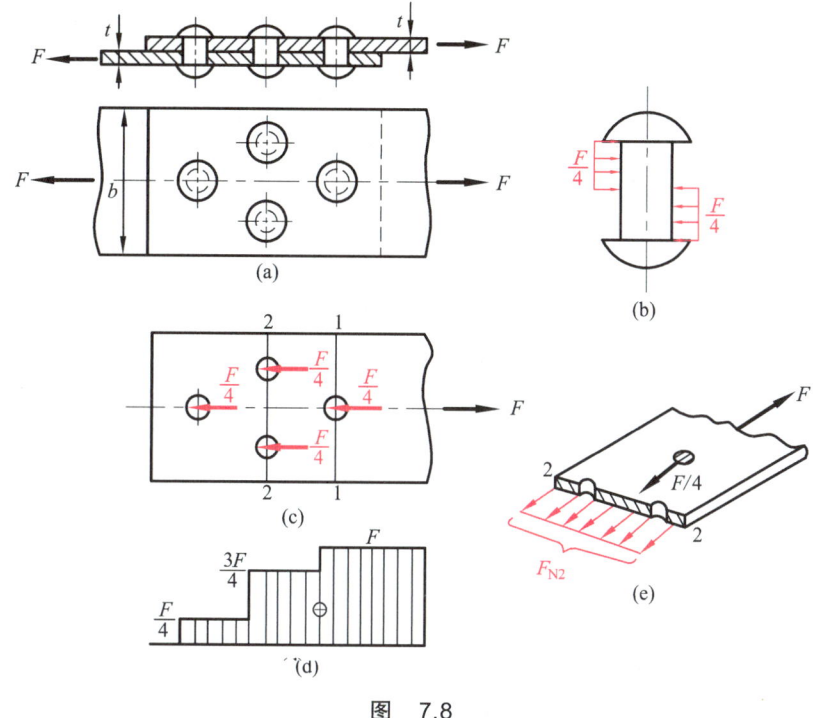

图 7.8

（3）钢板的抗拉强度。由于两块钢板的尺寸和受力相同，因此只需校核其中一块钢板的拉伸强度。以上面的钢板为研究对象，其受力图和轴力图如图 7.8（c）、（d）所示。受拉钢板 2—2 截面面积较小，而 1—1 截面上轴力较大，所以两个截面都需要进行拉伸强度计算，其名义拉应力为

$$\sigma_{1-1} = \frac{F}{(b-d)t} = \frac{90 \times 10^3 \text{ N}}{(100-16) \times 10 \times 10^{-6} \text{ m}^2} = 107 \times 10^6 \text{ Pa} = 107 \text{ MPa}$$

$$\sigma_{2-2} = \frac{3F}{4(b-2d)t} = \frac{3 \times 90 \times 10^3 \text{ N}}{4 \times (100-32) \times 10 \times 10^{-6} \text{ m}^2} = 99.3 \times 10^6 \text{ Pa} = 99.3 \text{ MPa}$$

因 $\sigma_{1-1} < [\sigma]$，$\sigma_{2-2} < [\sigma]$，故钢板拉伸强度满足要求。在此例中，两块钢板的受力完全相同。但是当钢板上铆钉的排列不是对称的，两块钢板的受力情况则不相同，此时应对两块钢板均进行拉伸强度的实用计算。

综上所述，整个联接件接头符合强度要求。

第三节　其他联接件的实用计算

一、键联接强度的实用计算

如图 7.9 所示，一传动轴和轴上的齿轮用键联接，在外力作用下，键可能发生剪切和挤压破坏。

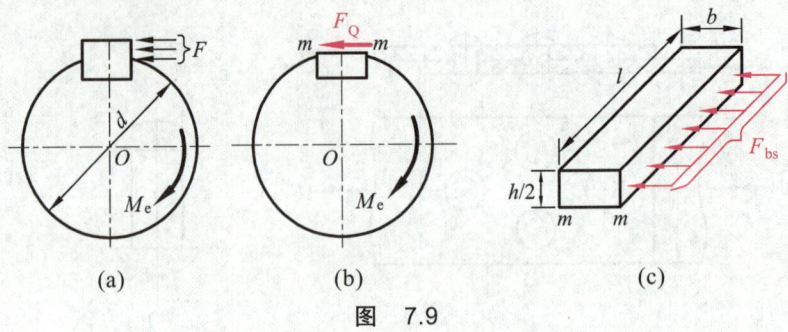

图 7.9

键的长、宽、高分别为 l、b 和 h。以键和轴作为研究对象进行受力分析,如图 7.9(a)所示,由平衡方程可得出 $F_Q = F_{bs} = F = 2M_e/d$。键在 $m\text{—}m$ 截面上受剪,剪切面面积 $A_Q = bl$;另在半个侧面上受挤压,挤压面面积 $A_{bs} = hl/2$,如图 7.9(b)、(c)所示。为保证键不发生剪切和挤压破坏,其实用计算的强度条件为

$$\tau \leqslant [\tau], \quad \sigma_{bs} \leqslant [\sigma_{bs}]$$

二、榫联接强度的实用计算

榫是木结构或钢木混合结构中常用的联接方式,如图 7.10(a)所示。取右半部分为研究对象,受力情况如图 7.10(b)所示。剪力和挤压力可由平衡方程求出:$F_Q = F_{bs} = F$。榫的剪切面 $m\text{—}m$ 的面积 $A_Q = bl$,挤压面 $m\text{—}n$ 的面积 $A_{bs} = bh$。为保证榫不发生剪切和挤压破坏,其实用计算的强度条件为

$$\tau \leqslant [\tau], \quad \sigma_{bs} \leqslant [\sigma_{bs}]$$

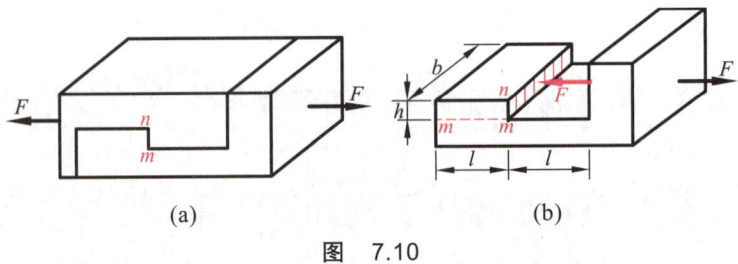

图 7.10

除了螺栓联接、铆钉联接、键联接、榫联接外,在工程实际中还有其他各式各样的联接方式。如焊接也是工程中大量采用的联接方式,焊缝主要承受剪切变形,在对其进行强度校核时,通常认为剪切面与焊缝底面成 45°角,在实用计算中,要求焊缝满足剪切强度条件;另外,工程中还大量采用胶黏联接,像拼合梁各个部分之间既可采用螺栓联接,也可采用胶黏联接。由于胶黏联接后构件的受力、接缝方向、胶层分布以及胶层质量等多种因素影响,因此在胶黏接缝处可能发生剪切破坏和拉伸断裂破坏,这就要求在实用计算中,须同时考虑剪切和拉伸强度条件。

在实际工程中还有一种相反的情况,对于车床传动轴的保险销或冲床冲剪工件等,是利用剪切破坏达到保护车床的目的,或实现冲孔落料等加工,其剪切破坏的条件为

$$F_Q \geqslant \tau_b \times A_Q$$

式中的 τ_b 为剪切强度极限。冲床工作时还得保证不发生挤压破坏，即应满足

$$\sigma_{bs} \leqslant [\sigma_{bs}]$$

应指出，联接件的实用计算由于不涉及变形的讨论，因此不必按变形特点规定其符号，因此仍把剪力和挤压力视作矢量。挤压力实质上发生在联接件和被联接件之间的接触面上，因此从严格意义上来说挤压力并不属于内力，但因也涉及强度破坏的相关问题，因此挤压力可视作内力，进行相应的实用计算。

【例7.3】 已知联接手柄的键长度 $l = 35$ mm，如图7.11（a）所示，材料许用切应力 $[\tau] = 100$ MPa，许用挤压应力 $[\sigma_{bs}] = 220$ MPa。试求手柄上端所作用力 $\boldsymbol{F}$ 的最大值。

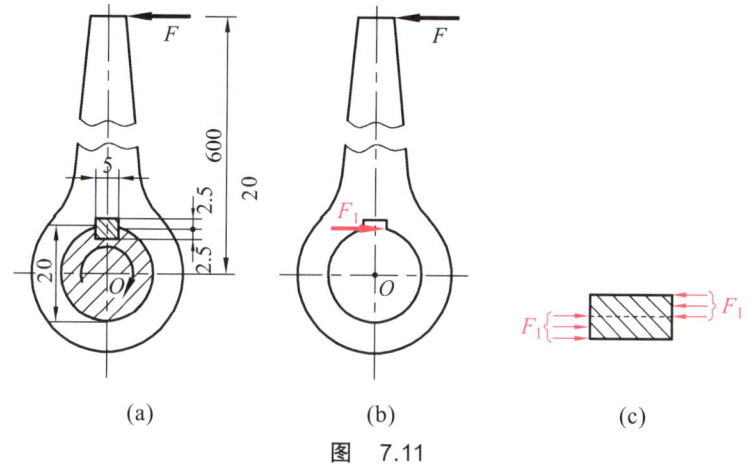

图 7.11

【解】 以手柄为研究对象，对其进行受力分析，如图7.11（b）所示，求出手柄受力时对键的作用力 $\boldsymbol{F}_1$，列平衡方程：

$$\sum M_O = 600F - F_1 \times 0.5d = 0$$

解此方程得

$$F_1 = 60F$$

以键为研究对象，对其进行受力分析，如图7.11（c）所示，可知剪切面上的 $F_Q = F_1$。于是，由剪切实用计算的强度条件，得

$$\tau = \frac{F_Q}{A_Q} = \frac{F_Q}{bl} \leqslant [\tau]$$

由此求得许用剪力：

$$F_Q \leqslant bl[\tau] = 35 \times 5 \times 10^{-6} \times 100 \times 10^6 \text{ N} = 17\,500 \text{ N}$$

相应的由挤压实用计算的强度条件，得

$$\sigma_{bs} = \frac{F_{bs}}{A_{bs}} = \frac{F_{bs}}{0.5hl} \leqslant [\sigma_{bs}]$$

由此求得许用挤压力：

$$F_{bs} \leq 0.5hl[\sigma_{bs}] = 0.5 \times 5 \times 35 \times 10^{-6} \times 220 \times 10^6 \text{ N} = 19\ 250 \text{ N}$$

综合考虑手柄联接件的强度，应取剪力和挤压力的较小值，即 $F_1 = 17\ 500$ N，由此则有

$$F = F_1/60 = 17\ 500 \text{ N}/60 = 292 \text{ N}$$

故手柄上端所作用力 **F** 的最大值为 292 N。

第四节　剪切胡克定律

如图 7.12（a）所示，在杆件受剪部分中的某一点 K 处，取一微小的正六面体（单元体），将它放大，剪切变形时，剪切面发生相对错动，使正六面体 *abcdefgh* 变为平行六面体 *ab'cd'ef'gh'*，如图 7.12（b）所示。

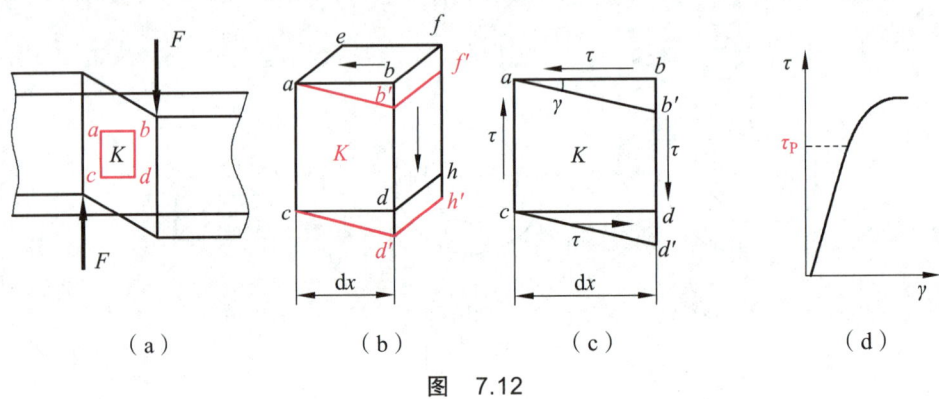

图　7.12

线段 bb' 为相距 dx 的两截面相对错动滑移量，称为绝对剪切变形，如图 7.12（b）所示。相距一个单位长度的两截面相对滑移量称为相对剪切变形，也称为切应变，用 γ 表示，如图 7.12（c）所示。因剪切变形时 γ 值很小，所以 $bb'/dx = \tan\gamma \approx \gamma$。切应变 γ 是直角的微小变形量，用弧度（rad）度量。实验表明：当切应力不超过材料的剪切比例极限 τ_p 时，剪切面上的切应力 τ 与该点处的切应变 γ 成正比，如图 7.12（d）所示，即

$$\tau = G\gamma$$

式中，G 称为材料的切变模量。常用碳钢 $G \approx 80$ GPa，铸铁 $G \approx 45$ GPa。其他材料的 G 值可从有关设计手册中查到。

通过对单元体的进一步分析可知，由于单元体处于平衡状态，因此可推知单元体左右两侧面和上下两个面上均有大小相等的切应力 τ，如图 7.12（c）所示。可进一步推知，在构件内部任意两个相互垂直的平面上，切应力必然成对成立，且大小相等，方向同时指向或同时背离这两个截面的交线，这就是切应力互等定理。

思考题

7.1　构件的挤压作用和压缩作用有何区别？试以图 7.13 所示的钢柱和铜块为例说明。

7.2 在进行联接件实用计算时，剪切面的计算面积是否就是实际剪切面的面积？挤压面的计算面积是否与两构件的实际接触面积相同？试分别举例说明。

7.3 在进行联接件的剪切和挤压的强度分析研究时，为什么采用实用计算？

7.4 生产实际中常利用剪切破坏来加工成型零件，如冲孔、剪切钢板等，此时要求零件加工的工作切应力 τ 与抗剪强度极限 τ_b 有什么关系？

7.5 在图 7.14 所示的钢质螺栓拉杆与木板之间放置金属垫圈能起到什么作用？

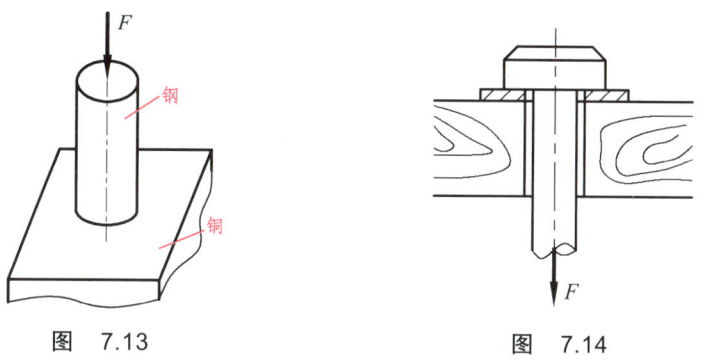

图 7.13　　　　　　　图 7.14

7.6 试指出图 7.15 所示构件的剪切面和挤压面。

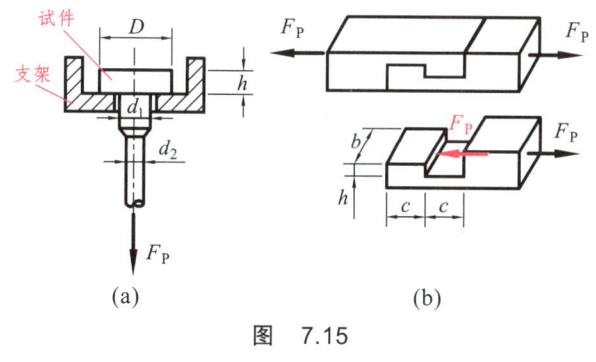

图 7.15

习　题

7.1 有一螺栓联接件如图 7.16 所示。已知所受拉力 $F = 200$ kN，联接板厚度 $t = 20$ mm，板与螺栓的材料相同。其许用切应力 $[\tau] = 80$ MPa，许用挤压应力 $[\sigma_{bs}] = 200$ MPa，试求螺栓的直径（不考虑联接板的强度要求）。[答案：$d = 50$ mm]

7.2 图 7.17 所示两块厚度为 10 mm 的钢板，用两个直径为 17 mm 的铆钉搭接在一起，钢板受拉力 $F = 60$ kN。已知 $[\tau] = 140$ MPa，$[\sigma_{bs}] = 280$ MPa，$[\sigma] = 160$ MPa，试校核该联接件的强度（假设每个铆钉受力是相等的）。[答案：$\tau = 132$ MPa，$\sigma_{bs} = 176$ MPa，$\sigma = 140$ MPa，满足强度条件]

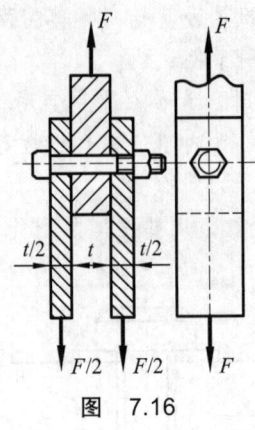
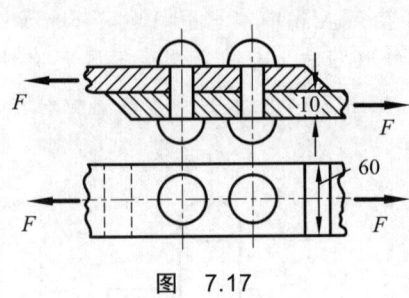

图 7.16   图 7.17

7.3 图 7.18 所示冲床的最大冲力为 400 kN，冲头材料的许用挤压应力 $[\sigma_{bs}]$ = 440 MPa，被冲剪板的剪切强度极限 τ_b = 360 MPa。试求在最大冲力作用下所能冲剪圆孔的最小直径 d_{min} 和板的最大厚度 t_{max}。[答案：d_{min} = 34 mm，t_{max} = 10.4 mm]

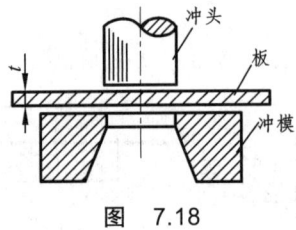

图 7.18

7.4 宽度 b = 0.1 m 的两矩形木杆的相互联接方式如图 7.19 所示。已知木杆所受荷载 F = 50 kN，木杆的许用切应力 $[\tau]$ = 1.5 MPa，许用挤压应力 $[\sigma_{bs}]$ = 12 MPa，试求木杆接头的尺寸 a 和 t。[答案：$a \geqslant 333$ mm，$t \geqslant 41.7$ mm]

7.5 图 7.20 所示的传动轴与齿轮用普通平键联接，已知轴和键的尺寸 d = 70 mm，b = 20 mm，h = 12 mm，轴传递的扭矩 M = 2 kN·m，键材料的许用切应力 $[\tau]$ = 60 MPa，许用挤压应力 $[\sigma_{bs}]$ = 100 MPa。试设计此平键的长度 l。[答案：$l \geqslant 95.2$ mm，取 l = 96 mm]

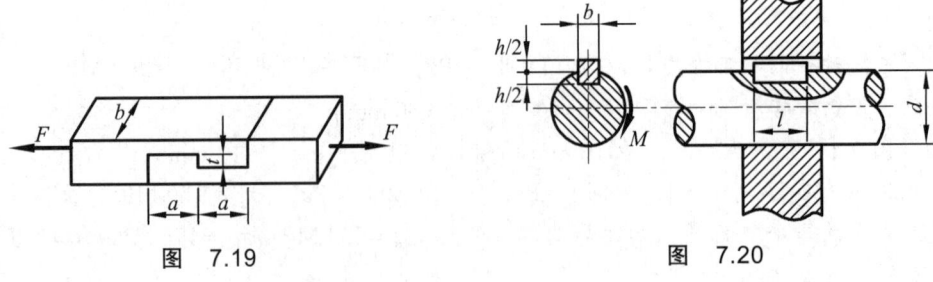

图 7.19   图 7.20

7.6 （综合训练题）两块钢板搭接采用的铆钉直径为 25 mm，排列如图 7.21 所示。已知①钢板采用 A_3 钢，②钢板采用 A_2 钢，铆钉采用 A_1 钢。A_3 钢、A_2 钢和 A_1 钢的屈服极限 σ_s 分别为 220 MPa、210 MPa 和 200 MPa，另外 $[\tau]$ = 0.7$[\sigma]$，$[\sigma_{bs}]$ = 1.7$[\sigma]$，安全系数 n_s 取 1.4。

(1) 试求拉力 F 的许用值。

(2) 如果铆钉排列次序相反,即自上而下的第一排是两个铆钉,第二排是三个铆钉,此时拉力 F 值会如何改变?[答案:$F_1 = 236$ kN,$F_2 = 204$ kN]

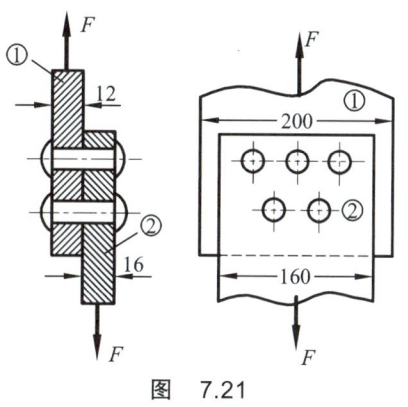

图 7.21

阅读材料

单凭经验还是经过计算

德国一位建筑师研究了大片地区的古埃及神庙遗迹,测量了许多梁、板和下楣,并用近代的强度计算方法试作校核,发现所有这些构件的安全系数取值非常稳定,而且对天然石料这类性质变化较大的材料也采用了不大的安全系数 3~4。这一结果是凭经验确定,还是作过某种计算呢?这在今天还是一个谜。

第八章

圆轴的扭转

【问题导入】

传动轴在机械工程中的主要构件之一。图 8.1 所示传动轴，来自电动机的主动力偶矩与来自转轮的工作力偶矩形成一对力偶，传动轴匀速转动时，两力偶的值相等，传动轴处于平衡状态。对传动轴而言，在工作时由于受力产生扭转变形，扭转变形后的强度和刚度问题是工程中必须解决的。

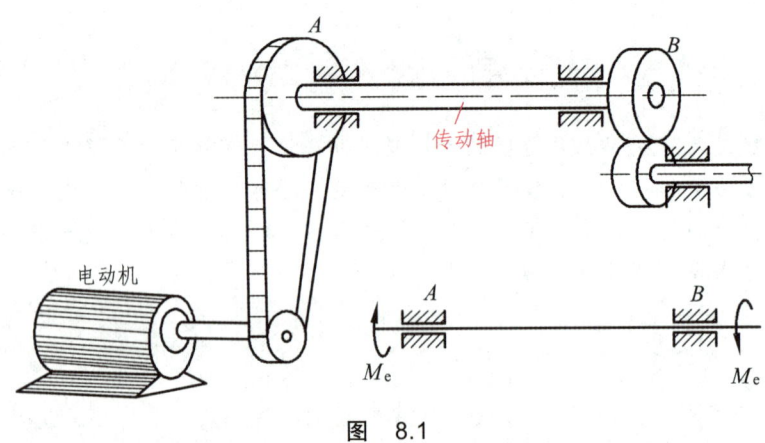

图 8.1

第一节 扭转圆轴的扭矩及扭矩图

一、圆轴扭转的概念

工程中许多重要的构件在工作中常常承受扭转变形，如汽车方向盘转向杆（见图 8.2）、各种机器传动杆等。若给出这类杆件的受力简图，如图 8.3 所示，可以看出，杆件扭转的受力特点是杆件承受作用面与杆轴线垂直的力偶作用；其变形特点是杆件的各横截面绕杆轴线发生相对转动，杆轴线始终保持直线。这种**主要承受扭转变形的杆件多为直杆，通常称为圆轴**。圆轴是工程上最常见的扭转变形杆件。本章主要介绍圆轴扭转时的应力、变形以及强度和刚度计算。

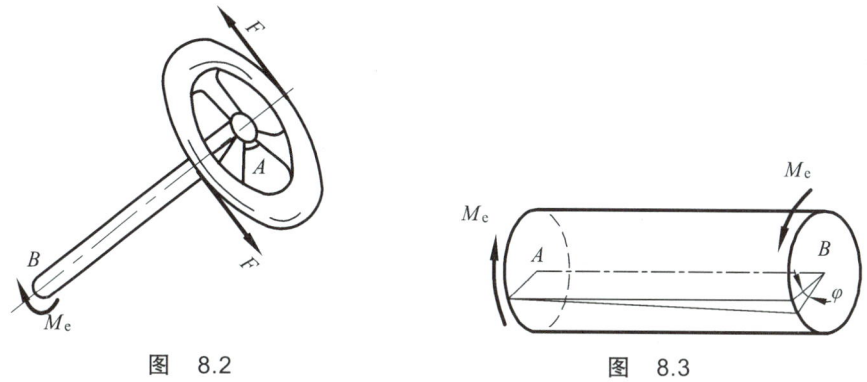

图 8.2　　　　　　　　　　图 8.3

二、扭矩与扭矩图

1. 外力偶矩计算

作用在轴上的外力偶矩，一般可通过力的平移，并利用平衡条件来确定。但是，对于传动轴等传动构件，通常只知道它们的功率 P 和转速 n。因此，在分析内力之前，首先需要根据转速和功率计算出外力偶矩。在此利用功率、转速和外力偶矩之间的关系，求出作用于轴上外力偶的力偶矩 M_e，其计算式为

$$M_e = 9\,549\frac{P}{n} \tag{8.1}$$

式中，P 为功率（kW）；n 为轴的转速（r/min）。

外力偶矩的转向由力向轴线的简化结果确定，对于传动轴，可根据下列原则确定：主动轮上的功率为输入功率，主动力偶矩与轴转向相同；从动轮上的功率为输出功率，从动力偶矩与轴转向相反。如无特殊说明，可理想化地认为机械效率为 100%，即没有功率损失，输入功率等于输出功率。

2. 扭矩和扭矩图

受到外力偶作用的圆轴横截面上的内力称为扭矩，用 T 表示。已知作用在圆轴上的外力偶，其力偶矩为 M_e，如图 8.4（a）所示，现用截面法即可求出圆轴横截面上的扭矩。今假想地将图 8.4（a）所示的圆轴切为 Ⅰ、Ⅱ 两部分，取 Ⅰ 部分为研究对象，如图 8.4（b）所示，列平衡方程，得

$$\sum M = 0, \quad T - M_e = 0, \quad T = M_e$$

若取 Ⅱ 部分为研究对象，如图 8.4（c）所示，仍然可以求得 $T = M_e$ 的结果，其中扭矩 T 方向与取 Ⅰ 部分为研究对象时求出的扭矩方向相反。为使同一截面在分别取左段或右段为研究对象时所求得的扭矩的大小、方向都一致，特对扭矩的正负号作如下规定：按右手螺旋法则，四指顺着扭矩的转向握住轴线，大拇指的指向与横截面的外法线方向一致为正，反之为负，如图 8.5 所示。当横截面上扭矩的实际方向未确定时，通常先假设扭矩为正，采用设正法求得扭矩的符号与上述扭矩符号的规定一致。若求得结果为正，则表示扭矩实际方向与假设方向相同；若求得结果为负，则表示扭矩实际方向与假设方向相反。

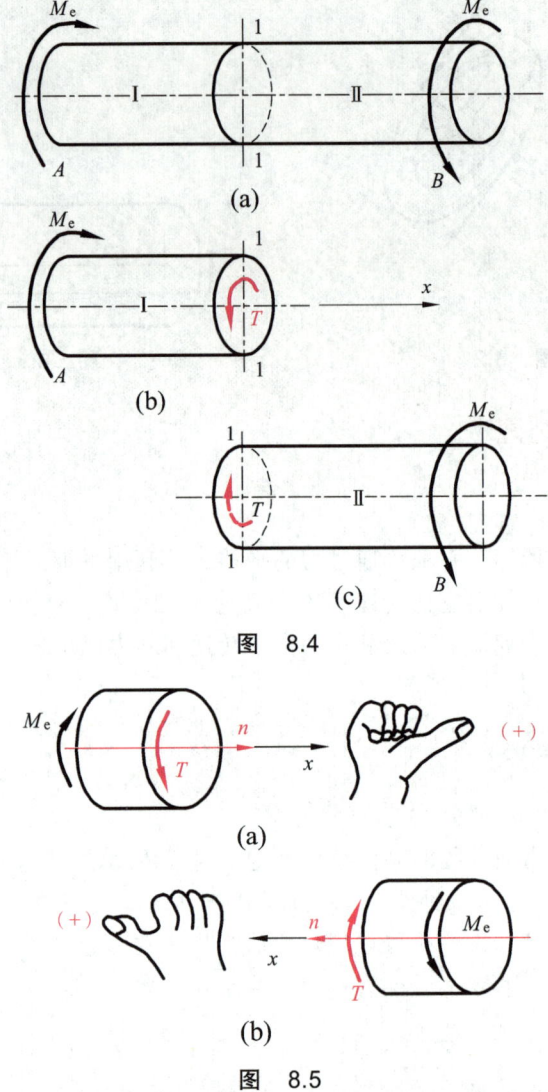

图 8.4

图 8.5

当作用于圆轴上的外力偶多于两个时，这些外力偶将圆轴分成扭矩各不相同的若干段。若给出的横截面扭矩是随圆轴长度变化的图形，则此图形称为**扭矩图**。扭矩图中的横坐标 x 表示各横截面的位置，纵坐标 T 表示相应截面上的扭矩值。

【例 8.1】 如图 8.6（a）所示，一传动系统的主轴 ABC 的转速 $n = 960$ r/min，输入功率 $P_A = 27.5$ kW，输出功率 $P_B = 20$ kW，$P_C = 7.5$ kW。试画出主轴 ABC 的扭矩图。

【解】 （1）计算外力偶矩。各齿轮传动的外力偶矩为

$$M_A = 9\,549 \times \frac{27.5}{960} \text{N} \cdot \text{m} = 274 \text{ N} \cdot \text{m}$$

$$M_B = 9\,549 \times \frac{20}{960} \text{N} \cdot \text{m} = 199 \text{ N} \cdot \text{m}$$

$$M_C = 9\,549 \times \frac{7.5}{960} \text{N} \cdot \text{m} = 75 \text{ N} \cdot \text{m}$$

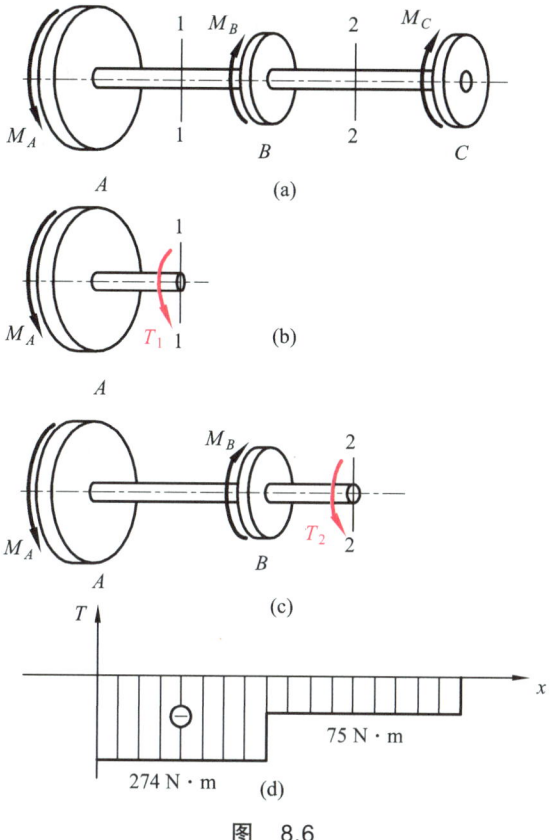

图 8.6

所求外力偶矩 M_A 称为主动力偶矩，其转向与主轴转向相同；另二外力偶矩 M_B、M_C 称为阻力偶矩，其转向与主轴转向相反。

（2）计算扭矩。将主轴 ABC 分为 AB、BC 两段，逐段计算扭矩。对 AB 段，如图 8.6（b）所示，有

$$\sum M = 0, \quad T_1 + M_A = 0, \quad T_1 = -M_A = -274 \text{ N·m}$$

对 BC 段，如图 8.6（c）所示，有

$$\sum M = 0, \quad T_2 + M_A - M_B = 0, \quad T_2 = -M_A + M_B = -75 \text{ N·m}$$

（3）画扭矩图。首先建立 T-x 坐标系，其中 x 沿轴方向，T 为扭矩，然后将以上计算结果标于 T-x 坐标系中，即得到主轴 ABC 的扭矩图，如图 8.6（d）所示。由该图可看出，最大扭矩发生在 AB 段内，$|T_{max}| = 274$ N·m。

第二节 扭转圆轴横截面上的应力与强度计算

一、圆轴扭转时横截面上的应力

上一节给出了圆轴扭转时横截面上分布内力的合力，根据材料的均匀连续性假设，视圆

轴横截面上内力为连续分布力系，因此研究圆轴横截面上内力分布的集度——应力，还是从变形角度入手进行研究。首先进行圆轴扭转实验，实验前在圆轴表面画若干垂直于轴线的圆周线和平行于轴线的纵向线，如图 8.7（a）所示，圆轴扭转后可观察到圆轴表面各圆周线的形状、大小与间距均不改变，仅绕轴线作了相对转动；各纵向线倾斜了一个相同的角度 γ，而仍近似保持为直线，原来的矩形变成了平行四边形，如图 8.7（b）所示。根据上述的圆轴表面的变形特点，可以提出以下假设以推知内部的变形情况，即假设：变形前为平面的横截面，变形后仍保持为平面，各横截面均绕其轴线旋转了一个角度。这一假设称为**平面假设**。由实验结果和平面假设可推出如下推论：

（1）横截面上没有正应力。因为扭转变形时，横截面大小、形状、纵向间距均未发生变化，说明没有发生线应变，当然也就没有正应力。

（2）横截面上有切应力。因为扭转变形时，相邻横截面间发生了相对转动。对横截面上的点而言，只要不是轴线上的点，那两截面的相邻两点实际发生的是相对错动，相对错动必会产生切应变，因此必有切应力。

（3）切应力方向垂直于半径。因为横截面形状大小未变，说明沿着横截面径向无变形即无应力，而错动沿着与半径垂直的周向，所以切应力方向必定垂直于半径，指向顺着扭矩的方向。

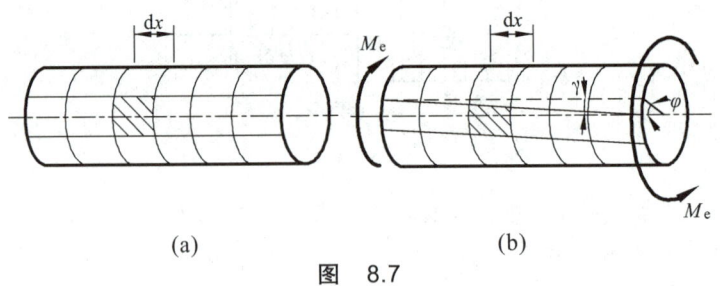

图 8.7

下面从变形几何关系、物理关系和静力学关系三方面来分析扭转圆轴横截面上的切应力分布规律。

（1）变形几何关系。在圆轴上切取长为 dx 的微段（见图 8.8），横截面 2—2 相对于横截面 1—1 转过了一个角度 $d\varphi$，半径 O_2B 转至 O_2C 处。由于纵向线倾斜 γ 角度，横截面 2—2 上的半径均转过了同一角度 $d\varphi$，从而得出圆轴表面的切应变为

$$\gamma \approx \tan\gamma \approx \frac{BC}{AB} = R\frac{d\varphi}{dx}$$

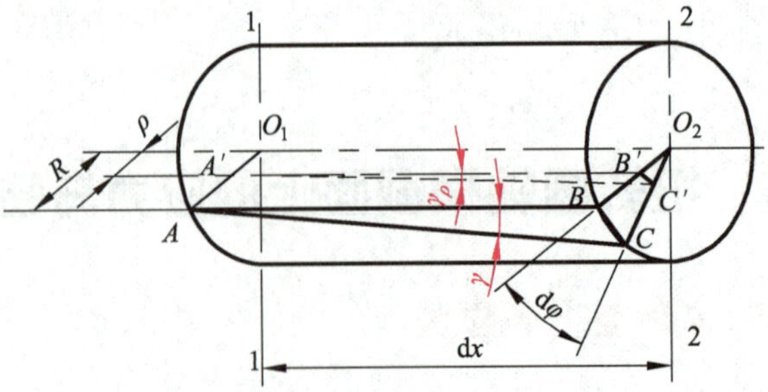

图 8.8

同样可得在距轴线为 ρ 的任一点处的切应变 γ_ρ 为

$$\gamma_\rho \approx \tan\gamma_\rho \approx \frac{B'C'}{A'B'} = \rho\frac{\mathrm{d}\varphi}{\mathrm{d}x} \tag{8.2a}$$

式中，$\mathrm{d}\varphi/\mathrm{d}x$ 为横截面相对扭转角沿轴线的变化率。

由于各纵向线都倾斜了相同的 γ 角，因此在同一横截面上，它是常量，所以同一横截面上任意一点的切应变 γ_ρ 与该点到轴线的距离 ρ 成正比。

（2）物理关系。根据剪切胡克定律 $\tau = G\gamma$，可得横截面上距轴线为 ρ 的一点的切应力为

$$\tau_\rho = G\gamma_\rho = G\rho\frac{\mathrm{d}\varphi}{\mathrm{d}x} \tag{8.2b}$$

式（8.2b）表明，横截面上任一点的切应力 τ_ρ 与该点到轴线的距离 ρ 成正比，其方向垂直于半径，其指向顺着扭矩 T 的方向。切应力在圆心处为零、圆周处为最大，在半径为 ρ 的同一圆周上各点的切应力相等。实心圆轴和空心圆轴扭转时切应力沿横截面半径线性变化的规律分别如图 8.9（a）和（b）所示。

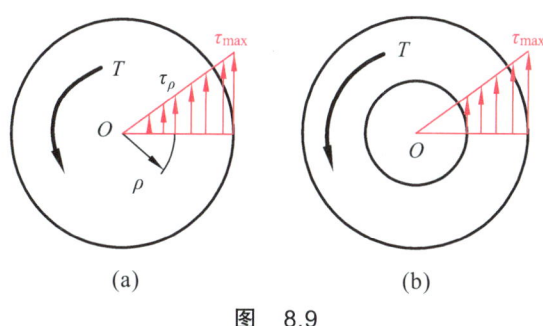

图 8.9

（3）静力学关系。如图 8.10 所示，在距轴心为 ρ 处的微面积 $\mathrm{d}A$ 上作用有微内力 $\tau_\rho \mathrm{d}A$，它对圆心 O 的力矩为 $\rho\tau_\rho \mathrm{d}A$。显然无数个微面积 $\mathrm{d}A$ 上的微内力对圆心 O 的力矩之和即为横截面上的扭矩 T，即

$$T = \int_A \rho\tau_\rho \mathrm{d}A = G\frac{\mathrm{d}\varphi}{\mathrm{d}x}\int_A \rho^2 \mathrm{d}A \tag{8.2c}$$

令

$$I_\mathrm{P} = \int_A \rho^2 \mathrm{d}A$$

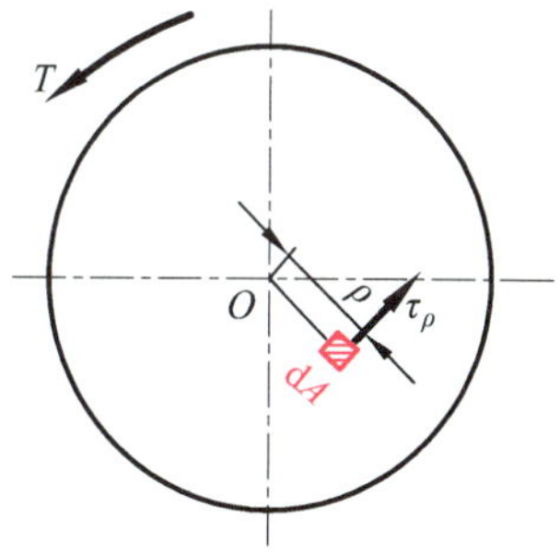

式中，I_P 称为横截面对圆心 O 点的极惯性矩，单位为 m^4、mm^4 等。它只与横截面的几何形状和尺寸有关。于是式（8.2c）写成：

$$\frac{\mathrm{d}\varphi}{\mathrm{d}x} = \frac{T}{GI_\mathrm{P}} \tag{8.3}$$

图 8.10

式中，$\mathrm{d}\varphi/\mathrm{d}x$ 为单位长度扭转角。

将式（8.3）代入式（8.2b），得圆轴扭转时横截面上的切应力公式为

$$\tau_\rho = \frac{T\rho}{I_P} \tag{8.4}$$

由式（8.4）可知，当 $\rho = R$ 时，在圆轴横截面上边缘各点处的切应力最大，即

$$\tau_{max} = \frac{TR}{I_P}$$

令 $W_P = \dfrac{I_P}{R}$，则上式变为

$$\tau_{max} = \frac{T}{W_P} \tag{8.5}$$

式中，W_P 称为**抗扭截面系数**，单位为 m^3、mm^3 等。

由于工程中圆轴常分为实心圆与空心圆两种情况，所以只需要对这两种情况下讨论极惯性矩和抗扭截面系数的计算。对于圆截面极惯性矩与抗扭截面系数的计算，如实心圆截面，如图 8.11（a）所示，在距离圆心 ρ 处，若取微面积 $dA = 2\pi\rho d\rho$，则实心圆截面极惯性矩为

$$I_P = \int_A \rho^2 dA = \int_0^{\frac{D}{2}} \rho^2 \times 2\pi\rho d\rho = \frac{\pi D^4}{32}$$

式中，D 为圆截面的直径。

同样可求得如图 8.11（b）所示的空心圆截面极惯性矩为

$$I_P = \frac{\pi D^4}{32}(1-\alpha^4)$$

式中，D、d 分别为空心圆截面的外径、内径；$\alpha = \dfrac{d}{D}$。

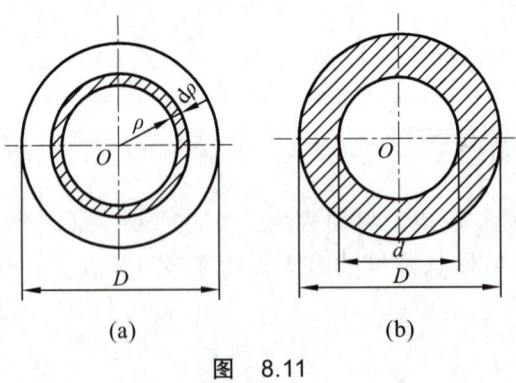

图 8.11

直径为 D 的实心圆截面的抗扭截面系数为

$$W_P = \frac{\pi D^3}{16}$$

内径为 d，外径为 D 的空心圆截面的抗扭截面系数为

$$W_P = \frac{\pi D^3}{16}(1-\alpha^4)$$

【例 8.2】 传递功率的圆轴的两端各有一个功率输入和输出，圆轴直径 $D = 60$ mm，转速 $n = 120$ r/min，由试验得到圆轴横截面上的最大切应力 $\tau_{max} = 80$ MPa。试求圆轴所传递的功率。

【解】（1）计算圆轴横截面上的扭矩及其外力偶矩。根据式（8.5），得轴的扭矩为

$$T = \tau_{max} W_P = \tau_{max} \times \frac{\pi D^3}{16} = \left[80 \times 10^6 \times \frac{\pi \times (60 \times 10^{-3})^3}{16}\right] \text{N} \cdot \text{m}$$
$$= 3.39 \times 10^3 \text{ N} \cdot \text{m}$$

因为圆轴两端各有一个功率输入和输出，所以圆轴只在两端承受外力偶，外力偶的力偶矩为

$$M_e = T = 3.39 \times 10^3 \text{ N} \cdot \text{m}$$

（2）计算圆轴传递的功率。根据功率和转速与外力偶矩之间的关系式 $M_e = 9\,549\dfrac{P}{n}$，得圆轴所传递的功率为

$$P = \frac{M_e \times n}{9\,549} = \frac{3.39 \times 10^3 \times 120}{9\,549} \text{ kW} = 42.6 \text{ kW}$$

二、圆轴扭转时的强度计算

当扭转圆轴横截面上切应力达到一定限度时，轴将会失效。为此在圆轴的强度设计中，要求整个圆轴横截面上的最大切应力 τ_{max} 不超过材料的许用切应力 $[\tau]$，即

$$\tau_{max} \leqslant [\tau] \tag{8.6}$$

对于等截面圆轴，则有

$$\tau_{max} = \frac{T_{max}}{W_P} \leqslant [\tau] \tag{8.7}$$

此即<u>圆轴扭转时的强度条件</u>。材料的许用扭转切应力是通过实验测得材料的极限切应力，并除以安全系数得到的，因为工程中传动轴一类的构件受到的不是标准的静荷载，所以安全系数应取得更大一些。根据强度条件，可以对扭转轴进行强度校核、设计截面尺寸和确定外力偶三方面的强度计算。

【例 8.3】 阶梯圆轴 ABC 的直径如图 8.12（a）所示，轴材料的许用切应力 $[\tau] = 60$ MPa，所受外力偶的力偶矩 $M_A = 5$ kN·m，$M_B = 3.2$ kN·m，$M_C = 1.8$ kN·m。试校核该轴的强度。

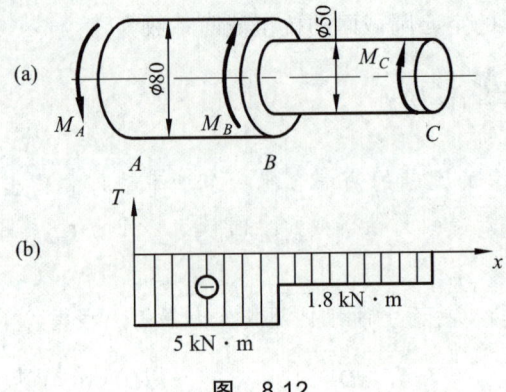

图 8.12

【解】 画出阶梯圆轴的扭矩图如图 8.12（b）所示。因 AB 和 BC 段内的扭矩、直径都不相同，故整个轴的最大切应力所在的横截面，也即危险截面的位置无法确定。于是，分别进行校核。

（1）校核 AB 段的强度。AB 段的最大切应力为

$$\tau_{max} = \frac{T_{AB}}{W_{PAB}} = \frac{5 \times 10^3}{\pi \times 0.08^3 / 16} \text{ Pa} = 49.7 \times 10^6 \text{ Pa} = 49.7 \text{ MPa} < [\tau]$$

故 AB 段满足强度条件。

（2）校核 BC 段的强度。BC 段的最大切应力为

$$\tau_{max} = \frac{T_{BC}}{W_{PBC}} = \frac{1.8 \times 10^3}{\pi \times 0.05^3 / 16} \text{ Pa} = 73.4 \times 10^6 \text{ Pa} = 73.4 \text{ MPa} > [\tau]$$

故 BC 段不满足强度条件。

综上所述，阶梯圆轴不满足强度条件。

【例 8.4】 由无缝钢管制成的汽车传动轴 AB（见图 8.13），其外径 $D = 90$ mm，壁厚 $t = 2.5$ mm，材料为 45 钢；许用切应力 $[\tau] = 60$ MPa，工作时最大外力偶矩 $M_e = 1.5$ kN·m。（1）试校核 AB 轴强度；（2）如将 AB 轴改为实心轴，试在相同的强度条件下确定轴的直径；（3）比较实心轴和空心轴的重量。

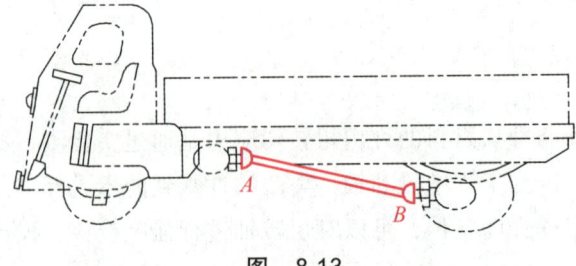

图 8.13

【解】 （1）校核 AB 轴的强度。由已知条件可知传动轴扭矩为

$$T = M_e = 1.5 \text{ kN·m}$$

轴 AB 的横截面的抗扭截面系数为

$$W_P = \frac{\pi D^3}{16}(1-\alpha^4) = \frac{\pi \times 90^3}{16}\left[1-\left(\frac{90-2\times 2.5}{90}\right)^4\right] \text{mm}^3 = 29\ 500\ \text{mm}^3$$

轴横截面上的最大切应力为

$$\tau_{\max} = \frac{T}{W_P} = \frac{1.5 \times 10^3}{29\ 500 \times 10^{-9}}\ \text{Pa} = 50.8 \times 10^6\ \text{Pa} = 50.8\ \text{MPa} < [\tau]$$

故传动轴 AB 满足强度条件。

（2）确定实心轴的直径。若实心轴与空心轴的强度相同，则两轴的抗扭截面系数必相等。设实心轴的直径为 D_1，其抗扭截面系数为

$$\frac{\pi D_1^3}{16} = \frac{\pi D^3}{16}(1-\alpha^4) = 29\ 500\ \text{mm}^3$$

由此解得

$$D_1 \approx \sqrt[3]{\frac{16 \times 29\ 500}{\pi}}\ \text{mm} \approx 53.2\ \text{mm}$$

（3）比较空心轴和实心轴的重量。两轴的材料和长度相同，它们的重量比就等于面积比。设 A_1 为实心轴的横截面面积，A_2 为空心轴的横截面面积，于是有

$$A_1 = \frac{\pi D_1^2}{4},\quad A_2 = \frac{\pi(D^2-d^2)}{4}$$

二者的重量比，即

$$\frac{A_2}{A_1} = \frac{D^2-d^2}{D_1^2} = \frac{90^2-85^2}{53.2^2} = 0.31$$

计算结果说明，在强度相同的情况下，空心轴的重量仅为实心轴重量的 31%，节省材料的效果明显。这是因为切应力沿半径呈线性分布，圆心附近处应力较小，材料未能充分发挥。改为空心轴相当于把实心轴轴心处的材料移向边缘，从而提高了轴的强度。

在工程实际中实心圆轴与空心圆轴各有各的用途，这是因为实心圆轴便于加工，而空心轴的加工难度及造价要远高于实心轴。因此，工程中常见的精密机械，如飞机、轮船、汽车等，常采用空心轴来提高运输能力，不仅可以提高强度，还可以节省材料，减轻重量。对于某些长轴，如车床中的光轴，纺织、化工机械中的长传动轴，则应做成实心的。

第三节　扭转圆轴的变形与刚度计算

一、圆轴扭转时的变形

圆轴扭转时的变形，通常由两横截面间相对转过的角度即相对扭转角，简称扭转角来度量。**扭转角用 φ 表示**，由式（8.3），得

$$\mathrm{d}\varphi = \frac{T}{GI_P}\mathrm{d}x$$

对于圆轴长度 l、扭矩 T 为常数的等直圆轴,其两端横截面间的扭转角为

$$\varphi = \frac{Tl}{GI_P} \tag{8.8}$$

上式表明,扭转角 φ 与扭矩 T、轴长度 l 成正比,与 GI_P 成反比。**GI_P 称为圆轴的抗扭刚度**。对于阶梯状圆轴或扭矩分段变化的等直圆轴,则应该分段计算各段的扭转角,然后求其代数和。式(8.8)由于形式与胡克定律很相似,也被称为扭转胡克定律,可结合在一起记忆。

【例 8.5】 传动轴及其所受外力偶如图 8.14(a)所示,轴材料的剪切弹性模量 $G = 80\text{ GPa}$,直径 $d = 40\text{ mm}$。试计算该轴的总扭转角 φ_{AC}。

【解】 画出传动轴的扭矩图,如图 8.14(b)所示,可以看出轴 AB 和 BC 段的扭矩分别为

$$T_{AB} = 1\,200\text{ N}\cdot\text{m}, \quad T_{BC} = -800\text{ N}\cdot\text{m}$$

圆轴横截面极惯性矩为

$$I_P = \frac{\pi d^4}{32} = \frac{\pi \times (40 \times 10^{-3})^4}{32}\text{ m}^4 = 0.25 \times 10^{-6}\text{ m}^4$$

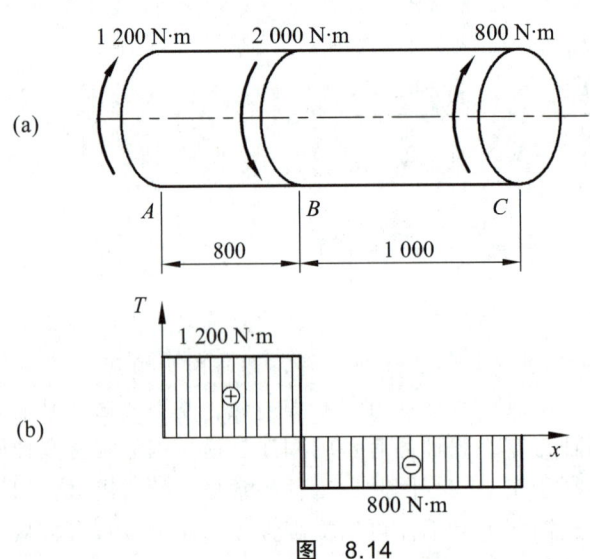

图 8.14

轴 AB 段的相对扭转角为

$$\varphi_{AB} = \frac{T_{AB}l_{AB}}{GI_P} = \frac{1\,200 \times 800 \times 10^{-3}}{80 \times 10^9 \times 0.25 \times 10^{-6}}\text{ rad} = 0.048\text{ rad} = 2.75°$$

轴 BC 段的相对扭转角为

$$\varphi_{BC} = \frac{T_{BC}l_{BC}}{GI_P} = \frac{-800 \times 1\,000 \times 10^{-3}}{80 \times 10^9 \times 0.25 \times 10^{-6}}\text{ rad} = -0.04\text{ rad} = -2.29°$$

求其代数和,即得传动圆轴的总扭转角 φ_{AC} 为

$$\varphi_{AC} = \varphi_{AB} + \varphi_{BC} = 0.008\text{ rad} = 0.46°$$

二、圆轴扭转时的刚度计算

圆轴扭转时除了有强度要求外，还有刚度要求。机床主轴产生过大的扭转变形，会引起剧烈扭转振动而影响工件的加工精度；同样车床丝杆产生过大的扭转变形，也会影响工件的加工精度。这就是说轴在一定的长度内要限制扭转角不超过某个值，通常不超过单位长度扭转角 φ'，因此<u>圆轴扭转时的刚度条件</u>正是要求整个轴的最大单位长度扭转角 $\varphi'_{\max}$ 不超过规定的单位长度许用扭转角 $[\varphi']$，即

$$\varphi'_{\max} \leqslant [\varphi'] \tag{8.9}$$

对于等直圆轴，则有

$$\varphi'_{\max} = \frac{T_{\max}}{GI_P} \leqslant [\varphi'] \tag{8.10}$$

式中，单位长度扭转角 φ' 和单位长度许用扭转角 $[\varphi']$ 的单位为 rad/m。工程上，习惯将单位长度许用扭转角 $[\varphi']$ 的单位作为°/m，出于单位换算，式（8.10）又写成：

$$\varphi'_{\max} = \frac{T_{\max}}{GI_P} \times \frac{180}{\pi} \leqslant [\varphi'] \tag{8.11}$$

不同类型圆轴的 $[\varphi']$ 值可从有关工程手册中查到，也可参考下列数据：

精密机械的轴　　　　$[\varphi'] = 0.15 \sim 0.5°/\text{m}$
一般传动轴　　　　　$[\varphi'] = 0.5 \sim 1.0°/\text{m}$
精度要求较低的轴　　$[\varphi'] = 1.0 \sim 4.0°/\text{m}$

【例 8.6】 已知某机器传动轴的最大扭矩 $T_{\max} = 477.5\,\text{N}\cdot\text{m}$，材料的切变模量 $G = 80\,\text{GPa}$，许用切应力 $[\tau] = 40\,\text{MPa}$，单位长度许用扭转角 $[\varphi'] = 1\,°/\text{m}$。试按轴的强度条件和刚度条件设计轴的直径。

【解】 （1）按强度条件设计轴的直径 d。根据强度条件 $\tau_{\max} = \dfrac{T_{\max}}{W_P} \leqslant [\tau]$ 及 $W_P = \dfrac{\pi d^3}{16}$，得

$$d \geqslant \sqrt[3]{\frac{16 T_{\max}}{\pi [\tau]}} = \sqrt[3]{\frac{16 \times 477.5}{\pi \times 40 \times 10^6}}\,\text{m} = 39.3 \times 10^{-3}\,\text{m} = 39.3\,\text{mm}$$

（2）按刚度条件设计轴的直径 d。根据刚度条件 $\varphi'_{\max} = \dfrac{T_{\max}}{GI_P} \times \dfrac{180}{\pi} \leqslant [\varphi']$ 及 $I_P = \dfrac{\pi d^4}{32}$，得

$$d \geqslant \sqrt[4]{\frac{32 T_{\max} \times 180}{\pi^2 G [\varphi']}} = \sqrt[4]{\frac{32 \times 477.5 \times 180}{\pi^2 \times 80 \times 10^9}}\,\text{m} = 43.2 \times 10^{-3}\,\text{m} = 43.2\,\text{mm}$$

综上所述，因圆轴需同时满足强度和刚度条件，故取 $d = 44\,\text{mm}$。

在实际工程中，扭转圆轴的刚度条件通常是主要矛盾。因此在设计轴径时，可直接按照刚度条件设计轴径，然后进行强度校核即可，一般强度条件都是满足的。

三、提高圆轴强度和刚度的措施

在工程中进行构件的设计时，常需要解决的问题是如何根据工程实际需要，在不增加构

件成本的情况下，最大限度地提高其承载能力，其实质就是如何提高构件的强度和刚度。由圆轴的内力、应力分析以及强度和刚度计算可知，在工程实际中，可通过采用合理的材料、合理的加载方式、合理的截面形状等措施，达到提高圆轴强度和刚度的目的。

1. 合理的材料

由材料的力学性能可知，优质材料的强度指标较高，可有效提高构件的强度。切变模量 G 反映了材料抵抗剪切变形的能力，选用 G 值大的材料，可有效提高构件的刚度。但各类钢材的 G 值差异不大，因此选用优质钢材代替普通钢材来提高轴的刚度，是没有明显效果的。

2. 合理的加载方式

对传动轴进行设计时，在结构允许的情况下，应尽量将最大荷载布置在轴的中部，以降低圆轴扭转时横截面上的最大扭矩值。如图 8.15（b）所示的荷载布置方案比图 8.15（a）所示的合理，可同时提高圆轴的强度和刚度。

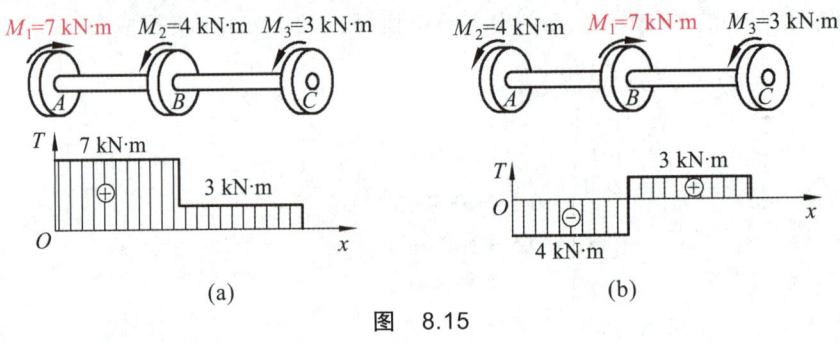

图 8.15

3. 合理的截面形状

圆轴扭转时，空心圆截面比实心圆截面更为合理。例如车床主轴采用空心轴既提高了强度和刚度，又便于加工长工件。但是如果将直径较小的长轴如车床的光杆加工成空心轴，不但工艺复杂，成本增加，还占用较大空间，结构不紧凑，此时就应该采用实心轴。

思考题

8.1 试指出图 8.16 所示各杆中受力作用后会有哪些发生扭转变形？

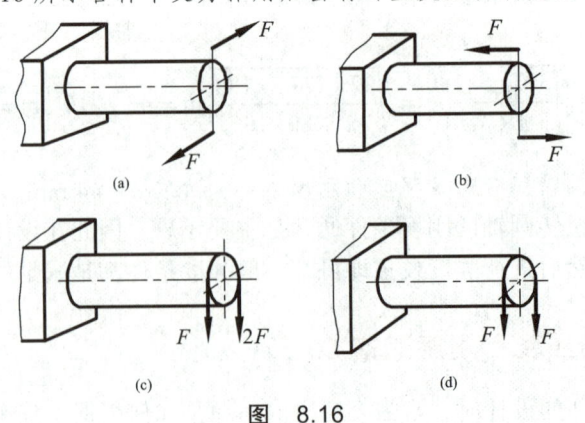

图 8.16

8.2 在减速箱中,高速轴直径大还是低速轴直径大?为什么?

8.3 两轴上作用的外力偶的力偶矩,以及轴上各力偶作用段的长度均相等,而截面尺寸不同,试问:其扭矩图相同吗?

8.4 试判断图 8.17 所示的圆轴横截面上的切应力分布图,哪些是正确的?哪些是错误的?

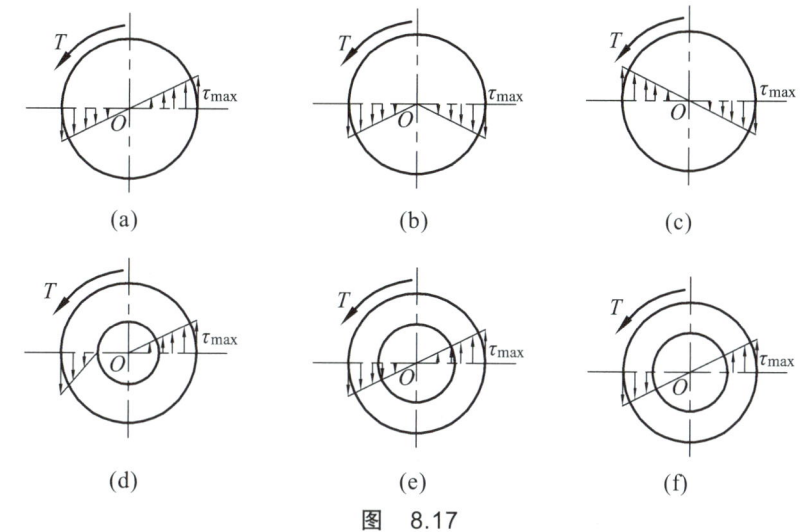

图 8.17

8.5 当圆轴直径增大一倍时,而其他条件均不变,试问:最大切应力和轴的扭转角将如何变化?

8.6 有铝和钢两根圆轴,尺寸相同,所受外力偶的力偶矩也相同,钢的切变模量 G_1 和铝的切变模量 G_2 的关系为 $G_1 = 3 G_2$。试分析两轴的切应力和转角是否相同。

8.7 用 Q235 钢制成的承受扭转变形的圆轴,发现原设计的扭转角超过许用值,现改用优质钢来降低扭转角,此种方法是否有效?

8.8 一空心圆轴的外径为 D,内径为 d,内外径比值 $\alpha = \dfrac{d}{D}$,今计算它的极惯性矩 I_P 与抗扭截面系数 W_P 采用下式是否可以?

$$I_P = \frac{\pi D^4}{32} - \frac{\pi d^4}{32}, \quad W_P = \frac{\pi D^3}{16}(1-\alpha^3)$$

习 题

8.1 试画出图 8.18 所示两圆轴的扭矩图。[答案略]

8.2 图 8.19 所示传动轴,已知其转速 $n = 200$ r/min,轴轮 A 为主动轮,输入功率 $P_A = 60$ kW,轮 B、C、D 均为从动轮,输出功率分别为 $P_B = 20$ kW,$P_C = 15$ kW,$P_D = 25$ kW。试求:(1)画出该轴的扭矩图;(2)若将轮 A 和轮 C 位置对调,试分析这样做对轴的受力是否更有利?[答案略]

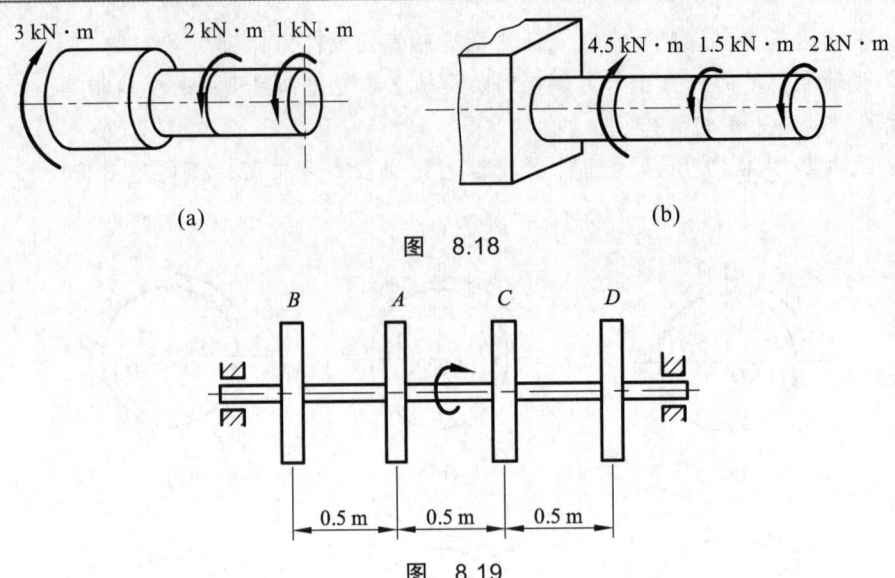

图 8.18

图 8.19

8.3 已知圆轴的直径 $d=50$ mm，转速 $n=120$ r/min。若该轴横截面上的最大切应力 $\tau_{max}=60$ MPa，试问：圆轴传递的功率为多大？[答案：18.5 kW]

8.4 已知一实心圆轴，承受外力偶的最大力偶矩为 $M=1.5$ kN·m，直径为 $d_1=53$ mm。试求：(1)在最大切应力相同的条件下，今用空心圆轴替代实心圆轴，已知空心圆轴的外径 $D=90$ mm，这时内径 d 为多少？(2)两轴的重量比。[答案：$d=85.1$ mm，重量比为 0.305]

8.5 图 8.20 所示的为一受外力偶作用的圆轴，其直径 $D=50$ mm，外力偶的力偶矩 $M=2$ kN·m，材料的切变模量 $G=80$ GPa，试求：(1)横截面上 A、B、C 三点的切应力（设 B 点到圆心的距离 $r_B=15$ mm）；(2)横截面上最大的切应力；(3)单位长度扭转角。[答案：$\tau_A=81.5$ MPa，$\tau_B=48.9$ MPa，$\tau_C=0$；$\tau_{max}=81.5$ MPa；$\varphi'=2.3°$/m]

8.6 图 8.21 所示的绞车，已知在其中手柄上作用的力 $F=200$ N，轴 AB 的许用切应力 $[\tau]=40$ MPa。试设计轴 AB 的直径，并确定绞车的最大吊起荷载 W。[答案：$d=22$ mm，$W=1\ 120$ N]

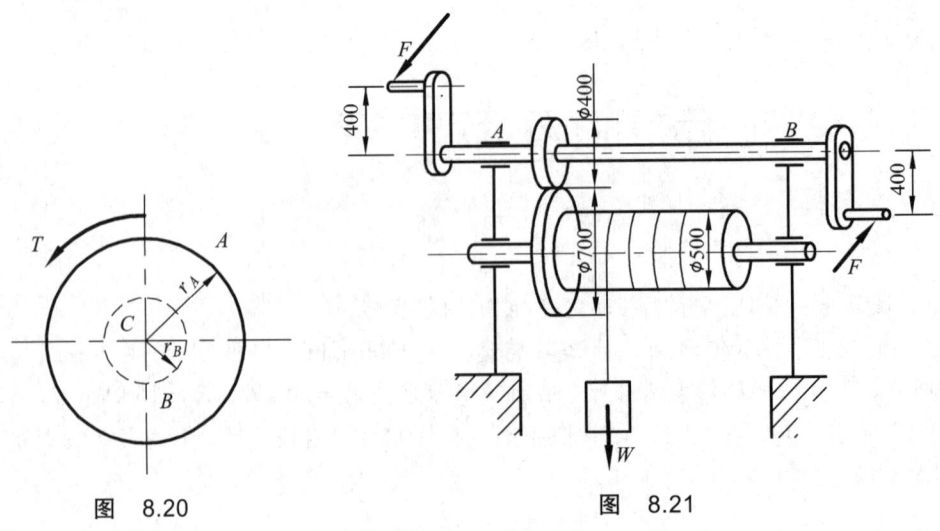

图 8.20

图 8.21

8.7 有一阶梯轴 ACB（见图 8.22），其 AC 段直径 $d_1 = 40$ mm，CB 段直径 $d_2 = 70$ mm，已知轴上各处外力偶矩 $M_A = 600$ N·m，$M_B = 900$ N·m，切变模量 $G = 80$ GPa，许用切应力 $[\tau] = 60$ MPa，许用单位长度扭转角 $[\varphi'] = 2°/m$。试校核轴的强度和刚度。[答案：$\tau_{max} = 47.7$ MPa $< [\tau]$，$\varphi'_{max} = 1.7 °/m < [\varphi']$]

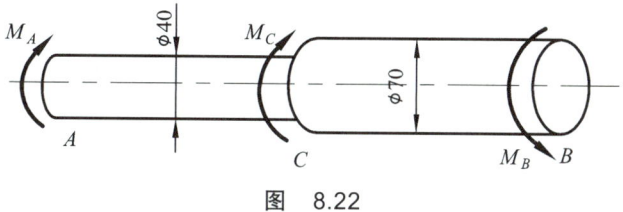

图 8.22

8.8 如图 8.23 所示圆轴 ACB，已知其上所受外力偶的力偶矩 $M_{e1} = 800$ N·m，$M_{e2} = 1200$ N·m，$M_{e3} = 400$ N·m，所在位置长度 $l_2 = 2l_1 = 600$ mm，切变模量 $G = 80$ GPa，许用切应力 $[\tau] = 50$ MPa，许用单位长度扭转角 $[\varphi'] = 0.25°/m$。试设计该圆轴的直径。[答案：$d_{min} = 70$ mm]

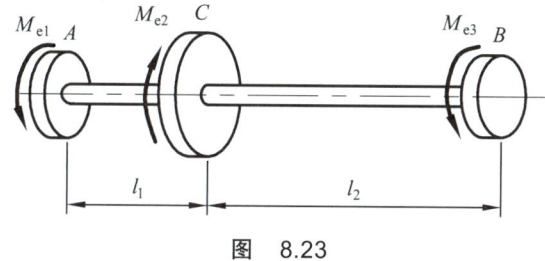

图 8.23

8.9 （综合训练题）通过万能材料试验机进行两类材料（分别选低碳钢和铸铁）的拉伸、压缩和扭转实验，对试验过程和试验结果进行分析，然后回答下列问题：
（1）阐述两类材料的变形破坏特点以及断口特点，总结其破坏规律。
（2）工程上常用材料的强度指标、弹性指标、塑性指标有哪些？
（3）两类材料的破坏应力是如何确定的？在此基础上如何建立各自的强度条件？
（4）根据两类材料的不同特点，试分别举例说明其在工程实际中的具体应用。[答案：略]

阅读材料

精彩一脚球——力学做后盾

世界杯足球赛上，各国球员的大力射门和精准传球让观众大饱眼福。但是大多数观众看不见的是，这些球员的脚与足球之间所存在的力学相互作用。

运动员怎样才能踢出这些精准的球呢？美国生物力学专家凯文·波尔博士介绍，精彩的一脚来自于适当的力度、精确的触球时间和触球位置。首先，运动员的身体移动和自身的两块肌肉是重要的前提条件，这两块肌肉分别是股四头肌和腿后肌。踢球时，运动员试图以腿的最大摆动加速度来产生最大的力。摆动加速度就来自于人体的股四头肌，它起于髋关节，覆盖大腿前部，包裹膝关节的髌骨，终至于胫骨上端。踢球时股四头肌收缩，使髋部屈曲，膝关节伸直。而大腿背后的腿后肌则负责控制触球时间。腿后肌保持膝盖弯曲，使腿变短，然后使腿伸展开来并能够快速摆动回去。当脚接触球的一刹那，腿应该尽可能伸展开，即腿要尽量伸直。运动员摆动腿所产生的加速度与腿在正确时间伸展开这两个因素结合起来，对球所产生的作用力最大。

另外，脚的什么部位与球接触也非常重要。一般人踢球时，经常是脚尖与球接触，但脚尖部位与球接触面积太小。如果以脚的内侧和外侧与球接触，这样接触面积就比较大。脚与球的接触面积越大，球员就能够更容易、更好地对球进行控制，并通过使球旋转来控制球的方向。

第九章 梁的弯曲

【问题导入】

我们在工程实际中常常见到主要产生弯曲变形的构件。图 9.1 所示为一起重机钢质大梁,大梁在受到自重和起吊重物重力的作用下发生弯曲变形。在工作过程中大梁的弯曲强度和刚度是我们应该考虑的,在对其进行强度和刚度设计的过程中,可能涉及钢梁型号的选择、最大起重荷载的设计或者强度刚度校核,本章将介绍这几方面的计算。

图 9.1

第一节 平面弯曲的概念及梁的简化

一、平面弯曲的概念

弯曲是工程实际中最常见的一种基本变形,如火车轮轴(见图 9.2)、行车大梁(见图 9.3)等在工作时的变形都是弯曲变形的实例。这类杆件的受力特点是:外力作用线垂直于杆的轴线或外力偶作用面垂直于横截面;其变形特点是:杆的轴线由直线变成一条曲线,这种变形称为弯曲变形。在外力作用下产生弯曲变形的杆件,通常称为梁。

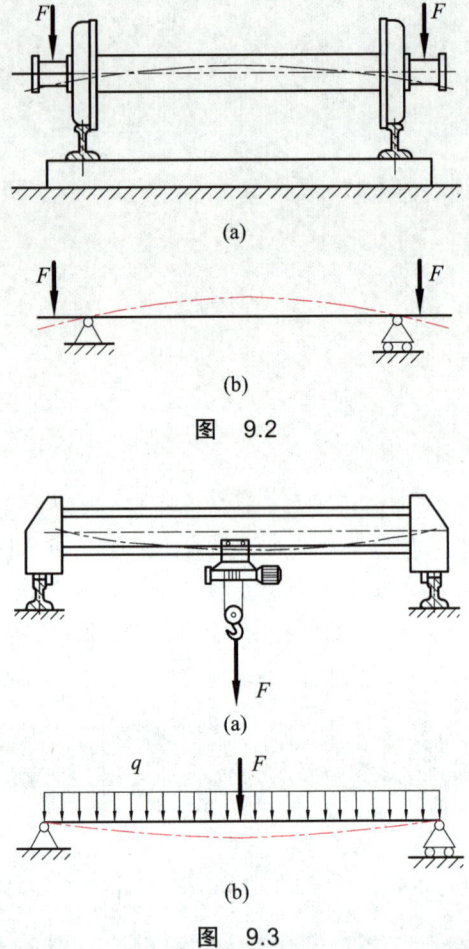

图 9.2

图 9.3

工程上应用的直梁的横截面一般都有一个或几个对称轴（见图9.4）。由横截面的纵向对称轴与梁的轴线组成的平面称为纵向对称平面。当作用于梁上的所有外力，如荷载、支座约束力等都位于梁的纵向对称平面内时，梁的轴线在纵向对称平面内被弯成一条光滑的平面曲线，这种弯曲变形即称为平面弯曲（见图9.5）。平面弯曲是最常见、最基本的弯曲变形，本章将主要讨论直梁的平面弯曲。

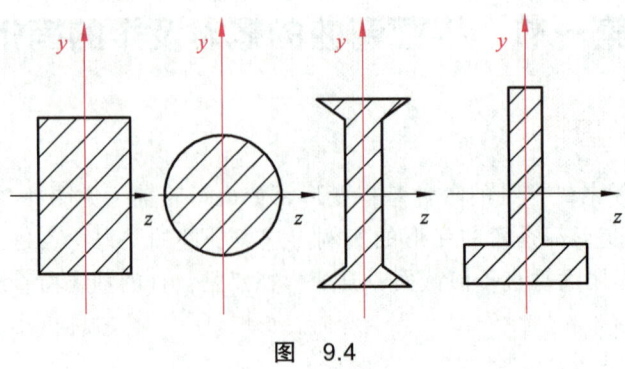

图 9.4

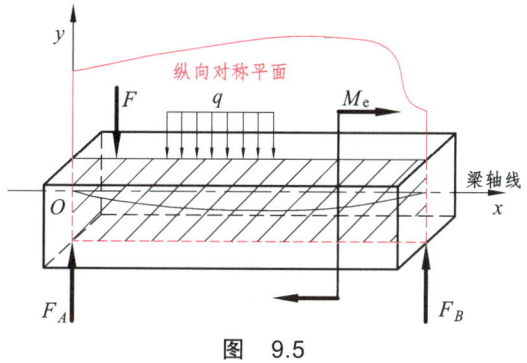

图 9.5

二、梁的简化

实际工程中梁上的荷载和梁的支承情况一般都是比较复杂的,为了便于分析和计算,在保证具有足够精度的前提下通常要对梁进行简化。

由上述平面弯曲的概念可知,若外力都作用在梁的纵向对称平面内,则梁的轴线将变成一条平面曲线。因此无论梁的外形尺寸如何复杂,都可用梁的轴线来代替梁,以使问题得以简化,如图 9.2(b)、9.3(b)所示。

作用于梁上的外力,主要包括荷载和支座约束力,通常简化为以下三种类型:

(1)集中力。当力的作用范围远远小于梁的长度时,可将其简化为作用于一点的集中力,如火车车厢对轮轴的作用力、起重机吊重对大梁的作用等都可简化为集中力,如图 9.2、9.3、9.5 中的 F、F_A、F_B。

(2)集中力偶。在梁的微小梁段上,作用于梁的纵向对称平面内的力偶,通常简化为集中力偶,如图 9.5 中的 M_e。

(3)分布荷载。沿梁的全长或部分长度连续分布的横向力,通常简化为分布荷载。如果荷载是均匀分布的,即称为均布荷载,记为 q,单位为牛/米(N/m),如图 9.5 中梁上的均布荷载 q。

对于梁支座的简化,如图 9.3 所示的行车大梁,一端简化为固定铰支座,另一端简化为活动铰支座,具有这种约束的梁称为简支梁。简支梁是工程上较常见的一种基本形式。此外,还有两种较为常见的且应用普遍的梁:一是外伸梁,其约束形式与简支梁相同,但梁的一端或两端伸出支座之外,如图 9.2(b)所示;二是悬臂梁,即梁的一端为固定端约束,另一端为自由端,如车床上安装的车刀,如图 9.6(a)所示。因刀架限制了车刀的随意移动和转动,故简化为固定端,而车刀则简化为悬臂梁,画出简图,如图 9.6(b)所示。

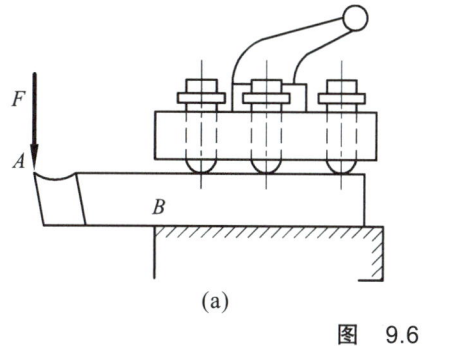
(a)

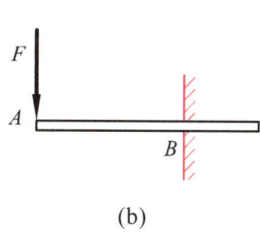
(b)

图 9.6

第二节　弯曲梁的剪力与弯矩

如图 9.7（a）所示，已知一悬臂梁在外伸端受集中力 F 作用，由静力平衡方程求得固定端的约束力 $F_B = F$，约束力偶的力偶矩 $M_B = Fl$，如图 9.7（b）所示。为了求出梁横截面 m—m 上的内力，用截面法在 m—m 处将梁切开，取切开后的梁左段为研究对象，如图 9.7（c）所示。因为整个梁在外力作用下是平衡的，所以梁左段也是平衡的。如果要使梁左段处于平衡，那么在横截面 m—m 上必有一个作用线与外力 F 平行的内力 F_Q 以及一个在梁的纵向对称平面内的内力偶 M。可见梁弯曲时，在梁横截面上必有两个内力，其中内力 F_Q 称为剪力，内力偶 M 称为弯矩，这两个内力实际上就是梁的右段对左段的作用力。

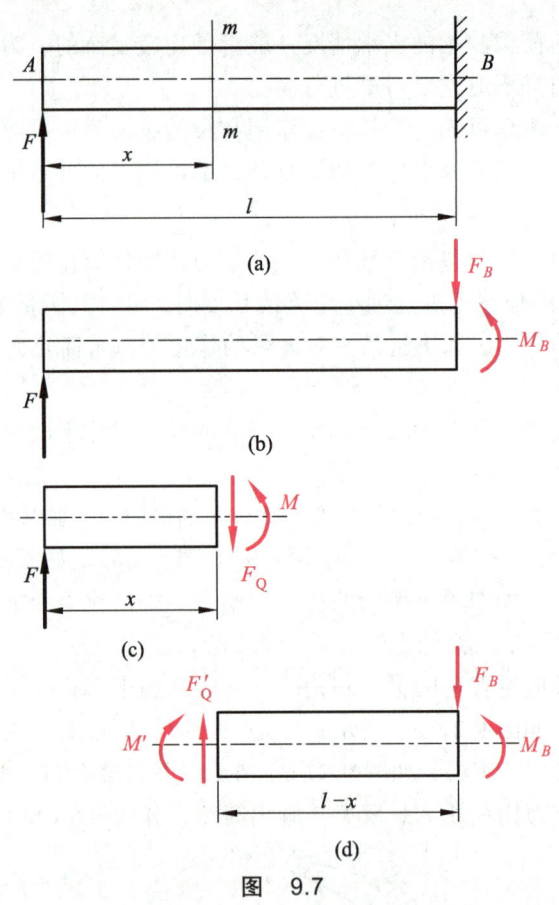

图　9.7

对于剪力 F_Q 以及弯矩 M 的大小和方向，仍由梁左段的静力平衡方程求得，即由

$$\sum F_y = 0, \quad F - F_Q = 0$$
$$\sum M_C = 0, \quad M - F \cdot x = 0$$

求得

$$M = F \cdot x, \quad F_Q = F$$

以上力矩方程中的矩心 C 为横截面的形心。同理，取梁右段为研究对象，如图 9.7（d）所示，可求得横截面 $m—m$ 上的剪力 F'_Q 和弯矩 M'，但与梁左段对应的是内力等值、反向，即符合作用力与反作用力的关系。

为了使所取的梁左段或梁右段在同一横截面上的剪力与弯矩不但数值相等而且符号一致。为此按照力所引起的变形特点，对剪力与弯矩的符号作出如下规定：在所取梁横截面的内侧切取一微段，凡使该微段有按顺时针方向转动的趋势，其剪力规定为正，反之为负，如图 9.8（a）所示；凡使该微段产生的弯曲变形有向上凹倾向的，其弯矩规定为正，反之为负，如图 9.8（b）所示。

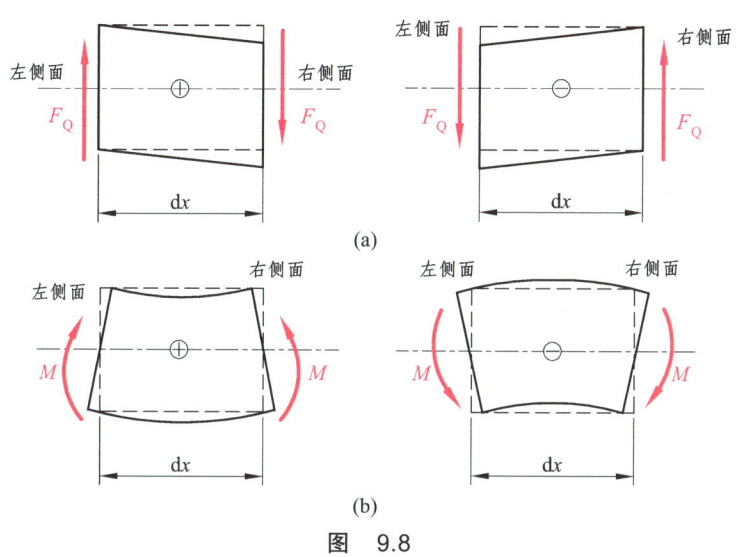

图 9.8

应注意，在求横截面剪力和弯矩的时候，通常采用设正法。即在计算时，不管是截取截面左段还是右段进行计算，都应假设横截面上的剪力和弯矩为正。这样计算结果的正负号与剪力和弯矩的符号规定一致。可以看出，由于我们是按照梁弯曲变形的特点来规定剪力和弯矩的符号的，那么，由设正法计算求得的结果也可以反推出梁的变形情况，从而推知截面上内力的分布特点。在后面内力在截面的分布中还要进行进一步的阐述。

【例 9.1】 已知简支梁如图 9.9（a）所示。试求图中各指定截面上的剪力与弯矩。

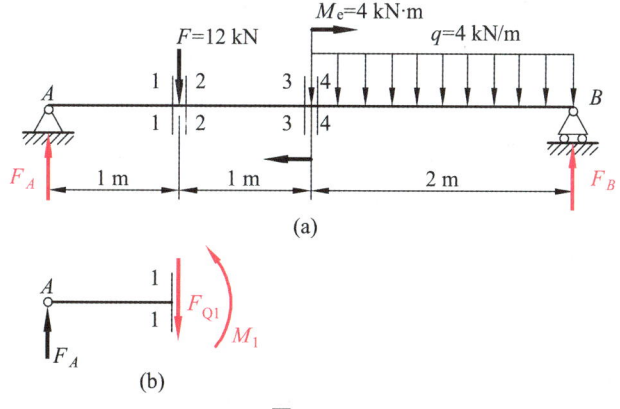

图 9.9

【解】（1）求支座约束力。分别以点 A 和 B 为矩心，列力矩平衡方程求得支座约束力为

$$F_A = 10 \text{ kN}, \quad F_B = 10 \text{ kN}$$

（2）求指定截面上的剪力与弯矩。以假想的截面 1—1 将梁切为两段，取 1—1 截面以左的梁段为研究对象，画出受力分析图，如图 9.9（b）所示，这里注意截面上的剪力和弯矩都设为正，设 1—1 截面形心为 C，列平衡方程：

$$\sum F_y = F_A - F_{Q1} = 0$$

$$\sum M_C = M_1 - F_A \times 1 \text{ m} = 0$$

求得该截面上的剪力和弯矩分别为

$$F_{Q1} = F_A = 10 \text{ kN}, \quad M_1 = 10 \text{ kN} \cdot \text{m}$$

用同样的方法，取截面 2—2 以左的梁段为研究对象，得

$$F_{Q2} = -2 \text{kN}, \quad M_2 = 10 \text{ kN} \cdot \text{m}$$

同理，取截面 3—3 以右的梁段为研究对象，得

$$F_{Q3} = -2 \text{ kN}, \quad M_3 = 8 \text{ kN} \cdot \text{m}$$

同理，取截面 4—4 以右的梁段为研究对象，得

$$F_{Q4} = -2 \text{ kN}, \quad M_4 = 12 \text{ kN} \cdot \text{m}$$

比较截面 1—1 和截面 2—2 的剪力值，可以看出，在集中力 **F** 作用处的两侧截面上的剪力发生突变，突变值等于该截面处的集中力 **F** 的值；同样，比较截面 3—3 和截面 4—4，可以看出，在集中力偶 M_e 作用处的两侧截面上的弯矩值发生突变，突变值等于该截面处的集中力偶的力偶矩 M_e 值。

通过例 9.1 我们可以看出，当待求内力的截面较多时，求解剪力和弯矩的计算量繁琐，且易出错。通过观察可知，截面上的剪力在数值上等于截面一侧所有外力的代数和，截面上的弯矩在数值上等于截面一侧所有外力对截面形心求矩的代数和。这种计算方法简单方便，称为直接计算法。具体的计算规则如下：计算剪力时，截面左侧向上的外力和截面右侧向下的外力产生正剪力，即左上右下取正，反之取负。计算弯矩时，凡是向上的外力都产生正弯矩，集中力偶则是截面左侧的顺时针力偶和截面右侧的逆时针力偶产生正弯矩，即左顺右逆取正，反之取负。

利用上述规律，可以直接根据横截面某一侧梁上的外力来求解该截面上的剪力和弯矩，而不必画受力分析图，列平衡方程求解，计算过程大大简化。

第三节 梁的剪力图与弯矩图

一、利用内力方程绘制梁的剪力图和弯矩图

前面我们讲到了梁截面上剪力和弯矩的计算，通过分析可知，梁横截面上的内力随着截面位置的变化而变化，因此，仅仅求解出某些特殊截面上的内力，还无法像绘制轴力图、扭矩图那样方便地进行梁的内力图的绘制，且我们也不可能求出所有截面上的内力。该怎么办呢？从上面的讨论中可以看出，梁横截面上的剪力与弯矩是随截面的位置发生变化的。若取梁的轴线为横坐标 x，以表示横截面在梁轴线上的位置，则可将剪力与弯矩表示为横截面坐标 x 的单值连续函数，即

$$F_Q = F_Q(x), \quad M = M(x)$$

上述两式分别称为弯曲梁的**剪力方程**与**弯矩方程**。列方程时，一般以梁的左端为 x 坐标的原点；在有些特殊情况下，为了便于计算，也可以把 x 坐标原点放在梁的右端。须指出，列剪力方程与弯矩方程应根据梁上的荷载分布情况分段进行，其分段点通常都是集中力、集中力偶的作用点，或者是分布荷载的起止点。

为了能直观地显示梁的各横截面上的剪力与弯矩的变化情况，通常采用直角坐标 F_Q-x 与 M-x 中的图线表示，这种图线分别称为**剪力图**与**弯矩图**。有了剪力图与弯矩图，就可找出梁的最大剪力与最大弯矩的所在位置，即危险截面位置，从而进行梁的强度计算。

利用建立梁的内力方程绘制内力图的方法，是绘制梁内力图的基本方法。其**基本步骤**如下：

（1）**求解梁的支座约束力**。悬臂梁的支座约束力可以不必求解。

（2）**建立参考坐标系**。为计算方便，x 坐标原点通常和梁的一端齐平。

（3）**分段**。除了梁端点外，集中力、集中力偶以及分布荷载的开始截面处和终止截面处都是分段点。

（4）**建立各段的内力方程，并根据内力方程的数学特点确定各段的控制截面及其内力值**。

（5）**逐段绘制出梁的内力图**。

下面通过例题说明如何列剪力方程与弯矩方程以及画剪力图与弯矩图的方法。

【**例 9.2**】 有一悬臂梁受力如图 9.10（a）所示，已知梁长度为 l，自由端作用有集中力 F。试画出梁的剪力图与弯矩图。

【**解**】（1）求梁的支座约束力。列平衡方程，得

$$F_A = F, \quad M_A = Fl$$

（2）列剪力方程与弯矩方程。以梁的左端 A 点为坐标原点，用横坐标 x 表示横截面在梁轴线上的位置，并选取距原点为 x 的任意横截面。然后，考察 x 处截面以左的梁段的平衡，列出剪力方程与弯矩方程：

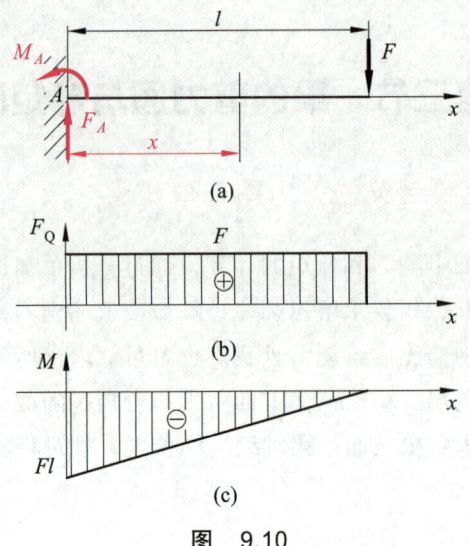

图 9.10

$$F_Q(x) = F_A = F \quad (0 < x < l)$$
$$M(x) = F_A x - M_A = -F(l-x) \quad (0 \leqslant x \leqslant l)$$

（3）画剪力图与弯矩图。由剪力方程 $F_Q(x) = F$ 可知，梁的各横截面上的剪力均等于 F，且为正值。按此坐标值画出的图线为一水平线，于是得到梁的剪力图，如图 9.10（b）所示。

由弯矩方程 $M(x) = -F(l-x)$ 可知，梁的各横截面上的弯矩是横截面坐标 x 的一次函数，其图线为一斜直线。为此，确定直线两端的坐标值，即 A 端截面的弯矩为 $M(0) = -Fl$，B 端截面的弯矩为 $M(l) = 0$。由这两点坐标值，即得到梁的这一段为一斜直线的弯矩图，如图 9.10（c）所示。

由弯矩图可见，梁的固定端横截面上弯矩绝对值为最大，即 $|M_{\max}| = Fl$，是危险截面。

【例 9.3】 图 9.11（a）所示简支梁 AB 上作用有均布荷载 q。试画出该梁的剪力图与弯矩图。

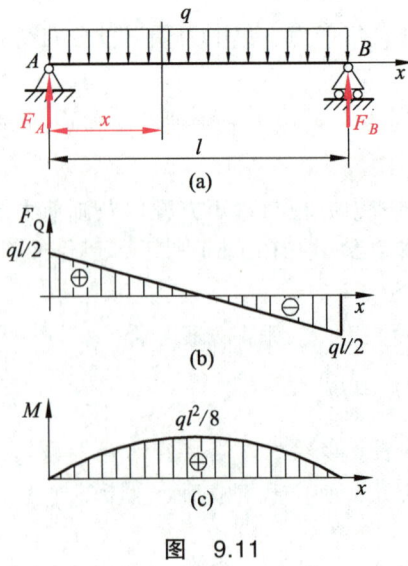

图 9.11

【**解**】 （1）求梁的支座约束力。根据梁结构和受力的对称性，得

$$F_A = F_B = \frac{ql}{2}$$

（2）列剪力方程与弯矩方程。以 A 为坐标原点，x 轴向右取正。由于均布荷载作用在全梁上，选取距梁 A 端为 x 的任意横截面，求得该横截面上的剪力与弯矩为

$$F_Q(x) = F_A - qx = \frac{ql}{2} - qx \quad (0 < x < l)$$

$$M(x) = F_A x - qx \cdot \frac{x}{2} = \frac{ql}{2}x - \frac{q}{2}x^2 \quad (0 \leqslant x \leqslant l)$$

（3）画剪力图与弯矩图。由剪力方程可知，剪力是横截面坐标 x 的一次函数，故只需确定直线两坐标值，即 $F_Q(0) = ql/2$，$F_Q(l) = -ql/2$。由这两点坐标值，即得梁的为一斜直线的剪力图，如图9.11（b）所示。

由弯矩方程可知，弯矩是横截面坐标 x 的二次函数，其图线为二次抛物线，需确定抛物线三点坐标值。先确定两边界点弯矩值，即 $M(0) = 0$，$M(l) = 0$。还需确定抛物线极值点，由方程：

$$M(x) = \frac{ql}{2}x - \frac{q}{2}x^2 = -\frac{q}{2}\left(x - \frac{l}{2}\right)^2 + \frac{ql^2}{8}$$

可知抛物线顶点为（$l/2$，$ql^2/8$），且抛物线开口向下。由这三点坐标值，得梁的弯矩图为二次抛物线，如图9.11（c）所示。抛物线顶点的位置还可通过令 $dM(x)/dx = 0$ 求得，进而求得顶点的弯矩值。

由剪力图可见，最大剪力 $F_{Qmax} = ql/2$，在梁的两端截面处；由弯矩图可见，最大弯矩值 $M_{max} = ql^2/8$，在梁的中点截面处。

【**例 9.4**】 如图 9.12（a）所示简支梁 AB，已知在梁的点 C 处作用集中力 $\boldsymbol{F}$。试画出此梁的剪力图与弯矩图。

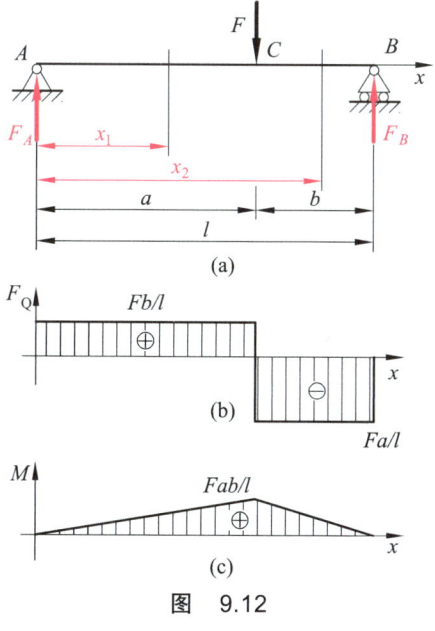

图 9.12

【解】（1）求梁的支座约束力。列平衡方程，得

$$F_A = \frac{Fb}{l}, \quad F_B = \frac{Fa}{l}$$

（2）列剪力方程与弯矩方程。以 A 为坐标原点，x 轴向右取正。由于集中力作用于梁的点 C，因此梁的 AC 和 CB 两段内的剪力与弯矩不能用同一方程来表示，应分段考虑。在 AC 段内，选取距梁左端点 A 为 x_1 的任意横截面，该横截面以左的梁上只有向上的外力 $\boldsymbol{F}_A$，由此求得此横截面上的剪力与弯矩分别为

$$F_Q(x_1) = F_A = \frac{Fb}{l} \quad (0 < x_1 < a)$$

$$M(x_1) = F_A x_1 = \frac{Fb}{l} x_1 \quad (0 \leqslant x_1 \leqslant a)$$

同理，在 CB 段内选取距梁左端点 A 为 x_2 的任意横截面，该横截面以右的梁上只有向上的外力 $\boldsymbol{F}_B$，由此求得横截面上的剪力与弯矩分别为

$$F_Q(x_2) = -F_B = -\frac{Fa}{l} \quad (a < x_2 < l)$$

$$M(x_2) = F_B(l - x_2) = \frac{Fa}{l}(l - x_2) \quad (a \leqslant x_2 \leqslant l)$$

（3）画剪力图与弯矩图。在 AC 段，梁的剪力为常量，故剪力图为平行于轴 x 的水平线；弯矩方程为轴 x 的一次函数，弯矩图为斜直线。同理可知，在 CB 段梁的剪力图为平行于轴 x 的水平线，弯矩图为斜直线。由此画出梁的剪力图与弯矩图如图 9.12（b）与 9.12（c）所示。

由剪力图与弯矩图可见，当 $a > b$ 时，最大剪力为 $F_{Q\max} = Fa/l$，发生在 CB 段；最大弯矩为 $M_{\max} = Fab/l$，发生在梁 C 处横截面上；当 $a = b = l/2$，显然在梁中点处横截面上有最大弯矩为 $M_{\max} = Fl/4$。

【例 9.5】 图 9.13（a）所示简支梁 AB，已知在梁 C 处作用有集中力偶 M_e。试画出此梁的剪力图与弯矩图。

【解】（1）求梁支座约束力。列平衡方程，得

$$F_A = F_B = \frac{M_e}{l}$$

（2）列剪力方程与弯矩方程。以 A 为坐标原点，x 轴向右取正。由于集中力偶作用于 C 处，弯矩有突变，因此梁的 AC 和 CB 两段内的弯矩不能用一方程来表示，应分段考虑。在 AC 段内选取距梁左端点 A 为 x_1 的任意横截面，该横截面以左的梁上只有向下的外力 $\boldsymbol{F}_A$，由此求得横截面上的剪力与弯矩分别为

$$F_Q(x_1) = -F_A = -\frac{M_e}{l} \quad (0 < x_1 \leqslant a)$$

$$M(x_1) = -F_A x_1 = -\frac{M_e}{l} x_1 \quad (0 \leqslant x_1 < a)$$

同理，在 CB 段内选取距梁左端点 A 为 x_2 的任意横截面，求得该横截面上的剪力与弯矩分别为

$$F_Q(x_2) = -F_A = -\frac{M_e}{l} \quad (a \leq x_2 < l)$$

$$M(x_2) = -F_A x_2 + M_e = -\frac{M_e}{l} x_2 + M_e \quad (a < x_2 \leq l)$$

（3）画剪力图与弯矩图。在 AC 段梁的剪力为常量，故剪力图为平行于轴 x 的水平线；弯矩方程为轴 x 的一次函数，弯矩图为斜直线。同理可知，在 CB 段梁的剪力图为平行于轴 x 的水平线，弯矩图为斜直线，如图 9.13（b）、（c）所示。

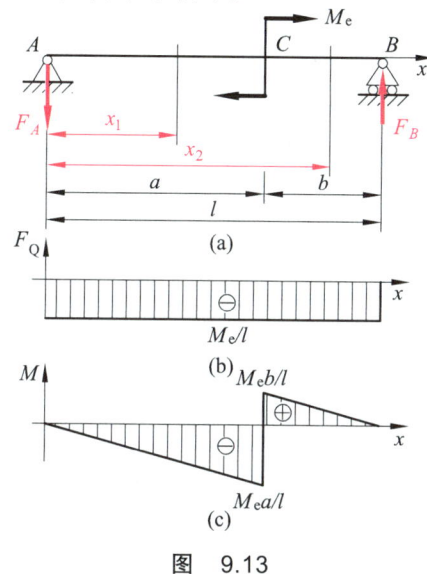

图　9.13

由剪力图与弯矩图可见，当 $a > b$ 时，在梁 C 处的左侧横截面上有最大弯矩 $M_{\max} = M_e a/l$；当 $a = b = l/2$，在梁中点处横截面上有最大弯矩为 $M_{\max} = M_e/2$。

由以上例题，可以总结出剪力图与弯矩图有如下规律：
（1）在梁上无外力作用的区段：剪力图为水平线，弯矩图为斜直线。
（2）在梁上有均布荷载作用的区段：剪力图为斜直线，弯矩图为抛物线。
（3）在集中力作用处剪力有突变，突变值等于集中力的值，弯矩图在此处出现转折。
（4）在集中力偶作用处弯矩图有突变，突变值等于集中力偶的值，剪力图则不变。
（5）对于绝对值为最大的弯矩，发生在剪力为零的横截面处或在集中力、集中力偶作用处。

为什么会有这样的规律呢？我们接下来将进行进一步的分析。这里应说明的是，利用上述规律可对作出的剪力图和弯矩图进行校核。

二、利用微分法绘制梁的剪力图和弯矩图

前面我们是通过建立梁的内力方程来绘制内力图的，但是对受力更为复杂的梁而言，这

种方法较复杂，不实用。由于梁的内力图与梁的受力状况有关，因此，可建立荷载、剪力以及弯矩三者之间的关系式，并利用此关系总结出绘制梁的剪力图和弯矩图的普遍规律，然后进行剪力图和弯矩图的绘制。一简支梁 AB ［见图 9.14（a）］承受有任意荷载，其中分布荷载 $q(x)$ 是 x 的连续函数，在此规定分布荷载向上为正，同时建立图示坐标系 Axy，然后从梁上切取微段 $\mathrm{d}x$ 作为研究对象，如图 9.14（b）所示。可以看出，此微段梁没有集中力或集中力偶作用，右侧截面上的剪力与弯矩和左侧截面上的剪力与弯矩相比，只差一个微量，分别为 $F_Q(x)+\mathrm{d}F_Q(x)$ 与 $M(x)+\mathrm{d}M(x)$。微段 $\mathrm{d}x$ 在各力作用下处于平衡，列平衡方程：

$$\sum F_y = 0, \quad F_Q(x)+q(x)\mathrm{d}x-F_Q(x)-\mathrm{d}F_Q(x)=0$$

$$\sum M_C = 0, \quad -M(x)-F_Q(x)\mathrm{d}x-q(x)\mathrm{d}x\cdot\frac{\mathrm{d}x}{2}+M(x)+\mathrm{d}M(x)=0$$

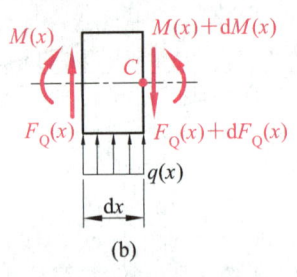

图 9.14

略去第二式中的高阶微量 $\frac{1}{2}q(x)(\mathrm{d}x)^2$，整理后得

$$\frac{\mathrm{d}F_Q(x)}{\mathrm{d}x} = q(x) \tag{9.1}$$

$$\frac{\mathrm{d}M(x)}{\mathrm{d}x} = F_Q(x) \tag{9.2}$$

将式（9.1）代入式（9.2），得

$$\frac{\mathrm{d}^2 M(x)}{\mathrm{d}x^2} = q(x) \tag{9.3}$$

以上三式即为剪力、弯矩与荷载集度 $q(x)$ 之间的微分关系式。须注意，若改变 $q(x)$ 的作用方向，则以上关系式中的正负号将发生变化。在掌握剪力、弯矩与荷载集度之间的关系后，

将有助于正确、快速地画出或校核剪力图与弯矩图。表 9.1 给出的是由上述微分关系所表达的剪力图、弯矩图与梁上荷载三者之间的对应规律。

根据上述关系，可以得到荷载、剪力图和弯矩图三者之间的关系如下：

（1）梁上某段内 $q=0$ 时，剪力图为水平直线，弯矩图为倾斜直线。

（2）梁上某段内 $q=$ 常数时，剪力图为倾斜直线，弯矩图为抛物线。抛物线上的极值点所在截面剪力为零，该极值截面的位置有三种不同情况：一是极值点在该段之外；二是极值点在该段中间，这种情况下极值点的弯矩值需单独求解；三是在该段端点截面处。另外，通常纵坐标取向上为正，此时，当 q 方向竖直向下，则抛物线开口向下；当 q 方向竖直向上，则抛物线开口向上。

（3）在集中力作用处，剪力图有突变，突变值即为该集中力的大小。弯矩图在此截面处有转折。

（4）在集中力偶作用处，弯矩图有突变，突变值即为该集中力偶的大小。剪力图在此截面处无变化。

现将上述特征作一归纳，列于表 9.1。

表 9.1 剪力图、弯矩图与荷载对应规律

荷载类型	$q(x)=0$	$q(x)=$ 常数		集中力		集中力偶	
		$q<0$	$q>0$	F ↓ C	C ↑ F	M_e C	M_e C
剪力图	水平线	斜直线		有突变		无影响	
弯矩图	$F_Q>0$ $F_Q=0$ $F_Q<0$	二次抛物线，$F_Q=0$ 处有极值		在 C 处有转折		有突变	
	斜直线 水平线 斜直线			C	C	M_e	M_e

表 9.1 所给出的规律，也不难由前面所举出例题的结果得到验证。利用上述规律，可以不必列出剪力方程与弯矩方程，而直接画出剪力图与弯矩图，其绘制过程还会大为简化；还可以检查所作剪力图和弯矩图的形状是否正确。下面举例说明：

【例 9.6】 利用 F_Q、M 与 q 之间的关系，试画出如图 9.15（a）所示外伸梁的剪力图与弯矩图。

【解】（1）求梁支座约束力。列平衡方程 $\sum M_A = 0$，$\sum M_B = 0$，得

$$F_A = 28 \text{ kN}, \quad F_B = 14 \text{ kN}$$

（2）梁上有三个力作用的分界点，将梁分为 CA、AB 两段。用 C^+ 表示离横截面 C 无限近的右侧横截面，用 C^- 表示离横截面 C 无限近的左侧横截面，其余类同。

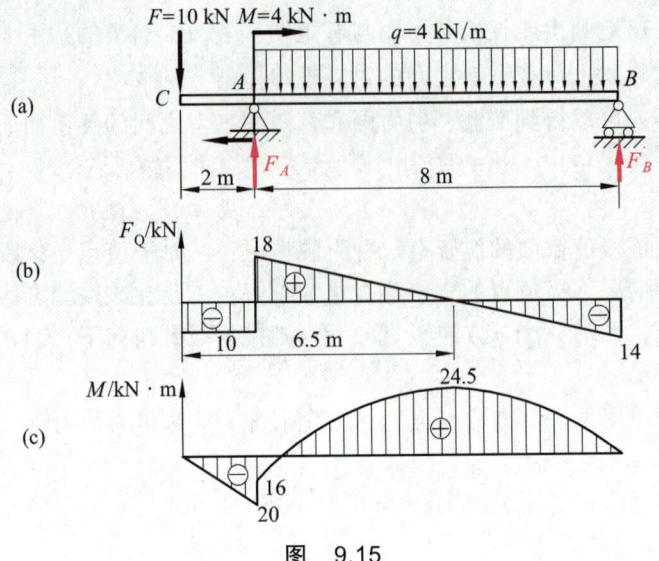

图 9.15

（3）确定分界点处各横截面上的剪力与弯矩值，将计算所得的各特殊横截面上的剪力 F_Q 值与弯矩 M 值列于表 9.2。

表 9.2　剪力 F_Q 与弯矩 M 值

梁　段	CA		AB	
横截面位置	C^+	A^-	A^+	B^-
F_Q 值	−10 kN		18 kN	−14 kN
M 值	0	−20 kN·m	−16 kN·m	0

（4）画剪力图与弯矩图。

梁 CA 段无分布荷载，剪力图为水平线；梁 AB 段有向下的荷载集度为 q 的均布荷载，剪力图是递减的斜直线；梁 A 处横截面上剪力图有突变。将各特殊横截面的剪力值标于坐标上，用直线连接，即得全梁的剪力图，如图 9.15（b）所示。由图可见，在梁 A 处横截面上有绝对值为最大的剪力，即 $F_{Q\max}=18$ kN。

梁 CA 段剪力是负值常数，弯矩图为递减的斜直线；梁 AB 段有向下的荷载集度为 q 的均布荷载，弯矩图为向下凹的曲线。将梁 CA 段各特殊横截面的弯矩值标于坐标上，用直线连接，即可得梁 CA 段的弯矩图。梁 AB 段上有剪力 $F_Q=0$ 的值，故在弯矩图对应横截面处出现弯矩极值 $M_{\max}$。列出该处横截面上剪力对应的平衡方程，并求得 $F_Q=-F+F_A-q(x-2)=0$，由此剪力式即有 $x=6.5$ m。也就是距梁左端为 6.5 m 的横截面上剪力为零，求出该横截面上的弯矩极值，即 $M_{\max}=24.5$ kN·m。最后，将梁 AB 段各特殊横截面的弯矩值标于坐标上，用向下凹的曲线相连接，即得梁 AB 段的弯矩图。两段图线相连接，就是全梁的弯矩图，如图 9.15（c）所示。

【例 9.7】　利用 F_Q、M 与 q 之间的关系，试画出如图 9.16（a）所示简支梁的剪力图和弯矩图。

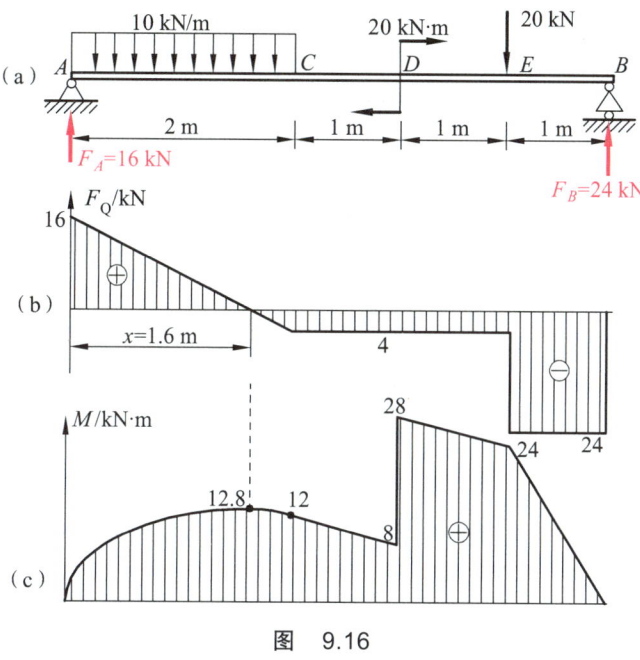

图 9.16

【解】 (1) 求梁支座约束力。列平衡方程 $\sum M_A = 0$，$\sum M_B = 0$，得

$$F_A = 16 \text{ kN}, \quad F_B = 24 \text{ kN}$$

(2) 分段。根据梁的受力情况将梁分为 AC、CD、DE、EB 四段。用 C^+ 表示离横截面 C 无限近的右侧横截面，用 C^- 表示离横截面 C 无限近的左侧横截面，其余类同。

(3) 确定分段点处各横截面上的剪力与弯矩值：

$$F_{QA^+} = 16 \text{ kN}$$

$$F_{QC} = (16 - 10 \times 2) \text{ kN} = -4 \text{ kN}$$

$$F_{QD} = F_{QE^-} = -4 \text{ kN}$$

$$F_{QE^+} = F_{QB^-} = -24 \text{ kN}$$

$$M_{A^+} = M_{B^-} = 0$$

$$M_C = (16 \times 2 - 10 \times 2 \times 1) \text{ kN} \cdot \text{m} = 12 \text{ kN} \cdot \text{m}$$

$$M_{D^-} = (16 \times 3 - 10 \times 2 \times 2) \text{ kN} \cdot \text{m} = 8 \text{ kN} \cdot \text{m}$$

$$M_{D^+} = (24 \times 2 - 20 \times 1) \text{ kN} \cdot \text{m} = 28 \text{ kN} \cdot \text{m}$$

$$M_E = (24 \times 1) \text{ kN} \cdot \text{m} = 24 \text{ kN} \cdot \text{m}$$

将计算所得的各个控制截面的剪力 F_Q 值与弯矩 M 值列于表 9.3。

表 9.3　剪力 F_Q 与弯矩 M 值

梁　段	AC	CD		DE		EB	
横截面位置	A^+	C^-	C^+	D^-	D^+	E^-	E^+	B^-
F_Q 值	16 kN	−4 kN		−4 kN		−4 kN	−24 kN	−24 kN
M 值	0	12 kN·m		8 kN·m	28 kN·m	24 kN·m		0

（4）画剪力图。

梁 AC 段有向下的均布荷载，剪力图是递减的斜直线；其余三段无分布荷载，剪力图分别为三段水平线，除了端点，梁的 E 横截面剪力有突变。将各特殊横截面的剪力值标于坐标上，用直线连接，即得全梁的剪力图，如图 9.16（b）所示。

（5）画弯矩图。

梁 AC 段有向下的均布荷载，弯矩图为向下凹的抛物线；其余三段的剪力均是常数，弯矩图为三段斜直线；梁的 D 截面弯矩有突变。将梁 CD、DE、EB 段各特殊横截面的弯矩值标于坐标上，用直线连接，即可得此三段的弯矩图。

将梁 AC 段两个端点横截面的弯矩值标于坐标上，另因该段上有剪力 $F_Q=0$ 的值，故在弯矩图对应横截面处出现弯矩极值 M_{max}。列出该处横截面上剪力对应的平衡方程，并求得 $F_Q=16-10x=0$，由此剪力式即有 $x=1.6$ m。也就是距梁左端为 1.6 m 的横截面上剪力为零，求出该横截面上的弯矩极值，即 $M_{max}=(16×1.6-10×1.6×0.8)$ kN·m $=12.8$ kN·m。最后，将梁 AC 段各特殊横截面的弯矩值标于坐标上，用向下凹的曲线连接，即得梁 AC 段的弯矩图。四段图线相连接，就是全梁的弯矩图，如图 9.16（c）所示。

通过上述例题可总结出利用微分法绘制梁的剪力图和弯矩图的步骤：

（1）求支座约束力。同样，可不求悬臂梁的支座约束力。

（2）将梁分段，并确定分段处截面的剪力和弯矩值。注意，集中力作用截面处剪力有突变，集中力偶作用截面处弯矩有突变。

（3）判断各段剪力图和弯矩图的形状。当荷载集度为零，剪力图和弯矩图分别为水平直线和倾斜直线。当荷载集度为常数，剪力图和弯矩图分别为倾斜直线和抛物线，此时对于抛物线，还应确定极值截面的位置以及极值的大小。应注意，在纵坐标轴向上为正的坐标系中，当均布荷载方向竖直向下，抛物线向下凹；当均布荷载方向竖直向上，抛物线向上凹。

（4）逐段画出剪力图和弯矩图。

（5）校核。

第四节　弯曲梁横截面上的正应力

一、纯弯曲梁横截面上的正应力

在一简支梁上，有两个集中力 **F** 对称地作用于梁的纵向对称面内，如图 9.17（a）所示。该梁的剪力图与弯矩图如图 9.17（b）、（c）所示。可以看出，在梁 AC 和 BD 段内各横截面上既有弯矩又有剪力，故称梁在这些段内的弯曲变形为**横力弯曲**。在 CD 段内的各横截面上只有弯矩而无剪力,即弯矩 $M = Fa$ 为一常量,故称梁的这种弯曲为 纯弯曲。纯弯曲容易在材料试验机上实现,对于梁纯弯曲时横截面上的正应力,与圆轴扭转时横截面上切应力的公式推导相似,可从几何关系、物理关系和静力学关系三个方面入手予以分析。

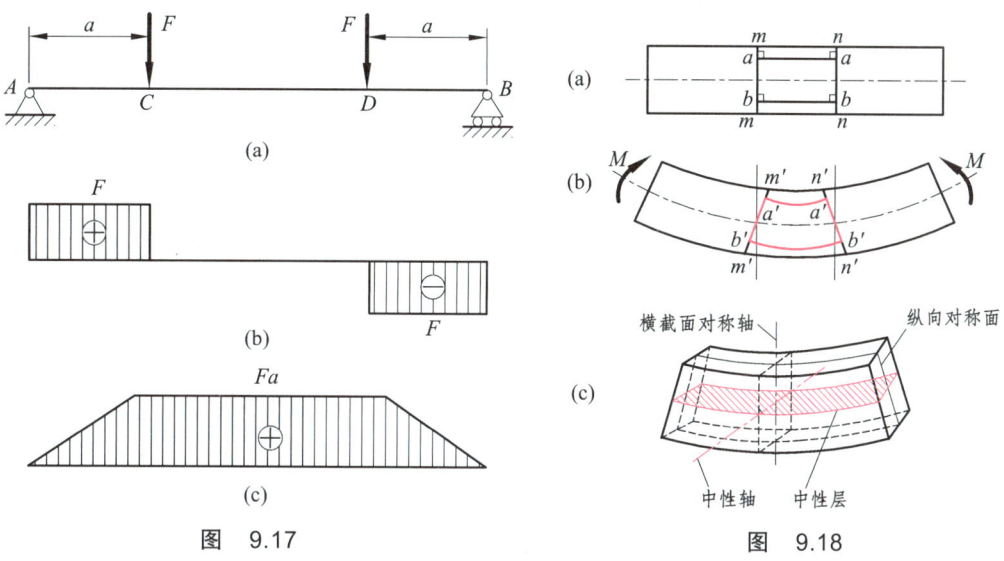

图 9.17

图 9.18

（1）几何关系方面。如图 9.18（a）所示,取一矩形截面等直梁。对梁加载前,先在其表面画两条横向线 m—m 和 n—n,再画两条纵向线 a—a 和 b—b,然后在其两端纵向对称面内施加一对集中力偶 M,使梁发生纯弯曲。由此可以看到如下现象：① 横向线 m'—m' 和 n'—n' 仍为直线,且与纵向线正交,仅相对转动了一个微小角度；② 纵向线 a'—a' 和 b'—b' 弯成了曲线,且 a'—a' 线缩短,而 b'—b' 线伸长,如图 9.18（b）所示。

根据以上梁平面弯曲变形的特点,可作出如下平面假设：原为平面的横截面变形后仍为平面,并垂直于变形后的轴线,只是绕横截面内某一轴线旋转了一个角度。按照此平面假设,同时还认为梁由无数条纵向纤维所组成,各纵向纤维互不挤压,处于单向受拉或受压状态。鉴于此,即可推断梁纯弯曲时,凸边纤维伸长,凹边纤维缩短,因此由底面纤维的伸长连续地逐渐变为顶面纤维的缩短,二者之间必有一层纤维既不伸长也不缩短,这一层纤维称为"中性层",中性层与横截面的交线称为 中性轴,如图 9.18（c）所示。显然,这时通过横截面而位于中性轴两侧的点分别承受拉应力和压应力,而中性轴上各点的应力为零。对于纵向纤维仅处于单向拉伸或单向压缩的状况,表明纯弯曲梁的横截面上只有正应力而没有切应力。

再看梁的变形规律,在梁上切取微段 dx,此微段变形前后的情况如图 9.19（a）、（b）所示。另在梁横截面上设置坐标系 Oyz,如图 9.19（c）所示,其中轴 y 为横截面对称轴,轴 z 为中性轴,但其位置尚待确定。在中性轴未定之前,x 轴只能暂时认为是通过原点的横截面的法线。由以上平面假设可知,对于微段的相距为 dx 的两个横截面,变形后各自绕中性轴相对旋转了一个角度 $d\theta$,并仍保持为平面；而中性层原为平面,变形后成了弧面,设弧面的曲率半径为 ρ,但中性层内的纤维沿轴 x 方向的长度不变,它们有相应的几何关系：

$$dx = \overline{OO} = \widehat{O'O'} = \rho d\theta$$

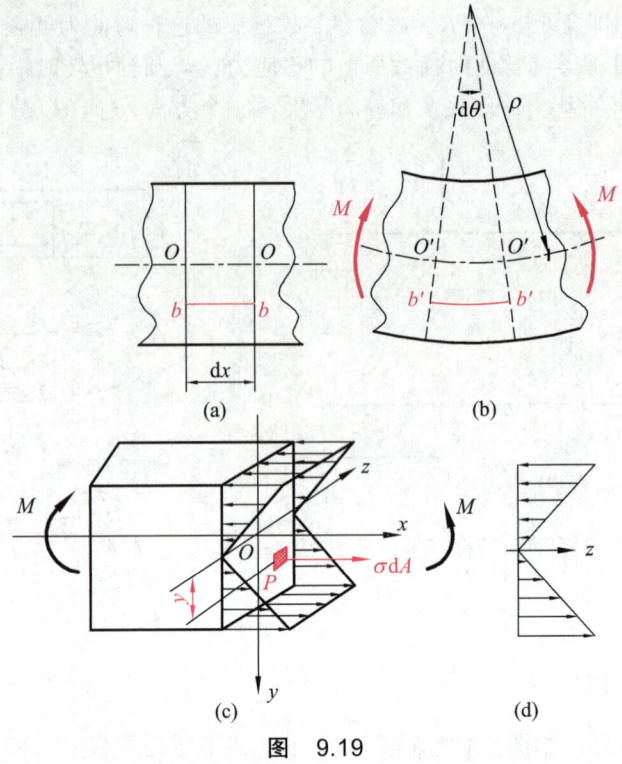

图 9.19

对于距中性层为 y 的原长也为 $\mathrm{d}x$ 的纤维 $\overline{bb}$ 变成 $\widehat{b'b'}$，相应的几何关系为

$$\widehat{b'b'} = (\rho + y)\mathrm{d}\theta$$

写出这一段纵向纤维 $\overline{bb}$ 弯曲变形后的正应变：

$$\varepsilon = \frac{\widehat{b'b'} - \overline{bb}}{\overline{bb}} = \frac{\widehat{b'b'} - \mathrm{d}x}{\mathrm{d}x} = \frac{(\rho+y)\mathrm{d}\theta - \rho\mathrm{d}\theta}{\rho\mathrm{d}\theta} = \frac{y}{\rho} \qquad (9.4)$$

中性层的曲率半径 ρ 随横截面位置的改变而改变，对指定截面，可视作常数。因此结果表明，梁纯弯曲时纵向纤维的正应变与它到中性层的距离成正比。

（2）物理关系方面。梁纯弯曲时，由于认为材料的纵向纤维只受到简单的单向拉伸或压缩，因此在应力不超过比例极限时，服从胡克定律，即

$$\sigma = E\varepsilon = E\frac{y}{\rho} \qquad (9.5)$$

对于既定的材料和既定的弯曲变形，E、ρ 均为常数，说明纯弯曲梁横截面上任意一点的正应力与该点到中性轴的距离 y 成正比，即正应力沿截面高度按线性规律分布，如图 9.19（d）所示。离中性轴越远处，该点的正应力的绝对值也越大；在中性轴上，正应力等于零；而在距中性轴等远处的各点正应力大小相等。

（3）静力学关系方面。梁纯弯曲时横截面上的内力只有对中性轴 z 之矩 M_z，而对轴 y 之矩 M_y 以及轴力 F_N 均为零。现考察横截面上任意一点即微元面积 $\mathrm{d}A$，此上作用有微内力

$\sigma\mathrm{d}A$，如图 9.19（c）所示，此微内力系经简化合成并得到三个内力分量，其中两个内力分量，即沿轴 x 的合力与对轴 y 之矩为

$$F_N = \int_A \sigma \mathrm{d}A = 0 \tag{9.6a}$$

$$M_y = \int_A z\sigma \mathrm{d}A = 0 \tag{9.6b}$$

将式（9.5）代入式（9.6a），对于确定的截面 E/ρ 为常量，于是得

$$\int_A \sigma \mathrm{d}A = \frac{E}{\rho} \int_A y \mathrm{d}A = 0$$

式中，$\int_A y\mathrm{d}A = y_C A$（由平面图形的形心公式转化而来）。

在这里，y_C 为该横截面的形心坐标，因 $A \neq 0$，且 $E/\rho \neq 0$，故 $y_C = 0$，表明<u>中性轴 z 必通过横截面的形心</u>。这样，就确定了中性轴的位置。由于轴 y 是横截面的对称轴，因此轴 y 也通过横截面的形心，可见在梁横截面上所设坐标轴 Oyz 的坐标原点 O 就是横截面的形心。

再有，横截面面积上简化合成的第三个内力分量，即对轴 z 之矩 M_z 这一力偶分量，它也就是横截面上的弯矩 M，于是有

$$M_z = M = \int_A y\sigma \mathrm{d}A \tag{9.6c}$$

将式（9.5）代入式（9.6c），于是得到

$$\frac{E}{\rho} \int_A y^2 \mathrm{d}A = M \quad \text{或} \quad \frac{1}{\rho} = \frac{M}{EI_z} \tag{9.7}$$

其中积分

$$I_z = \int_A y^2 \mathrm{d}A \tag{9.8}$$

式（9.8）所表达的截面图形几何性质称为<u>横截面对轴 z 的惯性矩</u>，其单位为米^4（m^4）、毫米^4（mm^4）等，式（9.7）中 EI_z 称梁的<u>抗弯刚度</u>。将式（9.7）代入式（9.5），得

$$\sigma = \frac{My}{I_z} \tag{9.9}$$

式（9.9）即为计算<u>梁横截面上任意一点正应力的公式</u>。由式（9.9）可知，横截面上最外缘处弯曲正应力为最大。对于对称于中性轴的横截面（如矩形），以 $y_{\max}$ 表示最远处一个点到中性轴的距离，同时引入

$$W_z = \frac{I_z}{y_{\max}} \tag{9.10}$$

式中，W_z 称为横截面对中性轴 z 的抗弯截面系数，也是仅与截面图形相关的几何量，其单位为米^3（m^3）、毫米^3（mm^3）等。由此即得到<u>梁横截面上最大正应力</u>为

$$\sigma_{\max} = \frac{M}{W_z} \qquad (9.11)$$

由式（9.9）和式（9.11）可以计算梁弯曲时横截面上任意一点的正应力与最大正应力。该两式虽是在梁纯弯曲变形的条件下推导出来的，但只要梁具有纵向对称面，且荷载作用在其纵向对称面内，梁的跨度又较大，即对于细长梁，梁的跨度与横截面高度之比 $l/h \geqslant 5$，此时横截面上正应力的计算公式仍然是适用的。而且这种梁的剪力远远小于弯矩的影响。简单地说，式（9.9）同样可用于横力弯曲梁横截面上的正应力计算。

这里应**注意**：

（1）若截面关于中性轴对称，最大正应力由式（9.11）进行计算；若截面关于中性轴不对称，因为最大拉应力和最大压应力不相等，须利用式（9.9）对最大拉应力和压应力分别进行计算。

（2）应用以上公式计算正应力 σ 时，M 及 y 均以绝对值代入，正应力 σ 的正负号直接通过观察梁横截面微段的变形来判断。当 M 为正时，梁横截面微段产生向上凹的变形，因此中性轴以上截面受压、以下截面受拉；反之，当 M 为负时，中性轴以上截面受拉、以下截面受压。

二、截面的惯性矩计算

1. 常用截面惯性矩计算

用式（9.9）和式（9.11）计算梁的正应力时，应先计算出横截面对轴 z 的惯性矩 I_z 和抗弯截面系数 W_z。由定义轴惯性矩的积分式 $I_z = \int_A y^2 \mathrm{d}A$ 可求出各种截面对轴 z 的惯性矩 I_z，进而求得抗弯截面系数 W_z。一些常用截面的几何性质可见表 9.4，也可查有关手册。关于型钢截面的轴惯性矩及其抗弯截面系数，可参考型钢规格表。

表 9.4 常用截面的几何性质

截面形状	惯性矩	抗弯截面系数	形心位置
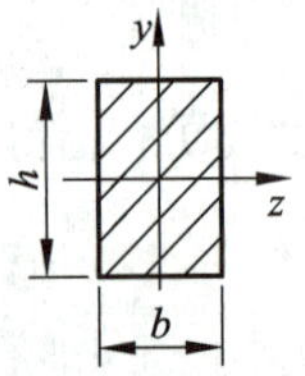 矩形（宽 b，高 h）	$I_z = \dfrac{bh^3}{12}$ $I_y = \dfrac{hb^3}{12}$	$W_z = \dfrac{bh^2}{6}$ $W_y = \dfrac{hb^2}{6}$	$y_C = \dfrac{h}{2}$ $z_C = \dfrac{b}{2}$
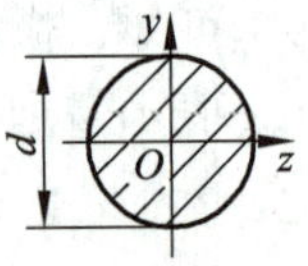 圆形（直径 d）	$I_z = I_y = \dfrac{\pi d^4}{64}$	$W_z = W_y = \dfrac{\pi d^3}{32}$	$y_C = \dfrac{d}{2}$
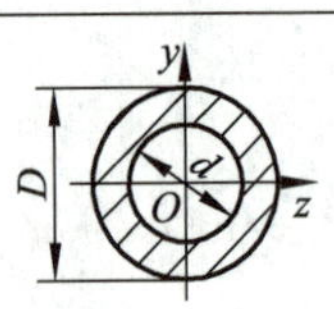 圆环（外径 D，内径 d）	$I_z = I_y = \dfrac{\pi}{64} D^4 (1 - \alpha^4)$ 其中 $\alpha = d/D$	$W_z = W_y = \dfrac{\pi}{32} D^3 (1 - \alpha^4)$ 其中 $\alpha = d/D$	$y_C = \dfrac{d}{2}$

2. 组合截面惯性矩计算

工程上有许多梁的截面是由矩形、圆形等几个简单图形或几个型钢截面组合而成。组合截面对任意一轴如轴 z 的惯性矩，即等于各组成部分对同一轴 z 的惯性矩之和，被挖去的部分取负值，其表达式为

$$I_z = \sum_{i=1}^{n} I_{zi} \tag{9.12}$$

同理也可写出：

$$I_y = \sum_{i=1}^{n} I_{yi} \tag{9.13}$$

这里，像表 9.4 中的圆环形截面对其对称轴的惯性矩，可看做是大圆截面对其对称轴的惯性矩减去小圆截面对同一轴的惯性矩。

三、平行移轴定理

同一截面对两相互平行的轴的惯性矩并不相同。当其中一轴是截面的形心轴时，它们之间的关系可由惯性矩的平行移轴定理给出，即

$$I_{z1} = I_z + a^2 A \tag{9.14}$$

$$I_{y1} = I_y + b^2 A \tag{9.15}$$

式中，I_z 和 I_y 为截面对其形心轴 z 和 y 的惯性矩；I_{z1} 和 I_{y1} 为截面对与轴 z 和 y 相平行的任意一轴 z_1 和 y_1 的惯性矩；a 和 b 分别为两相互平行的轴之间的距离；A 为该截面的面积。

这就是说，式（9.14）、（9.15）表示截面对任意一轴的惯性矩，等于它对平行于该轴的形心轴的惯性矩，再加上截面面积与两轴间距离平方的乘积。由于 $a^2 A$ 和 $b^2 A$ 恒为正值，说明截面对其形心轴的惯性矩是对各平行轴惯性矩中最小的一个。

【例 9.8】 如图 9.20 所示，求该 T 字形截面对中性轴 z 的惯性矩 I_z。尺寸如图所示，单位按 mm 计。

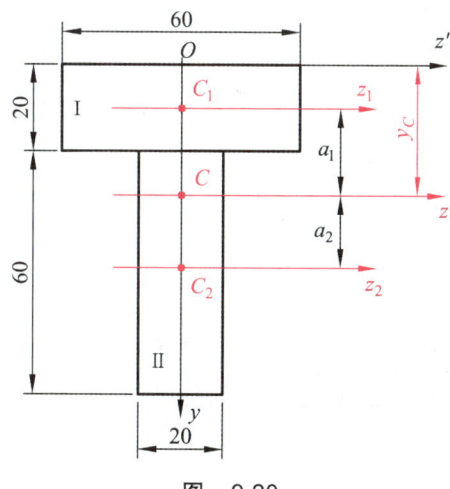

图 9.20

【解】（1）求截面形心 C。把截面分成 I 和 II 两个矩形，建立参考直角坐标系 $Oz'y$，其中 y 轴是对称轴，则

$$A_1 = 60 \times 20 \text{ mm}^2 = 1\,200 \text{ mm}^2, y_1 = 10 \text{ mm}$$

$$A_2 = 60 \times 20 \text{ mm}^2 = 1\,200 \text{ mm}^2, y_2 = 50 \text{ mm}$$

根据平面图形的形心公式可得

$$y_C = \frac{\sum A_i y_i}{A} = \frac{A_1 y_1 + A_2 y_2}{A_1 + A_2} = \frac{1\,200 \times 10 + 1\,200 \times 50}{1\,200 + 1\,200} \text{ mm} = 30 \text{ mm}$$

（2）求各个组成部分对中性轴 z 的惯性矩。设两个矩形的形心为 C_1 和 C_2，其形心轴为 z_1 和 z_2，它们与 z 轴的距离分别为

$$a_1 = CC_1 = 20 \text{ mm}, \quad a_2 = CC_2 = 20 \text{ mm}$$

由平行移轴公式，求得各个组成部分对中性轴 z 的惯性矩分别为

$$I_{1z} = I_{1z1} + a_1^2 A_1 = \left(\frac{60 \times 20^3}{12} + 20^2 \times 1\,200\right) \text{ mm}^4 = 520\,000 \text{ mm}^4$$

$$I_{2z} = I_{2z2} + a_2^2 A_2 = \left(\frac{20 \times 60^3}{12} + 20^2 \times 1\,200\right) \text{ mm}^4 = 840\,000 \text{ mm}^4$$

（3）求整个截面对中性轴 z 的惯性矩。

$$I_z = I_{1z} + I_{2z} = (520\,000 + 840\,000) \text{ mm}^4 = 1\,360\,000 \text{ mm}^4$$

【例 9.9】 如图 9.21（a）所示，简支梁的横截面为 $b \times h = 120 \text{ mm} \times 180 \text{ mm}$ 的矩形，跨长 $L = 3 \text{ m}$，均布荷载 $q = 35 \text{ kN/m}$。求：

（1）如果将截面竖放，如图 9.21（b）所示，求危险截面上 a、e 两点的正应力。

（2）如果将截面横放，如图 9.21（d）所示，求危险截面上的最大正应力。

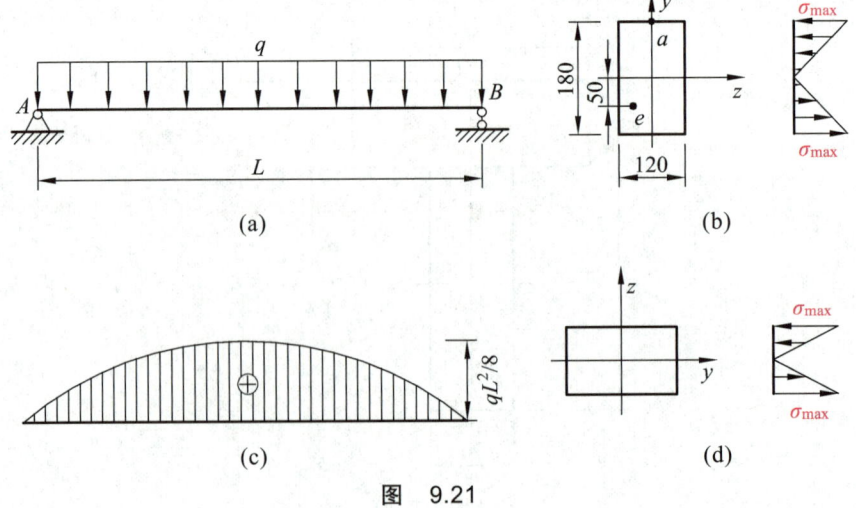

图 9.21

【解】（1）作出弯矩图，如图9.21（c）所示。跨中截面弯矩最大，为危险截面，最大弯矩为

$$M_{\max} = \frac{1}{8}qL^2 = \frac{1}{8} \times 35 \times 3^2 \text{ kN·m} = 39.4 \text{ kN·m}$$

（2）竖放时，截面对 z 轴的惯性矩为

$$I_z = \frac{1}{12}bh^3 = \frac{1}{12} \times 120 \times 180^3 \text{ mm}^4 = 58.3 \times 10^{-6} \text{ m}^4$$

由于危险截面的弯矩为正，截面上正应力的分布是上压下拉，因此可求得 a 点的正应力为

$$\sigma_a = \frac{M_{\max}}{I_z}y_a = \frac{39.4 \times 10^3 \times 90 \times 10^{-3}}{58.3 \times 10^{-6}} \text{ Pa} = 60.8 \text{ MPa （最大压应力）}$$

e 点的正应力为

$$\sigma_e = \frac{M_{\max}}{I_z}y_e = \frac{39.4 \times 10^3 \times 50 \times 10^{-3}}{58.3 \times 10^{-6}} \text{ Pa} = 33.8 \text{ MPa （拉应力）}$$

（3）横放时，截面对 y 轴的惯性矩为

$$I_y = \frac{1}{12}hb^3 = \frac{1}{12} \times 180 \times 120^3 \text{ mm}^4 = 25.9 \times 10^{-6} \text{ m}^4$$

最大正应力在截面距离中性轴 y 的最远处，其值为

$$\sigma_{\max} = \frac{M_{\max}}{I_y}z_{\max} = \frac{39.4 \times 10^3 \times 60 \times 10^{-3}}{25.9 \times 10^{-6}} \text{ Pa} = 91.3 \text{ MPa}$$

第五节　弯曲梁横截面上的切应力

梁横向弯曲时，其横截面上既有弯矩又有剪力，相应地既有正应力又有切应力。在弯曲问题中，影响梁强度的主要是正应力。但在某些情况下，如跨度小而截面高的梁或薄壁梁，其横截面上的切应力可能达到相当大的数值。继而由切应力互等定律可知，在与梁中性层平行的纵向截面上的切应力也可能达到相当大的数值，如图9.22（a）所示。当切应力过大而梁材料的抗剪能力又较弱时，梁就有可能发生剪切破坏。例如木梁、竹竿等在弯曲变形时，往往出现纵向开裂，就说明沿梁的纵向截面存在有切应力，而且很大。切应力在横截面上的分布规律与横截面的形状有关。在工程上，矩形横截面的梁较为常见，横截面上的切应力方向与该截面上的剪力方向一致，切应力的大小沿截面的高度呈抛物线分布，如图9.22（b）所示，即

$$\tau = \frac{F_Q}{2I_z}\left(\frac{h^2}{4} - y^2\right) \tag{9.16}$$

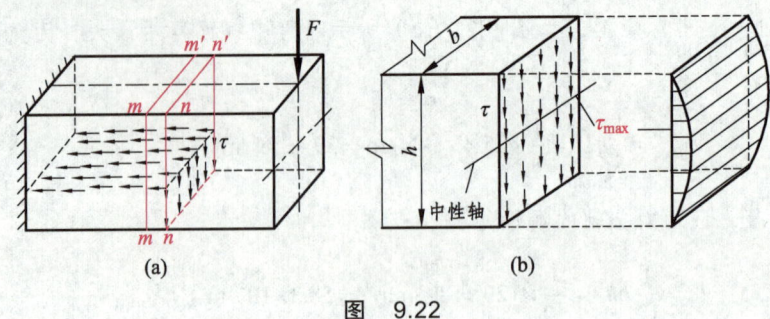

图 9.22

可推知在梁横截面的上、下边缘 $y=\pm h/2$ 的任意一点处,其切应力 $\tau=0$,而在横截面的中性轴处 $y=0$,切应力为最大,其值为

$$\tau_{\max}=\frac{3F_Q}{2bh}=1.5\frac{F_Q}{A} \quad (9.17)$$

式中,F_Q 为横截面上的剪力;A 为矩形截面梁的横截面面积。

工程上为了节省材料和减轻梁的自重,常常采用工字形、T 字形等狭长形截面的梁,这些梁横截面上的剪力主要由腹板承担,翼缘上的切应力很小,一般不予考虑,其最大切应力同样在中性轴处。表 9.5 列出了几种常见截面形状梁的最大切应力计算公式。

表 9.5 常见截面形状梁的最大切应力计算公式

截面形状	⊘	⊚	工字形	矩形管
$\tau_{\max}$	$\tau_{\max}=\dfrac{4F_Q}{3A}$ $A=\dfrac{\pi}{4}d^2$	$\tau_{\max}=\dfrac{2F_Q}{A}$ $A=\dfrac{\pi}{4}(D^2-d^2)$	$\tau_{\max}=\dfrac{F_Q}{A}$ $A=h_0 d$	$\tau_{\max}=\dfrac{F_Q}{A}$ $A=h_0 d$

【例 9.10】 如图 9.23(a)所示,已知 6120 柴油机活塞销的外径 $D=45$ mm,内径 $d=28$ mm,活塞销上荷载作用尺寸 $a=34$ mm,$b=39$ mm,连杆作用力 $F=88.4$ kN。试求活塞销的最大正应力和最大切应力。

【解】 连杆与活塞销座对活塞销的荷载简化为均布荷载,如图 9.23(b)所示,其荷载集度为

$$q_1=\frac{F}{b}=\frac{88.4\times 10^3}{39\times 10^{-3}}\text{ N/m}=2.27\times 10^3 \text{ kN/m}$$

$$q_2=\frac{F}{2a}=\frac{88.4\times 10^3}{2\times 34\times 10^{-3}}\text{ N/m}=1.30\times 10^3 \text{ kN/m}$$

剪力图如图 9.23(c)所示,弯矩图如图 9.23(d)所示。活塞销中点横截面处的最大弯矩和抗弯截面系数分别为

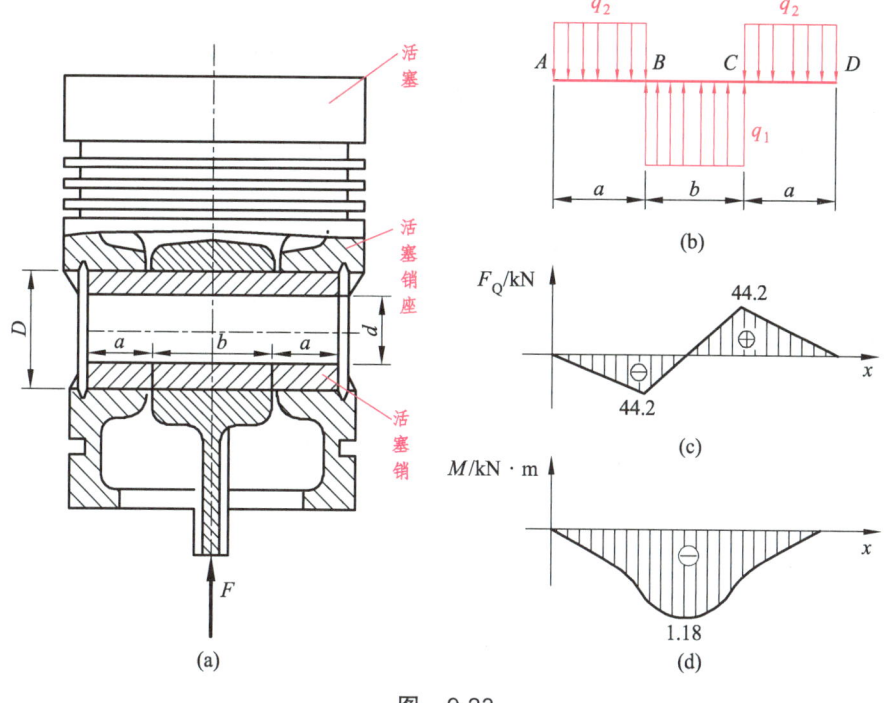

图 9.23

$M_{max} = 1.18$ kN·m

$$W_z = \frac{\pi}{32} \times D^3 \left[1 - \left(\frac{d}{D}\right)^4\right] = \frac{\pi}{32} \times 45^3 \times 10^{-9} \times \left[1 - \left(\frac{28}{45}\right)^4\right] \text{ m}^3 = 7.75 \times 10^{-6} \text{ m}^3$$

活塞销中点处横截面上的最大弯曲正应力为

$$\sigma_{max} = \frac{M_{max}}{W_z} = \frac{1.18 \times 10^3}{7.75 \times 10^{-6}} \text{ Pa} = 152 \times 10^6 \text{ Pa} = 152 \text{ MPa}$$

活塞销的最大切应力发生在截面 B 或 C 上，其剪力和横截面面积分别为

$$F_{Qmax} = F_{QC} = 44.2 \text{ kN}$$

$$A = \frac{\pi}{4}(D^2 - d^2) = \frac{\pi}{4} \times (45^2 - 28^2) \times 10^{-6} \text{ m}^2 = 975 \times 10^{-6} \text{ m}^2$$

代入表 9.5 的截面形状为薄壁圆环的最大切应力计算公式，得活塞销的最大切应力为

$$\tau_{max} = 2\frac{F_{Qmax}}{A} = 2 \times \frac{44.2 \times 10^3}{975 \times 10^{-6}} \text{ Pa} = 90.8 \times 10^6 \text{ Pa} = 90.8 \text{ MPa}$$

第六节 弯曲梁的强度计算

对于梁的强度计算，因为梁平面弯曲时主要的工作应力是正应力，所以在一般情况下对梁进行强度计算时只考虑正应力的影响。

由式（9.9）可知，梁弯曲时横截面上的最大正应力出现在截面的上、下边缘处。一般等截面直梁在横力弯曲时，其最大弯矩所在的截面称为危险截面，而危险截面上出现最大正应力的点称为危险点。要使梁能够安全工作，必须使梁的危险截面上危险点的工作应力 $\sigma_{\max}$ 不超过材料的许用正应力 $[\sigma]$，这就是**梁弯曲时的正应力强度条件**，即

$$\sigma_{\max} = \frac{M_{\max}}{W_z} \leqslant [\sigma] \tag{9.18}$$

应用式（9.18）可以解决梁弯曲正应力强度计算的三类问题，即校核强度、设计截面尺寸和确定许用荷载。

须指出，在强度计算中，对于抗拉和抗压强度相等的塑性材料，如低碳钢、铜等，通常采用关于中性轴上下对称的截面形状，只要求出绝对值最大的正应力不超过许用正应力即可。对于抗拉和抗压强度不相等的脆性材料，如铸铁、陶瓷等，由于往往采用关于中性轴上下不对称的截面形状，则应分别求出最大正弯矩和最大负弯矩所在截面上的最大拉应力和最大压应力，并分别满足拉伸强度条件和压缩强度条件，即

$$\left. \begin{array}{l} \sigma_{t\,\max} = \dfrac{M_{\max}}{I_z} y_{t\,\max} \leqslant [\sigma_t] \\[2mm] \sigma_{c\,\max} = \dfrac{M_{\max}}{I_z} y_{c\,\max} \leqslant [\sigma_c] \end{array} \right\} \tag{9.19}$$

式中，$[\sigma_t]$ 为材料的许用拉应力；$[\sigma_c]$ 为材料的许用压应力；$y_{t\,\max}$ 为受拉一侧的截面边缘到中性轴的距离；$y_{c\,\max}$ 为受压一侧的截面边缘到中性轴的距离。

梁的最大弯曲切应力通常发生在中性轴上的各点处，而在该处梁的弯曲正应力为零。因此最大弯曲切应力的作用点为纯切应力状态，相应的强度设计准则为

$$\tau_{\max} \leqslant [\tau] \tag{9.20}$$

式中，$\tau_{\max}$ 为梁工作时的最大弯曲切应力；$[\tau]$ 为材料纯剪切时的许用切应力。

梁弯曲时，决定弯曲强度的主要因素是弯曲正应力，而弯曲切应力则是次要的。这里不妨比较一下矩形截面梁在横力弯曲时的最大正应力和最大切应力的大小。如图 9.24 所示的矩形截面悬臂梁，在自由端受到集中荷载 F 的作用，这时梁的最大弯矩和最大剪力分别为 $M_{\max} = Fl$，$\left| F_Q \right|_{\max} = F$，由式（9.11）和式（9.17）可知，梁的最大弯曲正应力与最大弯曲切应力分别为

$$\sigma_{\max} = \frac{6Fl}{bh^2}, \quad \tau_{\max} = \frac{3F}{2bh}$$

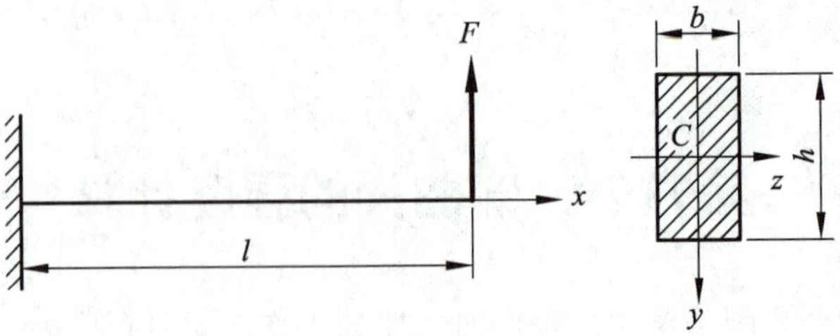

图 9.24

两者的比值为

$$\frac{\sigma_{\max}}{\tau_{\max}} = \frac{6Fl}{bh^2} \cdot \frac{2bh}{3F} = \frac{4l}{h}$$

可见，跨度 l 远大于截面高度 h 的梁，其横截面上的最大正应力远远大于最大切应力。因此，对梁主要应进行弯曲正应力强度设计。而在某些特殊情形下，如焊接或铆接的工字形截面薄臂梁、短跨度梁以及在支座附近有较大集中力作用且为各向异性材料的梁（如木材的顺纹与横纹方向抗剪强度有较大差异、组合截面粘胶层等）受荷载作用时，其切应力可能会使结构发生强度失效。在这种情况下，显然就需将最大切应力限制在许用范围内，以保证梁的最大正应力和最大切应力都能同时满足相应的强度准则。一般在设计计算时，先按弯曲正应力强度准则设计出截面尺寸，然后再按弯曲切应力强度准则进行校核。

【例9.11】 简支矩形截面木梁 AB 的受力情况如图9.25（a）所示，已知跨度 $l = 5$ m，承受均布荷载的荷载集度 $q = 3.6$ kN/m，木材顺纹许用正应力 $[\sigma] = 10$ MPa。设梁横截面的高宽比 $h/b = 2$，试设计此梁的截面尺寸。

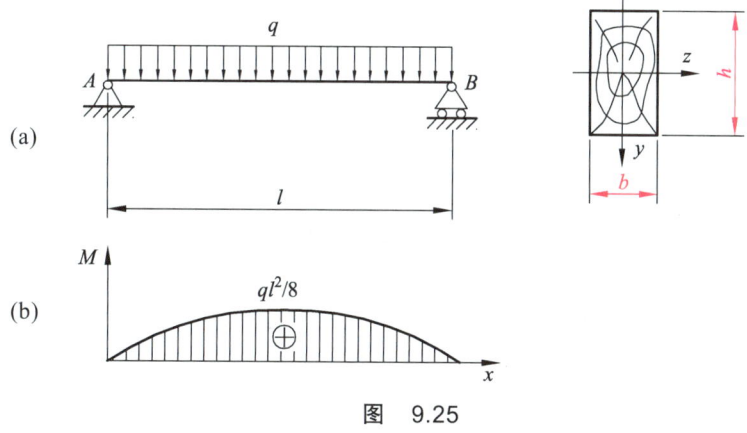

图 9.25

【解】 （1）画出梁弯矩图，如图9.25（b）所示。梁的危险截面为梁中点处横截面，其最大弯矩值为

$$M_{\max} = \frac{ql^2}{8} = \frac{3.6 \times 10^3 \times 5^2}{8} \text{ N} \cdot \text{m} = 11.25 \times 10^3 \text{ N} \cdot \text{m} = 11.25 \text{ kN} \cdot \text{m}$$

（2）求梁的截面尺寸。由强度条件 $\sigma_{\max} = \dfrac{M_{\max}}{W_z} \leqslant [\sigma]$，得

$$W_z \geqslant \frac{M_{\max}}{[\sigma]} = \frac{11.25 \times 10^3}{10 \times 10^6} \text{ m}^3 = 1.125 \times 10^{-3} \text{ m}^3$$

由梁横截面的抗弯截面系数计算式得

$$W_z = \frac{bh^2}{6} = \frac{b(2b)^2}{6} = \frac{2b^3}{3} \geqslant 1.125 \times 10^{-3} \text{ m}^3$$

由此有 $b \geq 0.119$ m = 119 mm, $h = 2b = 0.238$ m = 238 mm。最后取 $h = 240$ mm, $b = 120$ mm。

【例 9.12】 如图 9.26（a）所示，桥式起重机的大梁由 32 b 工字钢制成，已知梁的跨度 $L = 10$ m, 许用正应力 $[\sigma] = 140$ MPa, 电动葫芦自重 $W = 15$ kN, 不计梁自重。试求该梁能承担的起吊重力 F。

【解】 画出起重机大梁的计算简图，如图 9.26（b）所示。当电动葫芦移动到梁的中点位置时，画出大梁的弯矩图，如图 9.26（c）所示，可见梁中点位置为危险截面，其最大弯矩为

$$M_{max} = \frac{F+W}{2} \times \frac{L}{2} = \frac{(F+W)L}{4}$$

由梁的弯曲强度条件式（9.18），得

$$\frac{(F+W)L}{4} \leq [\sigma] W_z$$

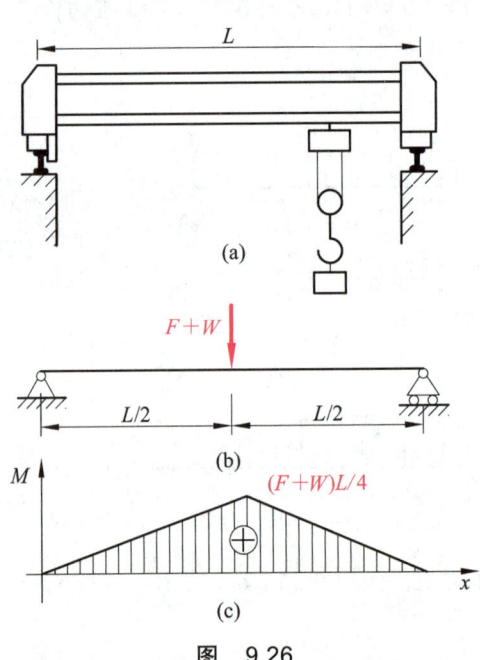

图 9.26

从热轧工字钢型钢表中查得 32 b 工字钢 $W_z = 726$ cm³ $= 7.26 \times 10^{-4}$ m³，将其代入上式，求得

$$F \leq \frac{4[\sigma]W_z}{L} - W = \left(\frac{4 \times 140 \times 10^6 \times 7.26 \times 10^{-4}}{10} - 15 \times 10^3\right) \text{N}$$
$$= 25.8 \times 10^3 \text{ N} = 25.8 \text{ kN}$$

所求结果即起重机大梁能承担的最大起吊重力。

【例 9.13】 图 9.27（a）所示为一 T 字形截面铸铁梁，已知 $F_1 = 9$ kN, $F_2 = 4$ kN, $a = 1$ m, 许用拉应力 $[\sigma_t] = 30$ MPa, 许用压应力 $[\sigma_c] = 60$ MPa, 梁的 T 字形截面的尺寸如图 9.27（b）所示（图中尺寸单位为 mm）。已知梁横截面对形心轴的惯性矩 $I_z = 763$ cm⁴, $y_1 = 52$ mm, $y_2 = 88$ mm。试校核铸铁梁的抗弯强度。

【解】（1）取铸铁梁为研究对象，列平衡方程求得梁支座约束力为 $F_A = 2.5 \text{ kN}$，$F_B = 10.5 \text{ kN}$。画出梁的弯矩图，如图 9.27（c）所示。可以看出，梁受力作用后的最大正弯矩发生在横截面 C 处，即 $M_C = F_A a = 2.5 \text{ kN·m}$；最大负弯矩发生在横截面 B 处，即 $M_B = -F_2 a = -4 \text{ kN·m}$。

（2）分析梁横截面上的正应力。铸铁梁 B 处横截面上的最大拉应力在截面上的上边缘各点处，而最大压应力在横截面上的下边缘各点处，分别为

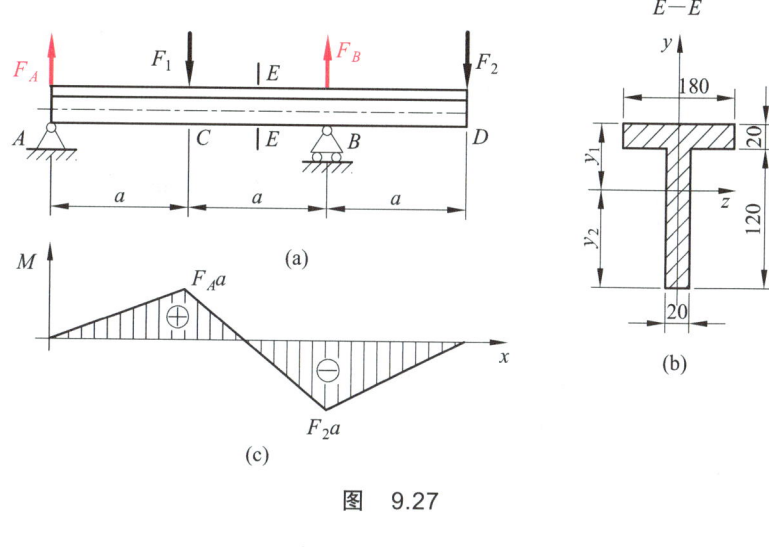

图 9.27

$$\sigma_{\text{t max}} = \frac{M_B y_1}{I_z} = \frac{4 \times 10^3 \times 52 \times 10^{-3}}{763 \times 10^{-8}} \text{ Pa} = 27.2 \times 10^6 \text{ Pa} = 27.2 \text{ MPa}$$

$$\sigma_{\text{c max}} = \frac{M_B y_2}{I_z} = \frac{4 \times 10^3 \times 88 \times 10^{-3}}{763 \times 10^{-8}} \text{ Pa} = 46.1 \times 10^6 \text{ Pa} = 46.1 \text{ MPa}$$

铸铁梁 C 处横截面上的最大拉应力在截面上的下边缘各点处，最大压应力在横截面上的上边缘各点处，分别为

$$\sigma_{\text{t max}} = \frac{M_C y_2}{I_z} = \frac{2.5 \times 10^3 \times 88 \times 10^{-3}}{763 \times 10^{-8}} \text{ Pa} = 28.8 \times 10^6 \text{ Pa} = 28.8 \text{ MPa}$$

$$\sigma_{\text{c max}} = \frac{M_C y_1}{I_z} = \frac{2.5 \times 10^3 \times 52 \times 10^{-3}}{763 \times 10^{-8}} \text{ Pa} = 17 \times 10^6 \text{ Pa} = 17 \text{ MPa}$$

（3）铸铁梁的最大拉应力在 C 处横截面的下边缘各点处，且 $\sigma_{\text{t max}} = 28.8 \text{ MPa} < [\sigma_{\text{t}}]$；而最大压应力在 B 处横截面上的上边缘各点处，且 $\sigma_{\text{c max}} = 46.1 \text{ MPa} < [\sigma_{\text{c}}]$。可见，梁的弯曲强度足够。

通过以上例题，总结出**强度分析的步骤**如下：

（1）**外力分析**。列平衡方程，求支座约束力，并校核计算结果。

（2）**内力分析**。画内力图，确定最大弯矩所在截面、最大弯矩值及正负号。如果需要进行梁的切应力强度分析，确定最大剪力所在截面及最大剪力值。校核内力计算结果。

（3）**应力分析**。弯矩正应力强度分析的关键是正确判断可能的危险截面及危险点。

对于塑性材料的等截面梁，一般采用关于中性轴上下对称的截面形状，危险截面为产生最大弯矩的截面，可能的危险点在危险截面的边缘处；对于脆性材料的等截面梁，一般采用关于中性轴上下对称的截面形状，可能的危险截面为最大正弯矩和最大负弯矩所在截面，则可能的危险点在危险截面的上、下边缘处，对这些危险点都要进行强度分析。

对于变截面梁，危险截面的位置需要综合考虑并判断。

（4）**强度分析**。对塑性材料梁建立最大正应力的强度条件，对脆性材料梁分别建立最大拉应力和最大压应力的强度条件，可解决强度校核、截面尺寸设计以及确定许可荷载三种类型的强度问题。

第七节　提高梁弯曲强度的主要措施

在梁的设计中，常遇到如何根据工程实际情况来提高梁的抗弯强度的问题。工程上大多是细长梁，对这类梁而言，弯曲切应力可不作考虑，只需要考虑弯曲正应力对梁强度的影响。由梁的弯曲正应力强度条件可知，降低梁的最大弯矩或提高梁的抗弯截面系数等，都可以提高梁的承载能力。也就是说，提高梁的抗弯强度，可从以下几个方面采取措施。

一、降低梁的最大弯矩

在荷载不变的前提下，通过合理布置荷载和安排支座位置，即可降低梁的最大弯矩。

（1）使集中力远离简支梁的中点。如图 9.28（a）所示的简支梁，梁上作用有集中力 F。由弯矩图可以看出，其最大弯矩为 $M_{max} = Fab/l$，若集中力 F 作用在梁的中点，则最大弯矩为 $M_{max} = Fl/4$。若集中力 F 作用点偏离梁的中点，当 $a = l/4$ 时，则最大弯矩为 $M_{max} = 3Fl/16$；当 $a = l/6$ 时，最大弯矩达到 $M_{max} = 5Fl/36$。可见，集中力远离简支梁的中点或靠近支座可降低梁的最大弯矩，从而提高梁的抗弯强度。

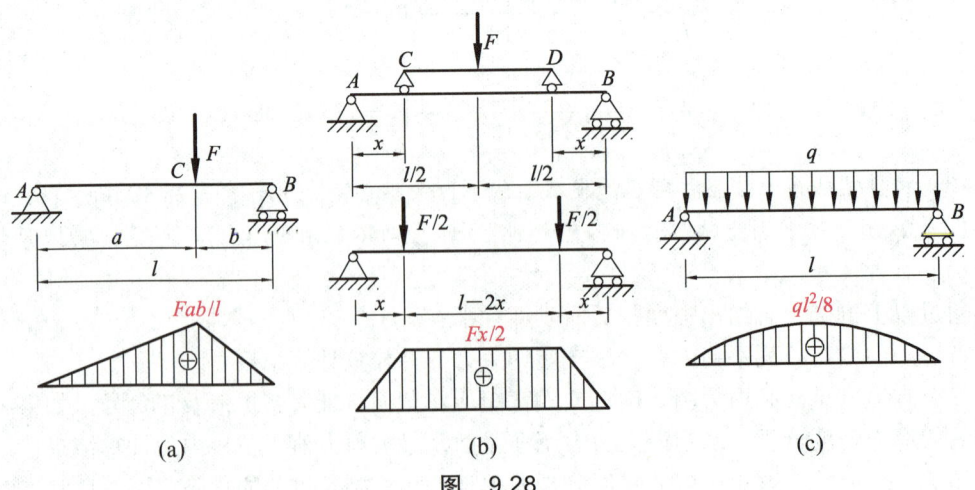

图　9.28

（2）将荷载分散作用在简支梁上。若必须在梁中点作用荷载时，则可通过增加辅助梁 CD，使集中力 F 在 AB 梁上分散作用。有辅助梁 CD 后，当 $x=l/4$ 时，原来的最大弯矩 $M_{max}=Fl/4$，即降为 $M_{max}=Fl/8$，如图 9.28（b）所示。但必须注意，所增加的辅助梁 CD 的跨度要选择适当，太长会降低辅助梁的强度，太短则不能有效提高梁 AB 的抗弯强度。若将作用于简支梁中点的集中力，均匀分散作用于梁的跨度上而成为均匀荷载，如图 9.28（c）所示，其荷载集度 $q=F/l$，则梁在此时的最大弯矩为 $M_{max}=ql^2/8$。可见，在梁的跨度上分散作用荷载，可降低梁的最大弯矩值和提高梁的抗弯强度，而且经济适用。

（3）合理安排支座位置。如图 9.29（a）所示受均布荷载作用的简支梁，最大弯矩为 $M_{max}=0.125ql^2$，若将两支座向里移 $0.2l$，如图 9.29（b）所示，则梁的最大弯矩值将降低为 $M_{max}=0.025ql^2$。在工程上，常将许多受弯构件的支座向里移动，目的就是降低构件的最大弯矩。例如，锅炉筒体的安置、龙门吊车大梁的支承等就是如此，如图 9.30 所示。

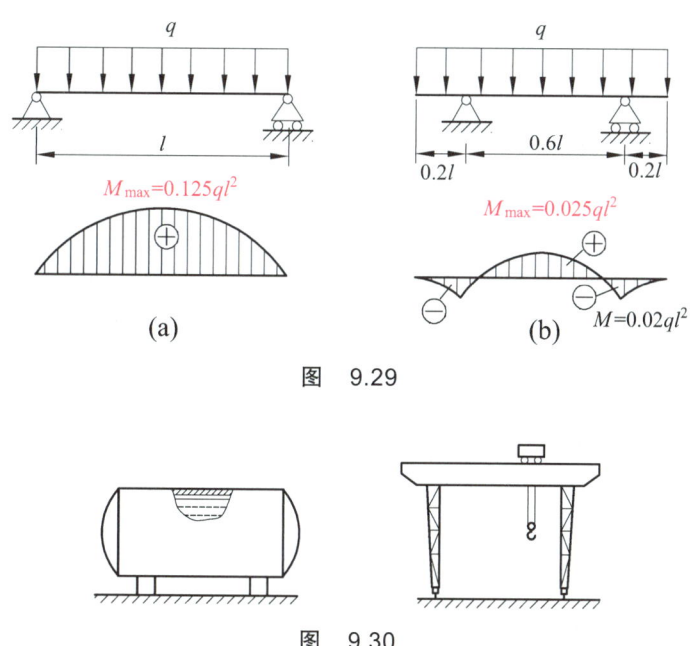

图 9.29

图 9.30

二、选择梁的合理截面

由梁的弯曲强度条件可知，梁的抗弯截面系数 W_z 越大，横截面上的最大正应力就越小，即梁的抗弯能力就越大。抗弯截面系数 W_z 一方面与截面的尺寸有关，另一方面还与截面的形状有关。梁的横截面面积越大，W_z 越大，但消耗的材料也越多。因此，梁的合理截面形状应该是，用最小的横截面面积得到最大的抗弯截面系数。若用比值 W_z/A 来衡量截面的经济程度，则比值越大，截面就越经济合理。这里给出了一些简单截面图形如圆形、矩形、工字形截面的 W_z/A 值，见表 9.6。

表 9.6　圆形、矩形、工字形截面的 W_z/A 值

截面图形	抗弯截面系数 W_z/mm³	截面尺寸/mm	截面面积 A/mm²	比值 W_z/A
圆形	250×10^3	$d = 137$	148×10^2	1.69
矩形	250×10^3	$b = 72$ $h = 144$	104×10^2	2.4
工字形	250×10^3	20a 工字钢	39.5×10^2	6.33

由表 9.6 可以看出，采用矩形截面要优于圆形，而采用工字形截面又要优于矩形。原因是当构件危险截面上危险点的正应力达到材料的极限应力时，中性轴附近的正应力并不大。在梁截面的工作过程中，中性轴附近材料的承载能力未得到充分发挥。若使大部分材料分布在离中性轴较远处，则可有效增加构件强度，保证有限的材料得到最充分的利用。为了将材料移到离中性轴较远处，可将实心圆截面改成空心圆截面；至于矩形截面，如把中性轴附近的材料移到上下边缘处，就成了工字形截面；采用槽形或箱形截面也是同样的原因。如表 9.6 列出了三种形状截面，其中工字形截面是最能体现这个原则的。

在讨论截面的合理形状时，还应考虑到材料的本身特性。对抗拉和抗压强度相等的材料，如低碳钢，宜采用对中性轴对称的截面，如圆形、矩形、工字形截面等。这样可使截面上、下边缘处的最大拉应力和最大压应力数值相等，同时接近许用应力。对抗拉强度低于抗压强度的材料，如铸铁，宜采用中性轴偏于受拉一侧的截面形状，如槽形、T 形截面等。这样可使梁的最大拉应力小于最大压应力，以分别满足拉和压的强度条件。

另外，对已经确定的截面，竖放比横放更合理。因此，房屋和桥梁等建筑物中的矩形截面梁，一般都是竖放的，但矩形截面的高度比也不宜过大。

三、采用变截面梁

等截面直梁的尺寸是由危险截面承受最大弯矩来设计的。但是其他截面的弯矩值较小，因此对非危险截面来说，强度显然有富余，材料未得到充分利用。对此，在工程上就力求采用变截面梁，即截面尺寸随截面上弯矩的大小而变化。例如，摇臂钻的摇臂 AB［见图 9.31（a）］、汽车上的板簧［见图 9.31（b）］、阶梯轴［见图 9.31（c）］等，都是变截面梁的应用实例。若使梁上各横截面的最大应力都等于材料的许用正应力，这种梁称为等强度梁。

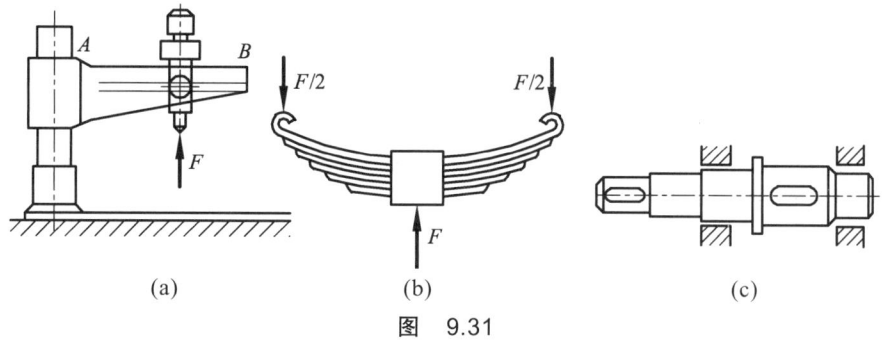

图 9.31

除了上述措施外,还可以采用增加约束,即采用超静定梁等来提高梁的强度。如图9.32所示的三支座桥梁,就是一种在强度上优于静定梁的超静定梁。

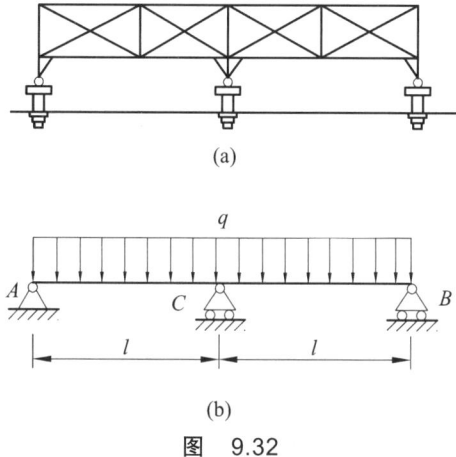

图 9.32

第八节　弯曲梁的变形与刚度计算

工程实际中的受弯构件不仅要满足强度条件,还要满足刚度条件,这样才能正常安全工作。例如,起重机横梁变形过大,将会使电动葫芦移动困难,如图9.33(a)所示;机械加工中工件变形过大会引起较大的制造误差,如图9.33(b)所示。可见,研究梁的弯曲变形也十分重要。

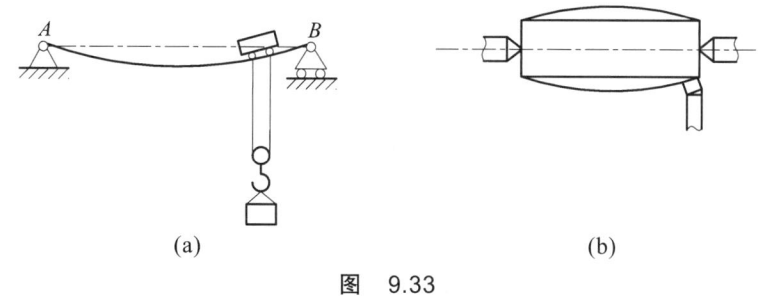

图 9.33

梁弯曲变形时,梁的横截面位置也将发生改变,横截面位置的改变即为梁的位移。位移主要包括两部分：一部分是横截面形心沿垂直方向的位移，称为**挠度**；另一部分是横截面相对初始位置转过的角度，称为**转角**。研究表明，使梁产生位移即弯曲变形的因素主要是弯矩，而剪力的影响很小。

以悬臂梁为例，变形前梁的轴线为直线 AB，截面 m—m 是梁的某一横截面（见图 9.34），变形后轴线 AB 变为光滑的连续曲线 AB_1，横截面 m—m 转到了 m_1—m_1 的位置。轴线 AB 上各点在垂直于轴 x 的方向上产生了位移，其中的一点位移，即任意一横截面的形心 C 移到了 C_1，而形成了一弧线 $\overset{\frown}{CC_1}$。因梁的变形很小，弧长 $\overset{\frown}{CC_1}$ 与垂直于梁轴线的形心 C 移动距离几乎相同，故将位移 $\overline{CC_1}$ 定义为该横截面的挠度，通常用 y 表示。其正负符号一般按所选择的坐标来规定，如在图 9.34 中所示点 C 的挠度，即向上为正、向下为负，挠度的单位为 mm。

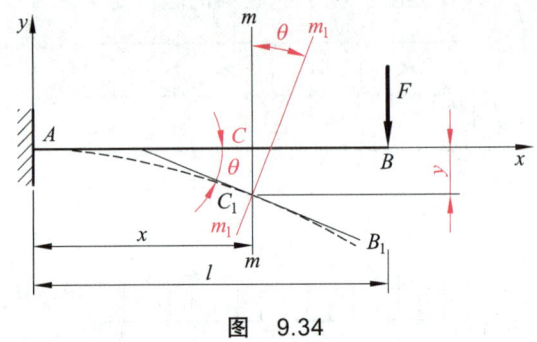

图 9.34

根据平面假设，梁弯曲变形后，梁的横截面仍垂直于梁的弹性曲线。因此过梁的弹性曲线上任意一点 C_1 引一切线，此切线的倾角即等于横截面 m—m 的转角，用 θ 表示，单位是 rad。转角的正负符号一般也按所选择的坐标系来规定，即从轴 x 量起到切线的倾角按逆时针方向的转角为正，顺时针方向的转角为负。可以看出，这样定义的转角的大小和挠曲线上点 C_1 的切线与轴 x 的夹角相等。

梁变形后，原为直线的轴线变成了一条在梁纵向对称面内连续而又光滑的曲线，通常称为挠曲线。挠曲线是梁横截面位置 x 的函数，记作

$$y = f(x) \tag{9.21}$$

式（9.21）称为**挠曲线方程**。由图 9.34 所示可知，过梁的弹性挠曲线上任意一点所引的切线与轴 x 的夹角等于横截面 m—m 的转角。故由微分学可以判断，过梁弹性挠曲线上任意一点的切线与轴 x 夹角的正切，就是挠曲线上在该点的斜率，即

$$\tan\theta = \frac{\mathrm{d}y}{\mathrm{d}x}$$

在工程实际中因为转角 θ 一般都很微小，所以认为 $\tan\theta \approx \theta$，于是有

$$\theta = \frac{\mathrm{d}y}{\mathrm{d}x} \tag{9.22}$$

式（9.22）表示梁的任意一横截面的转角 θ，等于该横截面挠度 y 对横截面位置坐标 x 的一阶导数。

由此看来，只要知道梁的弹性挠曲线方程，就可求出梁轴上任意一点的挠度和任意一横截面的转角。在推导梁的纯弯曲正应力公式时，已知梁的弹性挠曲线曲率为

$$\frac{1}{\rho} = \frac{M}{EI_z} \qquad (a)$$

上式中的曲率 $1/\rho$ 和弯矩 M 都是横截面位置 x 的函数。由数学知识可知，平面曲线上任意一点的曲率为

$$\frac{1}{\rho(x)} = \pm \frac{\dfrac{d^2 y}{dx^2}}{\left[1 + \left(\dfrac{dy}{dx}\right)^2\right]^{3/2}} \qquad (b)$$

在小挠度条件下，可略去式（b）分母中的高阶微量，式（b）简化为

$$\frac{1}{\rho(x)} = \pm \frac{d^2 y}{dx^2} \qquad (c)$$

将式（c）代入式（a），得

$$\pm \frac{d^2 y}{dx^2} = \frac{M(x)}{EI_z} \qquad (d)$$

式（d）称为**梁的挠曲线近似微分方程**。这一近似微分方程的解，应用于工程实际，已足够精确。对于式（d）中的正负号，则要看弯矩的正负号和轴 y 的方向而定，如按图 9.34 中所选坐标系规定轴 y 向上为正，当弯矩为正时，曲线向下凹，d^2y/dx^2 为正值；反之，当弯矩为负时，曲线向上凸，d^2y/dx^2 为负值。这样，式（d）左边应取正号，则

$$EI \frac{d^2 y}{dx^2} = M(x) \qquad (9.23)$$

因等截面直梁 EI_z 为一常数，故将式（9.23）进行一次积分，得

$$\theta = \frac{1}{EI_z} \int M(x) dx + C \qquad (9.24)$$

这就是梁的转角方程。再积分一次，得

$$y = \frac{1}{EI_z} \iint M(x) dx dx + Cx + D \qquad (9.25)$$

式（9.25）称为**梁的弹性挠曲线方程**。式中的两个积分常数 C 和 D 可由边界条件和变形连续条件确定。如梁固定端边界条件是：挠度 $y=0$，转角 $\theta=0$。梁铰支座的边界条件是：挠度 $y=0$。梁的弹性挠曲线是连续光滑的曲线，两段梁在交界处的变形连续条件是：挠度 y 相等，转角 θ 也相等。可见，求解此近似微分方程，即可得出梁的挠曲线方程和转角方程，从而求得梁的最大挠度和最大转角。

用以上方法计算梁的变形又称**积分法**。实际应用时，往往只需确定某些特定截面的转角或挠度，而不需要求出转角和挠度的普遍方程，积分法就显得太麻烦。因此工程上通常是通过积分法将梁在简单荷载作用下的弯曲变形求出而列成表，表 9.7 中给出了梁在简单荷载作用下的挠曲线方程以及梁端点截面的转角与挠度，可方便查用。

表 9.7 梁在简单荷载作用下的挠曲线方程、转角和挠度

序号	梁的简图	挠曲线方程	转角	挠度
1		$y=-\dfrac{Mx^2}{2EI_z}$	$\theta_B=-\dfrac{Ml}{EI_z}$	$y_B=-\dfrac{Ml^2}{2EI_z}$
2		$y=-\dfrac{Fx^2}{6EI_z}(3l-x)$	$\theta_B=-\dfrac{Fl^2}{2EI_z}$	$y_B=-\dfrac{Fl^3}{3EI_z}$
3		$y=-\dfrac{Fx^2}{6EI_z}(3a-x)$ ($0\leqslant x\leqslant a$) $y=-\dfrac{Fa^2}{6EI_z}(3x-a)$ ($a\leqslant x\leqslant l$)	$\theta_B=-\dfrac{Fa^2}{2EI_z}$	$y_B=-\dfrac{Fa^2}{6EI_z}\times(3l-a)$
4		$y=-\dfrac{qx^2}{24EI_z}(x^2-4lx+6l^2)$	$\theta_B=-\dfrac{ql^3}{6EI_z}$	$\theta_B=-\dfrac{ql^4}{8EI_z}$
5		$y=-\dfrac{Mx}{6EI_zl}(l-x)(2l-x)$	$\theta_A=-\dfrac{Ml}{3EI_z}$ $\theta_B=\dfrac{Ml}{6EI_z}$	$x=(1-\dfrac{1}{\sqrt{3}})l$ $y_{\max}=-\dfrac{Ml^2}{9\sqrt{3}EI_z}$ $x=\dfrac{l}{2}$ $y_{\max}=-\dfrac{Ml^2}{16EI_z}$
6		$y=\dfrac{Mx}{6EI_zl}(l^2-3b^2-x^2)$ ($0\leqslant x\leqslant a$) $y=\dfrac{Mx}{6EI_zl}\times$ $[-x^3+3l(x-a)^2+$ $(l^2-3b^2)x]$ ($a\leqslant x\leqslant l$)	$\theta_A=\dfrac{M}{6EI_zl}(l^2-3b^2)$ $\theta_B=\dfrac{M}{6EI_zl}(l^2-3a^2)$ $\theta_C=\dfrac{-M}{6EI_zl}(3a^2+3b^2-l^2)$	在 $x=\sqrt{\dfrac{l^2-3b^2}{3}}$ 处: $y_1=-\dfrac{M(l^2-3b^2)^{3/2}}{9\sqrt{3}EI_zl}$ 在 $x=\sqrt{\dfrac{l^2-3a^2}{3}}$ 处: $y_2=-\dfrac{M(l^2-3a^2)^{3/2}}{9\sqrt{3}EI_zl}$
7		$y=-\dfrac{Fx}{48EI_z}(3l^2-4x^2)$ $\left(0\leqslant x\leqslant\dfrac{l}{2}\right)$	$\theta_A=-\theta_B=-\dfrac{Fl^2}{16EI_z}$	$x=\dfrac{l}{2}$ $y_{\max}=-\dfrac{Fl^3}{48EI_z}$

续表

序号	梁的简图	挠曲线方程	转角	挠度
8	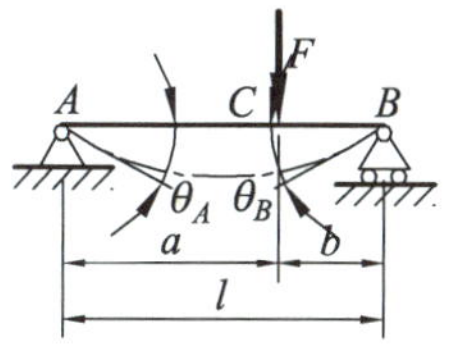 (简支梁,集中力F在C点,a+b=l)	$y=-\dfrac{Fbx}{6EI_zl}(l^2-x^2-b^2)$ ($0 \leqslant x \leqslant a$) $y=-\dfrac{Fb}{6EI_zl}\times$ $\left[\dfrac{l}{b}(x-a)^3+(l^2-b^2)x-x^3\right]$ ($a \leqslant x \leqslant l$)	$\theta_A=-\dfrac{Fab(l+b)}{6EI_zl}$ $\theta_B=\dfrac{Fab(l+a)}{6EI_zl}$	设 $a>b$ 在 $x=\sqrt{(l^2-b^2)/3}$ 处: $y_{\max}=-\dfrac{Fb\sqrt{(l^2-b^2)^3}}{9\sqrt{3}EI_zl}$ 在 $x=l/2$ 处: $y=-\dfrac{Fb(3l^2-4b^2)}{48EI_z}$
9	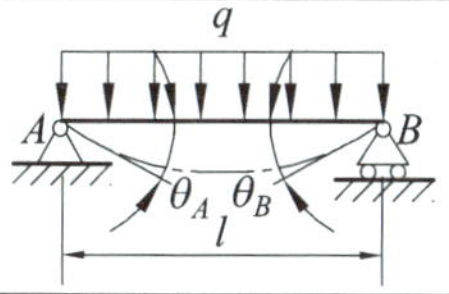 (简支梁,均布荷载q)	$y=-\dfrac{qx}{24EI_z}(l^3-2lx^2+x^3)$	$\theta_A=-\theta_B=-\dfrac{ql^3}{24EI_z}$	$x=\dfrac{l}{2}$ $y_{\max}=-\dfrac{5ql^4}{384EI_z}$
10	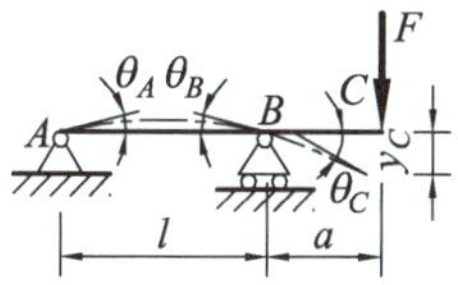 (外伸梁,外伸端C受力F)	$y=\dfrac{Fax}{6EI_zl}(l^2-x^2)$ ($0 \leqslant x \leqslant l$) $y=-\dfrac{F(x-l)}{6EI_zl}\times$ $[a(3x-l)-(x-l)^2]$ ($l \leqslant x \leqslant l+a$)	$\theta_A=-\dfrac{1}{2}\theta_B=\dfrac{Fal}{6EI_z}$ $\theta_C=-\dfrac{Fa}{6EI_z}(2l+3a)$	$y_C=-\dfrac{Fa^2}{3EI_z}(l+a)$
11	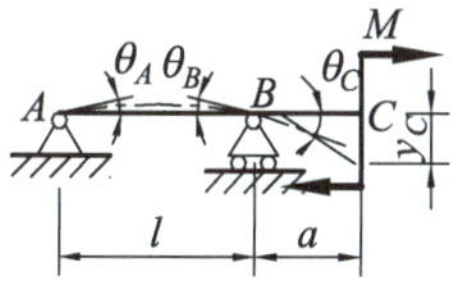 (外伸梁,外伸端C受力偶M)	$y=-\dfrac{Mx}{6EI_zl}(x^2-l^2)$ ($0 \leqslant x \leqslant l$) $y=-\dfrac{M}{6EI_z}(3x^2-4lx+l^2)$ ($l \leqslant x \leqslant l+a$)	$\theta_A=-\dfrac{1}{2}\theta_B=\dfrac{Ml}{6EI_z}$ $\theta_C=-\dfrac{M}{3EI_z}(l+3a)$	$y_C=-\dfrac{Ma}{6EI_z}(2l+3a)$

从表 9.7 中还可以看出,梁的挠度和转角均为荷载的一次函数,当梁同时受到几种荷载的联合作用时,由某一荷载所引起的梁的变形不受其他荷载的影响,梁的变形满足线性叠加原理:先查出各个荷载单独作用下梁的挠度和转角,然后将它们代数相加,即得到各荷载同时作用时梁的挠度和转角。这种求变形的方法称为**叠加法**。采用叠加法的条件是,材料要服从胡克定律,且变形很小。

在工程设计中,一般是先按强度条件设计梁的截面尺寸,然后再校核梁的刚度。**梁的刚度条件**,就是指梁在外力作用下,应保证最大挠度小于许用挠度,最大转角小于许用转角,即

$$\left.\begin{array}{l}|y_{\max}| \leqslant [y] \\ |\theta_{\max}| \leqslant [\theta]\end{array}\right\} \qquad (9.26)$$

【例 9.14】 行车大梁采用 No.45a 工字钢,其弹性模量 $E=200$ GPa,跨度 $l=9.2$ m,如图 9.35(a)所示。已知电动葫芦重 5 kN,最大起吊重力为 50 kN,许用挠度 $[y]=l/500$。试校核行车大梁的刚度。

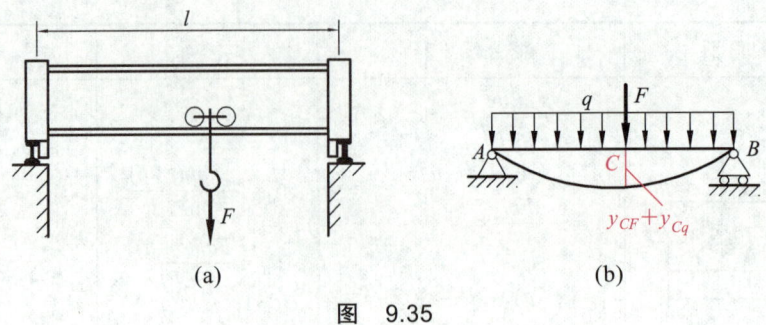

图 9.35

【解】 将行车大梁简化为如图 9.35（b）所示的简支梁。视梁自重为荷载集度是 q 的均布荷载，最大起吊重量和电动葫芦自重为集中力 F。当电动葫芦处于梁中点 C 时，利用叠加法求梁的最大变形量，先查附录中型钢表得 $q = 80.4 \text{ kg/m} \times 9.8 \text{ m/s}^2 = 788 \text{ N/m}$，$I_z = 32200 \text{ cm}^4$。又已知 $E = 200 \text{ GPa}$，$F = (50+5) \text{ kN} = 55 \text{ kN}$，最后查表 9.7，得

$$y_{CF} = -\frac{Fl^3}{48EI_z} = -\frac{55 \times 10^3 \times 9.2^3}{48 \times 200 \times 10^9 \times 32200 \times 10^{-8}} \text{ m}$$

$$= -1.38 \times 10^{-2} \text{ m}$$

$$y_{Cq} = -\frac{5ql^4}{384EI_z} = -\frac{5 \times 788 \times 9.2^4}{384 \times 200 \times 10^9 \times 32200 \times 10^{-8}} \text{ m}$$

$$= -1.14 \times 10^{-3} \text{ m}$$

梁的最大挠度为

$$|y_{C\max}| = |y_{CF} + y_{Cq}| = 1.49 \times 10^{-2} \text{ m}$$

因梁的许用挠度为 $[y] = \dfrac{l}{500} = 1.84 \times 10^{-2}$ m，由此可知：

$$|y_{\max}| = 1.49 \times 10^{-2} \text{ m} < [y] = 1.84 \times 10^{-2} \text{ m}$$

表明行车大梁符合刚度要求。

在上一节我们讨论了提高梁抗弯强度的主要措施，这些措施对提高梁的抗弯刚度一般也是适用的。分析挠曲线近似微分方程及其积分方程可知，弯曲变形与梁的弯矩、跨长、约束情况、截面惯性矩以及材料的弹性模量都有关。但影响梁刚度的因素与影响强度的因素也有不同之处。如材料的弹性模量与强度无关，而与刚度有关；影响强度的截面几何性质是抗弯截面系数，而影响刚度的则是截面惯性矩，而且提高强度只需要增大危险截面附近截面的抗弯截面系数即可，而提高梁的刚度往往需要增大各个截面的惯性矩；梁的跨长对刚度的影响比对强度的影响要敏感得多，减小跨长，能显著提高梁的刚度。

减小梁的跨长是提高梁刚度的主要措施之一，如果梁的长度无法减小，则可通过增加多余约束，使其成为静不定梁。例如，当车床加工细长工件时，为了提高加工精度，可增加一个中间支架或在工件末端加上尾架顶针，如图 9.36（a）所示；镗刀杆加上内支架，如图 9.36（b）所示。

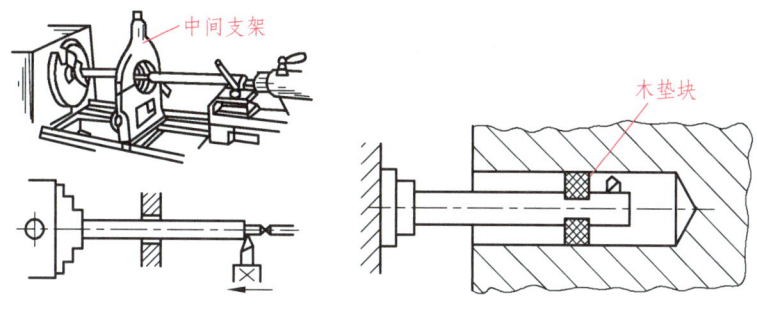

图 9.36

梁的刚度还取决于材料的弹性模量 E。但是各类钢材的弹性模量值都很接近，采用优质钢材对提高梁的刚度意义不大。

本章到此，已经讨论了杆件的轴向拉压、剪切、扭转和弯曲等四种基本变形。这些杆件的外力、内力、变形、应力、强度和刚度条件各有其特点，但也有相似之处，现将它们作一归纳，列于表 9.8 中。

表 9.8 基本变形总结

变形形式	轴向拉压	剪切	扭转	平面弯曲
受力简图	$F_P \leftarrow \cdots \rightarrow F_P$	F_P，n–n	A–B, m–m, M_e	$2F$, $M_e=Fa$, A–B
外力特点	外力合力的作用线与杆件的轴线重合。	杆件两侧受相距很近的横向力作用。	外力偶作用面垂直于杆件的轴线。	外力垂直于杆件的轴线，并作用在纵向对称平面内。
变形特点	杆件沿轴线方向伸长或缩短。	两力间的截面沿外力方向发生相对错动。	任意两横截面绕轴线产生相对转动。	轴线弯曲成一条纵向对称面内的平面曲线。
内力	轴力：F_N	剪力：F_Q 挤压力：F_{bs}	扭矩：T	弯矩：M 剪力：F_Q
应力分布	正应力在横截面上均匀分布。	实用计算假设切应力在剪切面、挤压应力在有效挤压面上均匀分布。	切应力在圆截面上沿半径线性分布。	正应力在截面上以中性轴为界，沿高度线性分布。切应力在截面上的分布规律与截面形状有关。
应力公式	$\sigma = \dfrac{F_N}{A}$	$\tau = \dfrac{F_Q}{A_Q}$，$\sigma_{bs} = \dfrac{F_{bs}}{A_{bs}}$	$\tau = \dfrac{T \cdot \rho}{I_P}$	$\sigma = \dfrac{M \cdot y}{I_Z}$

续表

变形形式	轴向拉压	剪切	扭转	平面弯曲
强度条件	$\sigma_{max} = \dfrac{F_N}{A} \leq [\sigma]$	$\tau = \dfrac{F_Q}{A_Q} \leq [\tau]$ $\sigma_{bs} = \dfrac{F_{bs}}{A_{bs}} \leq [\sigma_{bs}]$	$\tau_{max} = \dfrac{T_{max}}{W_P} \leq [\tau]$	$\sigma_{max} = \dfrac{M_{max}}{W_z} \leq [\sigma]$ $\tau_{max} \leq [\tau]$ 细长梁一般只考虑正应力的强度条件
变形公式	$\Delta l = \dfrac{F_N l}{EA}$		$\varphi = \dfrac{Tl}{GI_P}$	$\dfrac{1}{\rho} = \dfrac{M(x)}{EI_z}$ θ 为转角 y 为挠度
刚度条件	一般情况下不考虑刚度条件,只考虑强度条件。	没有刚度条件。	$\varphi'_{max} = \dfrac{T_{max}}{GI_P} \times \dfrac{180}{\pi} \leq [\varphi']$ 刚度条件与强度条件一样重要。	$\|\theta_{max}\| \leq [\theta]$ $\|y_{max}\| \leq [y]$ 多数情况下不必考虑刚度条件。

思考题

9.1 请列举所熟知的简支梁、外伸梁和悬臂梁的工程或生活实例,并画出其相应的简图。

9.2 具有对称截面的直梁发生平面弯曲的条件是什么?

9.3 剪力和弯矩的正负号按什么原则确定?它与坐标的选择是否有关?与静力学中力和力偶的符号规定有何区别?

9.4 如何理解在集中力作用处的剪力图有突变?如何理解集中力偶作用处的弯矩图有突变?

9.5 在什么情况下梁发生平面弯曲?试举出一两个梁发生纯弯曲的实例。

9.6 何谓中性层?中性轴的位置是如何确定的?

9.7 在剪力图与弯矩图中,(1)如果某点的剪力 $F_Q = 0$,那么弯矩图在此处是否有极值?(2)弯矩图上的极值是否就是梁的最大弯矩值?

9.8 矩形横截面梁的宽度增加一倍,梁的承载能力增加几倍?高度增加一倍,其承载能力又增加几倍?

9.9 扁担常常是在中间折断的,而游泳池的跳板则在固定端处折断,这是为什么?

9.10 梁的变形与弯矩有什么关系?弯矩最大的地方挠度为最大,弯矩为零的地方挠度为零,这种说法对吗?

9.11 两梁的横截面如图 9.37 所示,图上轴 z 为中性轴。试问:此两截面对轴 z 的惯性矩与抗弯截面系数能否分别按下两式计算?

$$I_z = \dfrac{BH^3}{12} - \dfrac{bh^3}{12}, \quad W_z = \dfrac{BH^2}{6} - \dfrac{bh^2}{6}$$

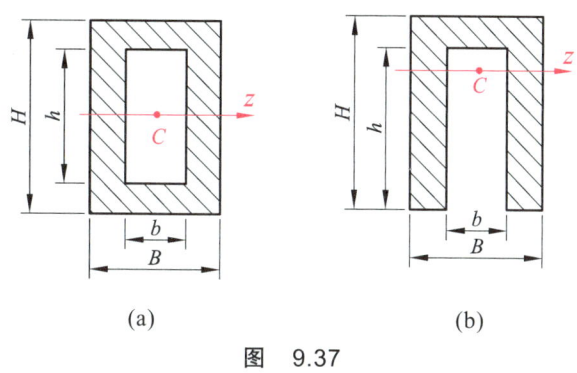

图 9.37

9.12 提高梁的强度与刚度主要有哪些措施？试结合工程实例说明。

9.13 工程上常把钢梁制成工字形，而铸铁梁或混凝土梁制成 T 字形，其道理何在？T 字形截面应该如何放置才合理？

习 题

9.1 试求如图 9.38 所示的各梁指定横截面上的剪力和弯矩，设图中 q、a 为已知。[答案：
（a）$F_{Q1}=qa, M_1=-\frac{3}{2}qa^2$；$F_{Q2}=qa, M_2=-\frac{1}{2}qa^2$；$F_{Q3}=qa, M_3=-\frac{1}{2}qa^2$；$F_{Q4}=\frac{1}{2}qa, M_4=-\frac{1}{8}qa^2$。
（b）$F_{Q1}=-qa, M_1=0$；$F_{Q2}=-qa, M_2=-qa^2$；$F_{Q3}=-qa, M_3=0$；$F_{Q4}=qa, M_4=0$。
（c）$F_{Q1}=qa, M_1=-qa^2$；$F_{Q2}=qa, M_2=0$；$F_{Q3}=0, M_3=0$；$F_{Q4}=0, M_4=0$。
（d）$F_{Q1}=-2qa, M_1=0$；$F_{Q2}=-2qa, M_2=-2qa^2$；$F_{Q3}=2qa, M_3=-2qa^2$；$F_{Q4}=0, M_4=0$]

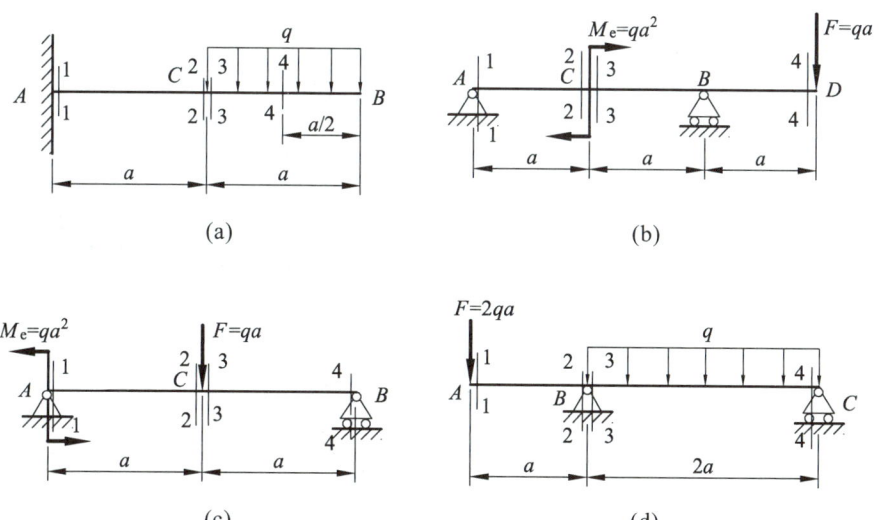

图 9.38

9.2 列出如图 9.39 所示梁的剪力方程和弯矩方程，并绘制剪力图与弯矩图。

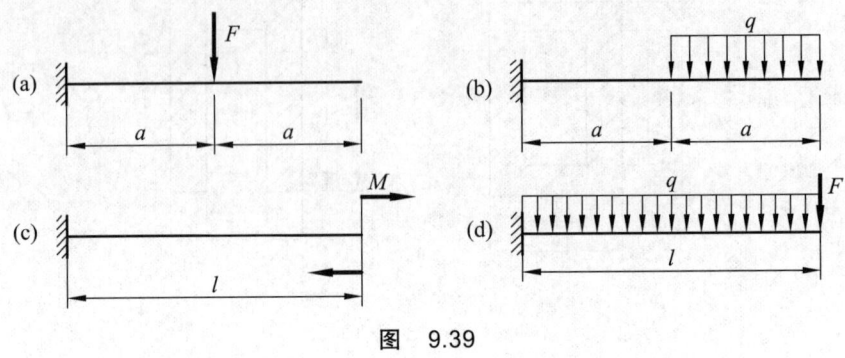

图 9.39

9.3 试用微分法画出如图 9.40 所示梁的剪力图与弯矩图。

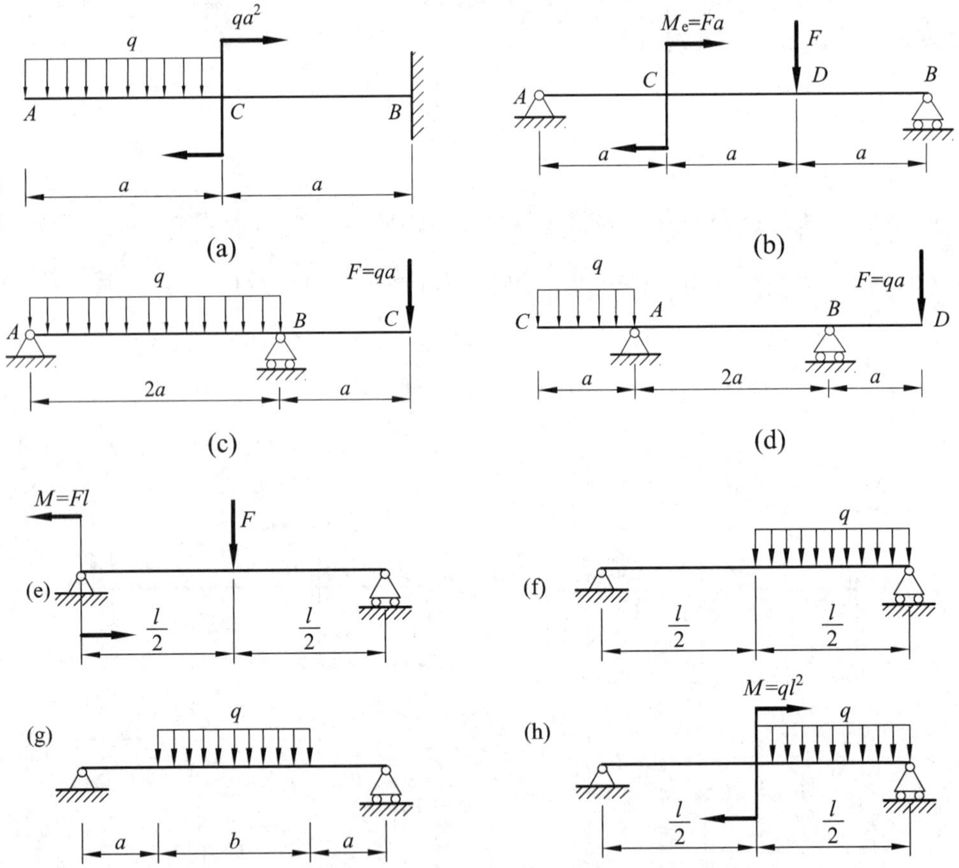

图 9.40

9.4 试计算图 9.41 中各截面图形对轴 z 的惯性矩 I_z。[答案：（a）$I_z = 1.730 \times 10^9 \text{ mm}^4$；（b）$I_z = 1.360 \times 10^6 \text{ mm}^4$]

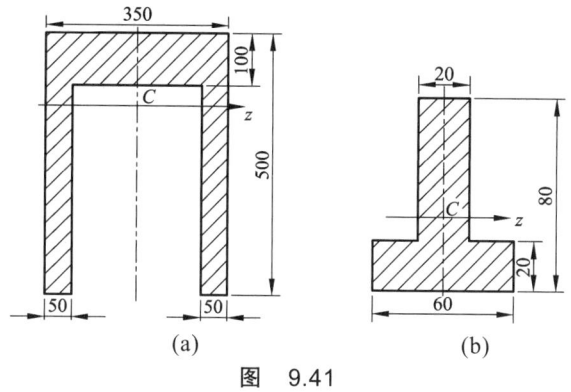

图 9.41

9.5 悬臂梁受力和截面尺寸如图 9.42 所示。已知 $q = 8$ kN/m，$F = 5$ kN。试求：（1）梁横截面 1—1 上 A、B 两点的正应力；（2）整个梁横截面上的最大正应力。[答案：（1）点 A：$\sigma_A = 17.6$ MPa，点 B：$\sigma_B = 11.2$ MPa；（2）$\sigma_{\max} = 69.3$ MPa]

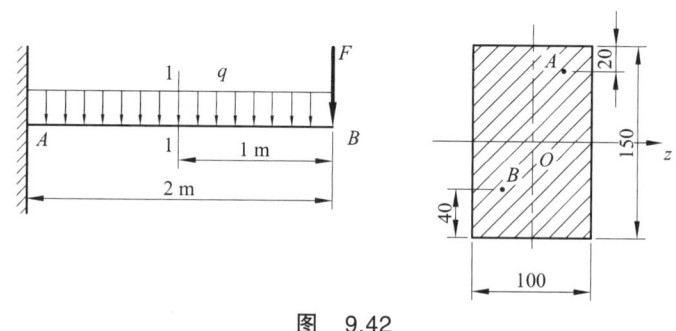

图 9.42

9.6 简支梁受力如图 9.43 所示。梁横截面为圆形截面，其直径 $d = 65$ mm，试求梁横截面上的最大正应力。[答案：$\sigma_{\max} = 89$ MPa]

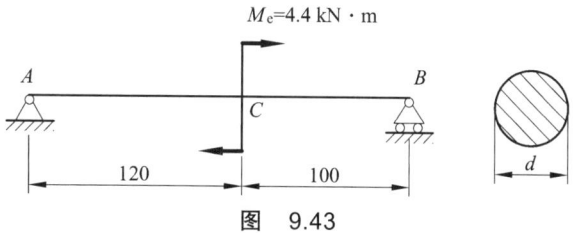

图 9.43

9.7 某圆轴的外伸部分系空心的圆环形截面，荷载情况如图 9.44 所示，其许用正应力 $[\sigma] = 120$ MPa。试校核其强度。[答案：$\sigma_{\max} = 63.4$ MPa $\leqslant [\sigma]$，满足强度要求]

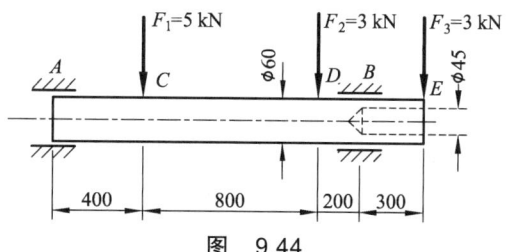

图 9.44

9.8 一工字钢外伸梁受力如图 9.45 所示。已知 $F=20\,\text{kN}$，许用正应力 $[\sigma]=160\,\text{MPa}$，试设计工字钢的型号。[答案：选用 No.16 工字钢]

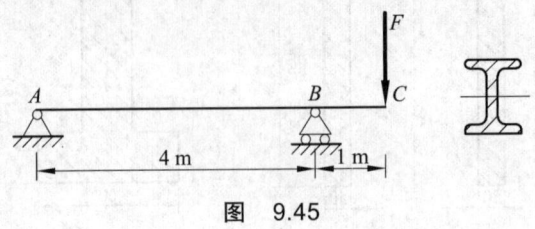

图 9.45

9.9 外伸梁受力如图 9.46 所示，梁横截面为 T 字形截面。已知均布荷载的荷载集度 $q=10\,\text{kN/m}$，许用正应力 $[\sigma]=160\,\text{MPa}$，试设计外伸梁的横截面尺寸。[答案：$a=21.2\,\text{mm}$]

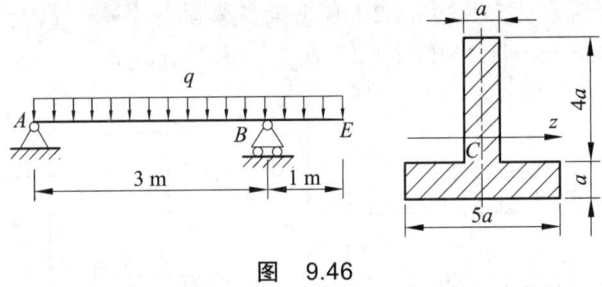

图 9.46

9.10 一受均布荷载作用的外伸梁如图 9.47 所示。已知梁为 No.18 工字钢制成，许用正应力 $[\sigma]=160\,\text{MPa}$。试确定梁的许用荷载。[答案：$q=12\,\text{kN/m}$]

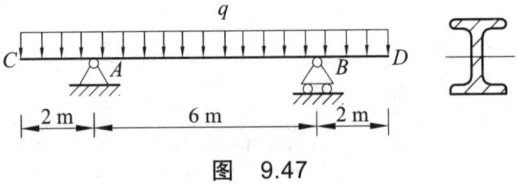

图 9.47

9.11 一简支梁受力如图 9.48 所示，用 No.25 槽钢制成。已知许用正应力 $[\sigma]=160\,\text{MPa}$，试求横截面在横放和竖放两种情况下的许用力偶矩 M_e 的大小。[答案：竖放时 $M_e=71.8\,\text{kN}\cdot\text{m}$，横放时 $M_e=8.17\,\text{kN}\cdot\text{m}$]

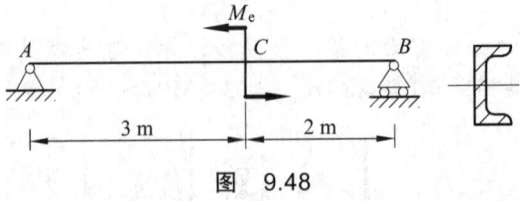

图 9.48

9.12 一铸铁梁受力和横截面尺寸如图 9.49 所示。已知 $q=10\,\text{kN/m}$，$F=20\,\text{kN}$，许用拉应力 $[\sigma_t]=40\,\text{MPa}$，许用压应力 $[\sigma_c]=160\,\text{MPa}$，试按正应力强度条件校核梁的强度。令荷载不变，而将 T 字形截面倒置成为 ⊥ 形，这样做是否合理？[答案：$\sigma_{t,\,\max}=26.4\,\text{MPa}$，$\sigma_{c,\,\max}=52.8\,\text{MPa}$，安全。倒置后不合理]

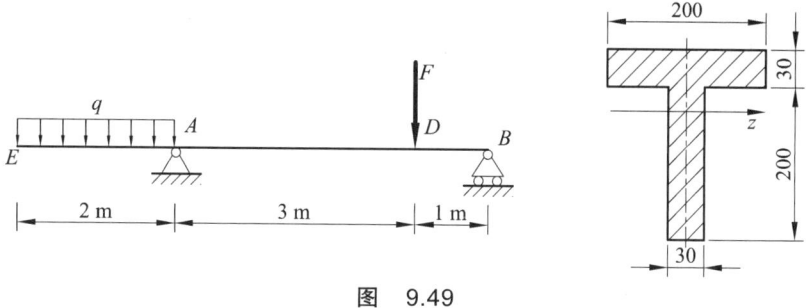

图 9.49

9.13 用叠加法求图 9.50 所示各梁指定横截面的转角和挠度,设梁的弯曲刚度 EI 为常数。(a) 求 θ_B, y_B;(b) 求 θ_B, y_C; (c) 求 θ_B, y_C;(d) 求 θ_A, y_C;(e) 求 θ_B, y_D;(f) 求 θ_C, y_C。[答案:(a) $\theta_B = \dfrac{M_e l}{2EI}$, $y_B = \dfrac{M_e l^2}{8EI}$;(b) $\theta_B = \dfrac{3Fl}{4EI}$, $y_C = \dfrac{9Fl^2}{48EI}$;(e) $\theta_B = \dfrac{5ql^3}{24EI}$, $y_C = \dfrac{17ql^4}{384EI}$;(d) $\theta_A = \dfrac{13Fl^2}{48EI}$, $y_C = \dfrac{Fl^3}{24EI}$;(e) $\theta_B = \dfrac{Fl^2}{48EI}$, $y_D = \dfrac{Fl^3}{32EI}$;(f) $\theta_C = \dfrac{ql^3}{32EI}$, $y_C = \dfrac{5ql^4}{384EI}$]

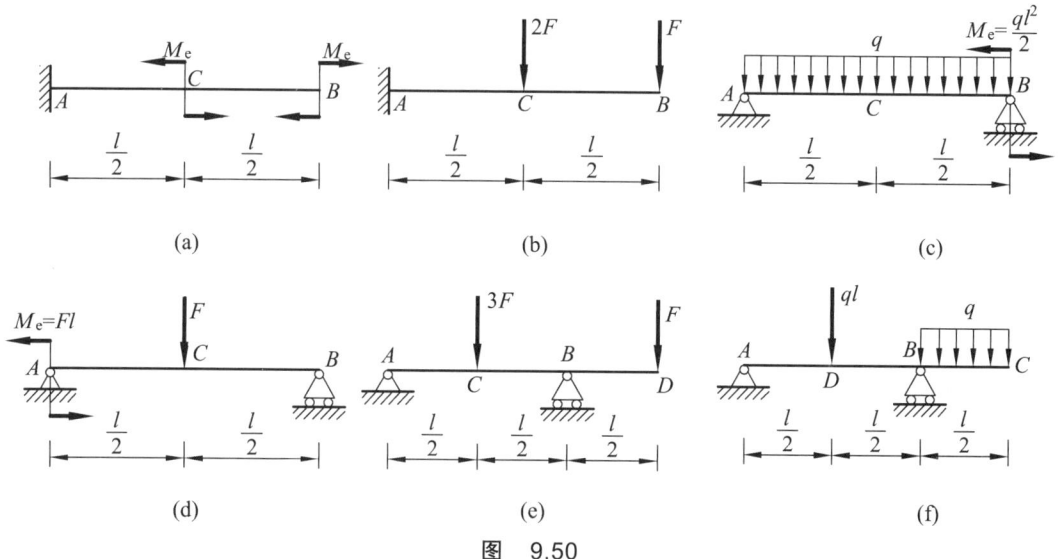

图 9.50

9.14 图 9.51 所示为一圆形截面的简支梁 AB。已知梁的直径 $d = 130$ mm,梁材料的弹性模量 $E = 200$ GPa,梁的许用挠度 $[y] = 0.035$ mm,试校核梁的刚度。[答案:$y_C = 0.03$ mm ≤ $[y] = 0.035$ mm,满足刚度要求]

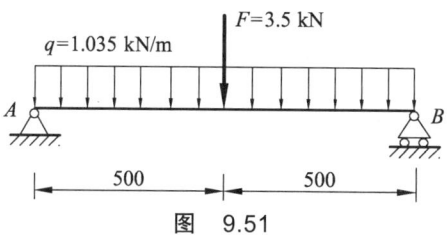

图 9.51

阅读材料

弯矩图的作用

法国学者圣维南的老师纳维（H. Navier）在他的有关材料力学讲义中，讨论了在简支架上求一段受均布荷载作用的变形问题。当计算最大应力时，他认为最大弯矩发生在分布荷载的合力处。对于一般情况（分布荷载对称时例外），这当然是错误的。铁木辛柯分析他出错的原因，认为是当时还未曾使用弯矩图的缘故。我们知道，弯矩图最先出现在1856年雷布赫恩（G. Rebhann）的《钢木结构理论》一书中，而用于确定最大弯矩位置的微分关系是施韦德勒尔门（J. W. Schwedler）在1851年《桥梁的梁式理论》一文中首先给出的。

第十章

强度理论及应用

【问题导入】

前面几章讨论了杆件在基本变形下的强度计算和刚度计算。但工程实际中,许多杆件在外力作用下常常同时发生两种或两种以上的基本变形,这种由两种或两种以上基本变形组合而成的变形称为组合变形。如图 10.1(a)中悬臂吊车的横梁 AB,当起吊重物时,不仅产生弯曲变形,还会发生压缩变形;又如图 10.1(b)所示的齿轮轴,除产生弯曲变形外,还将产生扭转变形。当杆件发生组合变形时,危险点常常处于复杂的应力状态,此时应建立更合适的强度条件解决问题。应如何进行呢?首先应对点的应力状态进行全面分析,在此基础上建立复杂应力状态下的强度理论,最后就可以利用新的强度理论解决组合变形下的强度问题了。

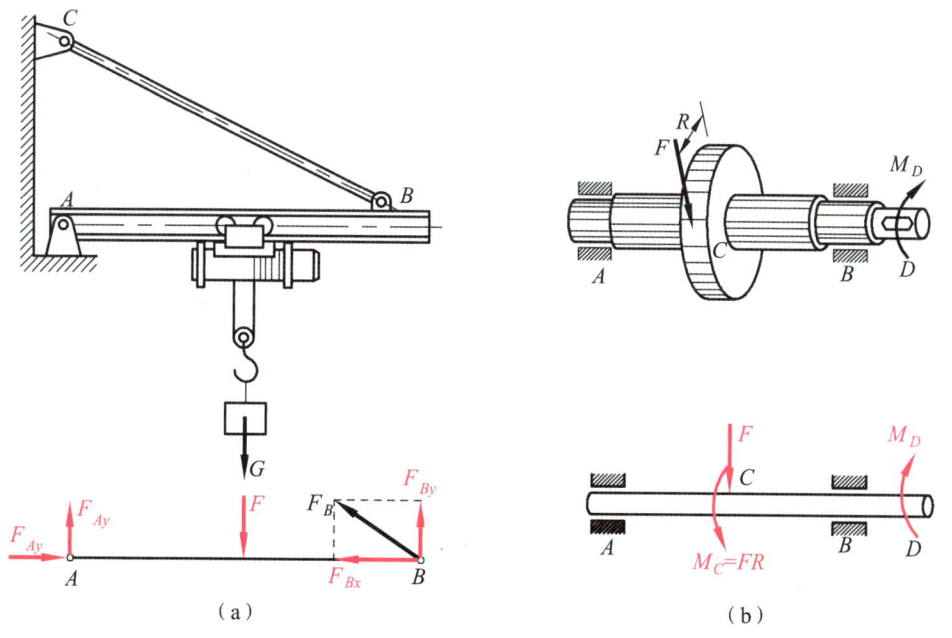

图 10.1

第一节 应力状态概述

一、点的应力状态分析

前面在研究杆件轴向拉（压）、扭转、弯曲时的应力时，主要是按横截面上的应力，并依据杆件的最大应力而建立相应的强度条件。然而，在工程实际中仅应用这样的强度条件来解决问题还很不够。例如，铸铁试样的压缩破坏是沿与轴线大约成 45°的斜截面发生断裂，这是由于在与轴线大约成 45°的斜截面上存在最大的切应力；又如，螺旋桨轴工作时既受拉又受扭（见图 10.2），其危险点同时具有较大的正应力和切应力，因此轴的破坏是由这两种应力共同作用的结果。

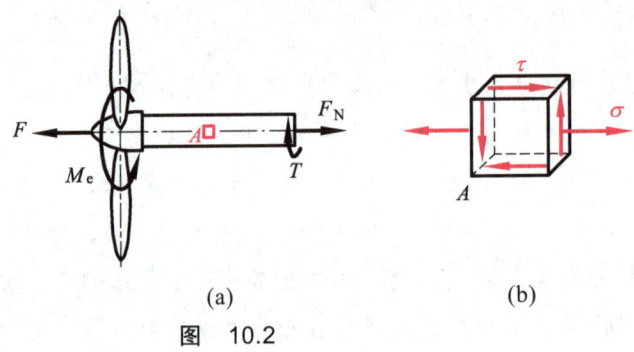

图 10.2

要回答上述问题，就必须进行点的应力状态分析。一般来说，受力杆件内在同一点不同方位上，应力的大小和方向都是彼此不同的。因此，要研究杆件的强度问题，必须了解杆件内一点的应力状态。所谓杆件内一点的"应力状态"，就是指杆件受力后，杆件内某一点的各个截面上的应力情况。

为了表示杆件内一点的应力状态，通常采用截面法围绕该点切取出一个微小的正六面体或称为单元体。由于单元体的几何尺寸很小，因此认为在单元体各个面上的应力都是均匀分布的，而且在单元体的三个互相平行的面上的应力是相等的。一般情况下，在单元体各个面上均有正应力和切应力。

以受力产生纯弯曲的杆件［见图 10.3（a）］为例，欲知杆件内某一点 A 的应力状态，则围绕该点 A 切取一个单元体［见图 10.3（b）］。该单元体的左、右两面皆为杆件横截面的一部分，其中一对平行面上的正应力可按弯曲正应力公式 $\sigma = \dfrac{M}{I_z} y$ 求得；而单元体的另两对平面都平行于杆件的轴线，并且没有应力，这样就可简化为由一个正应力 σ 作用于一点的平面投影图来表示该点的应力状态，如图 10.3（c）所示。

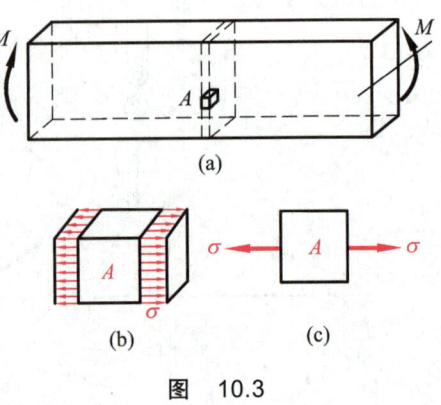

图 10.3

再以受力产生扭转变形的圆轴为例，围绕其表面任意一点 A，用一对横截面、一对径向截面和一对同轴圆柱体面来切取一单元体，如图 10.4（a）所示。按照扭转圆轴横截面切应力计算公式和切应力互等定理得出单元六个面上的应力，如图 10.4（b）所示，表示圆轴扭转时表面任意一点 A 的应力状态。由于该单元体也有一对平行于轴线的平面没有应力，因此用一简化的平面投影图来表示点 A 的应力状态，如图 10.4（c）所示。

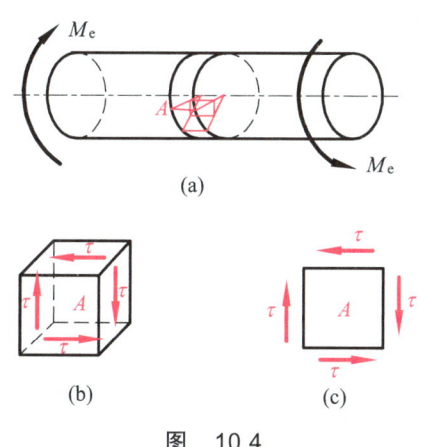

图 10.4

由以上两例切取的单元体可以看出，单元体所受应力均处于同一平面内，故称为平面应力状态。对于只受一个方向正应力作用的，则称为单向应力状态；只受切应力作用的，则称为纯切应力状态。另外还可以看出围绕一点所切取的单元体的一些面上，只有正应力而没有切应力或既没有正应力也没有切应力，这种切应力等于零的面称为主平面。作用在主平面上的正应力称为主应力。一般来说，围绕受力构件上任意一点总可以找到三对相互垂直的主平面，即每一点都有三个主应力。在三个主应力中，总有一个是最大的，一个是最小的。这三个主应力通常用 σ_1、σ_2 和 σ_3 表示，按照它们的代数值的大小顺序排列，即 $\sigma_1 > \sigma_2 > \sigma_3$。一点的应力状态常用该点的三个主应力来表示。

构件的受力情况不同，其各点的应力状态也不一样。按照主应力数值可把一点的应力状态划分为三类：

（1）单向应力状态。只有一个主应力数值不等于零的应力状态就是单向应力状态，如轴向拉（压）杆件上各点以及纯弯曲直杆中轴线以外各点的受力情况等。

（2）平面应力状态。两个主应力数值不等于零的应力状态就是平面应力状态或称二向应力状态，如横力弯曲直杆中轴线以外各点的受力情况等。

（3）三向应力状态。三个主应力数值都不等于零的应力状态就是三向应力状态或称空间应力状态，如轴承中滚珠与外圈接触点或铁道中车轮与铁轨接触点［见图 10.5（a）］的受力情况［见图 10.5（b）］等。

单向应力状态通常又称为简单应力状态，平面和三向应力状态则统称为复杂应力状态。由于平面应力状态在工程中较为常见，因此在这里我们只对平面应力状态进行分析。

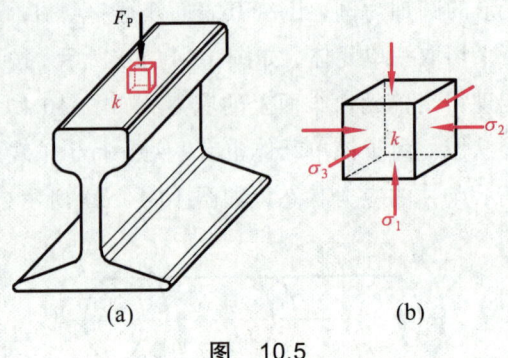

图 10.5

【例 10.1】 悬臂梁受力如图 10.6（a）所示，横截面直径为 d。用单元体表示 A、B 两点的应力状态。

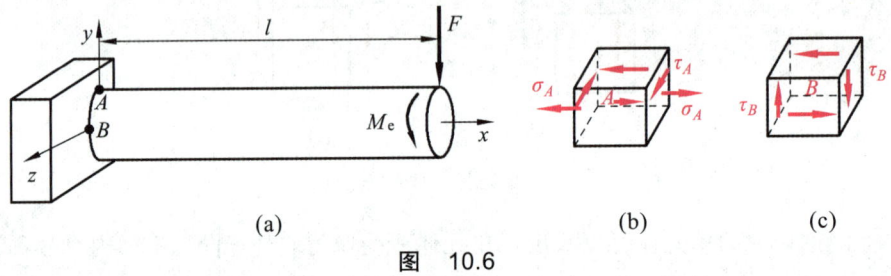

图 10.6

【解】（1）求 A、B 两点所在截面的内力为

$$T = M_e, \quad F_Q = F, \quad M = -Fl$$

（2）A 点单元体如图 10.6（b）所示，且

$$\sigma_A = \frac{M}{W_z} = \frac{32Fl}{\pi d^3}$$

$$\tau_A = \frac{T}{W_P} = \frac{16M_e}{\pi d^3}$$

（3）B 点单元体如图 10.6（c）所示，且

$$\tau_B = \frac{T}{W_P} + \frac{4F_Q}{3A} = \frac{16M_e}{\pi d^3} + \frac{16F}{3\pi d^2}$$

【例 10.2】 用单元体表示图 10.7（a）所示悬臂梁 A、B、C 三点处的应力状态。

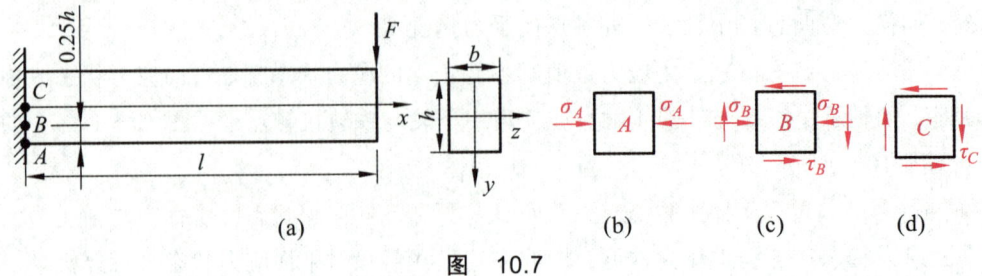

图 10.7

【解】（1）求 A、B、C 三点所在截面的内力：

$$F_Q = F, \quad M = -Fl$$

（2）A 点单元体如图 10.7（b）所示，且

$$\sigma_A = \frac{M}{W_z} = \frac{6Fl}{bh^2}$$

（3）B 点单元体如图 10.7（c）所示，且

$$\sigma_B = \frac{My}{I_z} = \frac{M \times 0.25h}{\frac{1}{12}bh^3} = \frac{3Fl}{bh^2}$$

$$\tau_B = \frac{F_Q}{2I_z}\left(\frac{h^2}{4} - y^2\right) = \frac{F}{2 \times \frac{1}{12}bh^3} \times \left(\frac{h^2}{4} - \frac{h^2}{16}\right) = \frac{9F}{8bh}$$

（4）C 点单元体如图 10.7（d）所示，且

$$\tau_C = 1.5\frac{F_Q}{A} = 1.5 \times \frac{F}{bh} = \frac{3F}{2bh}$$

二、点在平面应力状态下的主应力及主平面

当单元体处于平面应力状态，一对平行面上没有应力，两对平行面上的应力已知或可根据已知条件可求得，在一般情况下，这两对平行面上的正应力和切应力都不为零。前面已经提到，实际上围绕该点总可以找到三对相互垂直的平面，这三对平面就是主平面，主平面上只有正应力。因为主平面上没有切应力，因此找到主平面后，对单元体的描述更为简单、清晰。主平面及主应力的意义是什么呢？它们是复杂应力状态下强度计算的基础，后续内容的强度理论中的相当应力，实际就是三个主平面上的三个主应力的不同组合。

现在我们根据点的应力状态来计算主应力及主平面的方位。假设有一处于平面应力状态的单元体，如图 10.8（a）所示，其坐标轴分别与相互垂直的平面的法线相重合。此时，我们

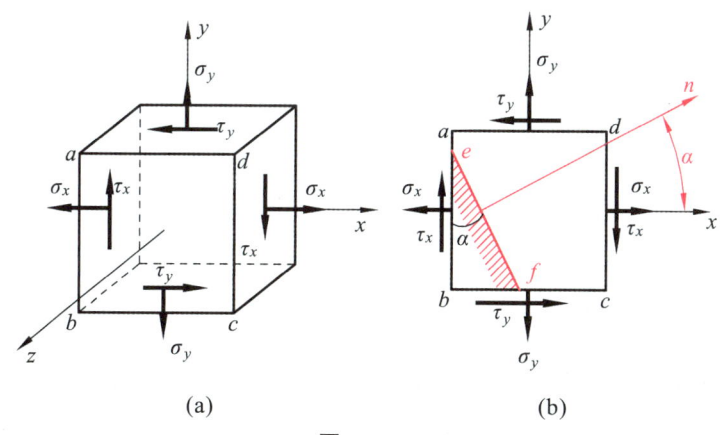

图 10.8

可以通过截面法求得该单元体任意一斜截面上的正应力和切应力的表达式，然后令切应力为零，就可求得主应力的值及对应的主平面的方位。为了计算方便，这里规定正应力 σ 的符号与前面相同，即拉正压负；切应力 τ 的符号，以其使单元体或切开部分产生顺时针转动趋势时为正，反之为负。α 的符号，由轴 x 正向转到外法线 n 为逆时针转向时为正，反之为负。按照以上规定，图 10.8（a）中应力 σ_x、σ_y 和 τ_x 均为正，τ_y 为负。在计算时，式中各量均以代数值代入。

采用截面法沿斜截面 ef 假想地将单元体切为两部分，取其中一部分为研究对象，建立平衡方程，即可求得 ef 斜截面上的正应力 σ_α 和切应力 τ_α，如图 10.8（b）所示。接下来令 τ_α 为零，可确定两个互相垂直的主平面，其中一个是最大主应力所在的平面，另一个是最小主应力所在的平面，其表达式为

$$\tan 2\alpha_0 = -\frac{2\tau_x}{\sigma_x - \sigma_y} \tag{10.1}$$

式（10.1）即为确定主平面方位的计算公式。由式（10.1）可以求出相差 90° 的两个角度 α_0 和 α_0'，即确定两个互相垂直的主平面，其中一个是 $\sigma_{\max}$ 所在的平面，另一个是 $\sigma_{\min}$ 所在的平面，且 $\alpha_0' = \alpha_0 \pm 90°$。当 $-45° \leqslant \alpha_0 \leqslant 45°$，可以证明，当 $\sigma_x \geqslant \sigma_y$ 时，α_0 角对应 $\sigma_{\max}$ 方位；反之，若 $\sigma_x < \sigma_y$，则 α_0 角对应 $\sigma_{\min}$ 方位，如图 10.9 所示。

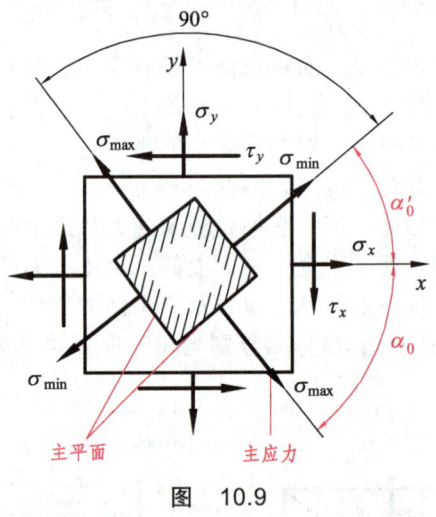

图 10.9

计算出主平面的方位角 α_0 和 α_0' 后，将其代入 σ_α 的表达式，便可得到最大和最小主应力计算式为

$$\left.\begin{array}{r}\sigma_{\max} \\ \sigma_{\min}\end{array}\right\} = \frac{\sigma_x + \sigma_y}{2} \pm \sqrt{\left(\frac{\sigma_x - \sigma_y}{2}\right)^2 + \tau_x^2} \tag{10.2}$$

由于点处于平面应力状态，必有一个主应力等于零。因此，若由式（10.2）求得的两个极值应力都是正值，按照主应力的标号规定，用 σ_1 和 σ_2 表示；若求得的两个极值应力一个是正值，而另一个是负值，就用 σ_1 和 σ_3 表示；若两个都是负值，则用 σ_2 和 σ_3 表示。例如，如果

求得的两个主应力值分别为 30 MPa， -50 MPa，那么 $\sigma_1 = 30$ MPa， $\sigma_2 = 0$， $\sigma_3 = -50$ MPa。进而将式（10.2）中两式相加，可得

$$\sigma_{\max} + \sigma_{\min} = \sigma_x + \sigma_y \tag{10.3}$$

式（10.3）表明，单元体两个相互垂直的面上的正应力之和为一定值。基于此，式（10.3）常用来检验主应力计算的正确性。

【例 10.3】 围绕受力构件上某一点处切取出的单元体的应力状态，如图 10.10（a）所示，试求该点的主应力和主平面，并在单元体上标出。

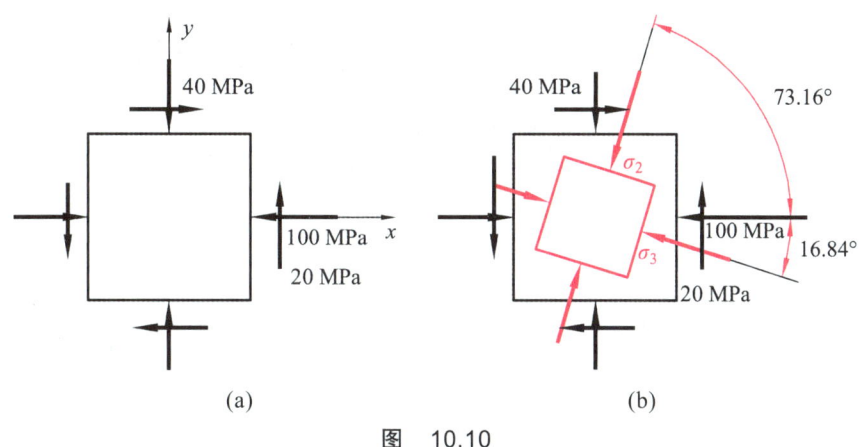

图 10.10

【解】 由图 10.10（a）可知 $\sigma_x = -100$ MPa， $\tau_x = -20$ MPa， $\sigma_y = -40$ MPa，将其代入式（10.2），得

$$\begin{Bmatrix}\sigma_{\max}\\ \sigma_{\min}\end{Bmatrix} = \frac{\sigma_x + \sigma_y}{2} \pm \sqrt{\left(\frac{\sigma_x - \sigma_y}{2}\right)^2 + \tau_x^2}$$

$$= \left[\frac{-100-40}{2} \pm \sqrt{\left(\frac{-100+40}{2}\right)^2 + (-20)^2}\right] \text{MPa}$$

$$= \begin{cases}-34 \text{ MPa}\\ -106 \text{ MPa}\end{cases}$$

将三个主应力按标号规定而将代数值排序，即

$$\sigma_1 = 0, \quad \sigma_2 = -34 \text{ MPa}, \quad \sigma_3 = -106 \text{ MPa}$$

用式（10.3）检验，有

$$\sigma_{\max} + \sigma_{\min} = (-34-106) \text{ MPa} = -140 \text{ MPa}$$

$$\sigma_x + \sigma_y = (-100-40) \text{ MPa} = -140 \text{ MPa}$$

表明计算结果正确。由主平面方位角计算式（10.1），得

$$\tan 2\alpha_0 = -\frac{2\tau_x}{\sigma_x - \sigma_y} = -\frac{2\times(-20)}{-100-(-40)} = -\frac{2}{3}$$

解此方程得

$$\alpha_0 = -16.84°, \quad \alpha_0' = \alpha_0 + 90° = 73.16°$$

因为 $|\alpha_0| \leqslant 45°$，$\sigma_x = -100 \text{ MPa} < \sigma_y = -40 \text{ MPa}$，所以 α_0 对应 $\sigma_{\min}$ 方位。要计算的构件上某一点的主应力状态如图 10.10（b）所示。

【例 10.4】 圆轴受扭转时，其表面上任意一点的应力状态为纯剪切，如图 10.11（a）所示。试求其主应力大小和主平面方位，并由此分析铸铁扭转破坏现象。

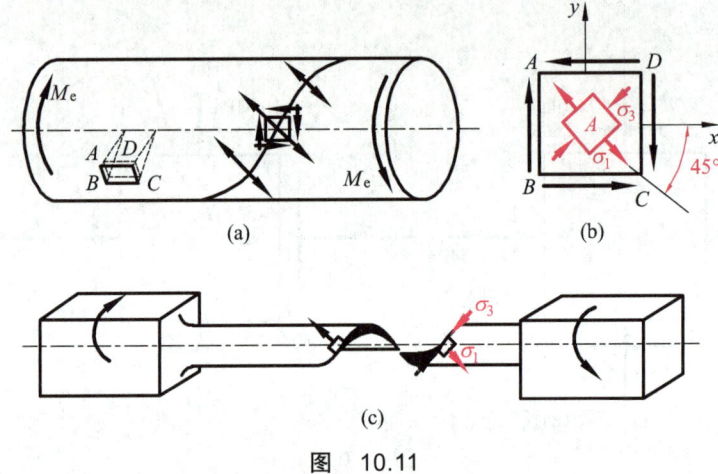

图 10.11

【解】 圆轴扭转时，横截面上外缘处的切应力最大，其值为 $\tau = \dfrac{T}{W_P} = \dfrac{M_e}{W_P}$。从圆轴表面截取一点并画出其单元体，如图 10.11（b）所示，单元体各面上应力 $\sigma_x = 0$，$\sigma_y = 0$，$\tau_x = -\tau_y = \tau$，将应力代入式（10.2），得

$$\left.\begin{array}{r}\sigma_{\max}\\ \sigma_{\min}\end{array}\right\} = \frac{\sigma_x + \sigma_y}{2} \pm \sqrt{\left(\frac{\sigma_x - \sigma_y}{2}\right)^2 + \tau_x^2} = \pm\tau$$

$$\tan 2\alpha_0 = -\frac{2\tau_x}{\sigma_x - \sigma_y} = -\infty$$

$$\alpha_0 = -45°, \quad \alpha_0' = -45° + 90° = 45°$$

因为 $|\alpha_0| \leqslant 45°$，$\sigma_x = \sigma_y$，所以 α_0 对应 $\sigma_{\max}$ 方位。故从轴 x 的正方向量起，按顺时针方向转 45° 确定主应力 $\sigma_{\max}$ 所在主平面，按逆时针方向转 45° 确定主应力 $\sigma_{\min}$ 所在主平面。于是有 $\sigma_1 = \tau$，$\sigma_2 = 0$，$\sigma_3 = -\tau$。

可见，对于扭转圆轴上这种具有纯剪切应力状态的点，它的两个主应力绝对值相等，且等于切应力 τ。铸铁试样扭转变形时，表层各点最大主应力 σ_1 所在主平面连成倾角为 45° 的螺旋。由于铸铁材料的抗拉强度较抗剪强度差，所以沿这一螺旋面因 $\sigma_{\max}$ 引起拉伸而断裂，形成与轴线约 45° 的螺旋断口，如图 10.11（c）所示。

第二节 强度理论

当构件承受的荷载达到一定的大小时，其上的危险点将首先达到极限应力而产生强度失效。失效的方式主要有两种：一种是屈服失效；另一种是断裂失效。在工程实际中，一般构件的危险点都处于复杂应力状态，在复杂应力状态下构件的失效与三个主应力有关。如果通过试验来确定构件的极限应力，就要按照不同比值的三个主应力进行试验。由于主应力的比值组合有无穷多，因此要测出每种主应力比值下的极限应力是不切实际的。于是长期以来人们通过从材料失效的原因着手，根据大量的试验而总结出了材料的失效规律，并提出了依据材料失效规律建立起来的解决强度问题的种种假说，通常称为强度理论。提出或研究强度理论的目的就是要找到应力状态下构件材料失效的共同原因，然后利用材料轴向拉伸或压缩时的屈服以及断裂试验结果，来建立复杂应力状态下的强度条件。这里将各向同性材料在常温静荷载条件下常用的四个强度理论简单介绍如下：

一、最大拉应力理论——第一强度理论

这一理论认为最大拉应力是引起材料破坏的主要因素，即不论材料处于什么应力状态，只要最大拉应力 σ_1 达到材料在单向拉伸或压缩时的极限应力值 σ_b，材料就发生脆性断裂破坏。根据第一强度理论建立的强度条件为

$$\sigma_1 \leqslant [\sigma] \tag{10.4}$$

实验与结构的破坏事例证明，这一理论与铸铁、石料、混凝土等脆性材料拉伸时的试验结果基本符合。

二、最大线应变理论——第二强度理论

这一理论认为最大线应变是引起材料破坏的主要因素，即不论材料处于什么应力状态，只要最大线应变达到材料在单向拉伸下发生脆性断裂时的伸长应变极限值，材料就发生破坏。根据第二强度理论即得到相应的强度条件为

$$\sigma_1 - \mu(\sigma_2 + \sigma_3) \leqslant [\sigma] \tag{10.5}$$

石料和混凝土等脆性材料受轴向压缩时，往往出现纵向裂纹而产生断裂破坏，其最大伸长应变出现在横向，用最大线应变理论可以很好地解释这种现象。

三、最大切应力理论——第三强度理论

这一理论认为最大切应力是引起材料破坏的主要因素，即不论材料处于什么应力状态，只要最大切应力达到材料在轴向拉伸时发生屈服的极限应力，材料就发生破坏。根据第三强度理论建立的强度条件为

$$\sigma_1 - \sigma_3 \leqslant [\sigma] \tag{10.6}$$

这一理论能较恰当地解释塑性材料出现屈服的现象，也就是与很多塑性材料在大多数受力形式下的试验结果相当符合。它适于发生屈服和剪断的失效形式，并偏于安全。

四、形状改变比能理论——第四强度理论

这一理论认为形状改变比能密度是材料破坏的主要因素，即不论材料处于什么应力状态，只要形状改变比能密度达到材料在轴向拉伸时发生屈服时的形状改变比能密度，材料就发生破坏。根据第四强度理论建立的强度条件为

$$\sqrt{\frac{1}{2}[(\sigma_1-\sigma_2)^2+(\sigma_2-\sigma_3)^2+(\sigma_3-\sigma_1)^2]} \leq [\sigma] \tag{10.7}$$

对于塑性材料，这一理论与试验结果较为符合，而且按此强度理论设计出的结构尺寸要比第三强度理论所得到的小些，故在工程上被广泛应用。

以上简单介绍了常用的四种强度理论。铸铁、石料、混凝土等脆性材料，多是断裂失效，宜采用第一和第二强度理论。碳钢、铜、铝等塑性材料，多为屈服失效，宜采用第三和第四强度理论。另外，三向受拉应力状态下的塑性材料应选择第一和第二强度理论，三向受压应力状态下的脆性材料应选择第三和第四强度理论。

工程上为了计算方便起见，常将强度条件中与许用正应力$[\sigma]$比较的量，称为"**相当应力**"，并采用记号σ_{r1}、σ_{r2}、σ_{r3}和σ_{r4}表示四个强度理论的相当应力。这样，前述四个强度理论统写为

$$\sigma_{r1} = \sigma_1 \leq [\sigma]$$

$$\sigma_{r2} = \sigma_1 - \mu(\sigma_2+\sigma_3) \leq [\sigma]$$

$$\sigma_{r3} = \sigma_1 - \sigma_3 \leq [\sigma]$$

$$\sigma_{r4} = \sqrt{\frac{1}{2}[(\sigma_1-\sigma_2)^2+(\sigma_2-\sigma_3)^2+(\sigma_3-\sigma_1)^2]} \leq [\sigma]$$

【**例10.5**】 某构件上危险点处的应力状态如图10.12所示。其中$\sigma = 65$ MPa，$\tau = 38$ MPa，材料为Q235钢，许用正应力$[\sigma] = 110$ MPa。试校核此构件的强度。

【**解**】 由式（10.2）可知，该单元体的最大与最小正应力分别为

$$\left.\begin{matrix}\sigma_{\max}\\\sigma_{\min}\end{matrix}\right\} = \frac{1}{2}\left(\sigma \pm \sqrt{\sigma^2+4\tau^2}\right)$$

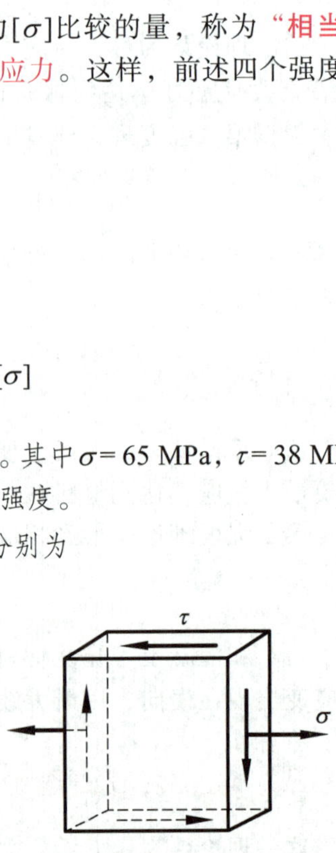

其相应的主应力为

$$\left.\begin{matrix}\sigma_1\\\sigma_3\end{matrix}\right\} = \frac{1}{2}\left(\sigma \pm \sqrt{\sigma^2+4\tau^2}\right), \quad \sigma_2 = 0$$

图 10.12

根据第三强度理论，将上式代入式（10.6），得

$$\sigma_{r3} = \sigma_1 - \sigma_3 = \sqrt{\sigma^2+4\tau^2} = \sqrt{65^2+4\times 38^2} \text{ MPa} = 100 \text{ MPa} < [\sigma]$$

同理，根据第四强度理论，将 σ_1、σ_2 和 σ_3 代入式（10.7），得

$$\sigma_{r4} = \sqrt{\frac{1}{2}[(\sigma_1-\sigma_2)^2+(\sigma_2-\sigma_3)^2+(\sigma_3-\sigma_1)^2]} = \sqrt{\sigma^2+3\tau^2}$$
$$= \sqrt{65^2+3\times38^2} \text{ MPa} = 92.5 \text{ MPa} < [\sigma]$$

故该构件满足强度要求。

第三节　组合变形

一、拉（压）弯组合变形

组合变形的强度计算问题，一般可采用叠加原理来进行。实践证明，杆件在小变形时，且杆件材料服从胡克定律，就可假设作用于杆件上的任意一荷载所引起的应力或变形不受其他荷载的影响，即杆件上所有荷载的作用都是彼此独立。这样，当杆件处于组合变形时，可以先计算出每种基本变形各自引起的应力或变形，然后将所得到结果叠加，即得到杆件在组合变形时的应力或变形。

用叠加原理解决组合变形的强度计算问题的基本步骤：

（1）外力分析。即将作用于杆件上的外力沿杆件轴线以及横截面两对称轴所组成的直角坐标系作等效分解，使杆件在每组外力作用下只产生一种基本变形。

（2）内力分析。即用截面法求出杆件横截面上的内力，并绘制其内力图，由此判断危险截面的位置。

（3）应力分析。即根据杆件基本变形时横截面上的应力分布规律，运用叠加原理确定危险截面上危险点的位置及其应力值。

（4）强度计算。即危险点的应力状态进行分析，结合杆件材料的性质，选择适当的强度理论进行强度计算。

若直杆有一纵向对称面，在该平面内，除受到有轴向拉力或压力作用外，还受到有横向力的作用，则杆件将产生拉（压）与弯曲的组合变形。

现以矩形等截面直杆为例，说明拉（压）与弯曲组合变形时的强度计算方法。如图 10.13（a）所示，一矩形横截面[见图 10.13（e）]悬臂梁，在其自由端 A 作用有一集中力 F，力 F 位于梁的纵向对称面内，作用线通过截面形心并与轴线成 α 角。

第一步，对梁进行外力分析：将力 F 沿梁轴线和矩形横截面的对称轴方向分解为两个分力 F_1 和 F_2，如图 10.13（b）所示，有

$$F_1 = F\cos\alpha, \quad F_2 = F\sin\alpha$$

其中，轴向拉力 F_1 使梁产生轴向拉伸变形；横向力 F_2 使梁产生弯曲变形。

可见，此梁在力 F 的作用下产生的变形即为拉伸与弯曲的组合变形。

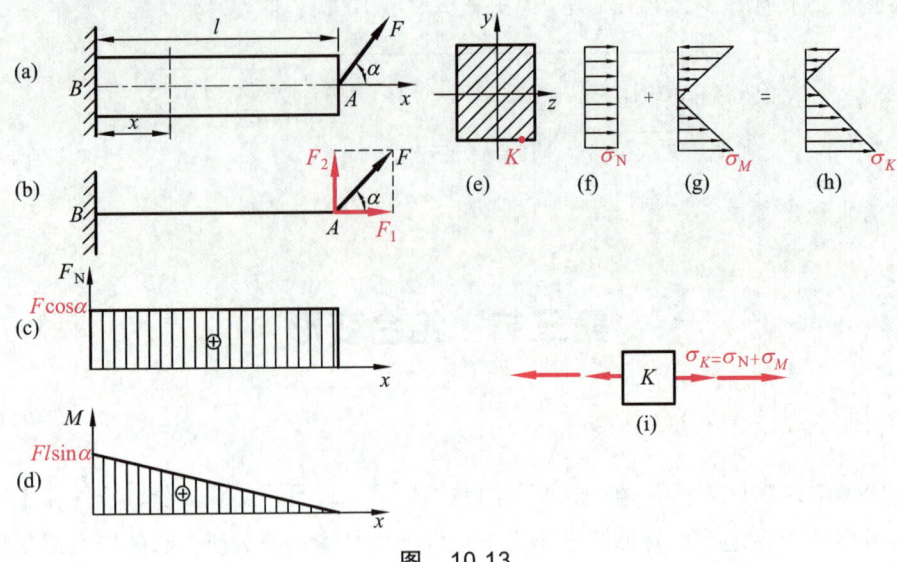

图 10.13

第二步，对梁进行内力分析：轴向拉力 F_1 引起梁的各横截面的轴力为 $F_N = F_1$，横向力 F_2 引起梁的任意一横截面的弯矩为

$$M(x) = F_2(l - x)$$

式中，x 为任意一横截面位置到梁固定端 B 的距离。

用截面法求出横截面内力，并绘制出轴力图和弯矩图，如图 10.13（c）和图 10.13（d）所示。由轴力图和弯矩图，判断危险截面即固定端横截面，截面上轴力为 $F_N = F\cos\alpha$，弯矩为 $M_{\max} = Fl\sin\alpha$。

第三步，对梁横截面进行应力分析：在梁的危险截面上与轴力相对应的是均匀分布的正应力，如图 10.13（f）所示，其大小为

$$\sigma_N = \frac{F_N}{A} = \frac{F\cos\alpha}{A}$$

而与弯矩相对应的是线性分布的正应力，如图 10.13（g）所示，其大小为

$$\sigma_M = \frac{M_{\max}}{W_z} = \frac{Fl\sin\alpha}{W_z}$$

运用叠加原理，将危险截面的拉伸正应力和弯曲正应力进行代数相加，即得到该截面的总的正应力。可见，正应力沿截面高度按线性规律分布，如图 10.13（h）所示。可以看出，在固定端横截面上、下边缘各点的应力代数值分别为

$$\sigma_{\min} = \sigma_N - \sigma_M = \frac{F_N}{A} - \frac{M_{\max}}{W_z} = \frac{F\cos\alpha}{A} - \frac{Fl\sin\alpha}{W_z}$$

$$\sigma_{\max} = \sigma_N + \sigma_M = \frac{F_N}{A} + \frac{M_{\max}}{W_z} = \frac{F\cos\alpha}{A} + \frac{Fl\sin\alpha}{W_z}$$

横截面上边缘各点的最小正应力 $\sigma_{\min}$ 可能是拉应力，也可能是压应力。这要看上面的第一式中等号右边的第一项数值大还是第二项数值大，在图 10.13（h）中所示的就是由于第二项数值大而得到的结果。

由于危险截面上、下边缘各点的总应力性质不同，因此各点是可能的危险点。就是说，在对组合变形杆件进行强度计算时还要考虑杆件材料的力学性能。

第四步，对梁进行强度计算：由上可知，危险截面上、下边缘各点处于单向应力状态，而下边缘各点的拉应力最大，任取一点 K［见图 10.13（i）］进行分析，其强度条件为

$$\sigma_{\max} = \sigma_N + \sigma_M = \frac{F_N}{A} + \frac{M_{\max}}{W_z} \leqslant [\sigma] \tag{10.8}$$

如果梁为塑性材料梁比如钢梁，建立最大正应力的强度条件就可以了。但对于脆性材料，由于材料的抗拉能力与抗压能力差异大，应分别建立最大拉应力和最大压应力的强度条件。

以上讨论的是轴向拉伸与弯曲组合变形的情形，其计算方法也适用于轴向压缩与弯曲的组合变形，所不同的是轴向力引起的应力是压应力，而不是拉应力。

【例 10.6】 图 10.14（a）所示三铰结构受荷载 F_P 作用，试校核横梁 ABC 的强度。已知荷载 $F_P = 12$ kN，横梁用 No.14 工字钢制成，其许用正应力 $[\sigma] = 160$ MPa。

【解】 取横梁 ABC 为研究对象，画受力图，建立直角坐标系 Axy，如图 10.14（b）所示，列平衡方程：

$$\sum F_x = 0, \quad F_B \cos 45° + F_{Ax} = 0$$

$$\sum F_y = 0, \quad F_B \sin 45° - F_{Ay} - F_P = 0$$

$$\sum M_A = 0, \quad F_B \times \sqrt{1\,000^2 + 100^2} \sin\left(180° - 45° - \arctan\frac{1\,000}{100}\right) - 2\,000 \times F_P = 0$$

联立求解以上方程组，得

$$F_B = 30.9 \text{ kN}, \quad F_{Ax} = -21.8 \text{ kN}, \quad F_{Ay} = 9.82 \text{ kN}$$

接下来，将力 F_B 分解为 F_{Bx} 和 F_{By} 两个分力，然后将分力 F_{Bx} 平移到梁的轴线上，并附加一个作用于截面 B 处的力偶，如图 10.14（c）所示，其力偶矩为

$$M_B = F_B \cos 45° \times 0.1 = 2.18 \text{ kN} \cdot \text{m}$$

可以看出，作用于横梁 ABC 上的这些力可分成两组平衡力系，其中一组力系，即横向力 F_{Ay}、F_{By}、F_P 和力偶 M_B 使横梁产生弯曲变形，其弯矩图如图 10.14（d）所示；在轴向力 F_{Ax} 和 F_{Bx} 作用下，横梁 AB 段产生轴向拉伸变形，画出其轴力图，如图 10.14（e）所示。综合以上分析，说明横梁 AB 段在荷载 F_P 作用下所产生的变形是拉伸与弯曲的组合变形，而梁 BC 段产生的是弯曲变形，其危险截面在 AB 段是横截面 $B_{左}$，如图 10.14（f）所示，在 BC 段是横截面 $B_{右}$。

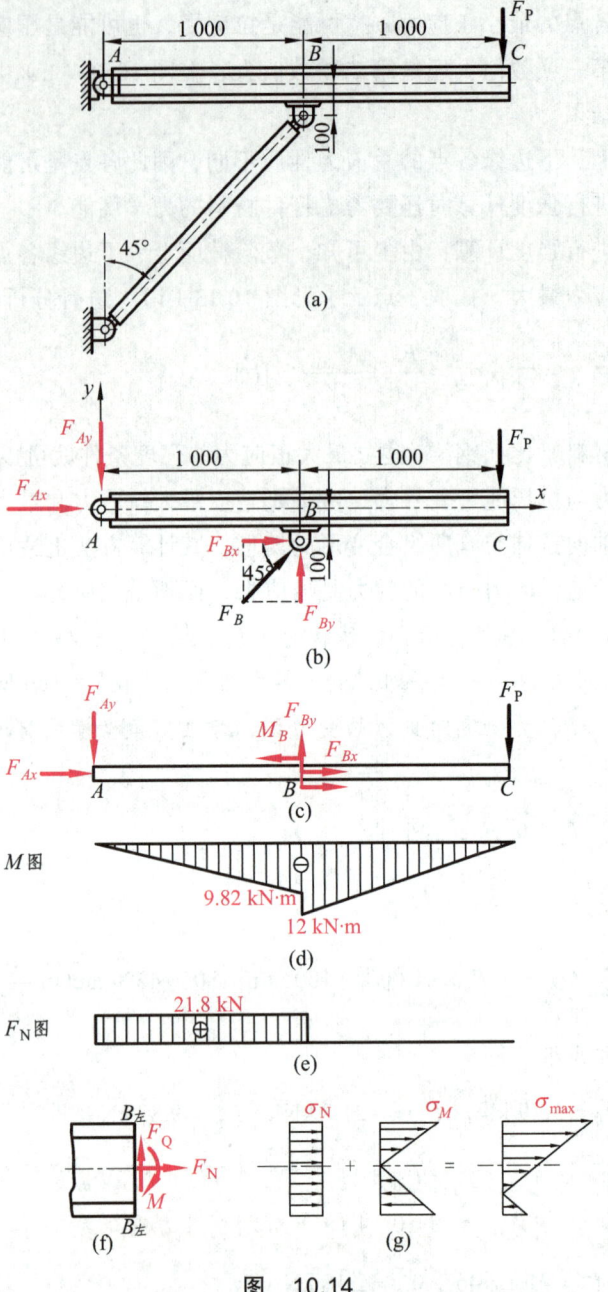

图 10.14

对应力进行计算,在危险截面 $B_{左}$ 上,其应力分布如图 10.14(g) 所示,最大正应力发生在截面上边缘各点,其值为

$$\sigma_{\max} = \frac{F_N}{A} + \frac{M_{B左}}{W_z}$$

由型钢表查出,No.14 工字钢的横截面面积 $A = 21.5 \text{ cm}^2$,抗弯截面模量 $W_z = 102 \text{ cm}^3$,将这些相关数据代入上式,即得横截面 $B_{左}$ 的最大正应力为

$$\sigma_{\max} = \left(\frac{21.8 \times 10^3}{21.5 \times 10^{-4}} + \frac{9.82 \times 10^3}{102 \times 10^{-6}} \right) \text{Pa} = 106.4 \text{ MPa}$$

对于横截面 $B_右$，其最大弯曲正应力为

$$\sigma'_{\max} = \frac{M_{B右}}{W_z} = \frac{12 \times 10^3}{102 \times 10^{-6}} \text{ Pa} = 117.6 \text{ MPa}$$

可见，横梁 ABC 的最大正应力发生在横截面 $B_右$ 上，其结果 $\sigma'_{\max} = 117.6 \text{ MPa} < [\sigma]$，故横梁 ABC 强度足够。

【例 10.7】 图 10.15（a）所示为一压力机框架，压力机工作时框架立柱受到压力 $F = 1\,600$ kN 的作用，偏心距 $e = 535$ mm。立柱材料为灰铸铁，材料的许用压应力 $[\sigma_c] = 80$ MPa，许用拉应力 $[\sigma_t] = 28$ MPa，立柱横截面 m—n 的面积 $A = 181 \times 10^3$ mm²，轴惯性矩 $I_z = 13.7 \times 10^9$ mm⁴，尺寸 $a = 550$ mm，$b = 250$ mm。试校核立柱的强度。

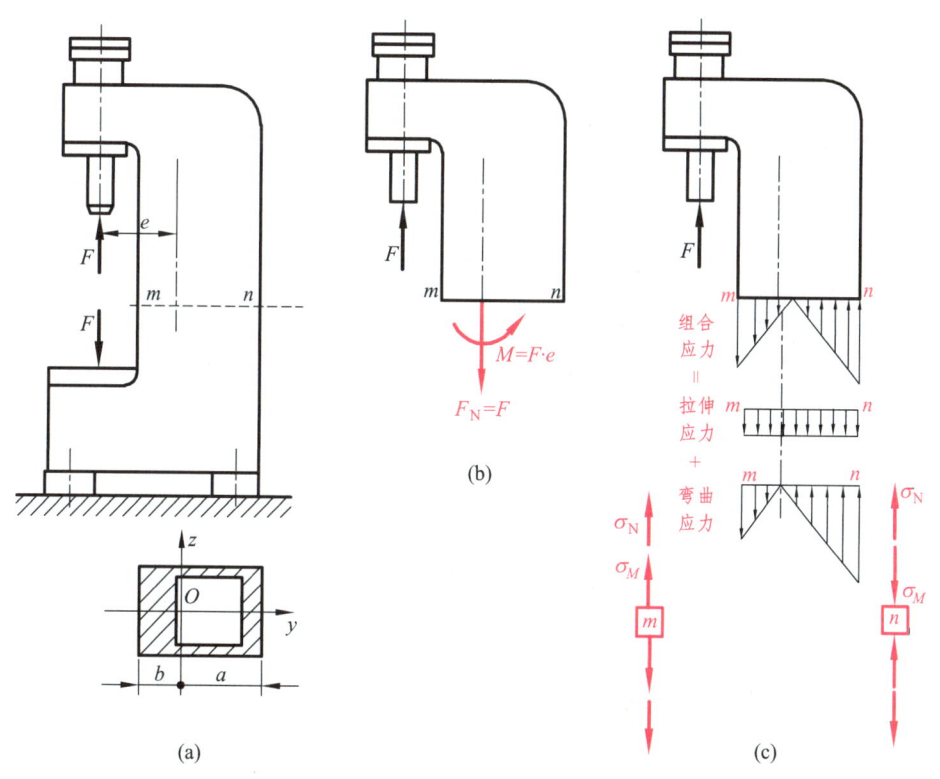

图 10.15

【解】 压力 F 在立柱横截面 m—n 上产生的内力 [见图 10.15（b）] 可由截面法求解，得

轴力　　　　$F_N = F = 1\,600 \text{ kN} = 1.6 \times 10^6 \text{ N}$

弯矩　　　　$M = F \cdot e = 1\,600 \times 10^3 \times 535 \times 10^{-3} \text{ N} \cdot \text{m} = 856 \times 10^3 \text{ N} \cdot \text{m}$

可以看出，轴力 F_N 使立柱产生轴向拉伸，弯矩 M 使立柱产生弯曲，其实也就是立柱产生拉伸与弯曲的组合变形。由于轴向拉伸引起的正应力 $\sigma = F_N / A$ 均匀分布，而弯矩 M 引起

的正应力在立柱两侧边缘为最大，由叠加原理进而可知，危险点为立柱两侧边缘上的 m 点和 n 点，如图 10.15（c）所示。在 n 点有最大压应力，其值为

$$\sigma_n = \sigma_N - \sigma_M = \frac{F_N}{A} - \frac{Ma}{I_z}$$

$$= \left(\frac{1.6 \times 10^6}{181 \times 10^3 \times 10^{-6}} - \frac{856 \times 10^3 \times 550 \times 10^{-3}}{13.7 \times 10^9 \times 10^{-12}} \right) \text{Pa}$$

$$= -25.6 \times 10^6 \text{ Pa} = -25.6 \text{ MPa}$$

因 $|\sigma_n| = 25.6 \text{ MPa} < [\sigma_c]$，故压缩强度足够。

在 m 点有最大拉应力，其值为

$$\sigma_m = \sigma_N + \sigma_M = \frac{F_N}{A} + \frac{Mb}{I_z}$$

$$= \left(\frac{1.6 \times 10^6}{181 \times 10^3 \times 10^{-6}} + \frac{856 \times 10^3 \times 250 \times 10^{-3}}{13.7 \times 10^9 \times 10^{-12}} \right) \text{Pa}$$

$$= 24.4 \times 10^6 \text{ Pa} = 24.4 \text{ MPa}$$

因 $\sigma_m = 24.4 \text{ MPa} < [\sigma_t]$，故拉伸强度足够。

以上计算结果表明，压力机框架立柱符合强度要求。

二、圆轴扭转与弯曲的组合变形

在机械工程中，纯扭转的圆轴是很少见的。一般来说，对于传动轴，大都受到扭转与弯曲的组合变形。如电机轴 AB，其左端承受输出力偶，而右端装有直径为 D 的皮带轮，如图 10.16（a）所示。轮上皮带紧边和松边的张力分别为 $\boldsymbol{F}_T$ 和 $\boldsymbol{F}_T'$，如图 10.16（b）所示，且 $F_T > F_T'$。当电机工作时，电机轴 AB 发生扭转与弯曲的组合变形。

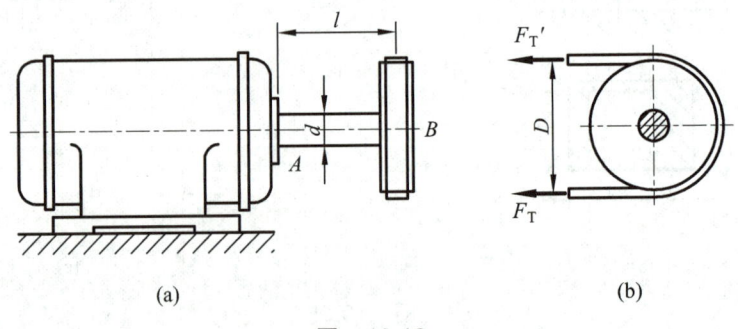

图 10.16

在此试对其进行外力分析，将电机轴 AB 简化为左端固定、右端自由的悬臂梁，进而使皮带紧松边张力 $\boldsymbol{F}_T$ 和 $\boldsymbol{F}_T'$ 向电机轴 AB 的轴线平移，得到横向力 $F = F_T + F_T'$ 和力偶矩为 $M_e = \frac{D}{2}(F_T - F_T')$ 的力偶，画出其计算简图，如图 10.17（a）所示。显而易见，横向力 $\boldsymbol{F}$ 使轴 AB 弯曲，力偶矩为 M_e 的力偶使轴 AB 扭转，因为对一般轴，横向力引起的剪力很小，可以忽略不计，所以轴 AB 产生扭转与弯曲的组合变形。

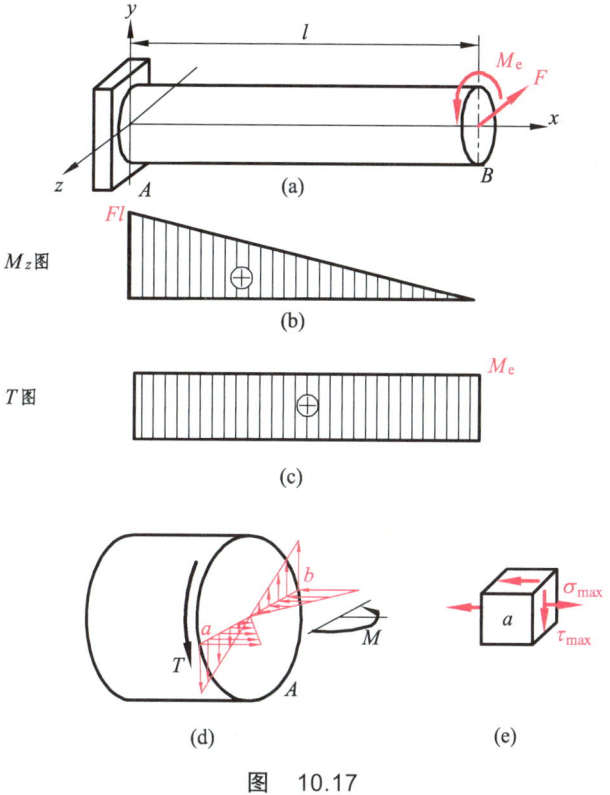

图 10.17

接下来分析圆轴 AB 的内力，采用截面法很容易画出弯矩图 M_z 和扭矩图 T，如图 10.17（b）、（c）所示。可以看出，横截面 A 为圆轴 AB 的危险截面。

再对圆轴 AB 的应力进行分析。在横截面 A 上，扭矩产生扭转切应力，弯矩产生弯曲正应力，应力分布情况如图 10.17（d）所示。由图可见，横截面边缘的 a、b 点为危险点，因为在此两点上，同时作用有最大弯曲正应力和最大扭转切应力，其值分别为

$$\sigma_{\max} = \frac{M_z}{W_y}, \quad \tau_{\max} = \frac{T}{W_P} = \frac{M_e}{2W_y}$$

式中，W_y 和 W_P 为圆轴截面的抗弯截面模量和抗扭截面模量。围绕点 a 或点 b 取单元体，如图 10.17（e）所示，单元体一前一后的平行面上的正应力 σ 和切应力 τ 都为零，所以单元体为平面应力状态。

最后对圆轴 AB 进行强度计算。若轴用塑性材料制成，则其强度条件可采用第三或第四强度理论。在此将上式代入第三或第四强度条件可得到塑性材料圆轴在扭转与弯曲组合变形时的强度条件为

$$\sigma_{r3} = \frac{\sqrt{M^2 + T^2}}{W} \leqslant [\sigma] \tag{10.9}$$

$$\sigma_{r4} = \frac{\sqrt{M^2 + 0.75T^2}}{W} \leqslant [\sigma] \tag{10.10}$$

式中，M 和 T 分别为圆轴危险截面上的弯矩与扭矩。式（10.9）和式（10.10）同样适用于空心圆，这时 W 为空心圆形截面的抗弯截面模量。

【例 10.8】 图 10.18（a）所示的曲拐，已知在手柄 C 端作用的力 $F = 20\text{ kN}$，材料的许用正应力 $[\sigma] = 160\text{ MPa}$。试按第三强度理论设计曲拐圆轴 AB 杆直径。

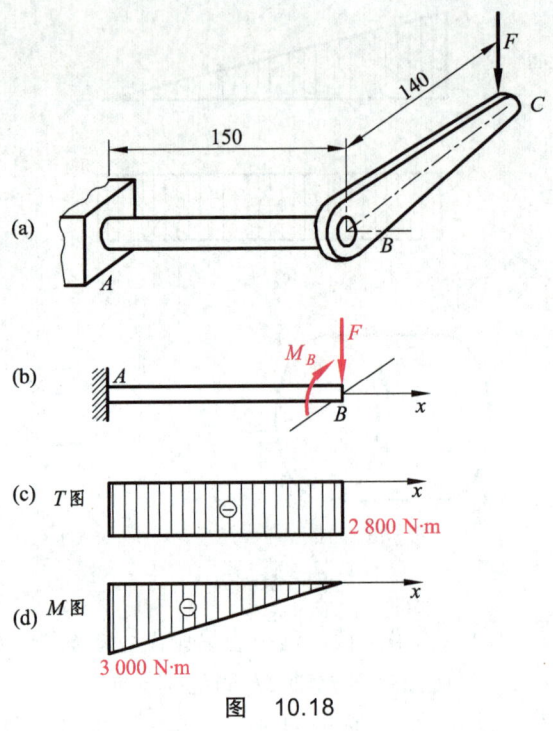

图 10.18

【解】 将力 F 向圆轴 AB 轴线平移，得到作用于 B 端的力 F 和一力偶矩为 M_B 的力偶，如图 10.18（b）所示，此力偶的力偶矩大小为

$$M_B = F \times \overline{BC} = 20 \times 10^3 \times 140 \times 10^{-3} \text{ N·m} = 2\,800 \text{ N·m}$$

平移到圆轴 B 端的力 F 使轴 AB 产生弯曲变形，力偶矩为 M_B 的力偶使轴 AB 产生扭转变形，于是轴 AB 同时产生扭转与弯曲的组合变形。分别画出圆轴 AB 的扭矩图 [见图 10.18（c）] 与弯矩图 [见图 10.18（d）]，可以看出，轴 AB 的固定端横截面 A 是危险截面，该截面上扭矩和弯矩值分别为

$$T = 2\,800 \text{ N·m}$$

$$M = F \times \overline{AB} = 20 \times 10^3 \times 150 \times 10^{-3} \text{ N·m} = 3\,000 \text{ N·m}$$

根据扭矩与弯曲横截面上的应力分布规律可知，在固定端横截面的上、下边缘两点为危险点。采用第三强度理论，由其强度条件：

$$\sigma_{r3} = \frac{\sqrt{M^2 + T^2}}{W} \leqslant [\sigma]$$

$$\sigma_{r3} = \frac{\sqrt{(3\times 10^3)^2 + (2.8\times 10^3)^2}}{\dfrac{\pi d^3}{32}} \text{ Pa} \leqslant 160\times 10^6 \text{ Pa}$$

由此求得 $d \geqslant 63.9\times 10^{-3}$ m，最后选用圆轴 AB 的直径 $d = 64$ mm。

思考题

10.1 何谓单向应力状态和二向应力状态？圆轴扭转变形时，其表面各点处于何种应力状态？直梁横向弯曲时，梁顶部、底部及其他各点处于何种应力状态？

10.2 何谓一点的应力状态？何谓平面应力状态？如何研究一点的应力状态？

10.3 图 10.19 中所示的纯切应力状态是否正确？如果正确，单元体的应力状态用主应力应如何表示？

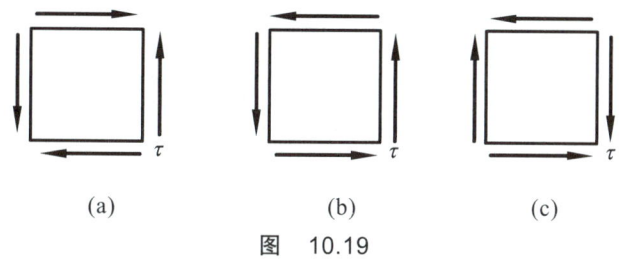

图 10.19

10.4 何谓主平面？何谓主应力？如何确定主应力的大小和方位？

10.5 为什么要提出强度理论？常用的强度理论是什么？它们的适用范围是如何确定的？

10.6 当杆件处于拉伸与弯曲的组合变形时，其横截面上有哪些内力？正应力是怎样分布的？如何计算最大正应力？相应的强度条件是什么？

10.7 当圆轴发生扭转与弯曲的组合变形时，横截面上有哪些内力？应力是怎样分布的？危险点处于何种应力状态？如何根据强度理论建立轴的强度条件？

10.8 为什么在拉伸与弯曲的组合变形时只需校核拉应力强度，而在压缩与弯曲的组合变形时，对于脆性材料则要同时校核压应力强度和拉应力强度？

10.9 矩形截面直杆上对称地作用着两个力，如图 10.20 所示，此时直杆将发生什么变形？若去掉其中的一个力后，直杆又将发生什么变形？

10.10 拉（压）弯组合变形杆件危险点的位置如何确定？试问：在建立其强度条件时为什么不必利用强度理论？

10.11 图 10.21 所示为工程中常见的斜梁，试分析斜梁 AC 段和 BC 段的变形。

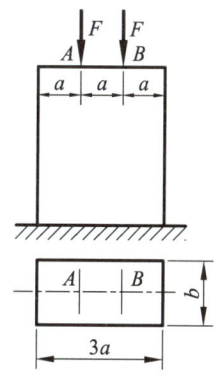

图 10.20

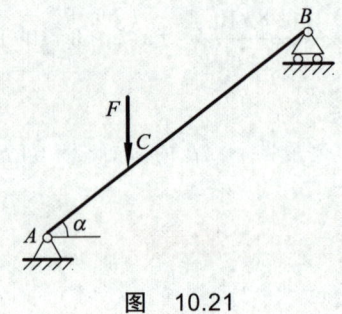

图 10.21

10.12 图 10.22 所示一圆形截面悬臂梁,同时受到横向力 F_2、轴向力 F_1 和力偶矩为 M_A 的位于横截面 A 的力偶的作用。(1)指出危险截面和危险点的位置;(2)给出危险点的应力状态;(3)运用第四强度理论建立强度条件。

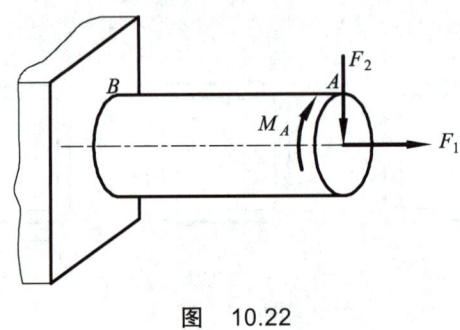

图 10.22

习 题

10.1 试用单元体表示如图 10.23 所示杆件上 A 点和 B 点的应力状态,并算出单元体上应力的数值。[答案:(a) $\sigma_x = 63.7$ MPa;(b) $\sigma_x = 20$ MPa, $\tau_x = 30$ MPa;(c) A 点:$\tau_x = 82.8$ MPa,B 点:$\tau_x = -50.9$ MPa;(d) $\sigma_x = 50$ MPa, $\tau_x = 52.9$ MPa]

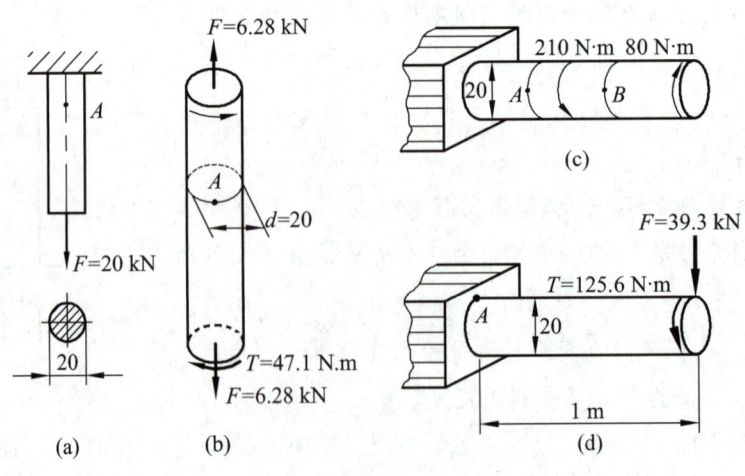

图 10.23

10.2 如图 10.24 所示,在一矩形截面直梁的 A、B、C、D、E 五点处取单元体,请定性分析这五点的应力情况,并指出所取单元体属于哪种应力状态。[答案:单向应力状态为 A、E 点;二向应力状态为 C(纯剪切)、B、D 点]

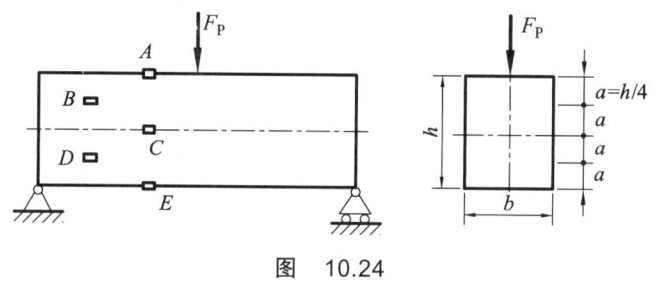

图 10.24

10.3 单元体各面的应力如图 10.25 所示,图中应力单位为 MPa。试计算主应力的大小以及主平面的位置。[答案:(a)$\sigma_1 = 52.4$ MPa,$\sigma_2 = 7.64$ MPa,$\sigma_3 = 0$,$\alpha_0 = -31.75°$;(b)$\sigma_1 = 11.23$ MPa,$\sigma_2 = 0$,$\sigma_3 = -71.2$ MPa,$\alpha_0 = -38°$;(c)$\sigma_1 = 37$ MPa;$\sigma_2 = 0$,$\sigma_3 = -27$ MPa,$\alpha_0 = 19.5°$]

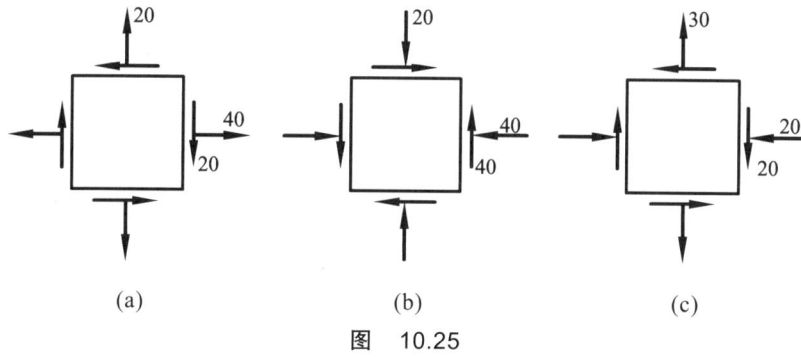

图 10.25

10.4 某铸铁构件危险点的应力情况如图 10.26 所示,试校核其强度。已知铸铁的许用正应力 $[\sigma] = 40$ MPa。[答案:$\sigma_{\max} = 38.2$ MPa $< [\sigma]$,安全]

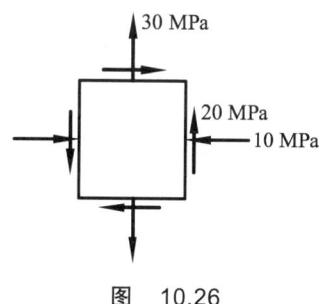

图 10.26

10.5 一低碳钢构件,已知许用正应力 $[\sigma] = 160$ MPa,试校核构件的强度。危险点处的主应力分别如下:(1)$\sigma_1 = -50$ MPa,$\sigma_2 = -70$ MPa,$\sigma_3 = -160$ MPa;(2)$\sigma_1 = 60$ MPa,$\sigma_2 = 0$,$\sigma_3 = -50$ MPa。[答案:(1)$\sigma_{r3} = 110$ MPa,$\sigma_{r4} = 101.5$ MPa;(2)$\sigma_{r3} = 110$ MPa,$\sigma_{r4} = 95.4$ MPa 安全]

10.6 试分别求出图 10.27 所示不等截面及等截面直杆内的最大正应力，并对其进行比较，图中尺寸单位为 mm。[答案：（a）$\sigma_1 = 11.67$ MPa；（b）$\sigma_2 = 8.75$ MPa，$\sigma_1/\sigma_2 = 1.33$]

10.7 如图 10.28 所示，一斜杆 AB 的横截面尺寸为 100 mm×100 mm，已知斜杆上作用力 $F = 3$ kN，试求斜杆横截面上的最大拉应力和最大压应力。[答案：$\sigma_{t,max} = 6.51$ MPa，$\sigma_{c,max} = -6.99$ MPa]

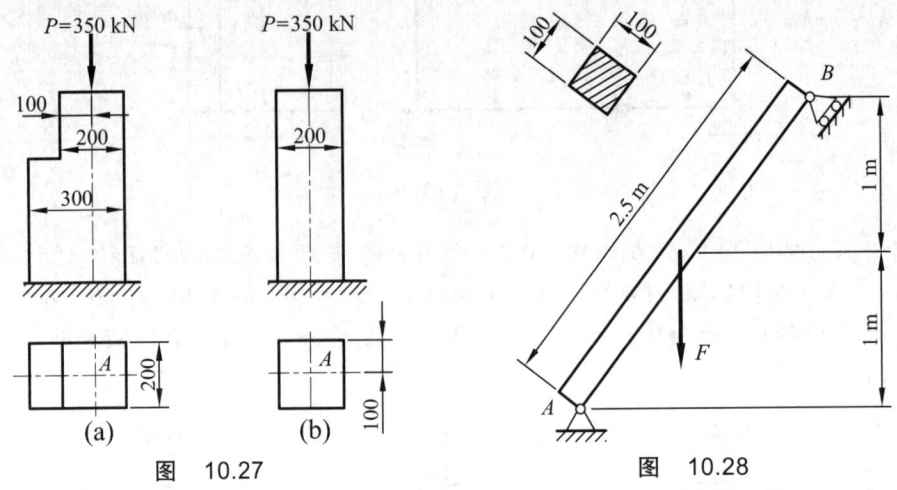

图 10.27　　　　　　　图 10.28

10.8 图 10.29 所示为一悬臂式简易起重机，已知横梁 AB 用 No.18 工字钢制成，电动滑车运行于横梁 AB 上，滑车的自重与所起重的重力总和为 $G = 30$ kN，材料许用正应力 $[\sigma] = 160$ MPa。试校核横梁的强度。[答案：$\sigma_{c,max} = 113.9$ MPa $< [\sigma]$]

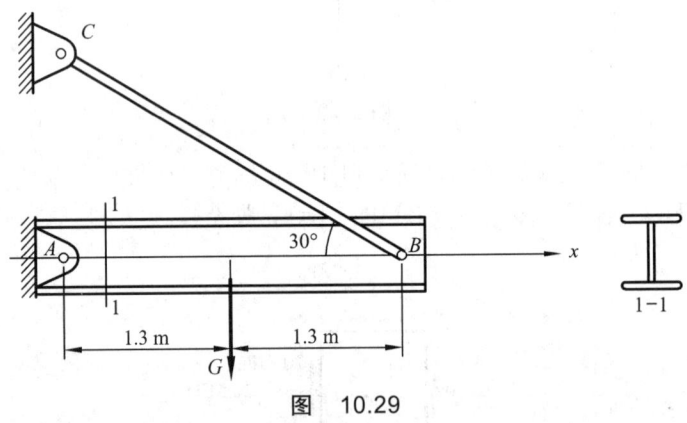

图 10.29

10.9 图 10.30 所示为一矩形截面的木杆，受有拉力 $F = 100$ kN，已知许用正应力 $[\sigma] = 6$ MPa。试求木杆的切槽允许深度 a（图中尺寸单位为 mm）。[答案：$a_{max} = 39.4$ mm]

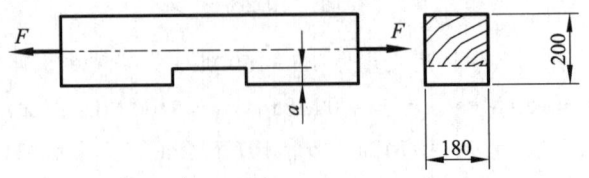

图 10.30

10.10 图 10.31 所示为某厂房的立柱,立柱受到的吊车竖直轮压力为 $F=220$ kN,屋架传给立柱顶的水平力为 $F_Q=8$ kN,另立柱还受到水平风荷载 $q=1$ kN/m 的作用,已知力 F 的作用线到立柱中心线的距离 $e=0.4$ m,立柱底部截面尺寸 1 m×0.3 m。试计算立柱底部的危险点的应力。[答案:$\sigma_t=0.41$ MPa,$\sigma_c=1.87$ MPa]

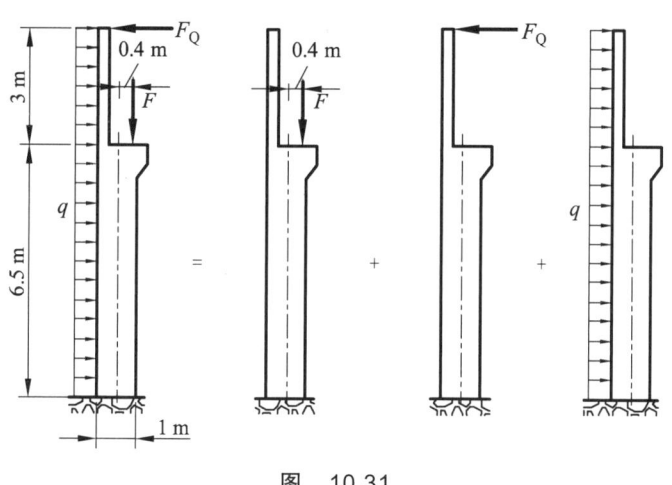

图 10.31

10.11 如图 10.32 所示曲拐,手柄 C 端受铅垂荷载 F_P 的作用。试按第三强度理论确定曲拐圆轴 AB 的直径。已知荷载 $F_P=20$ kN,许用正应力 $[\sigma]=160$ MPa(图中尺寸单位为 mm)。[答案:$d\geqslant 64$ mm]

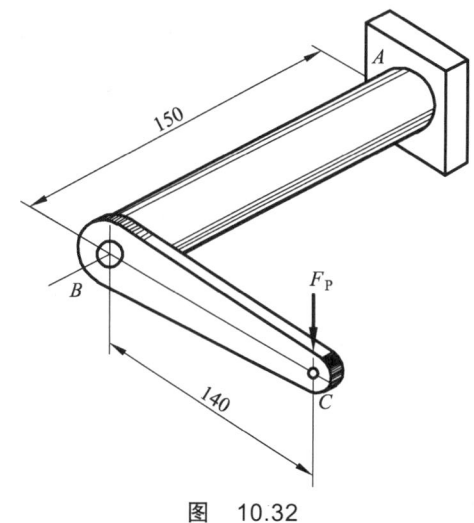

图 10.32

10.12 (综合应用题)图 10.33 所示的电动机功率 $P=9$ kW,转速为 $n=715$ r/min,带轮直径 $D=250$ mm,电机轴外伸部分长度 $l=120$ mm,轴的直径 $d=40$ mm,轴材料的许用正应力 $[\sigma]=80$ MPa。

(1)试用第三和第四强度理论校核电机轴的强度。
(2)设电机轴直径未知,试用第三强度理论设计轴的直径。

[答案:(1)$\sigma_{r3}=58.3$ MPa$<[\sigma]$,$\sigma_{r4}=57.7$ MPa$<[\sigma]$,安全。(2)$d\geqslant 36$ mm]

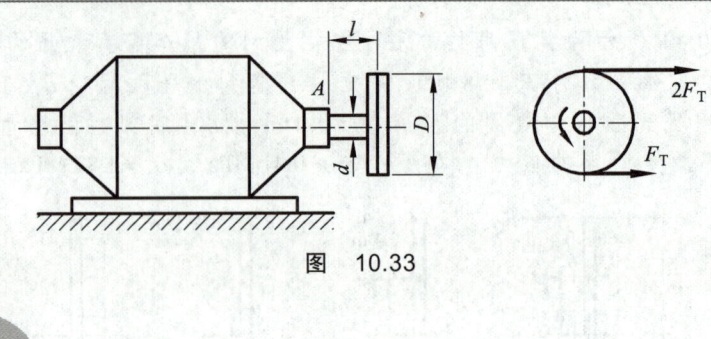

图 10.33

阅读材料

铁木辛柯

铁木辛柯是美籍俄罗斯力学家，1878 年 12 月 23 日生于乌克兰的什波托夫卡，1972 年 5 月 29 日卒于联邦德国。

铁木辛柯1901 年毕业于俄国彼得堡交通道路学院。服军役一年后，1902 年回母校任实验讲师，次年到圣彼得堡工学院任讲师。1903—1906 年开始了他的创造性工作，每年夏天都去德国格丁根大学，在著名学者 F. 克莱因、A. 弗普尔和 L. 普朗特等人的指导下从事研究工作。1907—1911 年任基辅工学院教授。1912—1917 年在彼得格勒一些学院任教授。1920 年 7 月到南斯拉夫任教。1922 年受聘于美国费城振动专业公司，次年到匹兹堡的威斯汀豪斯电气公司，从事力学研究工作，设计成光弹性设备和电气火车头。1928 年，他建立了"美国机械工程师学会力学部"。同年秋天到密歇根大学任教授，他先后组织了"每周力学讨论会"和"夏季应用力学讨论会"，后者有著名学者普朗特等人参加。1965 年迁居联邦德国，直至逝世。

铁木辛柯在应用力学方面著述甚多。1904 年他发表第一篇论文《各种强度理论》，次年发表《轴的共振现象》，首次考虑到质量分布的影响，并把瑞利方法应用于结构工程问题。1905 年，他得出开口剖面薄壁杆扭转问题中扭矩 T 和转角磁的关系：$T = C\Phi' - D\Phi''$（C 为抗扭刚度，D 为附加刚度）。1906 年，他解决了用板的挠度微分方程去求板受压的临界值问题。之后又发表了关于弹性体稳定性问题的论文多篇，对船舶制造和飞机设计有指导意义。他最早把瑞利-里兹法应用到弹性稳定问题，从而获得十年一次的"茹拉夫斯基奖"。他不仅用能量原理解决了稳定性问题，还将其用于解决梁和板的弯曲问题和梁的受迫振动问题。1911 年以后，他主要研究弹性力学，解决了半圆剖面梁承受弯曲的剪力中心、对称剖面悬臂梁自由端承受横荷载的剪应力分布等问题。第一次世界大战期间，他在梁横向振动微分方程中考虑了旋转惯性和剪力，这种模型后来被称为"铁木辛柯梁"。1925 年，他研究很有价值的圆孔周围的应力集中问题，1928 年探讨了有实用意义的吊索桥刚度和振动问题。此后除授课和培养研究生外，他把精力主要用于编写书籍，编写了《材料力学》、《高等材料力学》、《结构力学》、《工程力学》、《高等动力学》、《弹性力学》、《弹性稳定性理论》、《工程中的振动问题》、《板壳理论》和《材料力学史》等二十余种。这些书大多已有中译本。

第十一章

压杆的稳定

【问题导入】

在工程实际中,有许多直线形状的轴向受压杆件,如千斤顶的丝杠[见图11.1(a)]、托架中的压杆[见图11.1(b)]、无缝钢管穿孔机的顶杆[见图11.1(c)]等,对于以上这些过于细长的杆件,当其所受的轴向压力超出一定的数值时,杆件就有可能丧失稳定性而失效。杆件的这种失效不同于强度、刚度失效,通常称为稳定失效。细长压杆的平衡,什么条件下稳定,什么条件下不稳定,同样影响到杆件的正常工作。因此,压杆的稳定失效问题与强度、刚度问题一样,在结构或杆件的设计中占有很重要的地位。

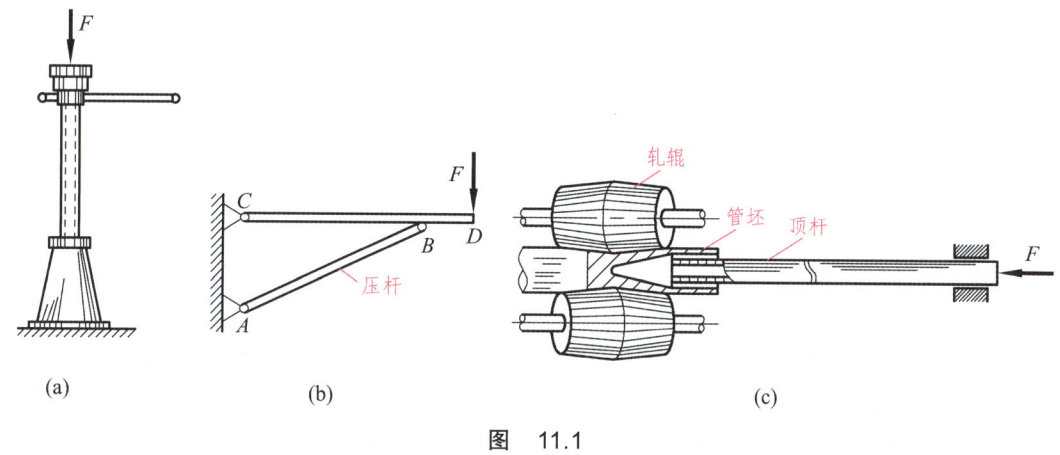

图 11.1

第一节 压杆的稳定性概念与临界荷载

一、压杆的稳定性概念

在此考察两端铰支的受压细长直杆,今在直杆两端施加轴向压力 F_P,使杆在直线情况下处于平衡,如图11.2(a)所示。如果给杆以微小的侧向干扰力使其发生微小弯曲,然后撤去干扰力,则随着轴向力数值的由小增大,会出现下述两种不同的情况:当轴向力 F_P 小于某一数值时,撤去干扰力后,杆仍然能够自动恢复到原来直线形状的平衡状态,如图11.2(b)所示,这种能始终保持原有直线形状的平衡称为稳定平衡。当轴向压力 F_P 逐渐增大到某一数值时，如图11.2（c）所示，撤去干扰力后，杆就进入微弯曲形状的平衡位置，再也不能自动回到原有的直线形状的平衡位置，如图 11.2（d）所示，这种不能保持原有直线形状的平衡称为**不稳定平衡**。上述现象表明，压杆从稳定到不稳定，一定具有一个临界状态，与临界状态对应的轴向压力，称为临界力或**临界荷载，用记号 F_{pcr} 表示**。当轴向压力 F_p 超过临界荷载 F_{pcr} 时，再对该压杆施加微小的侧向干扰力后，压杆就会在原来的轻微弯曲平衡的状态下继续弯曲，甚至弯折断裂。对于在轴向压力 F_p 由小增大的过程中，压杆由稳定平衡转变为不稳定平衡，通常称为压杆丧失稳定性或**压杆失稳**。压杆失去了稳定性，也将失去承受原设计荷载的能力。这种失效发生时，应力并不一定很大，有时还低于比例极限。

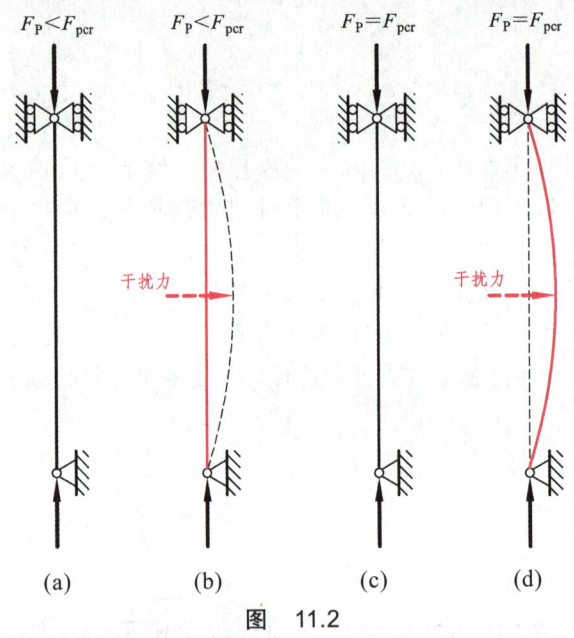

图 11.2

二、两端铰支细长压杆的临界荷载

实践证明，细长压杆的临界荷载 F_{pcr} 不仅与杆材料、横截面形状及尺寸等因素有关，而且还与杆的长度及两端的约束有关。如图 11.3 所示的两端为铰支的细长压杆假设压杆失稳时只发生平面弯曲变形，可推知，此压杆的临界荷载 F_{pcr} 与杆的抗弯刚度 EI 成正比，与杆的长度 l 的平方成反比，可表示为

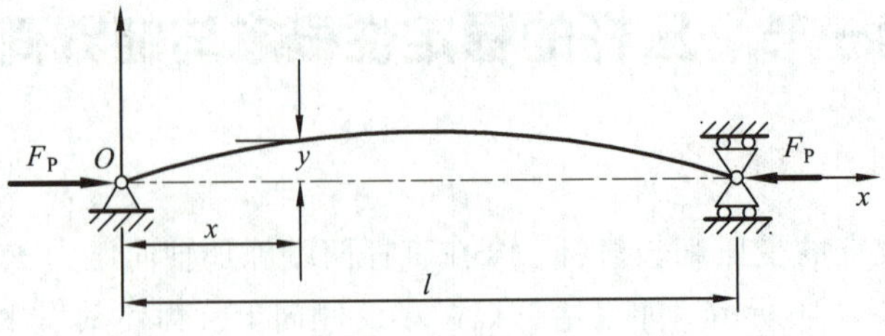

图 11.3

$$F_{pcr} = \frac{\pi^2 EI}{l^2} \tag{11.1}$$

式（11.1）即为两端铰支细长压杆临界荷载的计算式，此式可由试验得出，也可由理论分析得出。关于细长压杆临界荷载的计算式，是由瑞士数学家欧拉于1774年提出的，故又称欧拉公式。但应用此式时应当注意，压杆两端是平面铰链支承还是球形铰链支承。如果细长压杆的两端均为球铰支，因为杆是在抗弯能力最弱的平面内产生弯曲，所以公式中的惯性矩 I 应是压杆横截面的最小惯性矩。实际工程中，内燃机配气机构中的挺杆、桁架结构中的受压杆等，由于节点连接常常用焊接或铆接，但连接处限制杆件转动的能力并不强，简化为铰接较恰当且偏于安全。一般均可简化为两端铰支杆。

三、其他约束情况下细长压杆的临界荷载

杆端在其他约束情况下细长压杆的临界荷载计算式也可采用类似的方法分析得到。经验表明，具有相同挠曲线形状的压杆，其临界荷载计算公式大致相同。为简化起见，通常取两端铰支细长压杆在临界状态时的挠曲线形状为基本情况，而将其他杆端约束情况下压杆在临界状态时的挠曲线形状与之比较，虽然它们的挠曲线形状各不相同，但其区别也仅是在正弦曲线的半波形的跨距上。为此确定这些压杆微弯时与一个正弦半波相当部分的长度，并用 μl 去替代式（11.1）中的 l，于是得到不同杆端约束情况下压杆临界荷载的一般表达式：

$$F_{\text{pcr}} = \frac{\pi^2 EI}{(\mu l)^2} \tag{11.2}$$

式中，l 为压杆的实际长度；μl 称为压杆的计算长度；μ 称为长度系数。

对于常见的四种不同杆端约束情况下的计算长度 μl、长度系数 μ 以及临界荷载的计算公式见表11.1。

在实际工程中，千斤顶螺杆可简化为一端固定，一端自由。蒸汽机中的连杆在垂直于摆动平面的平面内发生弯曲，连杆不能与接头发生相对转动，若接头固定可靠，则两端可简化为固定端，但若连杆插入接头的深度不够或杆与接头连接间隙较大，有相对转动的可能，还可简化为铰支。

表 11.1　细长压杆的临界荷载 F_{pcr} 计算公式

支座约束情况	两端铰支	一端铰支，一端固定	两端固定	一端固定，一端自由
压杆失稳时挠曲线形状				
临界荷载	$F_{\text{pcr}} = \dfrac{\pi^2 EI}{l^2}$	$F_{\text{pcr}} = \dfrac{\pi^2 EI}{(0.7l)^2}$	$F_{\text{pcr}} = \dfrac{\pi^2 EI}{(0.5l)^2}$	$F_{\text{pcr}} = \dfrac{\pi^2 EI}{(2l)^2}$
长度系数	$\mu = 1$	$\mu = 0.7$	$\mu = 0.5$	$\mu = 2$

第二节 临界应力与临界应力总图

一、临界应力的概念和临界应力欧拉公式

在工程实际中,分析结构杆件的稳定性问题,通常通过应力计算进行检核。压杆在临界荷载作用时横截面上的平均应力,称为**压杆的临界应力,用符号 σ_{cr} 表示**。若细长压杆的横截面面积为 A,则临界应力为

$$\sigma_{cr} = \frac{F_{pcr}}{A} = \frac{\pi^2 EI}{(\mu l)^2 A}$$

式中,令 $\dfrac{I}{A} = i^2$,这里 i 称为**压杆横截面的惯性半径**,于是上式可写为

$$\sigma_{cr} = \frac{\pi^2 E}{\left(\dfrac{\mu l}{i}\right)^2}$$

引入无量纲 $\lambda = \dfrac{\mu l}{i}$,这里 λ 称为**压杆的柔度**或长细比,上式写为

$$\sigma_{cr} = \frac{\pi^2 E}{\lambda^2} \tag{11.3}$$

式(11.3)为欧拉公式的另一种表达形式,是确定压杆临界应力的一般公式。对于同一种材料制成的细长压杆,其柔度越大,临界应力 σ_{cr} 越低。

二、欧拉公式的适用范围

由于式(11.3)是根据符合胡克定律的弹性挠曲线微分方程推导建立的,因此欧拉公式只有在压杆临界应力 σ_{cr} 的数值不超过比例极限 σ_p 时才适用,即

$$\sigma_{cr} = \frac{\pi^2 E}{\lambda^2} \leqslant \sigma_p \quad \text{或} \quad \lambda \geqslant \pi \sqrt{\frac{E}{\sigma_p}}$$

若令 λ_p 为柔度的最低值,于是欧拉公式的适用范围又可写成

$$\lambda \geqslant \lambda_p = \pi \sqrt{\frac{E}{\sigma_p}} \tag{11.4}$$

也就是只有 $\lambda \geqslant \lambda_p$ 时,应用欧拉公式才正确,$\lambda \geqslant \lambda_p$ 的压杆称为**大柔度杆**或细长杆。对于任意一已知材料,可将其弹性模量 E 和比例极限 σ_p 代入式(11.4),算出相应的压杆柔度 λ_p,从而确定欧拉公式的适用范围。如对于 A3 低碳钢,弹性模量 $E = 200$ GPa,比例极限 $\sigma_p = 196$ MPa,代入式(11.4),得

$$\lambda \geqslant \lambda_p = \pi \sqrt{\frac{200 \times 10^3}{196}} = 100$$

说明由 A_3 低碳钢制成的压杆，只有当 $\lambda \geqslant 100$ 时，才能应用欧拉公式。换言之，用欧拉公式计算临界应力，只适用于 $\lambda \geqslant \lambda_p$ 的大柔度杆。

三、中柔度杆的临界应力和临界应力总图

对于大柔度杆来说，压杆的柔度越小，其稳定性越好，越不容易失稳。但对于压杆的柔度小于某一数值 λ_s 时，压杆的失效是其强度问题。这种稳定临界应力接近材料强度失效应力的压杆，即 $\lambda < \lambda_s$ 的压杆称为**小柔度杆**或短粗杆，一般不发生稳定失效，也就是它的失效由杆的强度来决定。在工程实际中，更多压杆的柔度往往介于 λ_s 和 λ_p 之间，通常称这类压杆为**中柔度杆**。中柔度杆的临界应力采用以实验为依据的直线公式，即

$$\sigma_{cr} = a - b\lambda \tag{11.5}$$

式中，常数 a、b 是只与材料力学性能有关的常数，其量纲为 N/m^2。实际上，区分压杆是否存在稳定失效的柔度值，也就是中柔度杆的柔度下限数 λ_s 正是由式（11.5）求得的，即 $\sigma_{cr} = \sigma_s$ 时，$\lambda_s = (a - \sigma_s)/b$。如对于 A_3 低碳钢，$\sigma_s = 235$ MPa，$a = 304$ MPa，$b = 1.12$ MPa，代入式中就求得 $\lambda_s = 61.6$。几种常用材料的直线经验公式常数 a、b 值和柔度 λ_p、λ_s 值可参考表 11.2。

表 11.2 几种常见材料的直线经验公式常数 a、b 值和柔度 λ_p、λ_s 值

材 料	a/MPa	b/MPa	λ_p	λ_s
硅 钢	577.0	3.740	100	60
优质钢	461.0	2.568	86	44
铬钼钢	980.0	5.290	55	0
硬 铝	372.0	2.140	50	0
铸 铁	332.2	1.453	—	—
松 木	28.7	0.199	59	0
Q235 钢	304.0	1.120	100	62

综上所述，根据柔度值可将压杆分为三类：$\lambda \geqslant \lambda_p$ 的压杆属于大柔度杆，按欧拉公式计算临界应力；$\lambda_s \leqslant \lambda < \lambda_p$ 的压杆属于中柔度杆，按直线经验公式计算临界应力；$\lambda < \lambda_s$ 的压杆属于小柔度杆，按强度问题处理。压杆临界应力 σ_{cr} 随柔度 λ 变化的曲线（见图 11.4），称为临界应力总图。

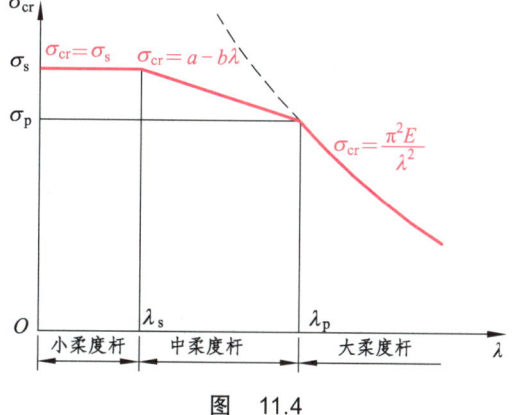

图 11.4

由上，计算压杆临界应力或临界荷载的基本步骤如下：

（1）由材料性能，查表或由式（11.5）确定 λ_s、λ_p。

（2）由杆长和截面尺寸条件，分析杆的约束情况，并计算杆的柔度 λ。

（3）判断压杆的类型，计算临界应力或临界荷载。

【例 11.1】 如图 11.5 所示，一两端铰支圆截面压杆用 Q235 钢制成，弹性模量 $E = 200$ GPa，屈服应力 $\sigma_s = 235$ MPa，截面直径 $d = 40$ mm。试计算杆长度 l 分别为 1.2 m、0.8 m 和 0.5 m 三种情况时的临界荷载。

【解】 （1）计算杆长度 $l = 1.2$ m 时的临界荷载，压杆两端约束为两端铰支，其长度系数 $\mu = 1$，故惯性半径：

$$i = \sqrt{\frac{I}{A}} = \frac{d}{4} = 10 \text{ mm}$$

于是柔度为

$$\lambda = \frac{\mu l}{i} = \frac{1 \times 1.2}{10 \times 10^{-3}} = 120 > \lambda_p = 100$$

故为大柔度杆，按欧拉公式计算，得

$$F_{pcr} = \sigma_{cr} A = \frac{\pi^2 E}{\lambda^2} \cdot \frac{\pi d^2}{4} = \frac{\pi^3 \times 200 \times 10^9 \times (40 \times 10^{-3})^2}{4 \times 120^2} \text{ N} = 172 \text{ kN}$$

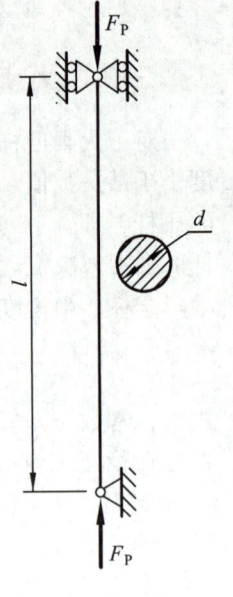

图 11.5

（2）计算杆长度 $l = 0.8$ m 时的临界荷载，因长度系数 $\mu = 1$，惯性半径 $i = 10$ mm，于是柔度为

$$\lambda = \frac{\mu l}{i} = \frac{1 \times 800}{10} = 80$$

由表 11.2 查得，$\lambda_s = 62$，可见 $\lambda_s < \lambda < \lambda_p$，这时压杆为中柔度杆，按直线经验公式计算，得

$$F_{pcr} = \sigma_{cr} A = (a - b\lambda)\frac{\pi d^2}{4} = (304 \times 10^6 - 1.12 \times 10^6 \times 80)\frac{\pi (40 \times 10^{-3})^2}{4} \text{ N}$$
$$= 269 \times 10^3 \text{ N} = 269 \text{ kN}$$

（3）计算杆长度 $l = 0.5$ m 时的临界荷载，这时压杆柔度为

$$\lambda = \frac{\mu l}{i} = \frac{1 \times 500 \times 10^{-3}}{10 \times 10^{-3}} = 50 < \lambda_s = 62$$

故为小柔度杆，属于强度失效问题，即可能屈服也可能断裂。若发生屈服失效，相应的临界荷载为

$$F_{pcr} = \sigma_s \cdot A = \sigma_s \cdot \frac{\pi d^2}{4}$$
$$= \frac{\pi \times 235 \times 10^6 \times (40 \times 10^{-3})^2}{4} \text{ N} = 295 \text{ kN}$$

第三节 压杆的稳定条件及其应用

由以上分析可知，要使压杆不丧失稳定，必须使压杆承受的轴向压力小于压杆的临界荷

载，并且具有一定的安全余量，也就是应使压杆承受的工作荷载 F_P 满足稳定性条件，即

$$F_P \leqslant \frac{F_{pcr}}{n_{st}} \quad \text{或} \quad \sigma \leqslant [\sigma]_{st} \tag{11.6}$$

式中，n_{st} 称为**稳定安全因数**；正应力 $\sigma = F_P/A$ 为压杆直线平衡位置时横截面上的工作应力；$[\sigma]_{st}$ 称为**稳定许用正应力**。

若把临界荷载 F_{pcr} 和实际工作荷载 F_P 的比值 n_{st} 作为压杆的实际"工作安全因数"，则压杆的工作安全条件写为

$$n_{st} = \frac{F_{pcr}}{F_P} = \frac{\sigma_{cr}}{\sigma} \geqslant [n]_{st} \tag{11.7}$$

式中，$[n]_{st}$ 为规定的稳定安全因数。稳定许用安全系数的选取，一般应大于强度安全系数，可通过相关专业手册中查得。

在稳定条件的工程应用中，式（11.7）表达的是稳定实用计算中的**安全因数校核法**。另有一种方法称为折减系数法，这里不作详细讨论。

【例 11.2】 矩形截面连杆如图 11.6 所示。在 xy 平面内，连杆的两端可视为铰支，如图 11.6（a）所示；在 xz 平面内，连杆两端可视为固定端，如图 11.6（b）所示。已知 $b=20$ mm，$h=60$ mm，$l_1=880$ mm，$l=940$ mm，轴向压力 $F_P=100$ kN，连杆材料为 Q235 钢。规定的稳定安全因数 $[n]_{st}=2.5$。试校核该连杆的稳定性。

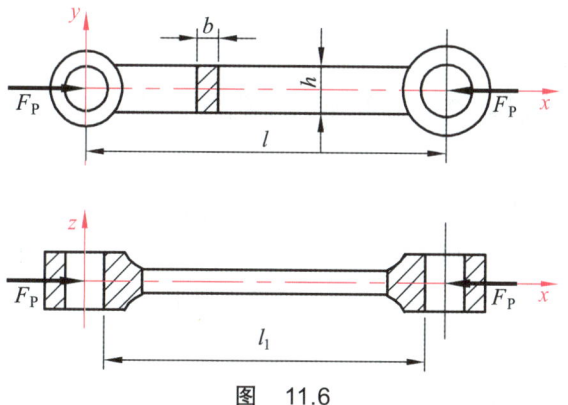

图 11.6

【解】（1）计算两个纵向平面内的柔度。在 xy 平面内长度系数 $\mu=1$，长度 $l=940$ mm，截面惯性半径为

$$i_z = \sqrt{\frac{I_z}{A}} = \sqrt{\frac{bh^3/12}{bh}} = \frac{\sqrt{3}h}{6} = \frac{\sqrt{3} \times 60}{6} \text{ mm} = 17.32 \text{ mm}$$

在 xy 平面内柔度为

$$\lambda_z = \frac{\mu l}{i_z} = \frac{1 \times 940}{17.32} = 54.3$$

在 xz 平面内长度系数 $\mu=0.5$，长度 $l_1=880$ mm，截面惯性半径为

$$i_y = \sqrt{\frac{I_y}{A}} = \sqrt{\frac{hb^3/12}{bh}} = \frac{\sqrt{3}b}{6} = \frac{\sqrt{3}\times 20}{6} \text{ mm} = 5.77 \text{ mm}$$

在 xz 平面内柔度为

$$\lambda_y = \frac{\mu l_1}{i_y} = \frac{0.5\times 880}{5.77} = 76.3$$

由于连杆 $\lambda_y > \lambda_z$，受压连杆首先在 xz 平面内失稳，故按 λ_y 确定压杆类型来计算临界荷载。

（2）计算临界荷载。对 Q235 钢，因 $\lambda_p = 100$，$\lambda_s = 62$，由以上求得的柔度最大值为 $\lambda_{\max} = \lambda_y = 76.3$，而 $\lambda_s < \lambda_y < \lambda_p$，故采用直线经验公式（11.5）计算临界应力，即

$$\sigma_{cr} = a - b\lambda_y = (304\times 10^6 - 1.12\times 10^6 \times 76.3) \text{ Pa} = 218.5\times 10^6 \text{ Pa} = 218.5 \text{ MPa}$$

由此得临界荷载为

$$\begin{aligned}F_{pcr} &= \sigma_{cr}A = \sigma_{cr}bh = 218.5\times 10^6 \times 20\times 10^{-3} \times 60\times 10^{-3} \text{ N} \\ &= 262.2\times 10^3 \text{ N} = 262.2 \text{ kN}\end{aligned}$$

（3）校核连杆的稳定性。按安全因数校核法计算连杆的工作安全因数，即

$$n_{st} = \frac{F_{pcr}}{F_P} = \frac{262.2\times 10^3}{100\times 10^3} = 2.62 > [\sigma]_{st}$$

连杆满足稳定性条件。

第四节　提高压杆稳定性的措施

压杆的稳定失效与压杆的强度、刚度失效有着本质的差别，而且前者的失效受压荷载远低于后者，而且具有突发性，往往造成灾难性的后果。由于影响压杆稳定性的因素很多，因此为了提高压杆的稳定性，往往是从压杆的长度、杆端约束情况、截面尺寸和材料力学性能等多方面因素加以综合考虑。

一、减小压杆的长度或改变约束条件

对于细长压杆，其临界荷载与杆长的平方成反比，因此在允许的条件下，尽量减小压杆的长度或增加中间约束以减小挠曲线半波的跨距，可有效地提高压杆的稳定性。另外，杆端约束的刚性条件越好，相应地压杆长度系数 μ 就越小，其临界荷载也就越大。

二、合理选择截面形状

当压杆两端在各个方向的挠弯曲平面内的约束条件相同时，则它的失稳总是发生在刚度最小的主轴平面内。因此在横截面面积一定时，使 $I_z = I_y$，并且尽可能地使 I 值大些，这样可以做到很经济合理地提高压杆的抗失稳的能力。

若压杆两端在 xy 平面与 xz 平面内的约束条件不同，则可以采用 $I_z \neq I_y$ 的截面（如矩

形截面或工字形截面），与相应的支座条件配合，使得在两个相互垂直的平面内柔度尽可能相等，从而达到在两个方向上抵抗失稳的能力实现接近的目的。实际上这种使两个弯曲平面内的柔度相等，即 $\lambda_x = \lambda_y$，通常称为等稳定性。对于理想的压杆，一般都应该设计成等稳定性的。

三、合理选择材料

在其他条件相同的情况下，选择弹性模量 E 较大的材料，可以提高压杆的稳定性。例如，钢杆的临界力大于铜、铁或铝杆的临界力。但是对于大柔度杆，因各种钢材的弹性模量 E 值相差不大，故选用高强度钢以增加压杆的临界力，其作用甚微，自然对提高细长压杆稳定性的意义不大，反而造成材料浪费。对于中柔度杆，因提高屈服极限 σ_s 和比例极限 σ_p 的值会引起临界应力 σ_{cr} 的增长，故这时选用高强度钢杆会使临界力有所提高。

思考题

11.1 杆的强度、刚度、稳定性有何区别？

11.2 何谓失稳？何谓稳定平衡与不稳定平衡？

11.3 由塑性材料制成的中、小柔度压杆在临界荷载的作用下是否仍处于弹性状态？

11.4 试判别以下说法正确与否。

（1）当压杆失稳时，其横截面上的应力往往会低于压杆强度失效时的应力。

（2）长度、横截面积、材料和杆端约束完全相同的两根细长压杆，其临界应力不一定相等。

（3）压杆的柔度越大表明压杆的稳定性就越高。

11.5 将某圆截面压杆的直径和长度都加大一倍，对杆的柔度有无影响？对杆的临界应力有无影响？对杆的临界荷载有无影响？

11.6 如何区分大柔度杆、中柔度杆与小柔度杆？它们的临界应力各如何确定？

11.7 图 11.7 所示 4 根压杆的材料及横截面（直径为 d 的圆形截面）均相同，试判别哪一根压杆最容易失稳，哪一根最不容易失稳。

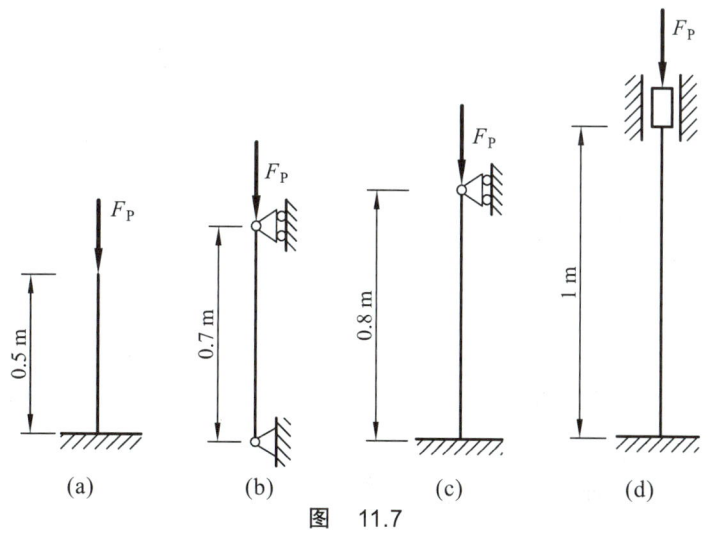

图 11.7

习 题

11.1 某压缩机连杆直径 $D = 60$ mm，空心圆横截面，其内油孔直径 $d = 14$ mm。此连杆在某平面内时的杆端可视为铰支，已知计算长度 $\mu l = 700$ mm，试求连杆的柔度。[答案：$\lambda = 45$]

11.2 图 11.8 所示压杆的材料为 Q235 钢，其弹性模量 $E = 206$ GPa，压杆横截面有 4 种形状，面积均为 3.6×10^3 mm²。试计算它们的临界应力，并比较它们的稳定性。[答案：(a) $\sigma_{cr} = 235.0$ MPa；(b) $\sigma_{cr} = 207.0$ MPa；(c) $\sigma_{cr} = 204.7$ MPa；(d) $\sigma_{cr} = 235.0$ MPa]

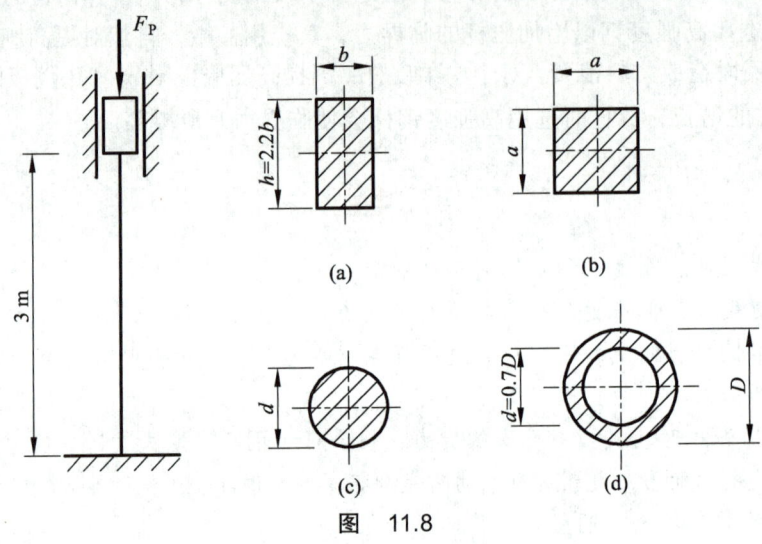

图 11.8

11.3 图 11.9 所示的细长压杆均为同种材料的等直圆杆，其直径 $d = 16$ mm，材料为 Q235 钢，弹性模量 $E = 200$ GPa。其中图 (a) 为两端铰支，图 (b) 为一端固定另一端铰支，图 (c) 为两端固定。试求这三种情况下临界荷载的大小。[答案：(a) $F_{pcr} = 2\,536$ kN；(b) $F_{pcr} = 2\,650$ kN；(c) $F_{pcr} = 3\,130$ kN]

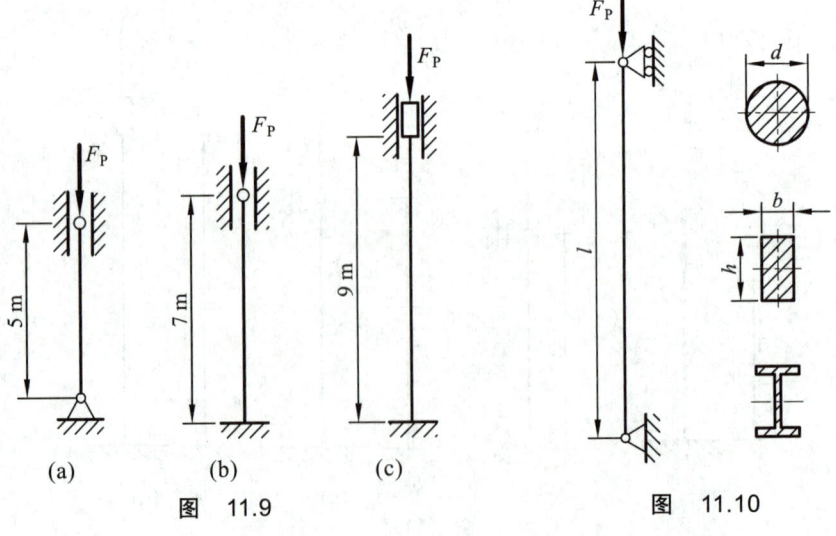

图 11.9   图 11.10

11.4 图 11.10 所示为两端是铰支的细长压杆,已知其弹性模量 $E = 200$ GPa,试用欧拉公式计算此杆在选用不同横截面时的临界荷载:(1)圆形截面,$d = 25$ mm,$l = 1.0$ m;(2)矩形截面,$h = 2b = 40$ mm,$l = 1.0$ m;(3)No.16 工字钢,$l = 2.0$ m。[答案:(a)$F_{pcr} = 37.8$ kN;(b)$F_{pcr} = 165$ kN;(c)$F_{pcr} = 459$ kN]

11.5 图 11.11 所示托架中杆 AB 两端为铰链联结,杆长度 $l = 800$ mm,圆形截面直径 $d = 40$ mm,材料为 Q235 钢。已知规定的稳定安全因数 $[n]_{st} = 2$。今视横梁为刚性的,试求托架的许用荷载 $[F_P]$。[答案:$[F_P] = 59.37$ kN]

11.6 试求图 11.12 所示千斤顶丝杠的工作安全因数。已知其工作时承受的最大荷载 $F_P = 150$ kN,有效直径 $d = 52$ mm,长度 $l = 0.5$ m,材料为 Q235 钢,屈服极限 $\sigma_s = 235$ MPa,今视丝杠的下端为固定端约束,上端为自由端。[答案:$n_{st} = 3.08$]

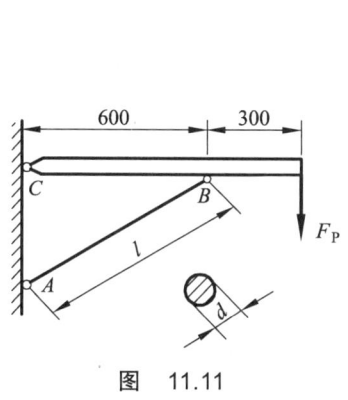

图 11.11

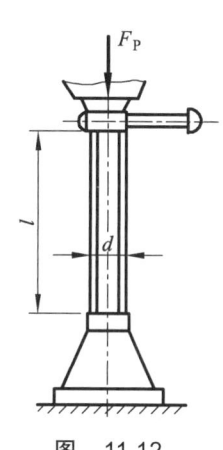

图 11.12

11.7 在图 11.13 所示结构中,梁 AB 由 No.14 工字钢制成。杆 CD 为圆形截面杆,直径 $d = 20$ mm,材料均为 Q235 钢,结构中 A、C、D 处均为铰链联结。已知梁 B 端承受荷载 $F_P = 25$ kN,与水平面夹角 $\alpha = 30°$,尺寸 $a = 1\,250$ mm,$b = 550$ mm,材料弹性模量 $E = 206$ GPa,许用正应力 $[\sigma] = 165$ MPa。已知规定的稳定安全因数 $[n]_{st} = 2$,试问:该结构是否安全?[答案:对梁 AB,$\sigma_{max} = 163.3$ MPa $< [\sigma]$;对杆 CD,$n_{st} = 2.11 > [n]_{st}$,该结构安全]

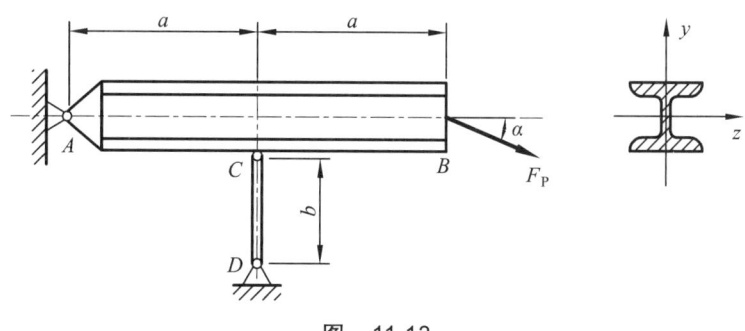

图 11.13

阅读材料

计算力学和工程结构优化设计

1972 年,在周恩来总理"要搞好基础理论研究"的指示下,中国科学院召开力学规划设想座谈会。钱令希在会上倡导发展计算力学,提出力学要打破仅作分析的老传统,要以综合研究工程优化设计的理论和方法,进一步为工程服务。他指出由于计算机的应用,国外力学分析的新局面已经打开,并且发展迅速,而优化设计也正在形成气候,我国力学工作者必须迎头赶上。会后,他在《力学情报》上发表了《结构力学的最优化理论与方法的近代发展》一文,引起了大家的注意。1978 年,在制订全国力学学科发展规划时,他极力主张把"计算力学"列为力学发展的重要方向之一。他的主张被采纳,并主持了全国力学发展规划中"计算力学分支学科规划"的调研与制订工作。1980 年和 1981 年,他担任中国力学学会结构力学专业组组长,在大连和杭州组织了两个全国性的计算力学会议进行倡导。很快,于 1983 年正式成立了中国力学学会计算力学专业委员会,学科和队伍得到迅速的发展。当时,优化设计的理论与方法在国际上有两条途径:一条是依靠数学规划,其理论基础强,并有通用性,但实用比较困难;另一条是依靠一些简明的准则来指导优化的算法,它便于工程实用,但仅限于部件截面的优化问题,因此有局限性。在这类问题上,钱令希的研究表明,两条途径实际是可以统一的,都可归结到相同的序列线性规划的算法上来。这个结果和当时国际上几位先进学者的工作一致。他和同事们进一步研究,在 1983 年发表了《工程结构优化的序列二次规划》一文,找到一条比序列线性规划更为切合实用的途径。在这个基础上,他们开发了 DDDU 程序系统。这个系统后来发展为 4 个版本,逐步从研究性的优化程序发展到切实面向工程应用的程序。这个程序比较完善,在工程界得到应用,也被国外同行重视。

1983 年,钱令希总结了他在大连工学院工程力学研究所领导的部分研究工作,写出了专著《工程结构优化设计》。该书于同年获得全国优秀科技著作一等奖。

第三篇

运动学和动力学

运动学基础

点的合成运动

刚体的平面运动

动力学基础

动静法

工程运动学与动力学的任务是研究物体运动的几何性质，提出对物体进行运动分析的一般方法，并研究物体的运动变化与物体的受力之间的关系。因此，本篇不仅要研究物体的运动几何性质，而且还要研究在力的作用下物体的运动效应。

研究物体运动几何性质的目的，一方面是为进行动力学分析做准备，一方面是因为在工程上也要进行必要的运动分析，因而运动分析又有它独立应用的意义。研究物体运动的几何性质时，将以**点和刚体**为研究模型，阐述点运动的两种形式（直线和曲线）和刚体运动的三种形式（平动、定轴转动和平面运动），建立物体的运动规律。

在动力分析中，将根据问题的性质采用两种力学模型，即**质点和质点系**。在进行动力分析时，一般都是先从研究质点入手以建立概念和理论，然后转入研究质点系。

第十二章 运动学基础

【问题导入】

如图 12.1 所示是一个搅拌机机构,已知主动齿轮 O_1 的转速 n 为 750r/min,且 $\overline{AB}=\overline{O_2O_3}$,$\overline{O_3A}=\overline{O_2B}=0.25$ m,各轮的齿数也已知。要想知道搅拌机是如何进行工作的,就得求点 C 的速度及运动轨迹。应该怎么求解呢?这里涉及的就是点的运动和刚体基本运动的相关知识。

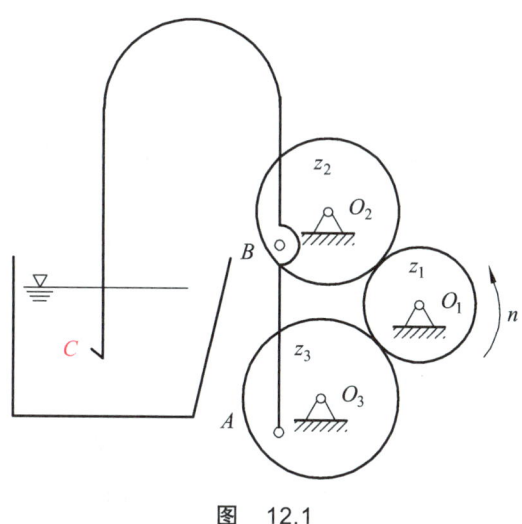

图 12.1

第一节 自然法

构件运动学的主要任务是研究构件在空间的位置随时间的变化规律,不涉及引起运动的原因。研究构件上一点的运动,就是研究动点在所选参考系上的几何位置随时间的变化规律,包括点的运动方程、轨迹、速度和加速度。这里的参考系指的是和地球固结在一起的参考系,称为惯性参考系。描述一动点运动有多种方法,本章只介绍自然坐标法和直角坐标法。

当动点作曲线运动的轨迹为已知时,通常采用自然法来描述动点的运动规律。所谓自

然法，就是利用动点运动轨迹建立弧坐标轴以及自然轴系，并借助它们来描述动点运动规律的方法。

一、点的运动方程

设动点 M 的轨迹如图 12.2 所示的曲线为已知，为确定动点 M 的位置，可在轨迹上任取一定点 O 为弧坐标原点，并在轨迹上点 O 两侧定出正负方向。于是，动点 M 某一时刻的位置就可用弧长冠以适当的正负号，即用 $s=\pm \overset{\frown}{OM}$ 来表示。这里，**弧长 s 是一个代数量，故称它为点 M 的弧坐标**。当动点 M 沿已知轨迹运动时，弧长 s 将随时间而不断变化，也就是弧坐标 s 是时间 t 的单值连续函数，即

$$s = f(t) \qquad (12.1)$$

式（12.1）称为动点沿已知轨迹的或者以弧坐标表示的点的运动方程或运动规律。弧坐标原点和自然坐标轴的正向是人为选定的。但是为了计算方便，**弧坐标原点一般选在动点运动开始的地方。自然坐标轴正向一般选择与动点运动轨迹的方向一致**。在这种情况下建立起来的运动方程形式最为简单。

如铁路上以速度 v_0 匀速行驶的火车，取火车为动点，以轨道为运动轨迹，轨道上的某一定点为计算的起点，并给起点两侧定出正负号，按这样建立的弧坐标，即可列出火车的运动方程为 $s=v_0 t$。式中，s 以 km 计，t 以 h 计，可见只要给出时间 t 的值，就可确定某瞬时火车在轨道上的位置。但应注意，弧坐标 s 不等于路程，路程是指动点运动距离的多少，是标量。而弧坐标是指某瞬时动点在轨迹上的位置，是代数量，可能为正也可能为负，且与弧坐标原点的选择有关。

二、点的速度

如图 12.3 所示，设一动点在平面内沿曲线 AB 运动，在某瞬时 t，其所在位置 M 处的弧坐标为 s。经过时间间隔 Δt 后，即在瞬时 $t+\Delta t$，动点运动到位置 M' 处，其弧坐标有了增量 Δs，即为 $s+\Delta s$。当时间间隔 Δt 很短时，可用从 M 到 M' 的连线 $\overline{MM'}$ 代替 Δs，它表示了动点在 Δt 内的位置改变，称为动点的**位移**。这里的位移 $\overline{MM'}$ 是一既有大小，又有方向的矢量。而动点位置的平均改变率，即位移 $\overline{MM'}$ 与时间间隔 Δt 之比，就定义为动点在该段时间 Δt 内的**平均速度，用矢量 v^* 表示**，即

$$v^* = \frac{\overline{MM'}}{\Delta t}$$

矢量 v^* 的大小表示动点在时间间隔 Δt 内运动的快慢程度，其方向沿着位移 $\overline{MM'}$ 的方向。

当 Δt 趋近于零，动点的位置由 M' 趋近于 M，平均速度 v^* 趋近于一极限值，此极限值就表示动点在瞬时 t 的瞬时速度，简称为动点的**速度，记做 v**，即

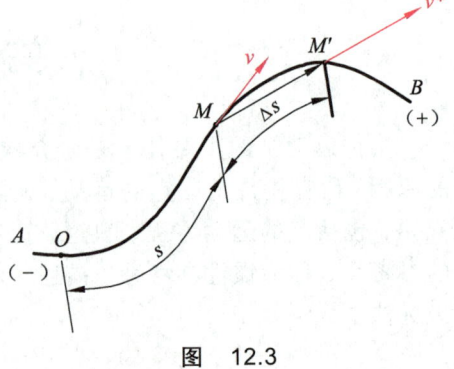

图 12.3

$$v = \lim_{\Delta t \to 0} v^* = \lim_{\Delta t \to 0} \frac{\overrightarrow{MM'}}{\Delta t} \quad (12.2)$$

可见，速度就是动点在某瞬时位移对时间的改变率，也是矢量。式（12.2）中的 $\frac{\overrightarrow{MM'}}{\Delta t}$ 也可写成 $\frac{\overrightarrow{MM'}}{\Delta s} \cdot \frac{\Delta s}{\Delta t}$，所以当 $\Delta t \to 0$ 时，位移大小 $\overline{MM'}$ 趋近于弧长 Δs，即 $\overline{MM'} \approx \Delta s$，而且 $\Delta s \to 0$，于是得到动点的瞬时速度为

$$v = \lim_{\Delta t \to 0} \frac{\overrightarrow{MM'}}{\Delta t} = \lim_{\Delta t \to 0} \frac{\overrightarrow{MM'}}{\Delta s} \lim_{\Delta t \to 0} \frac{\Delta s}{\Delta t} \quad (12.3)$$

因为 $\Delta t \to 0$ 时，动点的位置 M' 无限趋近于 M，$\lim_{\Delta t \to 0} \left| \frac{\overrightarrow{MM'}}{\Delta s} \right| = 1$，$\overrightarrow{MM'}$ 的极限位置趋近于轨迹在点 M 的切线方向，所以瞬时速度 v 的方向沿轨迹在点 M 的切线方向，而速度大小为

$$v = \lim_{\Delta t \to 0} \frac{\Delta s}{\Delta t} = \frac{\mathrm{d}s}{\mathrm{d}t} \quad (12.4)$$

由此表明：动点沿平面曲线运动的速度大小等于弧坐标 s 对时间 t 的一阶导数，方向沿曲线上点 M 的切线方向。可见，速度大小是一个代数量，当 $\mathrm{d}s/\mathrm{d}t$ 为正值，弧坐标 s 随时间的增加而增大，动点沿轨迹的正向运动；反之，当 $\mathrm{d}s/\mathrm{d}t$ 为负值，则动点沿轨迹的负向运动。

三、点的加速度

动点的运动速度随时间的推移而改变，为了准确描述动点速度的大小和方向随时间的变化，我们引入加速度的概念。为方便研究速度矢量的改变，以动点与平面曲线重合的点为原点，建立一游动的坐标系，称为**自然坐标系**。过该点的切向定为**自然轴 τ**，其指向与弧坐标正向相同；过该点与自然轴 τ 正交的法线定为**自然轴 n**，其正向指向轨迹曲线的曲率中心。注意，自然轴系不同于固定的直角坐标系，因为随着动点在轨迹上的运动，τ、n 的方向也在不断变动，因此是一个沿曲线而变动的游动坐标系。如设某一瞬时 t 动点位于位置 M，速度为 v，在下一瞬时 $t + \Delta t$，动点位于位置 M'，速度为 v'（见图 12.4）。在时间间隔 Δt 内速度的改变量为 $\Delta v = v' - v$，Δv 与时间间隔 Δt 之比，就定义为动点在该段时间 Δt 内的**平均加速度**，用矢量 a^* 表示，方向与 Δv 的方向一致。

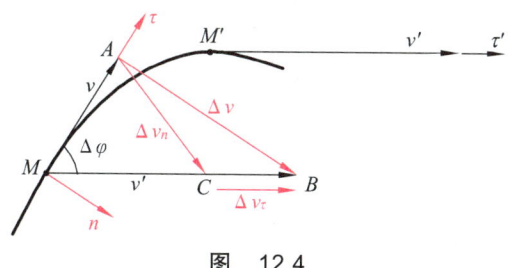

图 12.4

当 Δt 趋近于零时，动点的位置由 M' 趋近于 M，平均加速度趋近于一极限，此极限值就表示动点在瞬时 t 时的**瞬时加速度**，简称为动点的加速度，记做 a，即

$$a = \lim_{\Delta t \to 0} a^* = \lim_{\Delta t \to 0} \frac{\Delta v}{\Delta t}$$

因为加速度是矢量，所以速度矢量的改变，就包含速度大小和方向两方面的变化。为了清楚地显示这两方面的变化，可将速度矢量的改变量 Δv 分解为分别趋向于弧坐标自然轴切向和法向的两个分量 Δv_τ 和 Δv_n，它们分别表示速度的大小和方向的改变量，也就是

$$\Delta v = \Delta v_\tau + \Delta v_n$$

这样，动点的加速度 a 表示为

$$a = \lim_{\Delta t \to 0} \frac{\Delta v}{\Delta t} = \lim_{\Delta t \to 0} \frac{\Delta v_\tau}{\Delta t} + \lim_{\Delta t \to 0} \frac{\Delta v_n}{\Delta t} = a_\tau + a_n \tag{12.5}$$

由此表明：**动点的加速度 a 包含切向加速度 a_τ 和法向加速度 a_n 两项分量，第一项反映加速度大小对时间的改变率，方向沿自然轴切线 τ 方向，故称其为切向加速度 a_τ；第二项反映加速度方向对时间的改变率，方向沿自然轴法线 n 方向，故称其为法向加速度 a_n**。下面分别讨论这两个加速度的大小和方向。

1. 切向加速度 a_τ

切向加速度分量 $a_\tau = \lim\limits_{\Delta t \to 0} \dfrac{\Delta v_\tau}{\Delta t}$。由图 12.4 可以看出，当 $\Delta t \to 0$ 时 $\Delta \varphi \to 0$，所以 Δv_τ 的极限方向与动点轨迹曲线在位置 M 处的切线重合。这一切向加速度 a_τ 显示了速度大小的改变，它的方向沿动点轨迹曲线在位置 M 处的切线方向，它的大小为

$$a_\tau = \lim_{\Delta t \to 0} \left| \frac{\Delta v_\tau}{\Delta t} \right| = \frac{dv}{dt} = \frac{d^2 s}{dt^2} \tag{12.6}$$

当 $\dfrac{dv}{dt} > 0$ 时，切向加速度 a_τ 指向切线自然坐标轴 τ 的正向；反之，指向切线自然轴 τ 的负向。须指出，切向加速度的正负号只说明了切向加速度矢量的方向，并不能说明动点是作加速运动还是减速运动。只有当 $\dfrac{dv}{dt}$ 的正负与速度 v 的正负一致时，动点才作加速运动；反之，动点作减速运动。

可见，**切向加速度反映的是动点速度值对时间的变化率，它的代数值等于速度代数值对时间的一阶导数或弧坐标对时间的二阶导数，方向沿轨迹切线。**

2. 法向加速度 a_n

法向加速度分量 $a_n = \lim\limits_{\Delta t \to 0} \dfrac{\Delta v_n}{\Delta t}$。由图 12.4 可以看出，在 $\triangle MAC$ 中，$\angle MAC = \dfrac{1}{2}(\pi - \Delta \varphi)$，当 $\Delta t \to 0$ 时 $\Delta \varphi \to 0$，$\angle MAC = \dfrac{\pi}{2}$，所以 Δv_n 的极限方向与速度矢量 v 垂直，这一法向加速度 a_n 显示了速度方向的改变，它的方向沿动点轨迹曲线在位置 M 处的法线方向，并指向曲线内凹一侧的曲率中心，它的大小为

$$a_n = \lim_{\Delta t \to 0}\left|\frac{\Delta v_n}{\Delta t}\right| = \lim_{\Delta t \to 0}\left|\frac{2v\sin\frac{\Delta\varphi}{2}}{\Delta t}\right| = \lim_{\Delta t \to 0}\left|v \cdot \frac{\sin\frac{\Delta\varphi}{2}}{\frac{\Delta\varphi}{2}} \cdot \frac{\Delta\varphi}{\Delta s} \cdot \frac{\Delta s}{\Delta t}\right|$$

$$= v \cdot \lim_{\Delta t \to 0}\left|\frac{\sin\frac{\Delta\varphi}{2}}{\frac{\Delta\varphi}{2}}\right| \cdot \lim_{\Delta t \to 0}\left|\frac{\Delta\varphi}{\Delta s}\right| \cdot \lim_{\Delta t \to 0}\left|\frac{\Delta s}{\Delta t}\right| = v \cdot 1 \cdot \frac{1}{\rho} \cdot v = \frac{v^2}{\rho} \quad (12.7)$$

式中，$\lim\limits_{\Delta t \to 0}\left|\dfrac{\Delta\varphi}{\Delta s}\right| = \dfrac{1}{\rho}$；$\rho$ 为轨迹曲线在点 M 处的曲率半径，而曲率 $\dfrac{1}{\rho}$ 表示了轨迹曲线在位置 M 处的弯曲程度。

由式（12.7）也可以看出，法向加速度 a_n 的大小恒为正值。于是得出结论：法向加速度反映点的速度方向改变的快慢程度，它的大小等于点的速度平方除以曲率半径，方向沿着法线并指向曲率中心。

综上所述，动点作平面曲线运动时，加速度 a 由切向加速度 a_τ 和法向加速度 a_n 两个分量组成。由于加速度（又称全加速度）a 的这两个分量在每一瞬时总是相互垂直，所以动点的全加速度的大小和方向为

$$a = \sqrt{a_\tau^2 + a_n^2} = \sqrt{\left(\frac{\mathrm{d}v}{\mathrm{d}t}\right)^2 + \left(\frac{v^2}{\rho}\right)^2} \quad (12.8)$$

$$\tan\theta = \left|\frac{a_\tau}{a_n}\right| \quad (12.9)$$

式中，θ 为全加速度 a 与法线自然轴 n 的夹角（见图 12.5），它总是小于或等于 $\dfrac{\pi}{2}$。因此，全加速度 a 的方向总是指向动点所在轨迹曲线内凹的一侧。

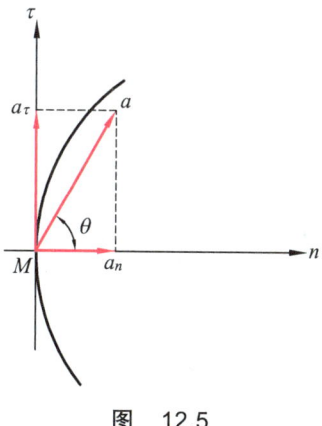

图 12.5

以上讨论的是动点作平面曲线运动的一般情况，下面讨论几种特殊情况。

1. 匀变速曲线运动

当点作匀变速曲线运动时，$a_\tau = $ 常量，$a_n = v^2/\rho$。若已知运动的初始条件，即当 $t = 0$ 时，$v = v_0$，$s = s_0$，其速度和运动方程可通过 $a_\tau = \mathrm{d}v/\mathrm{d}t$，$v = \mathrm{d}s/\mathrm{d}t$ 积分得

$$v = v_0 + a_\tau t$$
$$s = s_0 + v_0 t + \frac{1}{2} a_\tau t^2 \qquad (12.10)$$
$$v^2 - v_0^2 = 2 a_\tau (s - s_0)$$

由此可见，点的匀变速曲线运动公式与大家熟悉的匀变速直线运动公式类似，只需以 a_τ 代替匀变速直线运动公式中的 a 即可。

2. 匀速曲线运动

点作匀速曲线运动时，$a_\tau = 0$，$a = a_n = \dfrac{v^2}{\rho}$，因此 $v = $ 常数。可推导其运动方程为

$$s = s_0 + v_0 t \qquad (12.11)$$

3. 直线运动

点作直线运动时，其轨迹曲线上各处的曲率半径 $\rho = \infty$，因此有 $a_n = \dfrac{v^2}{\rho} = 0$，从而得点的加速度为

$$a = a_\tau = \frac{\mathrm{d}v}{\mathrm{d}t}$$

【例 12.1】 一环杆套接装置如图 12.6 所示。铁环半径为 R，圆心为 O_1，其上套一小环 M，杆 OA 穿过小环，按 $\varphi = \omega t$（ω 是常量）的规律绕端点 O 转动。已知初瞬时杆 OA 位于水平位置，试求小环 M 的运动方程、速度和加速度。

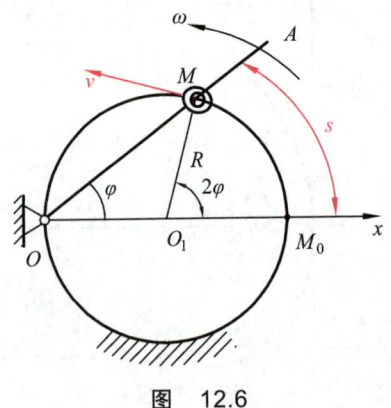

图 12.6

【解】 将小环 M 视为动点，已知运动轨迹是半径为 R 的圆。设 $t = 0$ 时，小环 M 位于 M_0，取 M_0 为弧坐标原点，逆时针为弧坐标正向，动点小环 M 的弧坐标为 $s = R \times \angle MO_1M_0$，因

$\angle MO_1M_0 = 2\varphi = 2\omega t$,故小环 M 的运动方程为

$$s = 2R\omega t$$

由式（12.4）得小环 M 的速度为

$$v = \frac{ds}{dt} = 2R\omega$$

可见 v 为正值常量，小环 M 的速度方向沿半径为 R 的圆周轨迹的切线，并指向弧坐标的正向，作匀速圆周运动。由式（12.6）和式（12.7）得小环 M 的切向加速度和法向加速度分别为

$$a_\tau = \frac{dv}{dt} = 0$$

$$a_n = \frac{v^2}{\rho} = \frac{(2R\omega)^2}{R} = 4R\omega^2$$

经计算可知小环 M 的全加速度为 $a = a_n$，方向恒指向圆心 O。

第二节　直角坐标法

当动点作平面曲线运动的轨迹曲线未知时，通常采用**直角坐标法**来描述动点的运动规律。所谓直角坐标法，就是利用直角坐标系来描述动点运动规律的方法。

一、点的运动方程

设一动点 M 相对于平面直角坐标系 Oxy 作曲线运动（见图 12.7），它的位置可用坐标 (x, y) 确定。当动点 M 运动时，坐标 (x, y) 均是时间 t 的单值连续函数，即

$$\left.\begin{array}{l} x = f_1(t) \\ y = f_2(t) \end{array}\right\} \quad (12.12)$$

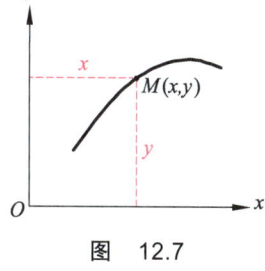

图 12.7

式（12.12）称为动点的以**直角坐标系表示的运动方程**。从上式中消去时间变量 t，可得动点的轨迹方程为

$$F(x, y) = 0 \quad (12.13)$$

二、点的速度

如图 12.8 所示，设一动点在直角坐标系 Oxy 内作平面曲线运动，在某瞬时 t，其所在位置 M 的坐标为 (x, y)；经过时间间隔 Δt 后，在瞬时 $t' = t + \Delta t$，动点运动到位置 M' 处，其坐标为 (x', y')。显然，动点在 Δt 时间内的位移矢量为 $\overrightarrow{MM'}$，其平均速度用 v^* 表示，即 $v^* = \dfrac{\overrightarrow{MM'}}{\Delta t}$，当 Δt 趋近于零时，即得动点的瞬时速度为 $v = \lim\limits_{\Delta t \to 0} \dfrac{\overrightarrow{MM'}}{\Delta t}$。

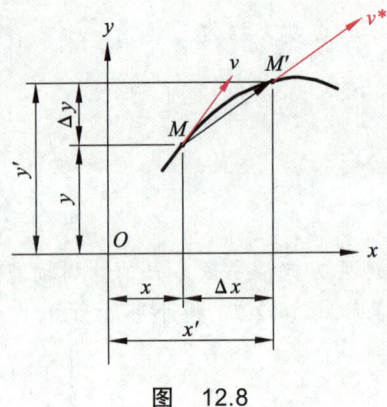

图 12.8

这里把动点的位移看成是沿轴 x、y 两个方向位移合成的结果，为此将位移 $\overline{MM'}$ 投影在轴 x、y 上，得

$$\Delta x = x' - x, \quad \Delta y = y' - y$$

这样，动点在 Δt 内的平均速度 v^* 在轴 x、y 两个方向的投影为 $v_x^* = \dfrac{\Delta x}{\Delta t}$，$v_y^* = \dfrac{\Delta y}{\Delta t}$。当 Δt 趋近于零时，v_x^* 和 v_y^* 的极限值称为动点在位置 M 处的瞬时速度在轴 x、y 上的投影，记做 v_x 和 v_y，于是有

$$\left. \begin{array}{l} v_x = \lim\limits_{\Delta t \to 0} \dfrac{\Delta x}{\Delta t} = \dfrac{\mathrm{d}x}{\mathrm{d}t} \\ v_y = \lim\limits_{\Delta t \to 0} \dfrac{\Delta y}{\Delta t} = \dfrac{\mathrm{d}y}{\mathrm{d}t} \end{array} \right\} \tag{12.14}$$

综上所述，速度可用它在平面直角坐标中轴 x、y 上的投影来表示，速度在直角坐标轴上的投影等于其对应坐标对时间的一阶导数。

由速度在平面直角坐标轴上的两个投影，可得到动点作平面曲线运动时的速度的大小和方向为

$$\left. \begin{array}{l} v = \sqrt{v_x^2 + v_y^2} = \sqrt{\left(\dfrac{\mathrm{d}x}{\mathrm{d}t}\right)^2 + \left(\dfrac{\mathrm{d}y}{\mathrm{d}t}\right)^2} \\ \tan\theta = \left| \dfrac{v_y}{v_x} \right| \end{array} \right\} \tag{12.15}$$

式中，θ 是速度与坐标轴 x 所夹的锐角。

三、点的加速度

仿照以上用直角坐标法求速度的方法，可得到加速度在轴 x、y 上的投影 a_x、a_y，即

$$\left. \begin{array}{l} a_x = \dfrac{\mathrm{d}v_x}{\mathrm{d}t} = \dfrac{\mathrm{d}^2 x}{\mathrm{d}t^2} \\ a_y = \dfrac{\mathrm{d}v_y}{\mathrm{d}t} = \dfrac{\mathrm{d}^2 y}{\mathrm{d}t^2} \end{array} \right\} \tag{12.16}$$

式（12.16）表明，动点的加速度在直角坐标轴上的投影等于该点的速度在对应坐标轴上的投影对时间的一阶导数或等于该点的对应坐标对时间的二阶导数。

有了加速度的两个投影，可得到动点作平面曲线运动时的加速度的大小和方向为

$$\left.\begin{array}{l} a = \sqrt{a_x^2 + a_y^2} = \sqrt{\left(\dfrac{d^2 x}{dt^2}\right)^2 + \left(\dfrac{d^2 y}{dt^2}\right)^2} \\ \tan\varphi = \left|\dfrac{a_y}{a_x}\right| \end{array}\right\} \quad (12.17)$$

式中，φ 为加速度与坐标轴 x 所夹的锐角。

【例 12.2】 设动点的运动方程为 $x = 8t - 4t^2$，$y = 6t - 3t^2$，方程中 x、y 单位为 m，t 单位为 s。试求该点的轨迹、速度和加速度。

【解】 从动点的运动方程中消去时间变量 t，得轨迹方程为

$$3x - 4y = 0 \quad \text{或} \quad y = \dfrac{3}{4}x$$

可见，动点的轨迹是一条斜直线，该直线与轴 x 的夹角为

$$\alpha = \arctan\dfrac{3}{4}$$

由式（12.14）将动点运动时的坐标或运动方程对时间求一阶导数，得

$$v_x = \dfrac{dx}{dt} = 8(1 - t)$$

$$v_y = \dfrac{dy}{dt} = 6(1 - t)$$

由式（12.15）得动点速度的大小和方向为

$$v = \sqrt{v_x^2 + v_y^2} = 10|1 - t|$$

$$\theta = \arctan\left|\dfrac{v_y}{v_x}\right| = \dfrac{3}{4}$$

式中，θ 为动点速度与轴 x 所夹的锐角。

由式（12.16）将动点的坐标或运动方程对时间求二阶导数，得

$$a_x = \dfrac{d^2 x}{dt^2} = -8, \quad a_y = \dfrac{d^2 y}{dt^2} = -6$$

$$a = \sqrt{a_x^2 + a_y^2} = 10$$

$$\varphi = \arctan\left|\dfrac{a_y}{a_x}\right| = \dfrac{3}{4}$$

式中，φ 为动点加速度与轴 x 所夹的锐角。

以上各式，坐标 x、y 的单位为 m，速度的单位为 m/s，加速度的单位为 m/s²。

【例 12.3】 图 12.9 所示的一椭圆机构，规尺 AB 的中点与曲柄 OC 用铰链连接，其两端可分别沿轴 y 和轴 x 滑动。已知 $OC = AC = BC = l$，$MC = b$，$\varphi = \omega t$（ω 是常数），试求规尺 AB 上点 M 的运动方程、轨迹方程和在 $t = \pi/2\omega$ 时的速度和加速度。

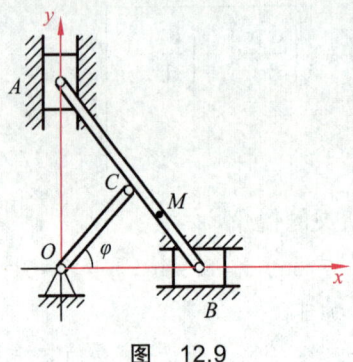

图 12.9

【解】 选固定铰链 O 为原点，建立直角坐标系 Oxy，由图示各杆之间的几何关系建立规尺 AB 上点 M 的运动方程为

$$x = (OC + MC)\cos\varphi = (l+b)\cos\omega t$$
$$y = MB\sin\varphi = (l-b)\sin\omega t$$

从运动方程中消去时间 t，得轨迹方程：

$$\frac{x^2}{(l+b)^2} + \frac{y^2}{(l-b)^2} = 1$$

可见，规尺 AB 上点 M 的运动轨迹是一个椭圆。其长轴与轴 x 重合，短轴与轴 y 重合。由式（12.14），对动点 M 的运动方程求一阶导数，得

$$v_x = \frac{\mathrm{d}x}{\mathrm{d}t} = -(l+b)\omega\sin\omega t$$

$$v_y = \frac{\mathrm{d}y}{\mathrm{d}t} = (l-b)\omega\cos\omega t$$

当 $t = \pi/2\omega$ 时，代入上式，得规尺 AB 上点 M 的速度为

$$v_x = -(l+b)\omega\sin\frac{\pi}{2} = -(l+b)\omega$$

$$v_y = (l-b)\omega\cos\frac{\pi}{2} = 0$$

点 M 的速度大小和方向为

$$v = \sqrt{v_x^2 + v_y^2} = (l+b)\omega, \quad \tan\theta = \left|\frac{v_y}{v_x}\right| = 0, \quad \theta = 0$$

表明规尺 AB 上点 M 的速度 v 方向与轴 x 平行，水平向左。

对动点 M 的运动方程求二阶导数，得

$$a_x = \frac{dv_x}{dt} = -(l+b)\omega^2 \cos\omega t$$

$$a_y = \frac{dv_y}{dt} = -(l-b)\omega^2 \sin\omega t$$

当 $t = \pi/2\omega$ 时，代入上式，得规尺 AB 上点 M 的加速度为

$$a_x = 0, \quad a_y = -(l-b)\omega^2$$

点 M 的加速度大小和方向为

$$a = \sqrt{a_x^2 + a_y^2} = (l-b)\omega^2, \quad \tan\varphi = \left|\frac{a_y}{a_x}\right| = \infty, \quad \varphi = 90°$$

表明规尺 AB 上点 M 的加速度 a 的方向与轴 y 平行，铅垂向下。

应注意：用直角坐标法建立运动方程时，应将动点放在一般的位置，使其建立的运动方程在动点的整个运动过程中都适用。坐标系的坐标原点应为固定不动的点，比如固定圆柱铰链的位置。显然，直角坐标法中的直角坐标系是固定不动的，而自然坐标法中的自然坐标系是游动的。当动点运动轨迹已知，可采用自然法和直角坐标法，但自然法更简洁，对动点运动的描述也更清晰。当动点的运动轨迹未知，则只能采用直角坐标法求解。

实际上，点的运动学包含两类应用问题：第一类是已知点的运动方程或给出约束条件确定点的运动方程，进而确定点的速度和加速度，其实这就是求微分的过程。第二类是已知点的加速度和运动的初始条件，通过积分，确定点的速度和运动方程。第二类问题较复杂，这里未作讨论。

第三节　刚体的基本运动

刚体由无数点组成，在点的运动学基础上将研究刚体的基本运动——平动和定轴转动。一般说来，刚体运动时其上每一点的运动各不相同，且彼此相互联系。因此我们研究刚体的基本运动，既要研究其整体的运动，还要研究其内部各点的运动。

一、刚体的平动

刚体在运动过程中，若刚体上任意一条直线都始终平行于它的初始位置，则称这种运动为刚体的平行移动，简称平动。如内燃机汽缸中活塞的运动[见图 12.10（a）]和摆式送料机构料槽的运动[见图 12.10（b）]就具有上述的运动特点，故都是平动。平动刚体上任一点的轨迹可以是直线，也可以是曲线。

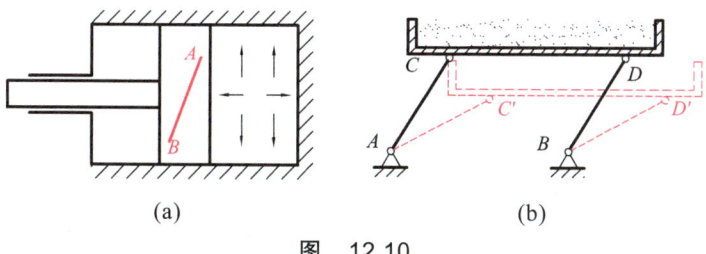

图　12.10

刚体平动时，在任意一时间间隔 Δt 内，刚体上任选两点 A、B 的位移的大小和方向是完全相同的。由此可推知，平动刚体上任选两点 A、B 的轨迹形状以及沿轨迹所经过的弧长都相同，因而刚体上各点的运动规律就完全相同。既然各点的运动规律完全相同，那么它们在某瞬时的速度和加速度也都相同，即

$$\left.\begin{array}{l} \bm{v}_A = \bm{v}_B \\ \bm{a}_A = \bm{a}_B \end{array}\right\} \tag{12.18}$$

由于刚体上点 A 和 B 是任意选择的，因此若已知平动刚体上某一点的运动情况，则其他各点的运动情况就完全可以确定。于是可得出结论：研究刚体的平动可归结为研究刚体内任意一点的运动。通常情况下，总习惯用刚体质心的运动来代表刚体的运动。这就是说，掌握了平动刚体上某一点的运动规律，就掌握了整个刚体平动的运动规律。

【例 12.4】 图 12.11 所示的荡木 AB 用两条等长的钢绳平行吊起，钢绳长为 l。当荡木摆动时，钢绳的摆动规律为 $\varphi = \varphi_0 \sin\dfrac{\pi}{4}t$，其中 t 为时间。试求荡木上一点 M 的速度和加速度表达式。

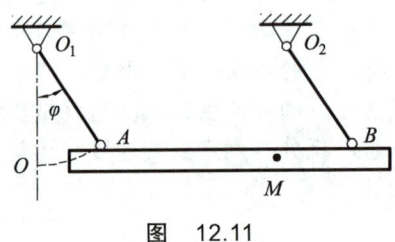

图 12.11

【解】 由题意，钢绳 O_1A、O_2B 长度相等且相互平行，可见荡木 AB 在工作时始终平行于直线 O_1O_2，荡木作平动，其上点 A、B 与点 M 的速度和加速度均相同。点 A 作圆弧运动，以点 A 运动到的最低点 O 为弧坐标原点，并且规定弧坐标 s 向右为正，于是点 A 的运动方程为

$$s = \varphi_0 l \sin\dfrac{\pi}{4}t$$

对以上运动方程求一阶导数，得点 A 的速度为

$$v = \dfrac{ds}{dt} = \dfrac{\pi}{4}\varphi_0 l \cos\dfrac{\pi}{4}t$$

对运动方程再求导一次，得点 A 的切向加速度为

$$a_\tau = \dfrac{dv}{dt} = -\dfrac{\pi^2}{16}\varphi_0 l \sin\dfrac{\pi}{4}t$$

点 A 的法向加速度为

$$a_n = \dfrac{v^2}{l} = \dfrac{\pi^2}{16} l \varphi_0^2 \cos^2\dfrac{\pi}{4}t$$

最后，得全加速度为

$$a_A = \sqrt{a_\tau^2 + a_n^2}$$

由刚体平动的运动特点可知，荡木上一点 M 的速度和加速度分别为 $\boldsymbol{v}_M = \boldsymbol{v}_A$，$\boldsymbol{a}_M = \boldsymbol{a}_A$。

二、刚体的定轴转动

刚体运动时，若刚体或其延伸部分上有一条直线始终保持不动即是固定的，则这种运动称为**刚体的定轴转动**，此固定不动的直线称为转轴。

定轴转动在工程上很常见，如齿轮、皮带轮、机床主轴等构件的运动就是刚体定轴转动的实例。刚体定轴转动时，除了转轴上的点始终保持不动外，其余各点都在垂直于转轴的平面内绕转轴作半径不等的圆周运动，其圆心都在转轴上。

为了确定定轴转动刚体在空间的位置，用两个通过转轴 z 的平面 Ⅰ、Ⅱ 之间的相对位置来表示（见图 12.12）。其中平面 Ⅰ 是过轴 z 的假想的固定平面，平面 Ⅱ 是过轴 z 的与刚体固连并随刚体转动的动平面。这样，刚体任一瞬时在空间的位置，就可用动平面 Ⅱ 与固定平面 Ⅰ 的夹角 φ 即刚体的**转角**来确定，转角 φ 的单位为弧度（rad）。刚体定轴转动的转角 φ 可由固定平面的两个方向量取，转角 φ 是一个代数量，其正负号遵循如下规定：**自转轴 z 的正端看去，从固定平面起按逆时针量取的转角 φ 取正值；反之按顺时针量取的转角 φ 为负值**。刚体转动时，转角 φ 随时间 t 而变化，其为时间 t 的单值连续函数，即

$$\varphi = f(t) = \varphi(t) \tag{12.19}$$

式（12.19）称为**定轴转动刚体的转动方程**。它可以用于描述刚体转动时的转动规律，而刚体转动快慢的程度是用**角速度**来描述的。设在时间间隔 Δt 内，刚体转角的改变量为 $\Delta \varphi$，在 Δt 内转角的平均改变率，比值 $\Delta \varphi / \Delta t$ 称为刚体在 Δt 内的平均角速度。当 Δt 趋近于零时，平均角速度趋近于一极限值，此值就称为刚体在瞬时 t 的角速度，用 ω 表示，即

$$\omega = \lim_{\Delta t \to 0} \frac{\Delta \varphi}{\Delta t} = \frac{\mathrm{d}\varphi}{\mathrm{d}t} \tag{12.20}$$

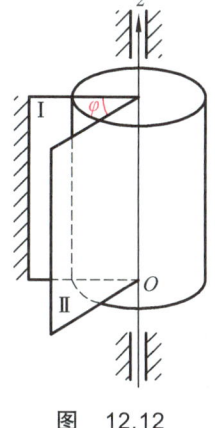

图 12.12

可见，**刚体定轴转动角速度等于其转角对时间的一阶导数**。角速度也是一个代数量，它的正负号表示刚体的转向。并规定：**刚体逆时针转动角速度为正，反之为负**。角速度的单位为弧度/秒（rad/s）。工程上常用每 min 的转数 n 来表示刚体的转速，转速 n 的单位为转/分（r/min），它与角速度 ω 的换算关系为

$$\omega = \frac{2\pi n}{60} = \frac{\pi n}{30} \tag{12.21}$$

在工程实际中，机器运转时，一般转动构件的转速是稳定的。但在机器的启动或停车过程中，转动往往不再是匀角速度的，对角速度变化快慢的程度是用**角加速度**来描述的。设在时间间隔 Δt 内，刚体角速度的改变量为 $\Delta \omega$，在 Δt 内角速度的平均改变率，比值 $\Delta \omega / \Delta t$ 称为刚体在 Δt 内的平均角加速度。当 Δt 趋近零时，平均角加速度趋近于一极限值，此极限值就称为刚体在瞬时 t 的角加速度，用 α 表示，即

$$\alpha = \lim_{\Delta t \to 0} \frac{\Delta \omega}{\Delta t} = \frac{d\omega}{dt} = \frac{d^2\varphi}{dt^2} \qquad (12.22)$$

可见，刚体定轴转动角加速度等于其角速度对时间的一阶导数或等于其转角对时间的二阶导数。角加速度也是一个代数量。若 α 与 ω 同号，则刚体作加速转动；若 α 与 ω 异号，则刚体作减速转动。角加速度的单位为弧度/秒^2（rad/s^2）。

转角、角速度和角加速度都是描述刚体整体转动的物理量。在同一时间内，刚体上各点转过的角度都相等，因此在同一瞬时，刚体内各点角速度、角加速度都相同。

以下讨论两种特殊情况：

1. 匀速转动

若刚体绕定轴转动的角速度不变，即 ω = 常量，则这种转动为**匀速转动**。与点的匀速运动公式相类似，于是有

$$\varphi = \varphi_0 + \omega t \qquad (12.23)$$

式中，φ_0 为转动刚体初瞬时的角位移，即 $t = 0$ 时转角 φ 的值。

2. 匀变速转动

若刚体绕定轴转动时的角加速度不变，即 α = 常量，则这种转动为**匀变速转动**。与点的匀变速运动公式相类似，于是有

$$\left. \begin{array}{l} \omega = \omega_0 + \alpha t \\ \varphi = \varphi_0 + \omega_0 t + \dfrac{1}{2}\alpha t^2 \\ \omega^2 - \omega_0^2 = 2\alpha(\varphi - \varphi_0) \end{array} \right\} \qquad (12.24)$$

式中，ω_0 和 φ_0 分别是转动刚体初瞬时的角速度和转角，即 $t = 0$ 时角速度 ω 和转角 φ 的值。

构件绕定轴转动的角量与点的运动的线量之间，存在着对应关系，可通过表 12.1 对照来帮助记忆。

表 12.1 角量与线量之间的对应关系

点的运动		刚体的定轴转动	
运动方程	$s = f(t)$	转动方程	$\varphi = f(t)$
速度	$v = \dfrac{ds}{dt}$	角速度	$\omega = \dfrac{d\varphi}{dt}$
加速度	$a_\tau = \dfrac{dv}{dt} = \dfrac{d^2s}{dt^2}$	角加速度	$\alpha = \dfrac{d\omega}{dt} = \dfrac{d^2\varphi}{dt^2}$
匀速运动	$s = s_0 + v_0 t$	匀速转动	$\varphi = \varphi_0 + \omega t$
匀变速运动	$v = v_0 + a_\tau t$ $s = s_0 + v_0 t + \dfrac{1}{2}a_\tau t^2$ $v^2 - v_0^2 = 2a_\tau(s - s_0)$	匀变速转动	$\omega = \omega_0 + \alpha t$ $\varphi = \varphi_0 + \omega t + \dfrac{1}{2}\alpha t^2$ $\omega^2 - \omega_0^2 = 2\alpha(\varphi - \varphi_0)$

第四节　定轴转动刚体上各点的速度和加速度

在工程实际中，往往需要知道转动刚体上某点的运动情况。如在车床上车削工件时，为了保证表面的光洁度，往往要确定一个合适的切削速度，实际上也就是控制工件表面与刀具接触点的速度。可见，这类现实问题就涉及计算转动刚体上某一点的速度。对于定轴转动刚体，刚体上各点都在垂直于转动轴的平面内作圆周运动，圆心在转轴上，半径等于该点到圆心的距离。由于点的运动轨迹已知，因此可用自然法研究刚体上任意一点的运动。

在刚体上任意选一点 M，如图 12.13（a）所示，设它到转轴 O 的距离为 R，刚体的初转角 $\varphi_0 = 0$ 时，点 M 的初始位置在 M_0 处，取 M_0 为弧坐标 s 的原点，以转角 φ 增大的方向为弧坐标 s 的正向，在任一瞬时，动点到达 M 位置的弧坐标为

$$s = R\varphi \tag{12.25}$$

式（12.25）为定轴转动刚体任意一点的运动方程，将其对时间 t 求一阶导数，得动点 M 的速度为

$$v = \frac{\mathrm{d}s}{\mathrm{d}t} = R\frac{\mathrm{d}\varphi}{\mathrm{d}t} = R\omega \tag{12.26}$$

式（12.26）表明定轴转动刚体上任意一点的速度，其大小等于该点的转动半径与刚体角速度的乘积，其方向垂直于转动半径，指向与角速度的方向一致，即指向转动的一方。

由式（12.26）可知，在每一瞬时，定轴转动刚体上各点速度的大小与其转动半径成正比，也就是说，对于垂直于转轴平面内的各点的速度大小分布，是沿半径呈线性分布规律的，如图 12.13（b）所示。

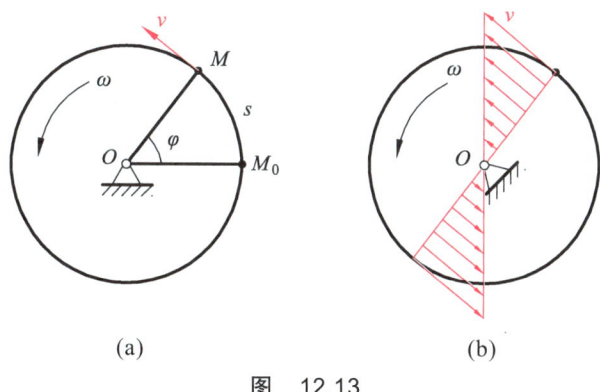

图　12.13

因为转动刚体上任意点作圆周运动，所以这一点的加速度包括切向加速度和法向加速度，由式（12.6）可得切向加速度大小为

$$a_\tau = \frac{\mathrm{d}v}{\mathrm{d}t} = \frac{\mathrm{d}(R\omega)}{\mathrm{d}t} = R\alpha \tag{12.27}$$

式（12.27）表明转动刚体上任意一点的切向加速度的大小，等于该点转动半径与刚体角加速度的乘积，它的方向垂直于转动半径，指向与角加速度 α 方向一致。

同理，由式（12.7）可得转动刚体上任意点的法向加速度大小为

$$a_n = \frac{v^2}{\rho} = \frac{(R\omega)^2}{R} = R\omega^2 \quad (12.28)$$

式（12.28）表明转动刚体上任意一点的法向加速度的大小，等于该点转动半径与刚体角加速度平方的乘积，它的方向沿转动半径并指向圆心，如图 12.14（a）所示。

由式（12.8）、式（12.9）、式（12.27）和式（12.28）可得转动刚体上任意一点全加速度大小和方向分别为

$$\left. \begin{array}{l} a = \sqrt{a_\tau^2 + a_n^2} = R\sqrt{\alpha^2 + \omega^4} \\ \tan\theta = \dfrac{|a_\tau|}{a_n} = \dfrac{|\alpha|}{\omega^2} \end{array} \right\} \quad (12.29)$$

式中，θ 为加速度 a 与转动半径之间的夹角。

由式（12.29）可知，在同一瞬时，刚体内各点加速度的大小与该点的转动半径成正比，各点加速度与转动半径间的夹角都相等。刚体上各点的加速度大小在垂直于转轴的平面内沿半径呈线性分布规律，如图 12.14（b）所示。

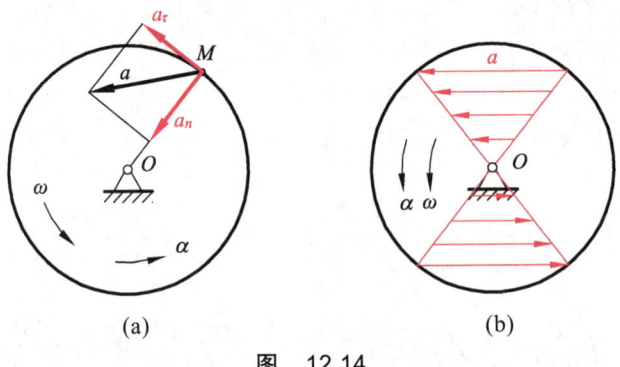

图 12.14

【例 12.5】 半径 $R = 0.2\text{ m}$ 的起重机鼓轮绕定轴 O 沿顺时针转动（见图 12.15）。鼓轮的转动方程 $\varphi = -2t^2 + 10t$（φ 以 rad 计，t 以 s 计）。鼓轮上绕一不可伸长的绳子用于起吊重物 A。试求：当 $t = 2\text{ s}$ 时，轮缘上任意一点 M 和重物 A 的速度、加速度以及重物被起吊的情况。

【解】 起重机鼓轮为定轴转动，起吊重物 A 为直线运动。鼓轮的角速度和角加速度为

$$\omega = \frac{d\varphi}{dt} = \frac{d}{dt}(-2t^2 + 10t) = -4t + 10$$

$$\alpha = \frac{d\omega}{dt} = \frac{d}{dt}(10 - 4t) = -4$$

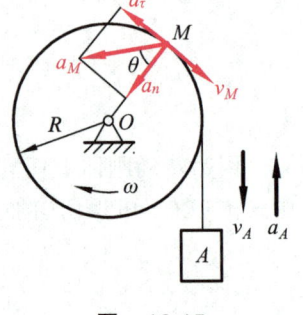

图 12.15

当 $t=2$ s 时，角速度和角加速度为

$$\omega = (-4\times 2 + 10)\text{ rad/s} = 2\text{ rad/s}, \quad \alpha = -4\text{ rad/s}^2$$

轮缘上任意一点 M 的速度、切向加速度和法向加速度分别为

$$v_M = R\omega = 0.2\times 2\text{ m/s} = 0.4\text{ m/s}$$

$$a_\tau = R\alpha = 0.2\times(-4)\text{ m/s}^2 = -0.8\text{ m/s}^2$$

$$a_n = R\omega^2 = 0.2\times 2^2\text{ m/s}^2 = 0.8\text{ m/s}^2$$

轮缘上任意一点 M 的全加速度的大小和方向为

$$a_M = \sqrt{a_\tau^2 + a_n^2} = \sqrt{(-0.8)^2 + 0.8^2}\text{ m/s}^2 = 11.36\text{ m/s}^2$$

$$\tan\theta = \left|\frac{a_\tau}{a_n}\right| = \left|\frac{-0.8}{0.8}\right| = 1, \quad \theta = 45°$$

因为绳不可伸长，而且与鼓轮的接触无相对滑动，所以起吊重物 A 上升或下降的距离与轮缘上任意一点 M 在同一时间间隔内转过的弧长相等，也说明重物 A 的速度和加速度的大小分别等于轮缘上任意一点 M 的速度和切向加速度的大小，当 $t=2$ s 时，其值分别为

$$v_A = v_M = 0.4\text{ m/s}, \quad a_A = a_\tau = -0.8\text{ m/s}^2$$

另外，起重机起动 2 s 后，重物被吊的情况可由鼓轮转动规律显示，这时将 $t=2$ s 代入鼓轮的转动方程，得重物高度 h 为

$$h = R\varphi = R(-2t^2 + 10t) = 0.2(-2\times 2^2 + 10\times 2)\text{ m} = 2.4\text{ m}$$

思考题

12.1 动点作曲线运动时，其位移、路程、弧坐标是否相同？

12.2 点作曲线运动时，若其速度大小保持不变，其加速度是否一定为零？为什么？

12.3 动点运动的切向加速度、法向加速度和全加速度的物理意义是什么？请指出在怎样的运动中会出现下述情况：
（1）$a_\tau = 0$；（2）$a_n = 0$；（3）$a_\tau = 0$，$a_n = 0$；（4）$a_\tau \neq 0$，$a_n \neq 0$。

12.4 图 12.16 所示的一动点沿螺旋线自外向内运动，所走过的弧长与时间的一次方成正比。试问：(1)该动点是越走越快还是越走越慢？(2)该动点的加速度是越来越大，还是越来越小？

12.5 动点的运动方程是 $s = a + bt$，其轨迹是否为一直线？若动点的运动方程为 $s = bt^2$，其轨迹是否为一曲线？方程式中 a、b 都为常数。

12.6 图 12.17 所示的动点沿曲线运动，图中给出了动点运动到各点时的速度 v 和加速度 a。试问：图中所示情况哪些是可能的？哪些是不可能的？

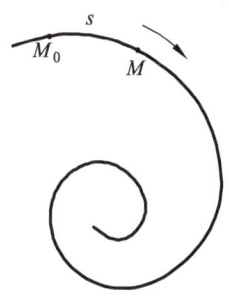

图 12.16

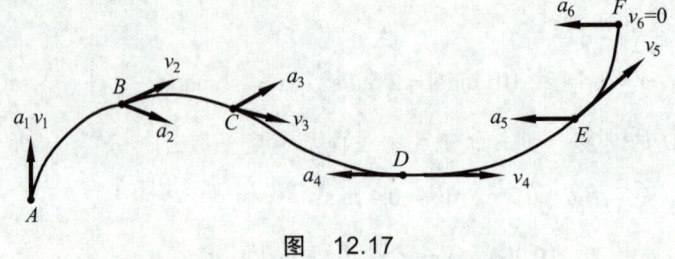

图 12.17

12.7 判断下列说法是否正确。

（1）各点都作圆周运动的刚体一定是作定轴转动。

（2）刚体作平移，各点的轨迹一定是直线或平面曲线；刚体绕定轴转动，各点的轨迹一定是圆。

（3）刚体作定轴转动，角加速度为正，表示加速转动；角加速度为负，表示减速运动。

12.8 一绳索绕在鼓轮上，绳下端系一重物 M，重物 M 以速度 v 和加速度 a 向下运动（见图 12.18）。试问：绳索上两点 A 和 B 点与轮缘上两点 C 和 D 的速度和加速度有何不同？

12.9 分析图 12.19 所示机构上 M 点的速度、加速度的大小和方向。

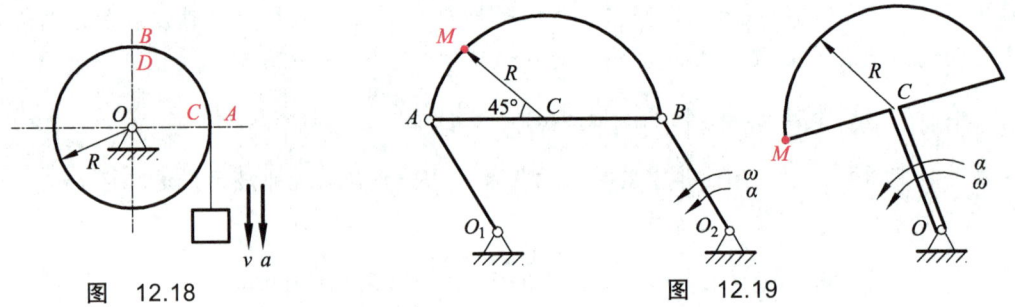

图 12.18　　　　　　　　　图 12.19

习 题

12.1 图 12.20 所示摇杆滑道机构中的滑块 M 同时在固定的圆弧槽 BC 和摇杆 OA 的滑道中滑动。已知圆弧槽 BC 的半径为 R，摇杆 OA 的轴 O 在弧 BC 的圆周上，摇杆 OA 绕轴 O 以等角速度 ω 转动，在运动开始时位于水平位置。试分别用自然法和直角坐标法给出点 M 的运动方程，并求其速度和加速度。[答案：（1）自然法：$s(t)=2R\omega t$，$v=2R\omega$，$a_\tau=0$，$a_n=4R\omega^2$；（2）直角坐标法：$x(t)=R+R\cos 2\omega t$，$y(t)=R\sin 2\omega t$，$v_x=-2R\omega\sin 2\omega t$，$v_y=2R\omega\cos 2\omega t$，$a_x=-4R\omega^2\cos 2\omega t$，$a_y=-4R\omega^2\sin 2\omega t$]

12.2 在图 12.21 所示的曲柄摇杆机构中，已知 $O_1O_2=O_1A=10$ cm，摇杆 $O_2B=24$ cm，曲柄 O_1A 以转角 $\varphi=\dfrac{\pi}{4}t$（t 以 s 计，φ 以 rad 计）绕轴 O_1 顺时针转动（开始时曲柄 O_1A 铅直向上）。试用直角坐标法给出摇杆上端点 B 的运动方程，并求其速度和加速度。[答案：$x(t)=24\sin\dfrac{\pi}{8}t$，$y(t)=24\cos\dfrac{\pi}{8}t$；$v_x=3\pi\cos\dfrac{\pi}{8}t$，$v_y=-3\pi\sin\dfrac{\pi}{8}t$；$a_x=-\dfrac{3}{8}\pi^2\sin\dfrac{\pi}{8}t$，$a_y=-\dfrac{3}{8}\pi^2\cos\dfrac{\pi}{8}t$]

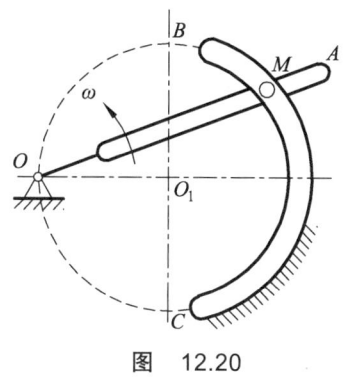
图 12.20

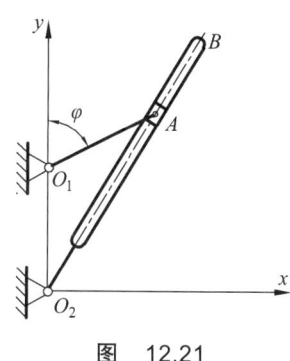
图 12.21

12.3 图 12.22 所示的动点 M 沿轨道 $OABC$ 运动，OA 段为直线，AB 段和 BC 段分别为四分之一圆弧。已知动点 M 的运动方程为 $s = 30t + 5t^2$，试求 $t = 0$、1 s、2 s 和 4 s 时动点 M 的加速度。[答案：$a_\tau(0) = 0$，$a_n(0) = 0$；$a_\tau(1) = 10 \text{ m/s}^2$，$a_n(1) = 106.5 \text{ m/s}^2$，$a_\tau(2) = 10 \text{ m/s}^2$，$a_n(2) = 83.3 \text{ m/s}^2$；$t$ 等于 4 s，动点 M 已不在其运动轨迹上]

12.4 滑座 B 沿水平面以匀速度 v_0 向右移动（见图 12.23），滑块 C 和滑座 B 由销钉固定，带动槽杆 OA 绕轴 O 转动。开始时槽杆 OA 恰在铅垂位置，即 $\varphi = 0$，销钉 C 位于 C_0，已知 $OC_0 = b$。试求槽杆的转动方程、角速度和角加速度。[答案：$\varphi(t) = \arctan\dfrac{v_0 t}{b}$，$\omega(t) = \dfrac{b v_0}{b^2 + v_0^2 t^2}$，$\alpha(t) = \dfrac{-2 v_0^3 b t}{(b^2 + v_0^2 t^2)^2}$]

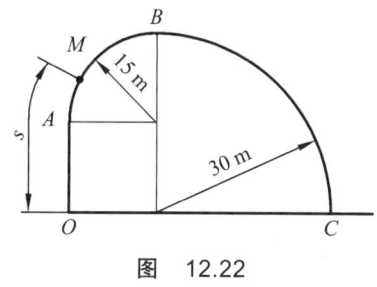
图 12.22

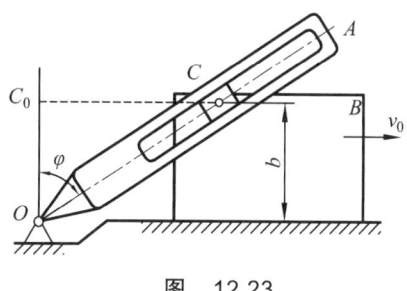
图 12.23

12.5 曲柄 O_1A 与 O_2B 长度相等且相互平行（见图 12.24），已知在其上铰接一三角形板 ABC，尺寸如图所示。已知在图示瞬时位置，曲柄 O_1A 的角速度 $\omega = 5$ rad/s，角加速度 $\alpha = 2$ rad/s^2。试求三角板上点 C 和点 D 在该瞬时的速度和加速度。[答案：$v_C = v_D = 0.5$ m/s，$a_C = a_D = 2.51$ m/s^2]

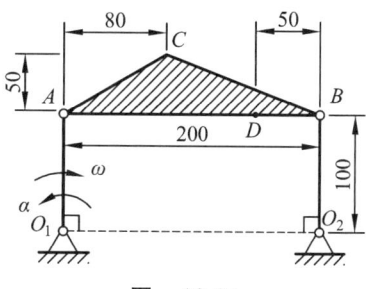
图 12.24

12.6 已知蒸汽涡轮机在发动时,涡轮的转角 φ 与时间的三次方成正比。当时间 $t=3$ s 时,涡轮的转速 $n=810$ r/min,试求涡轮的转动方程。[答案:$\varphi(t)=\pi t^3$]

12.7 在图 12.25 所示的机构中,已知曲柄 OA 转动的角速度为 ω,角加速度为 α,且 $OA=O_1B=BC=CD=r$。试求 D 点的速度和加速度。[答案:$v_D=r\omega$,$a_{D\tau}=r\alpha$,$a_{Dn}=r\omega^2$]

12.8 摇筛机构如图 12.26 所示。已知 $O_1A=O_2B=400$ mm,$O_1O_2=AB$,杆 O_1A 按 $\varphi=\dfrac{1}{2}\sin\dfrac{\pi}{4}t$($t$ 以 s 计,φ 以 rad 计)的规律摆动。试求:当 $t=0$ 和 $t=2$ s 时,筛面中点 M 的速度、切向加速度和法向加速度。[答案:当 $t=0$ 时,$v=157.1$ mm/s,$a_\tau=0$,$a_n=61.7$ mm/s^2;当 $t=2$ s 时,$v=0$,$a_\tau=-123.4$ mm/s^2,$a_n=0$]

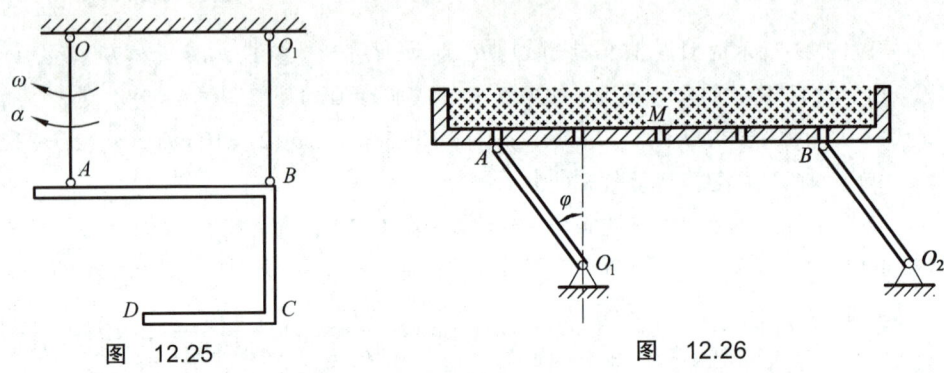

图 12.25　　　　　图 12.26

12.9 图 12.27 所示的机构中齿轮 1 紧固在杆 AC 上,$AB=O_1O_2$,齿轮 1 和半径为 r_2 的齿轮 2 啮合,齿轮 2 可绕 O_2 轴转动且和曲柄 O_2B 无关。设 $O_1A=O_2B=l$,$\varphi=b\sin\omega t$,试确定当 $t=\dfrac{\pi}{2\omega}$ s 时,轮 2 的角速度和角加速度。[答案:$\omega_2=0$,$\alpha_2=-\dfrac{lb\omega^2}{r_2}$]

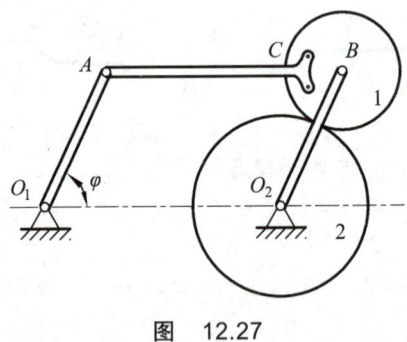

图 12.27

阅读材料

晕车问题

现象:有人乘坐越高级的轿车为什么晕车越厉害?

分析：人体或人体的一些器官都是弹性质量系统，都具有固定频率。人体心脏的固有频率为 20~40 Hz，大脑为 8~12 Hz，胃为 4~8 Hz。如果我们周围存在这些频率的振动源，引起共振，那么我们人体一定会感到不舒服。人们的晕车晕船除主要和身体体质有关外，还和次声有关。次声的频率为 0.01~20 Hz 的低频声波，这个频率范围与人体一些器官的固有频率处于同一频段。高级轿车避振系统很好，但次声段的低频振动很难控制，相对而言，次频振动反而大，易晕车人乘坐晕得越厉害。

第十三章 点的合成运动

【问题导入】

点的合成运动是运动分析方法的重要内容，在工程运动分析中有着广泛的应用，并且还可推广应用于分析刚体的平面运动。图 13.1 是一个牛头刨床机构，在此运动机构中，曲柄是主动件，有预先给定的运动规律，那么曲柄的运动确定以后，如何确定刨床在轨道上作往复运动的运动规律呢？

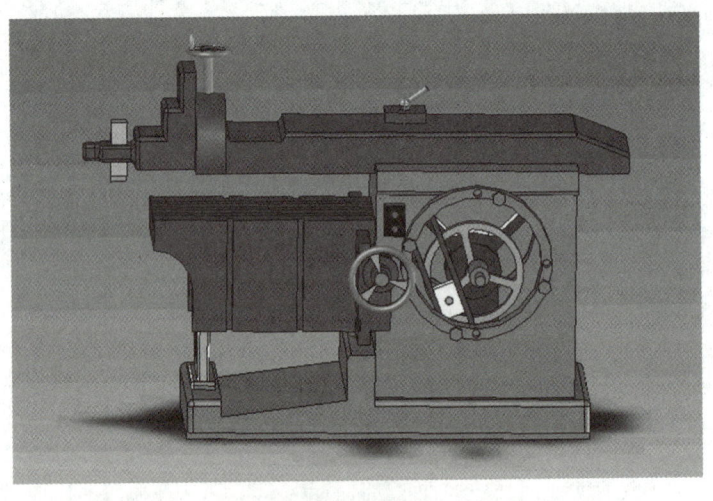

图 13.1

第一节 点的合成运动的概念

前面一章研究点或刚体的运动都是相对于一个参考系如地球参考系而言的。物体的运动相对于不同的参考系就会有不同的描述。如图 13.2 所示的装有轮子的车厢作直线运动时，车轮 A 沿直线轨道滚动。对于以地面为参考系的观察者来说，见到轮缘上任意一点 M 的轨迹是旋轮线，而以车厢为参考系的车上的观察者，却看到点 M 相对于轮轴作圆周运动。又如车床车刀加工螺纹，很明显车刀在工件上削出螺旋线，因为车刀刀尖相对于工件作螺旋运动，但车刀刀尖相对于床身作直线运动，这正说明选择不同的参考系会得出不同的结果。

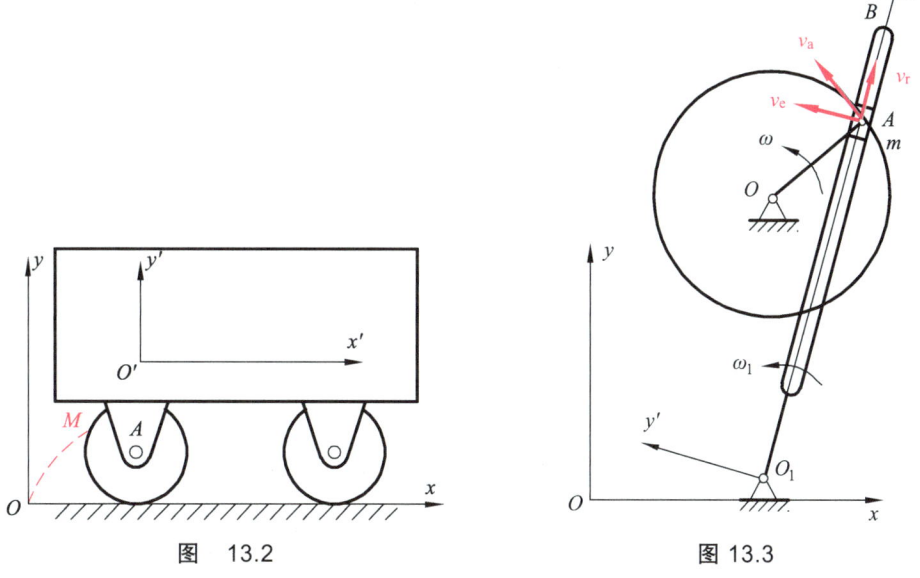

图 13.2　　　　　　　　　　　图 13.3

再细看前一实例，车轮轮缘上任意点 M 相对于地面的运动与相对于车厢的运动总是有一定联系的，实际上，点 M 相对于地面为参考系的旋轮线运动，可以看做由点 M 相对于车厢的圆周运动与其随车厢平动而合成的结果。

深入一步说，描述车轮轮缘上点 M 的运动，其实包括了一个动点与两个参考系而产生了三种不同的运动。在研究动点相对于不同参考系的运动关系时，通常将固结在地面上的参考系 Oxy 称为静参考系，简称**静系**；将固结在运动物体上的参考系 $O'x'y'$ 称为动参考系，简称**动系**。这样，动点相对于动参考系有运动，动参考系相对于静参考系有运动，于是**动点相对于静参考系的运动称为点的复合运动**。为了区分动点相对于不同参考系的运动，我们把**动点相对于静系的运动称为动点的绝对运动**，**动点相对于动系的运动称为动点的相对运动**，**动点随系相对于静系的运动称为牵连运动**。如图 13.2 所示，车轮轮缘上的点 M 为动点，动系固结在车厢上，静系固结在地面上，显然动点 M 相对于车厢的运动即绕轴转动是相对运动，动点 M 相对地面的运动（即旋轮线运动）是绝对运动，车厢相对地面的运动（即平动）是牵连运动。

由此可见，通过选择适当的动参考系，可以把复杂的点的运动分解成两个简单的运动，然后对简单的运动进行分析，并将简单的运动再合成，就可以解决复杂的运动问题。

须注意，以上给出的动点的绝对运动和相对运动指的是点的运动，可以是直线运动，也可以是曲线运动；而动点随动系的牵连运动指的是刚体的运动，可以是平动、转动，也可以是其他更复杂的运动。

动点在绝对运动中的轨迹和速度称为动点的绝对轨迹和**绝对速度**，绝对速度以 v_a 表示，v_a 的方向沿绝对轨迹的切线；动点在相对运动中的轨迹和速度称为动点的相对轨迹和**相对速度**，相对速度以 v_r 表示，v_r 的方向沿着相对轨迹的切线。由于动系相对于静系的运动是刚体的运动，刚体上各点的运动速度一般不相同，因此**牵连速度**定义为：某瞬时在动系上与动点相重合的点或称牵连点相对于静系的速度称为动点的牵连速度，以 v_e 表示，v_e 的方向沿着牵连轨迹的切线。

在图 13.3 所示曲柄导杆机构中，曲柄 OA 绕轴 O 作匀速转动，曲柄的端点 A 用铰链连接一滑块，滑块可以在导杆的滑道内滑动，当曲柄转动时滑块带动导杆绕轴 O_1 来回摆动。现分析滑块 A 的运动，取滑块 A 为动点，动系 $O_1x'y'$ 固结于导杆 O_1B，静系 Oxy 固结在地面上。动点 A 相对于动系的运动是沿滑道的往复直线运动，相对轨迹为直线；动点 A 相对于静系的运动是以 O 为圆心的圆周运动，绝对轨迹为圆周；牵连运动则是导杆绕轴 O_1 来回摆动。由于动点的绝对运动是匀速圆周运动，因此绝对速度 v_a 的大小为 $OA \cdot \omega$，方向垂直于半径 OA，指向为顺着 ω 的转向；由于动点的相对轨迹沿着直线 O_1B，因此相对速度 v_r 的方向沿着直线 O_1B；动点的牵连速度 v_e 是摆杆上与动点相重合的点 m 相对于静系的速度，大小为 $O_1A \cdot \omega_1$，方向垂直于摆杆，指向为顺着 ω_1 的方向。

第二节 点的合成运动的速度合成定理

设一运动平面 P 内有一曲线槽 AB，在槽内有一动点 M 沿曲线槽运动（见图 13.4）。静系 Oxy 固结在地面上，动系 $O'x'y'$ 固结在运动平面 P 上。在瞬时 t 动点位于动系的 M 处，经过时间间隔 Δt 后，曲线槽 AB 随动系运动到位置 $A'B'$，而动点 M 也沿曲线槽 AB 运动到 M'。作矢量 $\overrightarrow{MM_1}$、$\overrightarrow{M_1M'}$ 和 $\overrightarrow{MM'}$，它们分别称为**牵连位移**、**相对位移**和**绝对位移**。由此可看出，动点的绝对位移等于牵连位移和相对位移的矢量和，即

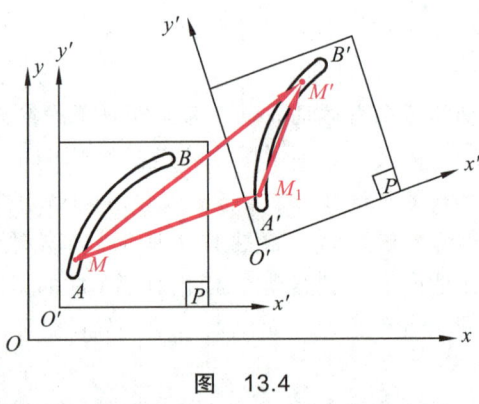

图 13.4

$$\overrightarrow{MM'} = \overrightarrow{MM_1} + \overrightarrow{M_1M'}$$

根据速度的定义，将上式两端除以时间间隔 Δt，并令 $\Delta t \to 0$ 取极限，于是得

$$\lim_{\Delta t \to 0} \frac{\overrightarrow{MM'}}{\Delta t} = \lim_{\Delta t \to 0} \frac{\overrightarrow{MM_1}}{\Delta t} + \lim_{\Delta t \to 0} \frac{\overrightarrow{M_1M'}}{\Delta t}$$

再由三种速度的定义，上式中左端 $\lim\limits_{\Delta t \to 0} \dfrac{\overrightarrow{MM'}}{\Delta t}$ 为动点在瞬时 t 的绝对速度 v_a，方向沿绝对

轨迹切线。$\lim\limits_{\Delta t \to 0} \dfrac{\overrightarrow{MM_1}}{\Delta t}$ 为动点在瞬时 t 动系上与动点相重合的点 M 的速度，即动点的牵连速度 $\boldsymbol{v}_e$，方向沿牵连轨迹的切线。$\lim\limits_{\Delta t \to 0} \dfrac{\overrightarrow{M_1M'}}{\Delta t}$ 为动点在瞬时 t 的相对速度 $\boldsymbol{v}_r$，方向沿相对轨迹的切线。由此得到**点的速度合成定理**：动点在某瞬时的绝对速度等于它在该瞬时的牵连速度和相对速度的矢量和。

$$\boldsymbol{v}_a = \boldsymbol{v}_e + \boldsymbol{v}_r \tag{13.1}$$

动点的绝对速度也可以由牵连速度与相对速度所构成的平行四边形的对角线来确定，这个平行四边形称速度平行四边形。应用该定理可以求解点的合成运动的速度问题，包括点的速度合成与分解。另在推导此定理时，并未限制动系作什么运动，所以这个定理适用于牵连运动为平动、转动或其他任何较复杂的运动。式（13.1）中包括三个速度的大小和方向共六个量，在求解时只要已知其中任意四个已知量，就能画出速度平行四边形，然后求出剩余两个未知量。这种求解方法也叫几何法。

点的合成运动的题目类型是多种多样的，但综合起来大体上可分为三类：

（1）**第一类问题：两个不相关的动点，求两者的相对速度**。可将动系固结在其中一个动点上，此时动系相当于一个平动坐标系。例如有 A、B 两船沿不同方向行驶，求 A 船相对 B 船的相对速度，应选 A 船为动点，动系固结在 B 船上。

（2）**第二类问题：一个单独的小物体在另一个运动物体上作复杂运动的问题**。此时，应将单独的小物体选择成动点，动系固结在运动物体上。例如，一旅客在一行驶的火车上行走，就属于这类问题，此时应选旅客为动点，动系固结在行驶的火车上。

（3）**第三类问题也称为机构传动问题，这类问题的特点是，两个运动的物体，甲物体上始终有一点与乙物体接触且始终在其上运动**。此时可选择甲物体上的接触点为动点，动系固结在乙物体上。例如曲柄摇杆机构，动点应选择曲柄上的接触点，动系固结在摇杆上；凸轮顶杆机构，动点应选择顶杆上的接触点，动系固结在凸轮上。

【**例 13.1**】 汽车 A 以速度 $v_A = 40 \text{ km/h}$ 由西向东行驶，另一汽车 B 以速度 $v_B = 30 \text{ km/h}$ 由南向北行驶（见图 13.5）。试求在图示位置时，汽车 A 相对于汽车 B 的速度 $\boldsymbol{v}_{AB}$。

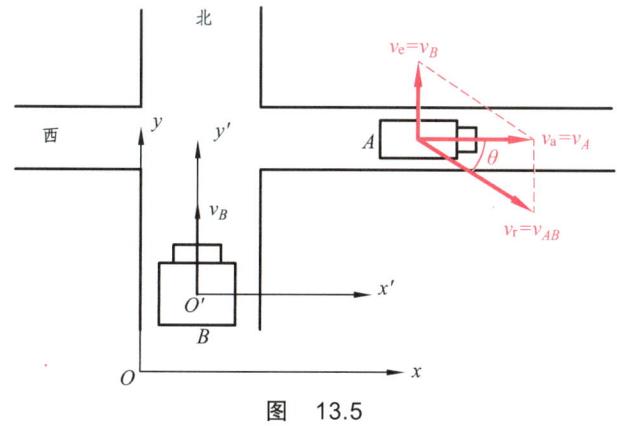

图 13.5

【**解**】 此题属于第一类问题。选择汽车 A 为动点，静系 Oxy 固结在地面上，动系 $O'x'y'$ 固结在汽车 B 上。动点 A 的绝对运动为水平直线运动，动系 B 作直线平动。$\boldsymbol{v}_a$ 大小等于 v_A，方向由西向东；v_e 大小等于 v_B，方向由南向北；v_r 大小和方向待求。作出速度平行四边形，如图 13.5 所示，由图中的三角形可求得汽车 A 相对于汽车 B 的速度为

$$v_{AB} = v_r = \sqrt{v_a^2 + v_e^2} = \sqrt{v_A^2 + v_B^2} = \sqrt{40^2 + 30^2} \text{ km/h} = 50 \text{ km/h}$$

设速度 v_{AB} 与速度 v_A 的夹角为 θ，则可求其方向角为

$$\theta = \arctan \frac{v_e}{v_a} \approx 36°$$

【例 13.2】 图 13.6 所示的直管 OA 以角速度 $\omega = 2t^2$ 绕轴 O 逆时针转动，点 M 沿直管 OA 按 $x = 5t^2$ 的规律运动（两式中 ω 以 rad 计，x 以 cm 计，t 以 s 计）。试求：当 $t = 2$ s 时，动点 M 的绝对速度。

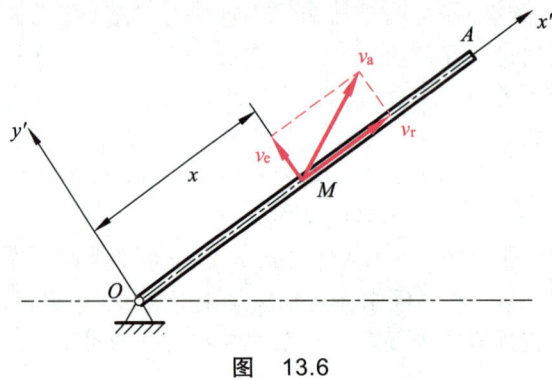

图 13.6

【解】 此题属于第二类问题。选择点 M 为动点，动系固结在直管 OA 上，静系固结在地面上。动点 M 相对于地面的运动是绝对运动，绝对轨迹是螺旋线；动点 M 沿直管 OA 的直线运动是相对运动，相对轨迹是直线；直管 OA 相对于地面的运动是牵连运动，牵连轨迹是圆周。画出速度平行四边形，如图 13.6 所示，现分析并求得速度。当 $t = 2$ s 时，直管 OA 角速度 $\omega = 2t^2 = 2 \times 2^2$ rad/s = 8 rad/s，动点 M 在动系直管 OA 上的牵连点位置 $OM = x = 5t^2 = 5 \times 2^2$ cm = 20 cm，由此得牵连速度大小 $v_e = \omega \times OM = 8 \times 20$ cm/s = 160 cm/s，方向垂直于直管 OA。这时刻动点作直线运动的相对速度为 $v_r = \dfrac{dx}{dt} = 10t = 10 \times 2$ cm/s = 20 cm/s，v_r 方向平行于 OM。根据以上速度平行四边形的几何关系，可求得动点 M 的绝对速度为

$$v_a = \sqrt{v_e^2 + v_r^2} = \sqrt{160^2 + 20^2} \text{ cm/s} \approx 162 \text{ cm/s}$$

设绝对速度 v_a 与相对速度 v_r 的夹角为 θ，则得到 v_a 的方向角为

$$\theta = \arctan \frac{v_e}{v_r} = \arctan 8 = 83°$$

【例 13.3】 在偏心距为 e 的圆盘凸轮机构中，圆盘的半径为 r，绕轴 O 作定轴转动，角速度为 ω，凸轮推动顶杆 AB 沿铅直滑道作平动。试求当顶点 O 和杆 AB 与凸轮转动中心 O 在一条直线上，并且有 $OC \perp OA$ 时顶杆 AB 的速度（见图 13.7）。

【解】 此题属于第三类问题。已知顶杆 AB 作平动，所以其上点 A 的速度，就是顶杆的速度。选顶杆 AB 上的端点 A 为动点。取动系固结在圆盘凸轮上，静系固结在地面上。动点 A 随顶杆在铅垂方向上的平动相对于静系是绝对运动；动点沿凸轮边缘绕圆盘圆心 C 的圆周运动相对于动系是相对运动，固结有动系的圆盘凸轮绕轴 O 的定轴转动是牵连运动。

由速度合成定理作速度平行四边形（见图 13.7）进行速度矢量合成。绝对速度 v_a 大小待求，方向沿 AB；牵连速度 v_e 大小为 $v_e = \omega \times OA$，方向垂直于 OA，指向与 ω 方向相同；相对速度 v_r 大小未知，方向垂直于圆盘凸轮半径 CA。由速度平行四边形的几何关系，求得点 A 的绝对速度就是顶杆 AB 的速度：

$$v_a = \frac{v_e}{\tan\theta} = \omega \times OA \times \frac{OC}{OA} = OC \times \omega = e\omega$$

【例 13.4】 牛头刨床机构如图 13.8 所示。已知 $O_1A \perp O_1O_2$，$O_1A = 200\ \text{mm}$，角速度 $\omega_1 = 2\ \text{rad/s}$。求图示位置滑枕 CD 的速度。

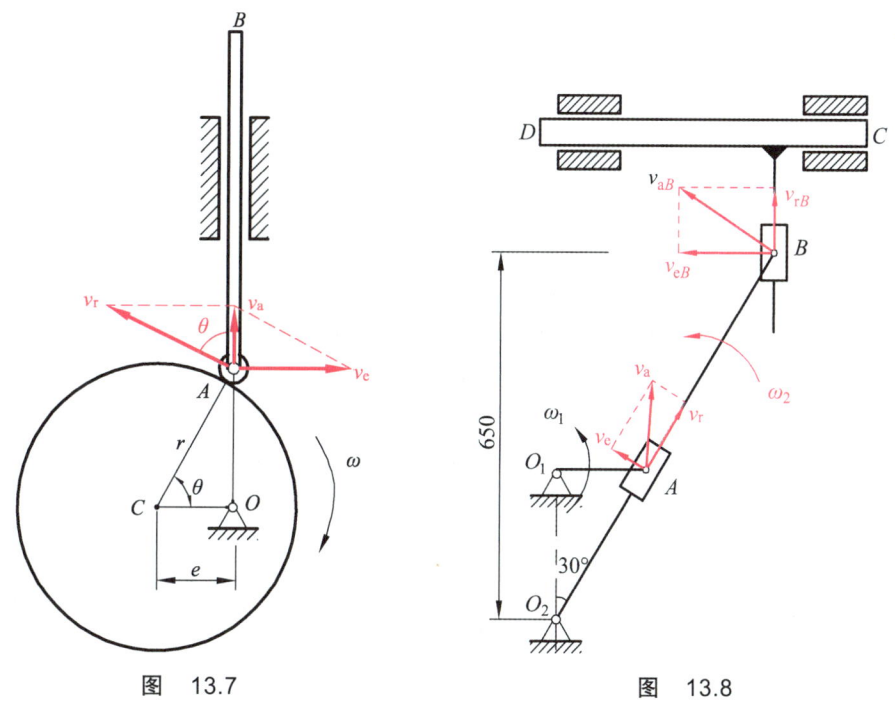

图 13.7　　　　　　　　　　图 13.8

【解】 此题属于第三类问题。通过题意可知应选择两次动点，并利用速度合成定理进行求解。首先，选曲柄 O_1A 上的 A 点为动点，动系固结在摆杆 O_2B 上，静系固结在地面上。动点的绝对运动是绕轴 O_1 的定轴转动，动点的相对运动是沿着 O_2B 方向的直线往复运动，牵连运动是摆杆 O_2B 绕轴 O_2 作定轴转动。

由速度合成定理作速度平行四边形（见图 13.8）进行速度矢量合成。绝对速度 v_a 的大小为 $v_a = \omega_1 \times O_1A$，方向垂直于 O_1A，指向与 ω_1 方向相同，即竖直向上；牵连速度 v_e 大小待求，方向垂直于 O_2A；相对速度 v_r 大小未知，方向沿着 O_2A 方向。由速度平行四边形的几何关系，求得点 A 的牵连速度为

$$v_e = v_a \sin 30° = 2 \times 0.2 \times 0.5 \text{ m/s} = 0.2 \text{ m/s}$$

$$\omega_2 = v_e / O_2 A = v_e / \frac{O_1 A}{\sin 30°} = \frac{0.2}{0.4} \text{ rad/s} = 0.5 \text{ rad/s} \quad (\omega_2 \text{ 的转向见图 13.8})$$

接下来选摆杆 O_2B 上的 B 点为动点，动系固结在 CD 杆上，静系固结在地面上。动点的绝对运动是绕轴 O_2 的定轴转动，动点的相对运动是沿着竖直方向的直线往复运动，牵连运动是滑枕 CD 作水平方向的直线往复运动。

由速度合成定理作速度平行四边形（见图 13.8）进行速度矢量合成。绝对速度 v_{aB} 大小 $v_{aB} = \omega_2 \times O_2B$，指向与 ω_2 方向相同；牵连速度 v_{eB} 大小待求，方向水平；相对速度 v_{rB} 大小未知，方向竖直。动点的绝对速度 v_{aB} 为

$$v_{aB} = \omega_2 \times O_2B = 0.5 \times \frac{0.65}{\cos 30°} \text{ m/s} = \frac{0.325}{\cos 30°} \text{ m/s}$$

由速度平行四边形的几何关系，求得点 B 的牵连速度为

$$v_{eB} = v_{aB} \cos 30° = \frac{0.325}{\cos 30°} \times \cos 30° \text{ m/s} = 0.325 \text{ m/s}$$

因此滑枕 CD 的速度为 0.325 m/s。

纵上所述，用点的速度合成定理解题需掌握以下要点：

（1）适当选取动点、动系和静系。所选的参考系应能将动点的运动分解成相对运动和牵连运动。动点和动系之间必须有相对运动，即动点和动系不能选在同一物体上；同时为了顺利求解，应使相对运动轨迹简单或直观。第三类问题的动点和动系较难选择，此时应牢记，动点应选择成两个运动构件持续的接触点，即在整个运动过程中都是接触点。

（2）分析三种运动和相应的三种速度。

绝对运动和相对运动是点的运动，牵连运动是刚体的运动。绝对运动和牵连运动的观察者处于静参考系上（通常与地球固结），运动轨迹较易判定，而正确判定相对运动的要领是观察者应处于动参考系上，并观察动点作何种曲线运动。

正确判定三种速度的大小和方向的关键是找到三种运动的运动轨迹。通常较难判定的是牵连速度，牵连速度是牵连点跟随动系相对静系运动的速度。此时应注意，牵连点并不是动点，但是在该瞬时牵连点与动点是重合的。

（3）应用速度合成定理作速度平行四边形。注意，作图时要使绝对速度成为平行四边形的对角线。

（4）利用速度矢量平行四边形中的几何关系求解未知量。三个速度矢量共包含大小和方向六个量，因此只有知道其中的任意四个量，才能画出平行四边形而求得另外两个未知量。

思考题

13.1 如何选取动点和动系？如图 13.9 所示应以滑块 A 为动点，为什么不宜以曲柄 OA 为动系？若以摇杆 O_1B 上的点 A 为动点，以曲柄 OA 为动系，可以求出摇杆 O_1B 的角速度吗？

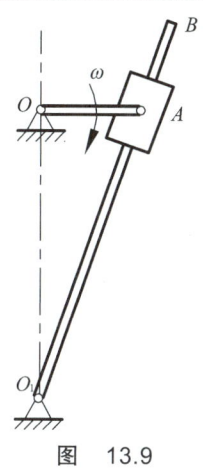

图 13.9

13.2 试判断下列说法是否正确。
（1）牵连速度就是动参考系相对于静参考系的速度。
（2）牵连速度就是动参考系上任意一点相对于静参考系的速度。
（3）牵连运动、绝对运动和相对运动一样，都是点的运动。
（4）任意瞬时动点的绝对速度等于动点的相对速度和牵连速度的矢量和，所以动点的绝对速度一定大于牵连速度或相对速度。

13.3 无风下雨时，行人撑的伞为什么斜着向前倾斜？并且行走越快，斜角越大？

13.4 指出图 13.10 所示各种情况中的绝对运动、相对运动和牵连运动，并画出其相应的速度平行四边形。

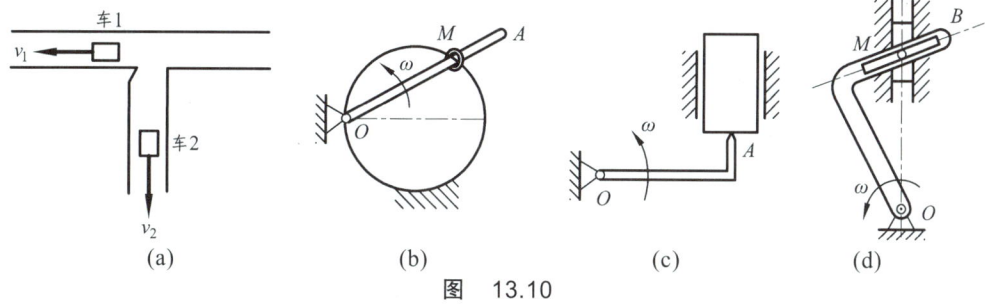

图 13.10

13.5 图 13.11 所示的速度平行四边形有无错误？错在哪里？

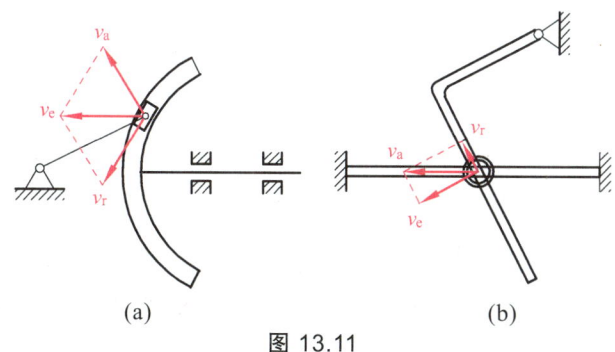

图 13.11

习 题

13.1 在图 13.12 所示的裁纸机上，传送带速度 $v_1 = 0.05$ m/s，裁纸刀固定在刀架 K 上，裁纸时刀沿 AB 移动的速度 $v_2 = 0.13$ m/s。欲使裁出的纸板为矩形，试计算杆 AB 的安装角 θ。[答案：$\theta = 22°37'$]

13.2 图 13.13 所示的汽车沿水平直线行驶，已知雨滴垂直下落的速度为 20 m/s，雨滴在汽车车身侧面上的痕迹与铅垂线成 45° 并为直线。试求汽车行驶的速度。[答案：$v = 20$ m/s]

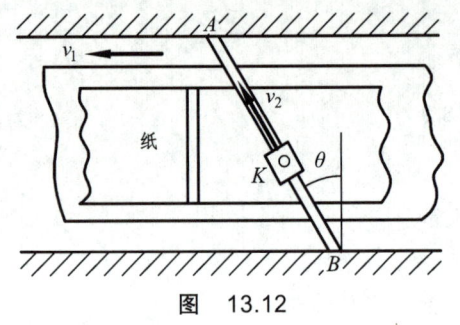

图 13.12

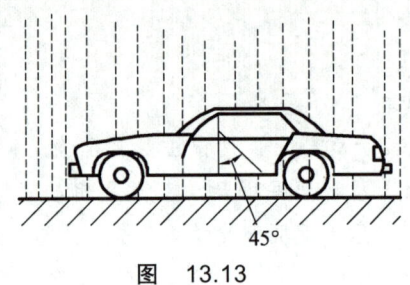

图 13.13

13.3 平面机构如图 13.14 所示，各构件均在图示平面内运动。动点 M 沿平板上与水平面成角度 $\theta = 60°$ 的直槽运动，起点为 B。已知 $O_1O_2 = AB$，$O_1A = O_2B = R = 30$ cm，$\varphi = \dfrac{\pi t^2}{24}$，$BM = 2t + t^3$，式中 φ 以 rad 计，BM 以 cm 计，t 以 s 计。试求 $t = 2$ s 时，点 M 的绝对速度大小。[答案：$v_a = 29.7$ cm/s]

13.4 图 13.15 所示的直角曲杆 OAB 绕轴 O 转动，并带动套在固定杆 CD 上的小环 M 运动。已知 $OA = h = 0.4$ m，$\varphi = 30°$，$\omega = 2$ rad/s。试求该瞬时小环 M 的绝对速度以及小环相对于杆 OAB 的速度。[答案：$v_M = 1.6$ m/s，$v_r = 1.6$ m/s]

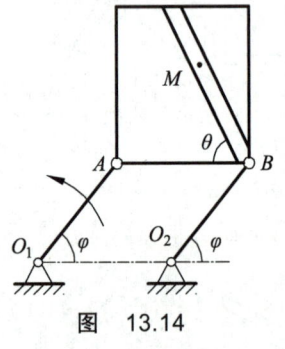

图 13.14

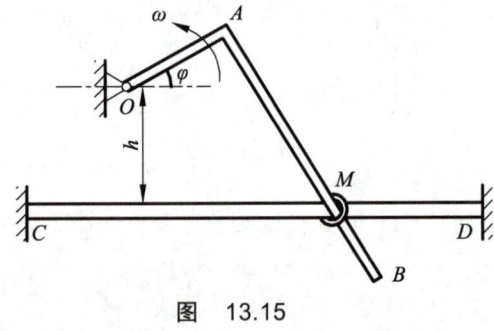

图 13.15

13.5 在图 13.16 所示机构中，已知 $O_1A = OB = r = 250$ mm，且 $AB = O_1O$，连杆 O_1A 以匀角速度 $\omega = 2$ rad/s 绕轴 O_1 转动。当 $\varphi = 60°$ 时，摆杆 CE 处于铅垂位置，且 $CD = 500$ mm。试求此时摆杆 CE 的角速度。[答案：$\omega_{CE} = 0.866$ rad/s]

13.6 曲柄摇杆机构如图 13.17 所示。曲柄 O_1A 以匀角速度 ω_1 绕轴 O_1 转动，已知 $O_1A = R$，$O_1O_2 = b$，$O_2O = L$。试求当 O_1A 处于水平位置时杆 BC 的速度。[答案：$v_{BC} = \dfrac{LR^2\omega_1}{b^2}$]

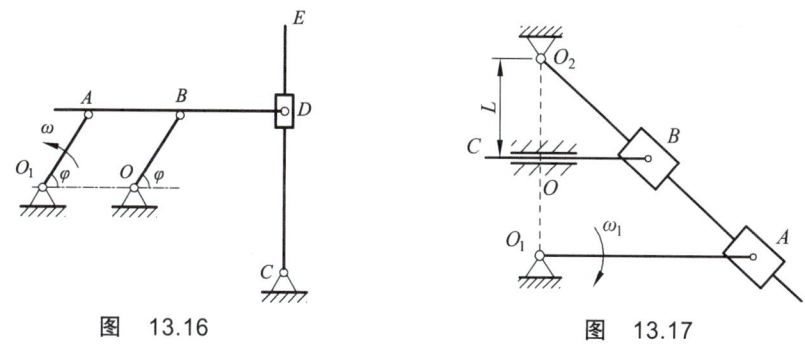

图 13.16　　　　　　　　　图 13.17

13.7　剪切金属板的飞剪机机构如图13.18所示。工作台 AB 的移动规律是 $s=0.2\sin\dfrac{\pi}{6}t$ (m)，滑块 C 带动上刀片 E 沿导柱运动以切断工件 D，下刀片 F 固定在工作台上。设曲柄 $OC=0.6$ m，$t=1$ s 时，$\varphi=60°$。求该瞬时刀片 E 相对于工作台运动的速度，并求曲柄 OC 转动的角速度。[答案：$v_r=0.052$ m/s，$\omega=0.175$ rad/s]

13.8　曲柄 O_1M_1 以匀角速度 $\omega_1=3$ rad/s 绕轴 O_1 按逆时针转动，T 形构件作水平往复运动，M_2 为该构件上固结的销钉，槽杆 O_2E 绕轴 O_2 摆动（见图 13.19）。已知 $l=30$ cm，$O_1M_1=r=20$ cm，当机构运动到图示位置时，有 $\theta=\varphi=30°$，试求此时杆 O_2E 的角速度。[答案：$\omega_{O_2E}=0.75$ rad/s]

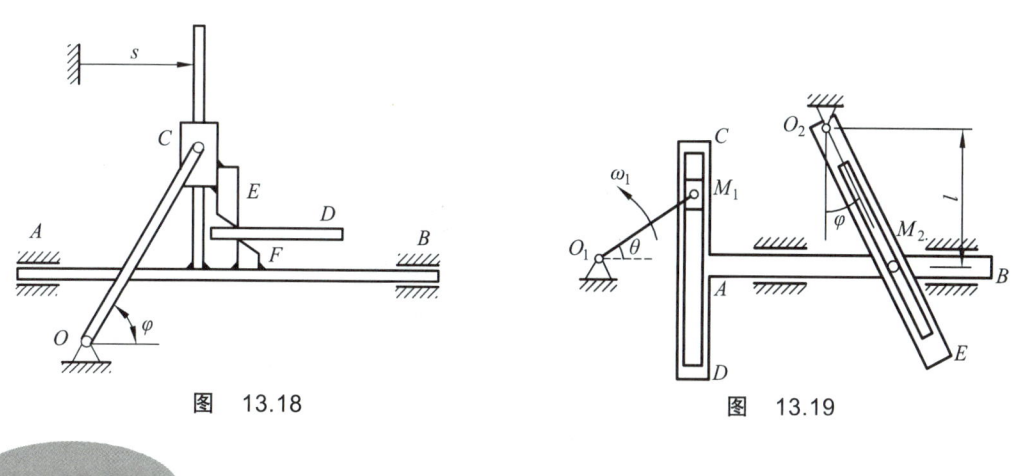

图 13.18　　　　　　　　　图 13.19

阅读材料

顺手抓住一颗子弹

据报道，在第一次大战的时候，一名法国飞行员碰到了一件极不寻常的事件。这名飞行员在 2 000 m 高空飞行的时候，发现脸旁有一个什么小玩意儿在游动着，飞行员以为这是一只什么小昆虫，敏捷地把它抓了过来，但发现抓到的是——一颗德国子弹！这是因为，一颗子弹并不是始终以 800～900 m/s 的初速度飞行的。由于空气阻力，子弹的速度逐渐降下来，在它到达路程终点的速度只有 40 m/s。这个速度是普通飞机也可以达到的。因此，很可能碰到这种情形：飞机跟子弹的方向和速度相同。那么，这颗子弹对于飞行员来说，它就相当于静止不动的或者只是略略有些移动，把子弹抓住自然没有丝毫困难了。

第十四章 刚体的平面运动

【问题导入】

图 14.1 所示为一自行车轮在平坦的地面上滚动时拍下的一副照片,我们的问题是:为什么车轮辐条某些部分能够清晰地显示出来,而另外一些部分则不能?我们根据拍照的常识,不难得出这样的结论:车轮辐条上各点的速度各不相同是生成上述具有明显特征图片的原因。那么,车轮辐条上速度分布的规律是什么样的?怎样确定车轮辐条上各点的速度呢?

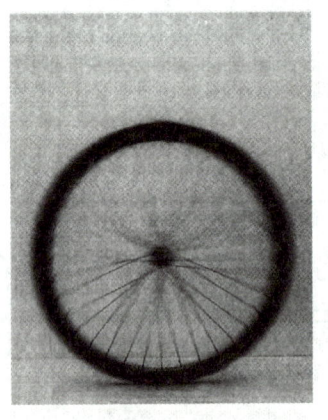

图 14.1

第一节 刚体平面运动的概念及其运动分解

刚体的平面运动分析,是以刚体平移和定轴转动为基础,应用运动分解与合成的方法,分析和研究工程中常见而又比较复杂的运动——刚体的平面运动。这既是工程运动学的主要内容,也是后续其他内容如工程动力学的基础。

在工程实际中常常见到的是刚体复杂的运动形式,如沿直线轨道滚动的车轮[见图 14.2（a）]、在曲柄连杆机构中运行的连杆[见图 14.2（b）]等。

这些刚体的运动既不是平动,也不是定轴转动,但它们有一个共同的特点,即在运动时刚体上任意一点到某一固定平面的距离始终保持不变,也就是刚体上任意一点都在平行于某一固定平面的平面内运动。这种运动称为**刚体的平面运动**。

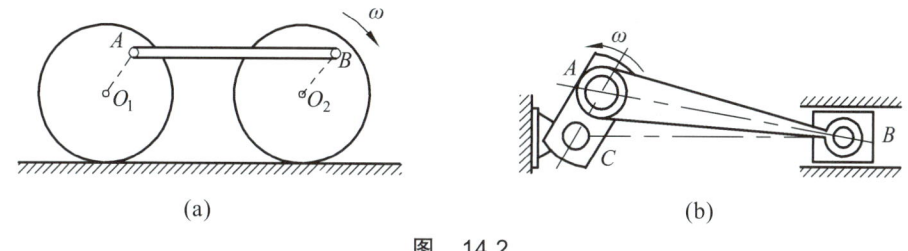

图 14.2

已知有一刚体作平面运动,设平面 I 为一固定参考平面[见图 14.3(a)],这时刚体内各点到该平面的距离保持不变。根据刚体平面运动的特点,可以用一个平行于 I 平面的 II 平面切割刚体,得到一个截面图形 S。显然,当刚体运动时,平面图形 S 将随同刚体一起运动,并且始终在它自身的平面 II 内运动。这时在平面图形 S 上,过任意一点 A 作垂直于平面 II 的直线 A_1A_2,在刚体的整个运动过程中,这种垂直关系不变,因此直线 A_1A_2 在运动过程中始终与其原来的位置保持平行,所以该直线作平动,线上所有各点的运动也都和直线与平面图形 S 的交点 A 的运动相同。由此可见,若知道平面图形 S 内各点的运动,就知道刚体上各点的运动,即平面图形的运动完全代表整个刚体的运动。因此,研究刚体的平面运动,可以简化为研究刚体上某一个平面图形 S 在其自身平面内的运动。

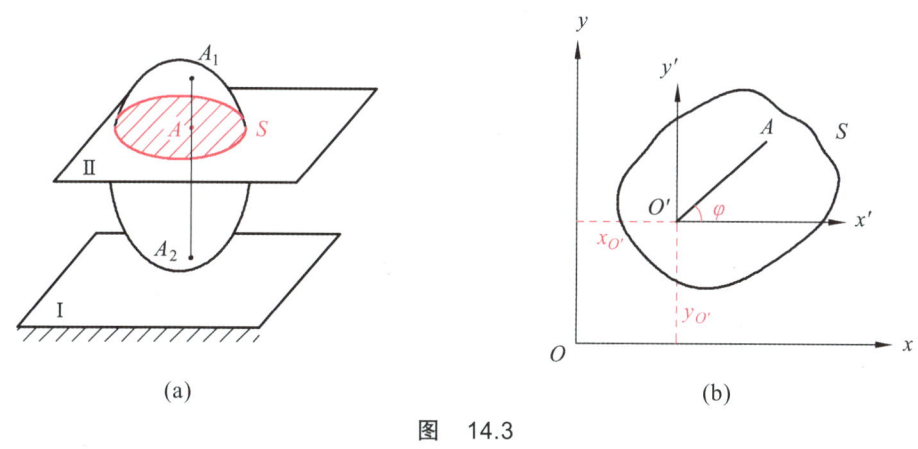

图 14.3

刚体的平面图形 S 在运动时,图形内各点和各直线都有线位移和角位移。由于刚体上任意两直线间的夹角在其运动中始终保持不变,因此只要确定平面图形上任意一直线的位置,就可以确定平面图形在任意瞬时的位置。如图 14.3(b)所示,设平面图形 S 在其自身平面内运动,今在该平面内建立静系 Oxy,任意瞬时平面图形的位置就可用图形内任意线段 $O'A$ 的位置来确定,而线段 $O'A$ 的位置可由点 O' 的坐标 $(x_{O'}, y_{O'})$ 以及该线段与轴 x 的夹角 φ 来确定。当图形运动时,它们都是时间 t 的单值连续函数,即

$$\left.\begin{array}{l} x_{O'} = f_1(t) \\ y_{O'} = f_2(t) \\ \varphi = f_3(t) \end{array}\right\} \tag{14.1}$$

式(14.1)为平面图形 S 的运动方程,也就是刚体平面运动的运动方程。由式(14.1)

可看出，当平面图形 S 上点 O' 固定不动时，刚体作定轴转动；当平面图形 S 上转角 φ 保持不变时，刚体作平动。由此可见，平动和定轴转动是刚体平面运动的最基本情形。这就是说，可以把刚体的平面运动看成是平动和定轴转动两种基本运动合成的结果。

对于平面运动的这种分解，也可用点的合成运动的方法加以理解。图 14.3（b）中平面图形上点 O' 是任意选取的，称为**基点**。以基点 O' 为原点假想地建立动坐标系 $O'x'y'$，动系 $O'x'y'$ 随基点 O' 作平动。在任意一瞬时，平面图形 S 相对于静系的运动，可分解为随同基点 O' 的平动和绕基点 O' 的转动。须指出，以上对刚体平面运动的分解，总是在选定的基点处固结一个平动的动参考系。所谓绕基点的转动，是指相对于平动参考系的转动。这个平动坐标系可能是真实存在的，也可能并不存在，而是为分析方便而假想出来的。

由于基点的选取是任意的，可以推知平面图形 S 随基点 O' 平动的速度和加速度与基点的选择有关，这说明平面图形上各点的速度、加速度各不相同；而平面图形 S 绕基点 O' 转动的角速度和角加速度与基点的选择无关，说明不管基点是哪一点，角速度和角加速度是共同的。因此平面图形相对于平动参考系的转动、角速度和角加速度都是共同的，无须标明绕哪一点转动或选取哪一点为基点。

第二节　基点法

由于任何平面图形 S 的运动都可分解为随基点的平动和绕基点的转动，因此利用速度合成定理就可求得平面图形上任意一点的速度。

如图 14.4 所示，设已知某瞬时平面图形的角速度 ω 和图形上点 A 的速度 v_A，求图形上任一点 B 的速度。因为图形上点 A 的速度为已知，所以取点 A 为基点，并以它为原点建立动系 $Ax'y'$。因此，点 B 相对于静系 Oxy 的速度为绝对速度；动系上与动点 B 相重合的点的速度为牵连速度。因为动系作平动，所以点 A 的速度就是牵连速度，即 $v_e = v_A$。点 B 相对于点 A 的圆周运动的速度即为相对速度 v_r，于是 $v_r = v_{BA} = \omega \times AB$，方向垂直于连线 AB，指向和 ω 方向一致。根据速度合成定理，点 B 的绝对速度由这个速度平行四边形的对角线表示，即

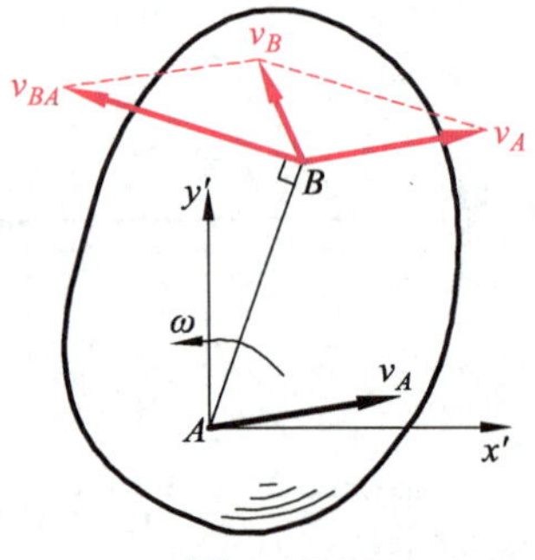

$$v_B = v_A + v_{BA} \tag{14.2}$$

图 14.4

式（14.2）就是平面图形上任意一点 B 的速度分解式，说明<u>刚体作平面运动时，平面图形上任意一点的速度等于基点的速度与该点绕基点转动的速度的矢量和</u>。以上这种方法称为**基点法**，它是刚体平面运动速度分析的一种基本方法。

由于 v_{BA} 方向总垂直于 AB 连线，它在 AB 上的投影一定等于零。因此将式（14.2）向 AB 连线投影，可以得到

$$[v_B]_{AB} = [v_A]_{AB} \tag{14.3}$$

在任一瞬时，同一平面图形上任意两点的速度在这两点连线上的投影相等，此即**速度投影定理**。当已知刚体上点 A 的速度的大小和方向以及点 B 的速度方向时，若只需求点 B 速度的大小，则采用速度投影定理会更方便。

【**例 14.1**】 在图 14.5 所示的四连杆机构中，已知 $O_1A = r$，$AB = O_2B = 3r$，曲柄 O_1A 以等角速度 ω_1 绕轴 O_1 转动；在图示位置时，有 $O_1A \perp AB$ 和 $\angle O_2BA = 60°$。试求此瞬时摇杆 O_2B 的角速度 ω_2。

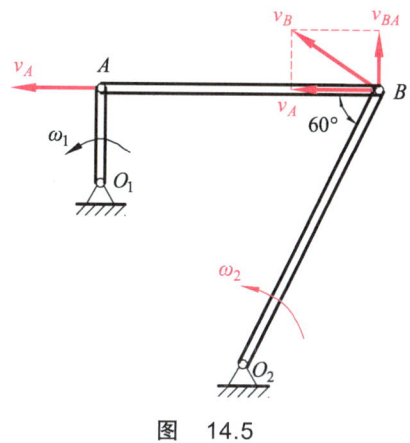

图 14.5

【**解**】（1）用基点法。连杆 AB 作平面运动，选取点 A 为基点，点 B 的速度为

$$\boldsymbol{v}_B = \boldsymbol{v}_A + \boldsymbol{v}_{BA}$$

式中，$\boldsymbol{v}_A$ 垂直于 O_1A，大小 $v_A = r\omega_1$；$\boldsymbol{v}_{BA}$ 垂直于 AB，大小未知；$\boldsymbol{v}_B$ 垂直于 O_2B，大小未知。以 $\boldsymbol{v}_B$ 为对角线作出平行四边形（见图 14.5），由其几何关系可得

$$v_B = \frac{v_A}{\cos 30°} = \frac{r\omega_1}{\cos 30°}$$

由此可得杆 O_2B 绕轴 O_2 转动的角速度为

$$\omega_2 = \frac{v_B}{O_2B} = \frac{r\omega_1}{3r\cos 30°} = 0.385\omega_1$$

ω_2 的转向如图 14.5 所示。

（2）用速度投影定理。由 $\boldsymbol{v}_B$ 的方向可知 ω_2 为逆时针转向。由速度投影定理，杆 AB 上点 A、B 的速度在 AB 线上的投影相等，即

$$[\boldsymbol{v}_B]_{AB} = [\boldsymbol{v}_A]_{AB}$$

也即

$$v_B \cos 30° = v_A$$

解得

$$\omega_2 = \frac{v_B}{O_2B} = \frac{r\omega_1}{3r\cos 30°} = 0.385\omega_1$$

以上例题的解题步骤总结如下：

（1）分析机构中各物体的运动。哪些物体作平动，哪些物体作定轴转动，哪些物体作平面运动。

（2）研究作平面运动的物体上哪一点的速度大小和方向是已知的，哪一点的速度的某一要素（一般是速度方向已知）是已知的。

（3）选定基点（设基点为 A，通常选取速度大小和方向已知的点为基点），则某点 B 的速度利用公式 $v_B = v_A + v_{BA}$ 绘制平行四边形然后进行求解。须注意，作图时要使 v_B 成为平行四边形的对角线。

（4）利用几何关系，求解未知量。如需再研究另一个作平面运动的物体，按上述步骤继续进行。运用基点法较麻烦，但既能求解速度，还能求解角速度。速度投影定理应用起来很方便，但是只能求解速度，不能求解角速度，因此应用受到限制。

第三节　速度瞬心法

如果选取平面图形上某瞬时速度为零的点为基点，那么图形上任意一点的速度就等于该点绕基点转动的速度，这样可使计算过程大大简化。

一、瞬时速度中心

一般情况下，在每一瞬时平面图形上都唯一地存在一个速度为零的点，该点称为平面图形在该瞬时的瞬时速度中心，简称**速度瞬心**。下面就对这一结论予以证明。

如图 14.6 所示，已知在一平面图形上某瞬时点 O 的速度 v_O 和图形的角速度 ω，方向如图所示。图形上任意一点 M 的速度可按式 $v_M = v_O + v_{MO}$ 进行计算。如果点 M 在 v_O 的垂线 ON 上（由 v_O 到该垂线 ON 的转向与图形的转向一致），显然 v_O 和 v_{MO} 在同一直线上，而方向相反。可见，随点 M 在垂线上位置的不同，v_M 大小也不同，因此总可以找到一点 P，使点 P 满足 $OP = v_O / \omega$，则 P 点的瞬时速度等于零，即

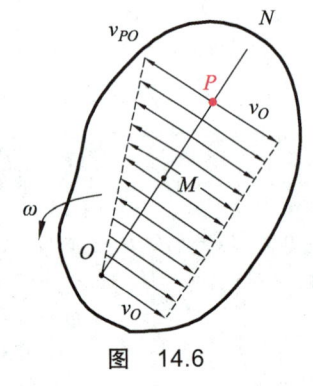

图 14.6

$$v_P = v_O - PO \cdot \omega = 0 \tag{14.4}$$

式（14.4）表明，点 P 就是平面图形的速度瞬心。可见，只要平面图形的角速度不为零，某瞬时平面图形上必存在速度为零的点。须指出，速度瞬心在平面图形上的位置随时间而变化，不是一个固定的点。也就是说，平面图形在不同的瞬时具有不同位置的速度瞬心，而且速度瞬心可能在平面图形内部，也可能在平面图形的延伸部分上。

二、速度瞬心位置的确定

用瞬心法求平面运动图形上点的速度，必须先确定速度瞬心的位置。下面介绍几种确定速度瞬心位置的方法。

（1）当平面图形沿一固定平面或曲面作无滑动的滚动时，如图14.7(a)所示，图形与固定平面或曲面的接触点 P 即为图形的速度瞬心。

（2）已知平面图形上任意两点 A 和 B 的速度的大小和方向，如图14.7(b)所示，过此两点分别作其速度的垂线，则交点 P 即为图形的速度瞬心。

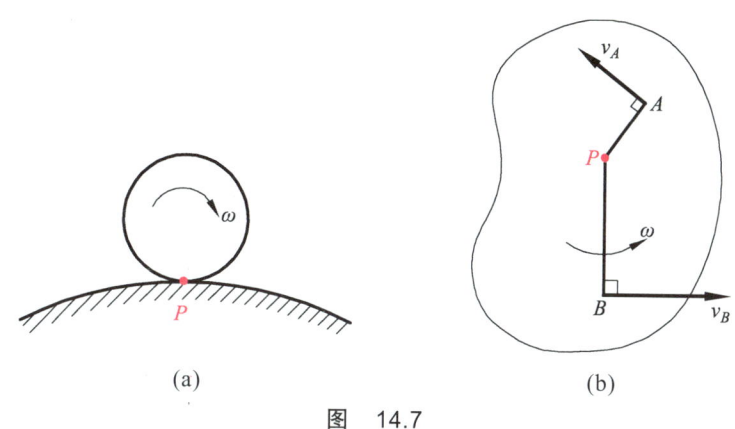

图 14.7

（3）如果平面图形上两点 A 和 B 的速度方向互相平行，且大小相等，如图14.8所示，则图形的速度瞬心在无穷远处。此时图形上各点的速度分布如同图形作平动的情形一样，故称为瞬时平动，瞬时图形的角速度为零。但应注意，此瞬时图形上各点的速度虽然相同，但加速度是不相同的。

（4）如果平面图形上两点 A 和 B 的速度方向互相平行，且速度方向垂直于两点的连线 AB，如图14.9所示，则速度瞬心必定在连线 AB 与两速度矢端连线的交点 P 上。在这种情况下，由于这两点速度的大小分别与它们到瞬心的距离成正比，则有

$$v_A = AP \cdot \omega, \quad v_B = BP \cdot \omega$$

因此

$$\frac{v_A}{v_B} = \frac{AP}{BP}$$

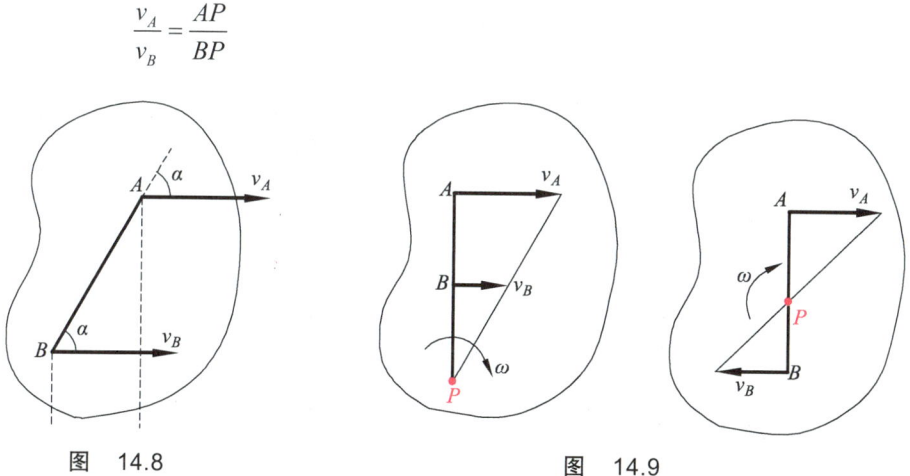

图 14.8　　　　　图 14.9

可见，只要把这两点速度矢端用一条直线连接起来，则这条直线与 AB 连线或延长线的交点 P，即为所求的速度瞬心。

三、利用瞬心法求速度

在确定了速度瞬心的位置后，平面图形的平面运动可视为平面图形绕速度瞬心的瞬时转动。平面图形内各点速度的大小与该点到速度瞬心的距离成正比，速度的方向垂直于该点与速度瞬心的连线，指向图形转动的一方。

只要平面图形在某一瞬时的角速度 ω 和速度瞬心 P 的位置确定，那么图形上任意一点 M 的速度就可求出，其大小为

$$v_M = PM \cdot \omega \tag{14.5}$$

v_M 的方向垂直于 PM，指向图形瞬时转动的一方。

【例 14.2】 外啮合行星齿轮机构如图 14.10 所示。已知固定齿轮 I 的节圆半径为 R_1，行星轮 II 的节圆半径为 R_2，曲柄 OA 的角速度为 ω。试求行星轮 II 轮缘上 B、D 两点的速度。

【解】 曲柄 OA 作定轴转动，行星轮 II 作平面运动，因为行星轮 II 的节圆沿固定齿轮 I 的节圆作无滑动的滚动，所以两齿轮节圆的接触点 C 就是行星轮 II 的速度瞬心，行星轮 II 上点 A 的速度大小为

$$v_A = OA \times \omega = (R_1 + R_2)\omega$$

v_A 的方向如图 14.10 所示。依据瞬心法，得行星轮 II 的角速度为

$$\omega_2 = \frac{v_A}{AC} = \frac{R_1 + R_2}{R_2}\omega$$

由此得到行星轮 II 上其他点 B、D 的速度大小为

$$v_B = BC \times \omega_2 = \sqrt{2}(R_1 + R_2)\omega$$

$$v_D = DC \times \omega_2 = 2(R_1 + R_2)\omega$$

v_B、v_D 的方向如图 14.10 所示。

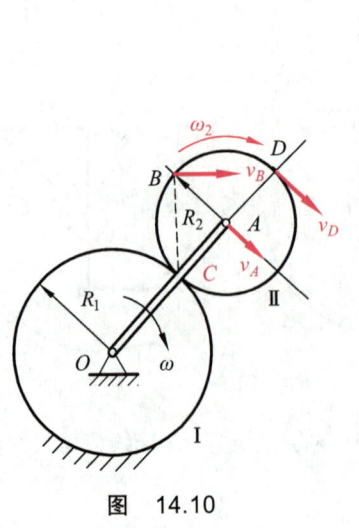

图 14.10

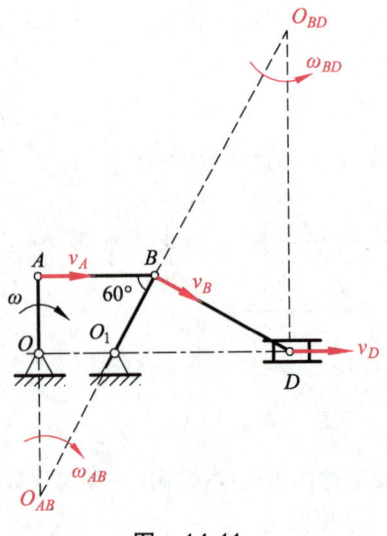

图 14.11

【例 14.3】 如图 14.11 所示机构中的曲柄 $OA = 15$ cm，$AB = 20$ cm，$BD = 30$ cm，在图示位置有 $OA \perp OO_1$，$AB \perp OA$，$O_1B \perp BD$。已知曲柄 OA 的角速度 $\omega = 4$ rad/s，试求此瞬时点 B 和点 D 的速度以及杆 AB 和杆 BD 的角速度。

【解】 由于杆 AB 和杆 BD 作平面运动，而且杆 AB 在点 A 与运动已知的杆 OA 相连接，所以取杆 AB 为研究对象。杆 O_1B 作定轴转动，故杆 AB 上 A、B 两点的速度方向为已知，作两速度垂线相交于点 O_{AB}，该点即为图示位置的速度瞬心。于是，杆 AB 的角速度为

$$\omega_{AB} = \frac{v_A}{O_{AB}A}$$

由已知条件，可得

$$O_{AB}A = AB \times \tan 60° = 20 \times \sqrt{3} \text{ cm} = 20\sqrt{3} \text{ cm}$$

$$v_A = \omega \times OA = 4 \times 15 \text{ cm/s} = 60 \text{ cm/s}$$

将其代入上式，有

$$\omega_{AB} = \frac{60}{20\sqrt{3}} \text{ rad/s} = 1.73 \text{ rad/s}$$

点 B 的速度为

$$v_B = \omega_{AB} \times O_{AB}B = 1.73 \times \frac{20}{\cos 60°} \text{cm/s} = 69.28 \text{ cm/s}$$

再以杆 BD 为研究对象，作 B、D 两点速度的垂线相交于点 O_{BD}，即为杆 BD 的速度瞬心，杆 BD 的角速度为

$$\omega_{BD} = \frac{v_B}{O_{BD}B} = \frac{40\sqrt{3}}{30\sqrt{3}} \text{ rad/s} = 1.33 \text{ rad/s}$$

点 D 的速度为

$$v_D = \omega_{BD} \times O_{BD}D = \frac{4}{3} \times \frac{30}{\sin 30°} \text{ cm/s} = 80 \text{ cm/s}$$

上述所得各杆角速度和各点速度的方向如图所示。

由以上各例可以看出，用瞬心法解题，其步骤与基点法类似。前两步完全相同，只是第三步要根据已知条件，求出平面运动构件速度瞬心的位置，接下来就可以求解构件的速度与角速度了。如果需要研究由几个构件组成的平面机构，则可依次对每一构件按上述步骤进行，直到求出所需的全部未知量为止。应注意，每一个平面运动构件有它自己的速度瞬心和角速度，因此每求出一个瞬心和角速度，应明确标出它是哪一个构件的，不可混淆。

工程中的机构都是由数个物体组成，各物体间通过连接点传递运动。平面运动理论用以分析同一平面运动刚体上两个不同点之间的速度关系，当两个物体相接触且有相对滑动时，则需用合成运动的理论分析这两个不同物体上相关点的速度联系。

分析复杂机构运动时，可能同时有平面运动和点的合成运动问题，应注意分别分析、综合应用有关理论。下面通过例题说明运动学的综合问题。

【例 14.4】 如图 14.12 所示，平面机构中曲柄 O_1A 绕 O_1 以匀角速度 ω 转动，$O_1A = O_2B = l$，轮 $r = \dfrac{l}{4}$。试求当 $\theta = 30°$，杆 O_2B 铅垂时，轮 C 的角速度。

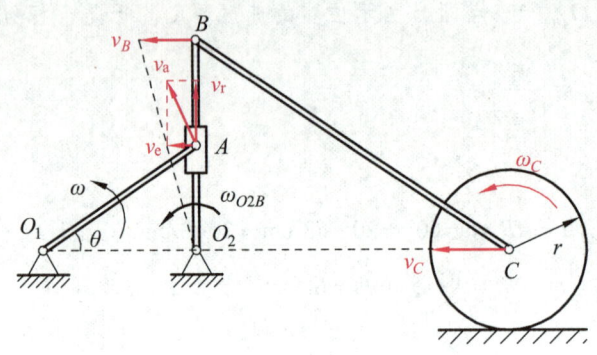

图 14.12

【解】 （1）机构的运动分析。曲柄 O_1A、杆 O_2B 作定轴转动，杆 BC、轮 C 作平面运动，滑块 A 和杆 O_2B 之间存在相对运动。

（2）求解动点的合成运动。选曲柄 O_1A 上的 A 点（滑块 A）为动点，动系固结在杆 O_2B 上，静系固结在地面上。动点的绝对运动是绕 O_1 的定轴转动，动点的相对运动是沿着杆 O_2B 的直线往复运动，动系的牵连运动是杆 O_2B 绕 O_2 的定轴转动。由速度合成定理作速度平行四边形（见图 14.12）进行速度矢量合成。绝对速度 v_a 大小为 $v_a = \omega \times O_1A$，方向垂直于 O_1A，指向与 ω 方向相同；牵连速度 v_e 大小待求，方向垂直于 O_2B；相对速度 v_r 大小未知，方向沿着 O_2B 方向。由速度平行四边形的几何关系，求得点 A 的牵连速度为

$$v_e = v_a \sin 30° = 0.5\omega l$$

据此得到杆 O_2B 的角速度为

$$\omega_{O_2B} = v_e / O_2A = 0.5\omega l / 0.5l = \omega$$

角速度 ω_{O_2B} 转向如图 14.12 所示。

（2）研究杆 BC 的平面运动。点 B 绕 O_2 作定轴转动，v_B 方向水平向左，轮 C 的速度瞬心是轮子与地面的接触点，可知 v_C 方向平行于 v_B 方向，所以 BC 作瞬时平动，得

$$v_C = v_B = \omega_{O_2B} \times O_2B = \omega l$$

轮 C 的角速度为

$$\omega_C = v_C / r = \omega l / 0.25l = 4\omega$$

ω_C 转向如图 14.12 所示。

思考题

14.1 平面图形上任意两点 A 和 B 的速度之间有何关系？v_{AB} 和 v_{BA} 一样么？

14.2 速度瞬心的速度等于零，其加速度是否也为零？速度瞬心是否一定在运动的平面图形内部？圆轮沿地面作纯滚动时，其速度瞬心的加速度是否为零？

14.3 刚体的瞬时平动和平动有何区别？比较图 14.13 所示两机构中连杆 AB 的运动有何异同？

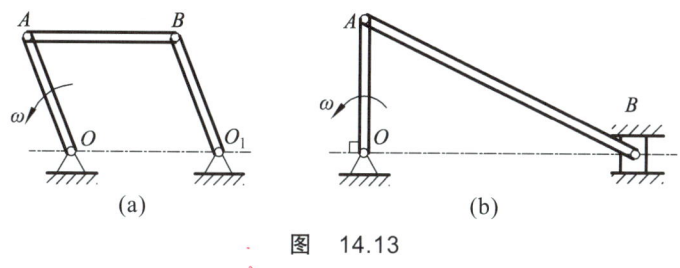

图 14.13

14.4 试判断图 14.14 中所示杆 AB 的速度瞬心。

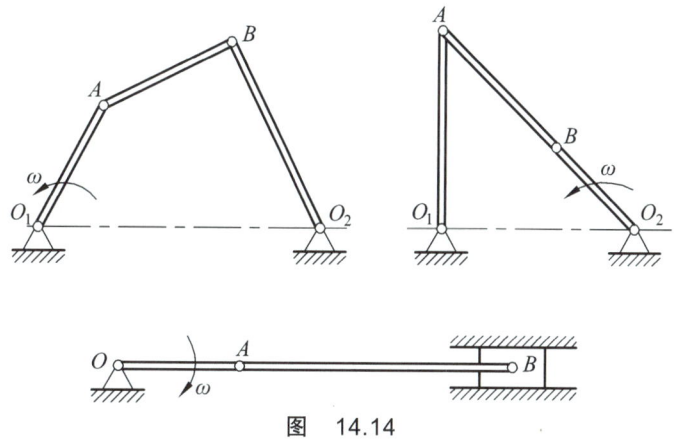

图 14.14

14.5 试判断图 14.15 所示的平面图形上各点的速度分布是否可能？

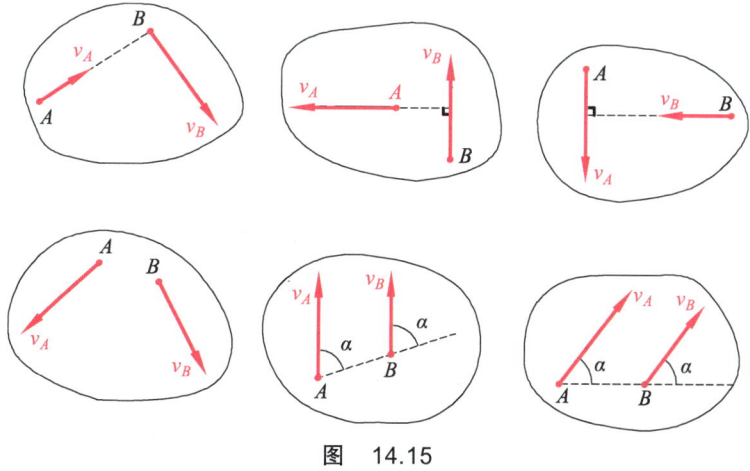

图 14.15

14.6 如图 14.16 所示，杆 O_1A 的角速度为 ω_1，板 ABC 和杆 O_1A、O_2B 铰接。试问：图中 O_1A 和 AC 上各点的速度分布规律是否正确？

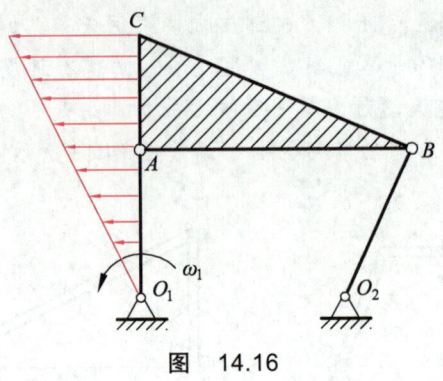

图 14.16

习　题

14.1 在图 14.17 所示机构中，已知 $OA = O_1B = AB/2$，曲柄 OA 的角速度 $\omega = 3$ rad/s。当 $\varphi = 90°$ 时，曲柄 O_1B 正好在 OO_1 的延长线上。试用基点法求在图示位置时连杆 AB 和曲柄 O_1B 的角速度。[答案： $\omega_{AB} = 3$ rad/s ， $\omega_{O_1B} = 5.2$ rad/s]

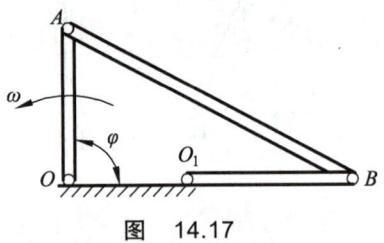

图 14.17

14.2 图 14.18 所示车轮在地面上沿直线纯滚动。已知车轮直径 $d = 0.4$ m，角速度 $\omega = 7.5$ rad/s，试求在图示位置时车轮轮缘上四点 A、B、C、D 点的速度。[答案：$v_A = v_C = 2.12$ m/s，$v_B = 3$ m/s， $v_D = 0$]

14.3 图 14.19 所示卡车正驶上 $20°$ 的斜坡，计速仪指出后轮的速度为 $v_A = 8$ km/h，两车轮的直径均为 0.9 m，都在作纯滚动。试求在图示位置时，卡车前、后轮的角速度 ω_A、ω_B 以及车身的角速度 ω 。[答案： $\omega_A = 4.94$ rad/s ， $\omega_B = 5$ rad/s ， $\omega_{AB} = 0.194$ rad/s]

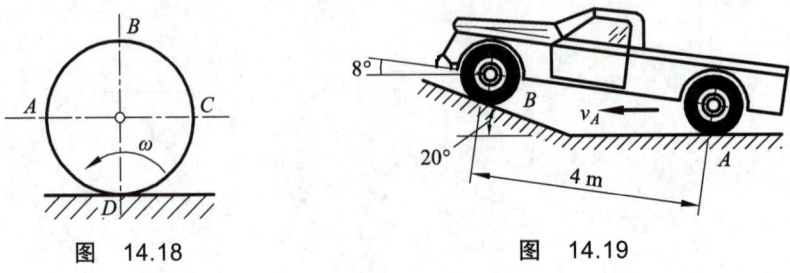

图 14.18　　　　　图 14.19

14.4 在图 14.20 所示机构中，长为 r 的曲柄 OA 以角速度 ω_0 绕轴 O 转动，在某瞬时杆 O_1N 水平，杆 NK 铅垂。已知 $DK = NK/3$，试求 NK 上点 D 的速度。[答案：$v_D = \dfrac{2}{3}\omega_0 r$]

14.5 直径为 $60\sqrt{3}$ mm 的滚子在水平面上作纯滚动，杆 BC 一端与滚子铰接，另一端与滑块铰接（见图 14.21）。设杆 BC 在水平位置，已知滚子的角速度 $\omega = 12$ rad/s，$\theta = 30°$，$\varphi = 60°$，$BC = 270$ mm。试求该瞬时杆 BC 的角速度和点 C 的速度。[答案：$\omega_{BC} = 8$ rad/s，$v_C = 1.87$ m/s]

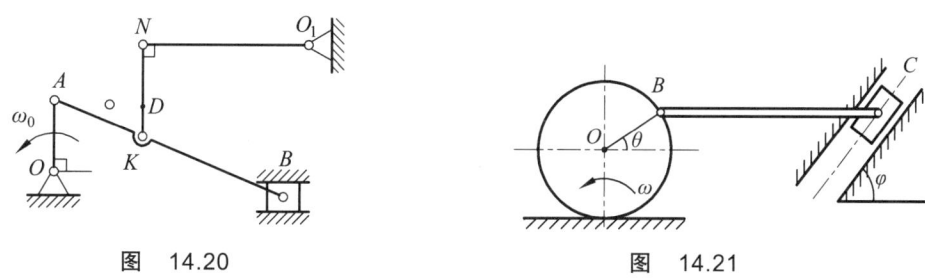

图 14.20   图 14.21

14.6 图 14.22 所示机构由直杆 O_1A、直角形曲杆 ABC、等腰三角形板 CEF 和直杆 DE 等四个刚体以及链杆 O_2F 铰接而成，杆 DE 绕轴 D 匀速转动，角速度为 ω_0。试求在图示瞬时（AB 水平，DE 铅垂）点 A 的绝对速度和三角板 CEF 的角速度。[答案：$v_a = 2a\omega_0$，$\omega_{CEF} = \omega_0$]

14.7 在图 14.23 所示瓦特行星机构中，平衡杆 O_1A 绕轴 O_1 转动，并借连杆 AB 带动曲柄 OB 转动，而曲柄 OB 活动地装在轴 O 上。在轴 O 上装有齿轮 I，齿轮 II 与杆 AB 固连，其轴安装在杆 AB 的 B 端。已知 $r_1 = r_2 = 300\sqrt{3}$ mm，$O_1A = 750$ mm，$AB = 1\,500$ mm，$\omega_{O_1} = 6$ rad/s。试求当 $\gamma = 60°$，$\beta = 90°$ 时，曲柄 OB 及齿轮 I 的角速度。[答案：$\omega_{OB} = 3.75$ rad/s，$\omega_1 = 6$ rad/s]

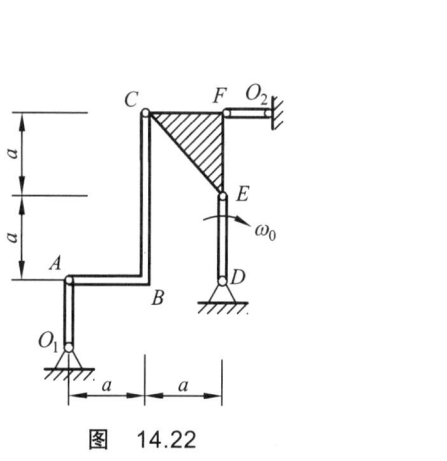
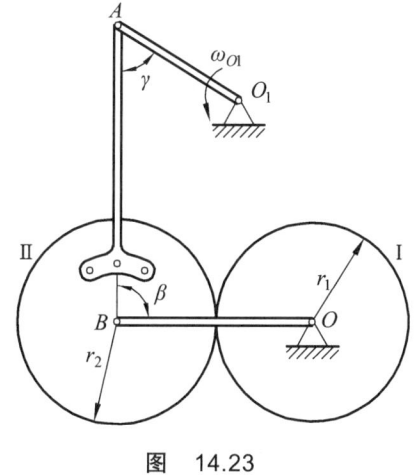

图 14.22   图 14.23

14.8 小型精压机机构如图 14.24 所示。已知 $OA = O_1B = r = 0.1$ m，$BE = BD = AD = l = 0.4$ m。在图示瞬时，$OA \perp AD$，$O_1B \perp DE$，O_1D 在水平位置，OD 和 EF 在铅直位置。已知曲柄 OA 的转速 $n = 120$ r/min，求此时压头 F 的速度。[答案：$v_F = 1.295$ m/s]

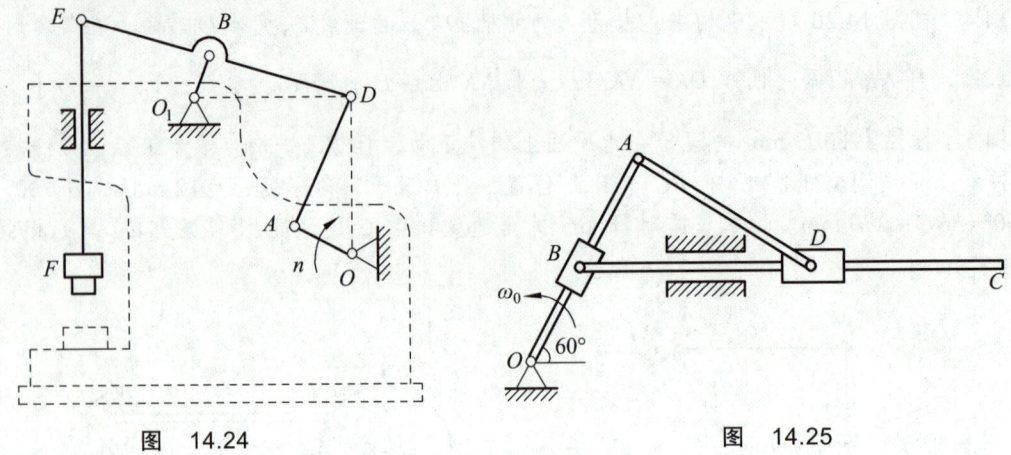

图 14.24　　　　　　　　　图 14.25

14.9　（综合应用题）平面机构如图 14.25 所示。已知曲柄 OA 长为 $2a$，以角速度 ω_0 绕轴 O 转动。在图示位置时，$AB = BO$ 且 $\angle OAD = 90°$。求此时滑块 D 相对于杆 BC 的速度。[答案：$v_r = \dfrac{2\sqrt{3}}{3}\omega_0 a$]

阅读材料

科学与工程中的应用力学

力学是研究物体运动规律的一个分支学科。一旦理解了力学这个术语，那么应用力学，即力学在科学与工程的其他分支学科中的应用，其含义就容易理解了。"工程"一词的早期含义仅为军事工程师的工作。今天，"工程"一词的含义既包括汇集各种技术领域所形成的知识体系，又包括那些"将合理利用丰富资源为人类造福作为一门艺术"。

现代科学以物理学为开端，而物理学以力学为开端。力学的开山鼻祖是伽利略。1594 年，伽利略出版了首本现代力学专著。他在该书中提出古典几何静力学理论，讨论了自由落体运动。1638 年，他在《关于两门新学科的谈话及数学证明》一书中总结了前期的研究，包括质点动力学和结构材料的力学性能（梁的破裂及强度）。他在书中开创了力学的两门分支学科，即质点及刚体动力学和变形体力学。

到 19 世纪中期，力学已经发展为一门成熟的学科，在大量观察实验的基础上形成了一套完善的定律、原理、定理、方程及其数学方法。这个广泛的力学基础还涵盖了声学及热的机械理论。

第十五章 动力学基础

【问题导入】

前面已经讨论了物体的受力分析和平衡条件,以及运动学的普遍规律。如果需要对物体的机械运动进行全面的分析,则还应研究物体的运动与作用于物体的力之间的关系,这就涉及动力学的范畴。图 15.1 为一行驶的载重汽车,当遇到紧急情况时需要刹车,显然此时汽车从开始刹车至停车所经过的距离的求解是极其重要的,那么应如何进行求解呢?

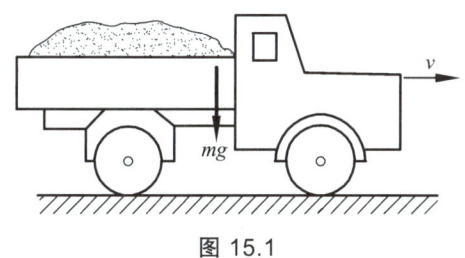

图 15.1

第一节 质点运动微分方程

质点是物体最简单、最基本的模型,是构成复杂物体系统的基础。本节将以牛顿第二定律为基础建立质点运动微分方程,以求解质点的动力学问题。

一、动力学基本方程

牛顿第一定律(惯性定律):不受力作用的质点,将保持静止或匀速直线运动状态。

这个定律定性地表示力和运动之间的关系,即力是改变质点运动状态的根本原因。质点的这种保持其原有运动状态不变的固有属性叫惯性。

牛顿第二定律(力和加速度关系定律):质点受力作用将产生加速度,加速度的方向与作用力的方向相同,加速度的大小与作用力的大小成正比,而与质点的质量成反比,数学表达式为

$$F = ma \tag{15.1}$$

式中,F 为质点所受的力;m 为质点的质量;a 为质点在力 F 作用下产生的加速度。该公式

即为质点动力学基本方程。这一基本方程定性定量地表明了质点受力与运动之间的如下关系:

(1) 质点受力与加速度的瞬时性。如果质点在某瞬时受外力为 F,则必定产生相应的加速度 a。

(2) 作用于质点的外力的方向和加速度方向的一致性。无论质点运动方向如何,质点的加速度方向永远与外力方向相同。该公式是矢量等式。

(3) 质量是质点惯性大小的度量。在相同的外力作用下,则质量大的质点产生的加速度小,质点的惯性也大;反之,质量小的质点惯性也小。

牛顿第三定律(作用力和反作用力定律): 两个物体相互作用的作用力和反作用力,总是大小相等、方向相反、沿着同一直线,并分别作用在两个物体上。

当质点受到 n 个力 $F_1, F_2, \cdots, F_n$ 的作用时,由牛顿第二定律,式(15.1) 可改写为 $\sum F_i = ma$,又由质点运动学可知,质点的加速度 a 等于质点速度 v 对时间 t 的一阶导数,于是式(15.1) 也可写为

$$F = m\frac{dv}{dt} \quad \text{或} \quad \sum F_i = m\frac{dv}{dt} \qquad (15.2)$$

式(15.2) 称**动力学基本方程**,也称**质点运动微分方程**。须指出,式(15.1) 和式(15.2) 中的力 F 应当理解为质点上所受各外力的合外力。可见,有了动力学基本方程,就可解决动力学问题。式(15.2) 是矢量形式的微分方程,无法进行实际应用,在解决实际工程中的动力学问题时,常需把这个矢量等式投影到坐标轴上,这样应用起来更为方便。

二、直角坐标形式的质点运动微分方程

图15.2 所示质量为 m 的质点 M 在合外力 F 的作用下,沿平面曲线运动,其加速度为 a。根据动力学基本方程 $ma = \sum F_i$,并取直角坐标系 Oxy,将上式投影在轴 x 和 y 上,即得 $ma_x = \sum F_x$ 和 $ma_y = \sum F_y$。由运动学可知,加速度在直角坐标轴上的投影等于运动质点的各对应速度投影对时间的一阶导数或各对应坐标对时间的二阶导数,于是质点动力学基本方程的投影又可写为

$$\left. \begin{array}{l} ma_x = m\dfrac{dv_x}{dt} = m\dfrac{d^2x}{dt^2} = \sum F_x \\ ma_y = m\dfrac{dv_y}{dt} = m\dfrac{d^2y}{dt^2} = \sum F_y \end{array} \right\} \qquad (15.3)$$

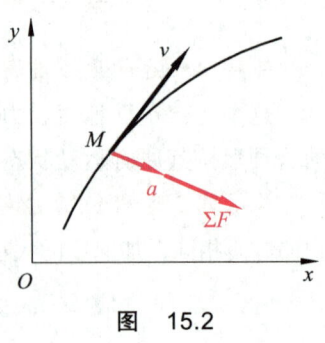

图 15.2

式(15.3) 即为**直角坐标形式的质点运动微分方程**。式中,$\sum F_x$ 和 $\sum F_y$ 为质点上所受各外力在轴 x 和 y 上投影的代数和。

三、自然坐标形式的质点运动微分方程

当质点的运动轨迹为已知时，适于用自然坐标来表示质点的力与加速度的关系。设质点沿平面曲线运动，于是，将动力学基本方程向质点运动轨迹的切向和法向投影（见图15.3），即得 $ma_\tau = \sum F_\tau$ 和 $ma_n = \sum F_n$，也就是

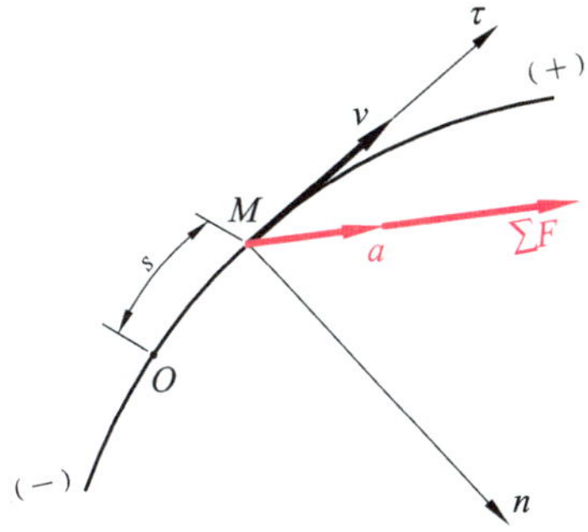

$$\left. \begin{array}{l} ma_\tau = m\dfrac{\mathrm{d}v}{\mathrm{d}t} = m\dfrac{\mathrm{d}^2 s}{\mathrm{d}t^2} = \sum F_\tau \\ ma_n = m\dfrac{v^2}{\rho} = \dfrac{m}{\rho}\left(\dfrac{\mathrm{d}s}{\mathrm{d}t}\right)^2 = \sum F_n \end{array} \right\} \quad (15.4)$$

图 15.3

式（15.4）即为自然坐标形式的质点运动微分方程。式中，$\sum F_\tau$ 和 $\sum F_n$ 为质点上的所受各外力在切线轴 τ 和法线轴 n 上投影的代数和；ρ 为质点的运动轨迹在 M 处的曲率半径。

四、质点动力学的两类问题

以上由动力学基本方程建立的质点运动微分方程，可解决运动学的两类基本问题：一是已知质点的运动，求作用于质点上的力；二是已知作用于质点的力，求质点的运动。

对于第一类问题，一般已知质点的运动方程，通过求导数的运算可以求出 a_x、a_y、a_τ 和 a_n，代入式（15.3）或式（15.4）即可求出未知力。求解的步骤是对质点进行受力分析，选择合适的坐标系，建立质点运动微分方程并求解。

【例15.1】 设质量为 m 的质点 M 在 Oxy 平面内运动（见图15.4），其运动方程为 $x = a\cos kt$，$y = b\sin kt$，式中 a、b 及 k 都是常数。试求作用于质点上的力 $\boldsymbol{F}$。

【解】（1）取质点 M 为研究对象，画出其受力图。由已知质点的运动方程，消去时间 t，即得它的轨迹方程为

$$\frac{x^2}{a^2} + \frac{y^2}{b^2} = 1$$

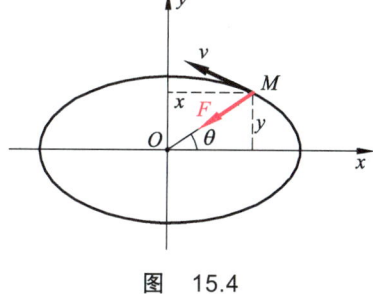

图 15.4

可见，质点的运动轨迹是以 a、b 为半轴的椭圆。

（2）求加速度。由质点的运动方程对时间求二阶导数，得

$$a_x = \frac{\mathrm{d}^2 x}{\mathrm{d}t^2} = -k^2 a\cos kt = -k^2 x, \quad a_y = \frac{\mathrm{d}^2 y}{\mathrm{d}t^2} = -k^2 b\sin kt = -k^2 y$$

（3）列出质点的运动微分方程，求作用于质点上的力。

$$m\frac{\mathrm{d}^2 x}{\mathrm{d}t^2} = -mk^2 x = F_x, \quad m\frac{\mathrm{d}^2 y}{\mathrm{d}t^2} = -mk^2 y = F_y$$

于是，力 $\boldsymbol{F}$ 的大小为

$$F = \sqrt{F_x^2 + F_y^2} = mk^2\sqrt{x^2 + y^2} = mk^2 \cdot OM$$

式中，$OM = \sqrt{x^2 + y^2}$，力 $\boldsymbol{F}$ 的方向余弦为

$$\cos(F, x) = \frac{F_x}{F} = -\frac{k^2 mx}{k^2 m \cdot OM} = -\frac{x}{OM}$$

$$\cos(F, y) = \frac{F_y}{F} = -\frac{k^2 my}{k^2 m \cdot OM} = -\frac{y}{OM}$$

所得结果恰好与有向线段 OM 的方向余弦数值相等而符号相反，说明力 $\boldsymbol{F}$ 指向原点 O。

对于第二类问题，求质点的运动一般都比较复杂。因为作用于质点上的力可以是常力，也可以是和许多物理因素如时间、位置或速度等有关的变量，所以求解这类问题从数学角度看，也就是要求解微分方程或积分，另外还要确定相应的若干积分常数。鉴于此，可按作用力的函数规律进行积分，并根据初始条件或其他运动条件来确定积分常数。对于第二类问题，可不作要求。

第二节 刚体绕定轴转动微分方程与转动惯量

刚体平动时，刚体上各点的运动情况完全相同，也就是说，刚体上任意一点的运动都可以代表整个刚体的运动。因此，平动刚体的动力学问题，可以归结为质点的动力学问题，其动力学基本方程与第一节质点的运动微分方程相同。但刚体绕定轴转动时其转动微分方程需要另行分析。工程实际中，有大量绕定轴转动的构件，其转动状态的改变与作用于其上的外力矩有着密切的关系。本节将讨论构件绕定轴转动时，转动状态的变化规律与外力矩之间的关系。

一、刚体绕定轴转动微分方程

设有一个刚体，在外力 F_1，F_2，$\cdots$，F_n 的作用下绕定轴 z 转动（见图 15.5）。在某瞬时，刚体转动的角速度为 ω，角加速度为 α。若把刚体看成是由无数个质点所组成，则刚体绕定轴转动时，除转轴上的各质点以外，其余的都作圆周运动。在刚体上取任意一质点 M_i，其质量为 m_i，转动半径为 r_i，切向加速度为 $a_{i\tau}$，法向加速度为 a_{in}。若以 $\boldsymbol{F}_i$ 代表作用于该质点上外力的合力，以 $\boldsymbol{F}'_i$ 代表作用于该质点上内力的合力，则由式（15.4）可得出第 i 个质点的自然坐标形式的质点运动微分方程为

$$F_{i\tau} + F'_{i\tau} = m_i a_{i\tau} = m_i r_i \alpha \tag{a}$$

$$F_{in} + F'_{in} = m_i a_{in} = m_i r_i \omega^2 \tag{b}$$

因为这里只研究刚体的转动，故只考虑力矩的作用效应，而法向力总是指向转轴，对转轴的力矩恒为零，只有切向力产生力矩，

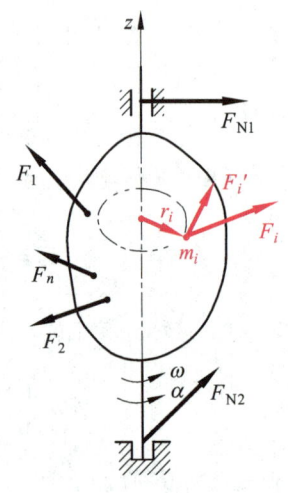

图 15.5

即式（b）与我们所研究的问题无关，不予考虑。为了分析力矩的作用效应，将式（a）两边均乘以 r_i，得

$$F_{i\tau}r_i + F'_{i\tau}r_i = m_i r_i^2 \alpha \quad \text{或} \quad M_z(\boldsymbol{F}_{i\tau}) + M_z(\boldsymbol{F}'_{i\tau}) = m_i r_i^2 \alpha$$

对于由 n 个质点组成的刚体，每一个质点均可列出上式，将式左、右两端分别求和，得

$$\sum M_z(\boldsymbol{F}_{i\tau}) + \sum M_z(\boldsymbol{F}'_{i\tau}) = \sum m_i r_i^2 \alpha$$

由于刚体的内力即刚体上各个质点之间相互作用力总是成对出现，因此有 $\Sigma M_z(\boldsymbol{F}'_{i\tau}) = 0$。于是，上式即写为

$$\sum M_z(\boldsymbol{F}_{i\tau}) = \sum M_z(\boldsymbol{F}) = \sum m_i r_i^2 \alpha = \alpha \sum m_i r_i^2$$

令 $J_z = \sum m_i r_i^2$，称为**刚体对轴 z 的转动惯量**，则有

$$\sum M_z(\boldsymbol{F}) = J_z \alpha = J_z \frac{\mathrm{d}^2 \varphi}{\mathrm{d} t^2} \tag{15.5}$$

式（15.5）即为**刚体定轴转动微分方程**。它表明：**刚体绕定轴转动时，作用在刚体上各外力对转动轴之矩的代数和，等于刚体对该轴的转动惯量与其角加速度的乘积**。在此将刚体定轴转动微分方程与质点运动微分方程，即 $\sum M_z(\boldsymbol{F}_i) = J_z \alpha$ 与 $\sum \boldsymbol{F}_i = m\boldsymbol{a}$ 加以对照，可以看出它们的表达形式是相似的，因此在求解问题的方法和步骤上也是相似的。

根据刚体定轴转动微分方程可知，若作用在刚体上的外力矩恒为零，则刚体作匀速转动；若作用在刚体上的外力矩为一不为零的常数，则刚体作匀变速转动。

二、转动惯量

在式（15.5）中我们引入了**转动惯量** J_z，刚体的转动惯量是刚体转动时惯性的度量，它等于刚体内所有质点的质量与质点到转轴 z 的垂直距离平方的乘积的和，即

$$J_z = \sum_{i=1}^n m_i r_i^2 \tag{15.6}$$

由式（15.6）可见，转动惯量的大小不仅与质量大小有关，而且与质量的分布有关。在国际单位制中，转动惯量的单位为 $\mathrm{kg \cdot m^2}$。

在工程实际中，常常根据工作需要来选定转动惯量的大小。例如，在往复式活塞发动机、冲床和剪床等机器的转轴上时常安装一个大飞轮，就是为了使飞轮质量的大部分集中分布在轮缘上（见图 15.6）。这样加大了飞轮的转动惯量，当机器受到冲击时，角加速度变化会很小，从而使机器保持比较平稳的运转状态。但是，有些仪表中的个别零件要求具备较高的灵敏度，因此这些零件的转动惯量就必须尽可能地小，这类零件便采用轻金属制成就是这个道理，并且还大大减少了零件体积。

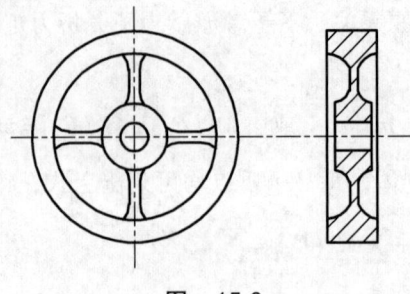

图 15.6

在工程实际中对刚体的转动惯量可通过理论法计算或通过实验法测得。如对简单连续的均质物体的转动惯量,可通过式(15.6)的积分形式进行计算,也可直接从有关工程手册中查得,表 15.1 列出了一些常见的均质物体的转动惯量的计算公式,可供查询使用;对于简单不连续的均质物体的转动惯量,通过式(15.6)的普通形式进行计算;而对于形状不规则或非均质物体的转动惯量,一般只能进行近似计算,通常通过实验法测得。

表 15.1 常见均质物体的转动惯量、惯性半径和体积计算公式

物体的形状	简 图	转动惯量	惯性半径	体积计算公式
细直杆		$J_{zC} = \dfrac{m}{12}l^2$ $J_z = \dfrac{m}{3}l^2$	$\rho_{zC} = \dfrac{l}{2\sqrt{3}} = 0.289l$ $\rho_z = \dfrac{l}{\sqrt{3}} = 0.578l$	—
薄壁圆筒		$J_y = mR^2$	$\rho_y = R$	$2\pi Rlt$
圆柱		$J_y = \dfrac{1}{2}mR^2$ $J_z = J_x = \dfrac{m}{12}(3R^2 + l^2)$	$\rho_y = \dfrac{R}{\sqrt{2}} = 0.707R$ $\rho_z = \rho_x = \sqrt{\dfrac{1}{12}(3R^2 + r^2)}$	$\pi R^2 l$
空心圆柱		$J_y = \dfrac{m}{2}(R^2 + r^2)$	$\rho_y = \sqrt{\dfrac{1}{2}(R^2 + r^2)}$	$\pi l(R^2 - r^2)$
薄壁空心球		$J_z = \dfrac{2}{3}mR^2$	$\rho_z = \sqrt{\dfrac{2}{3}}R = 0.816R$	$\dfrac{3}{2}\pi Rt$

续表

物体的形状	简图	转动惯量	惯性半径	体积计算公式
实心球		$J_z = \dfrac{2}{5}mR^2$	$\rho_z = \sqrt{\dfrac{2}{5}}R = 0.632R$	$\dfrac{4}{3}\pi R^3$
圆锥体		$J_y = \dfrac{3}{10}mr^2$ $J_z = J_x = \dfrac{3}{80}m(4r^2 + l^2)$	$\rho_y = \sqrt{\dfrac{3}{10}}r = 0.548r$ $\rho_z = \rho_x = \sqrt{\dfrac{3}{80}(4r^2 + l^2)}$	$\dfrac{\pi}{3}r^2 l$
圆环		$J_z = m\left(R^2 + \dfrac{3}{4}r^2\right)$	$\rho_z = \sqrt{R^2 + \dfrac{3}{4}r^2}$	$2\pi^2 r^2 R$
椭圆形薄板		$J_z = \dfrac{m}{4}(a^2 + b^2)$ $J_y = \dfrac{m}{4}a^2$ $J_x = \dfrac{m}{4}b^2$	$\rho_z = \dfrac{1}{2}\sqrt{a^2 + b^2}$ $\rho_y = \dfrac{a}{2}$ $\rho_x = \dfrac{b}{2}$	πabt
长方体		$J_z = \dfrac{m}{12}(a^2 + b^2)$ $J_y = \dfrac{m}{12}(a^2 + c^2)$ $J_x = \dfrac{m}{12}(b^2 + c^2)$	$\rho_z = \sqrt{\dfrac{1}{12}(a^2 + b^2)}$ $\rho_y = \sqrt{\dfrac{1}{12}(a^2 + c^2)}$ $\rho_x = \sqrt{\dfrac{1}{12}(b^2 + c^2)}$	abc
矩形薄板		$J_z = \dfrac{m}{12}(a^2 + b^2)$ $J_y = \dfrac{m}{12}a^2$ $J_x = \dfrac{m}{12}b^2$	$\rho_z = \sqrt{\dfrac{1}{12}(a^2 + b^2)}$ $\rho_y = 0.289a$ $\rho_x = 0.289b$	abt

在工程上，有时把转动惯量表达成刚体的总质量 m 与某一当量长度的平方的乘积，即

$$J_z = m\rho^2 \tag{15.7}$$

式中，当量长度 ρ 称为**刚体的惯性半径**。它的物理意义是：若设想刚体的全部质量 m 集中在与转轴 z 相距为 ρ 的一质点上，则此质点对轴 z 的转动惯量等于刚体对同一轴的转动惯量。

然而在工程手册中给出的通常是刚体对于过质心轴的转动惯量。对于不过质心轴的转动惯量的计算，可借助平行移轴定理来求得。

平行移轴定理：刚体对于任意一轴的转动惯量，等于刚体对于过质心且与该轴平行的轴的转动惯量，加上刚体的质量与两轴间距离平方的乘积，即

$$J_z = J_{zC} + md^2 \tag{15.8}$$

由平行移轴定理可知，刚体对于各平行轴的转动惯量，以对于过质心轴的转动惯量为最小。

应用刚体绕定轴转动微分方程可以求解如下两类问题：(1) 已知刚体转动规律，求作用在刚体上的外力或外力矩；(2) 已知外力或外力矩，求刚体转动规律，如角加速度、角速度或转动方程。下面分别讨论这两种情况。

【例 15.2】 摆锤由均质材料制成，如图 15.7 所示。已知均质摆杆和均质圆盘的质量分别为 m_1 和 m_2，杆长度为 l，圆盘直径为 d。试求摆锤对于通过悬挂点 O 的水平轴的转动惯量。

【解】 摆锤对于水平轴 O 的转动惯量应为摆杆和圆盘对同一轴的转动惯量之和，即

$$J_O = J_{O杆} + J_{O盘}$$

查表 15.1，可知式中 $J_{O杆} = \dfrac{1}{3} m_1 l^2$，设 J_C 为圆盘对于中心 C 的转动惯量，则

$$\begin{aligned} J_{O盘} &= J_C + m_2 \left(l + \dfrac{d}{2} \right)^2 \\ &= \dfrac{1}{2} m_2 \left(\dfrac{d}{2} \right)^2 + m_2 \left(l + \dfrac{d}{2} \right)^2 \\ &= m_2 \left(\dfrac{3}{8} d^2 + l^2 + ld \right) \end{aligned}$$

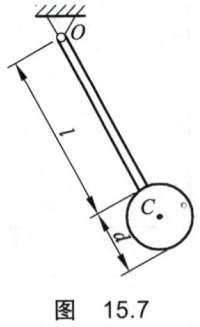

图 15.7

求 $J_{O杆}$ 和 $J_{O盘}$ 之和，得

$$J_O = \dfrac{1}{3} m_1 l^2 + m_2 \left(\dfrac{3}{8} d^2 + l^2 + ld \right)$$

【例 15.3】 已知飞轮（见图 15.8）的转动惯量 $J = 18 \times 10^3 \text{ kg} \cdot \text{m}^2$，在恒力矩 M 的作用下，由静止开始转动，经过 20 s，飞轮的转速 n 达到 120 r/min。若不计摩擦的影响，试求启动力矩 M。

【解】 取飞轮为研究对象。由于飞轮在恒力矩 M 的作用下启动，所以角加速度 α 也是常量，即飞轮作匀变速转动，经过 20 s，飞轮的角速度为

$$\omega = \frac{\pi n}{30} = \frac{\pi \times 120}{30} \text{ rad/s} = 4\pi \text{ rad/s}$$

根据匀变速转动的运动规律，得角加速度为

$$\alpha = \frac{\omega - \omega_0}{t} = \frac{4\pi}{20} \text{ rad/s}^2 = 0.2\pi \text{ rad/s}^2$$

由式（15.5），列出飞轮的定轴转动微分方程为

$$M = J\alpha$$

图 15.8

将 J、α 的数据代入上式，得飞轮的启动力矩为

$$M = 18 \times 10^3 \times 0.2\pi \text{N} \cdot \text{m} = 1.13 \times 10^4 \text{N} \cdot \text{m} = 11.3 \text{ kN} \cdot \text{m}$$

【例 15.4】 图 15.9（a）所示为一提升设备。被吊重物的质量为 m_1，半径为 r 的鼓轮质量为 m_2，且质量分布在轮缘上（近似为圆环）。不计吊绳的质量，当作用于鼓轮上的力矩为 M_O 时，试求重物的加速度。

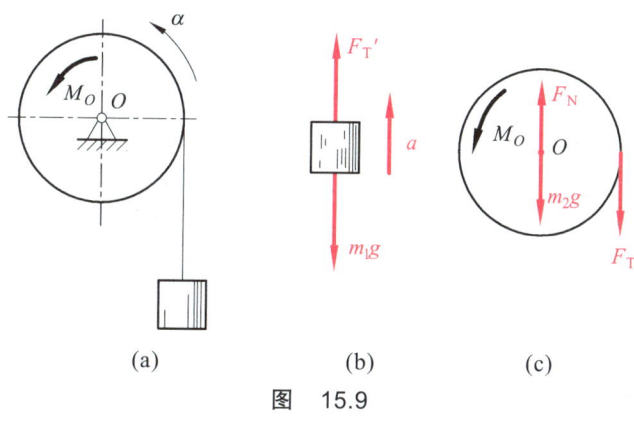

图 15.9

【解】 分别取重物和鼓轮为研究对象，受力如图 15.9（b）、（c）所示。在重物和鼓轮组成的物体系统中，重物作直线平动，鼓轮作定轴转动，由运动学知识可知，鼓轮轮缘上任意一点的切向加速度的大小与重物直线运动的加速度的大小相等，即

$$a = a_\tau = r\alpha \tag{a}$$

由式（15.5），列出鼓轮的定轴转动的运动微分方程为

$$M_O - F_T r = J_O \alpha = m_2 r^2 \alpha \tag{b}$$

再由式（15.4），列出重物的运动微分方程为

$$F_T' - m_1 g = m_1 a \tag{c}$$

解方程（a）、（b）、（c），得重物的加速度为

$$a = \frac{M_O - m_1 g r}{(m_1 + m_2) r}$$

第三节 力的功

功是度量力的作用的一个物理量。它反映的是力在一段路程上对物体作用的累积效果，其结果是引起物体能量的改变和转化。功的计算是动能定理建立的基础。

一、常力在直线运动中的功

设质点 M 在大小和方向都不变的常力 F 作用下沿直线运动，其位移为 s，力 F 与位移方向的夹角为 θ（见图 15.10）。这里，把力 F 在质点位移方向上的投影 $F\cos\theta$ 与位移大小即路程 s 的乘积称为该力 F 在这一路程上所作的功，记为 W，即

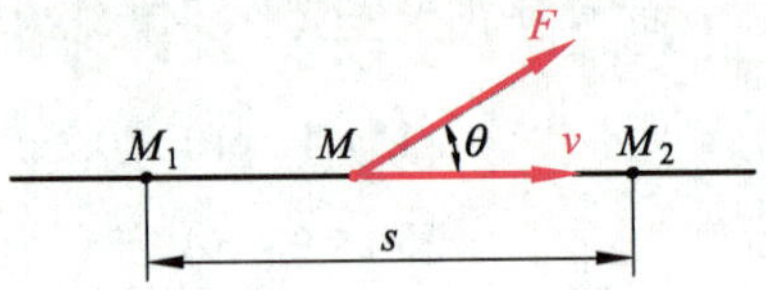

$$W = F\cos\theta \cdot s \tag{15.9}$$

图 15.10

在国际单位制中，功的单位为焦[耳]（J），1 焦 = 1 牛 × 1 米 = 1 N × 1 m。根据功的定义可知，功是代数量。由上式可知，当 $\theta < 90°$、$\theta = 90°$ 和 $\theta > 90°$ 时，功分别为正功、零和负功。

二、变力沿曲线运动的功

所谓变力，是指作用于质点上的力的大小和方向都沿着作用点的路程而变化。设一质点 M 在变力 F 的作用下，沿曲线 $\overset{\frown}{AB}$ 运动（见图 15.11）。为了计算力 F 在路程 $\overset{\frown}{AB}$ 上所作的功，将路程分成无限多个微段 $\mathrm{d}s$，微段 $\mathrm{d}s$ 可以视为直线，在 $\mathrm{d}s$ 微段内并近似地把变力 F 看做常力。于是变力 F 在微小段路程上所作的功就可用式（15.9）来计算。这个功称为变力 F 在微段 $\mathrm{d}s$ 上的元功，即

$$\mathrm{d}W = F\cos\alpha \cdot \mathrm{d}s$$

式中，α 为力 F 与轨迹切线方向上的夹角。

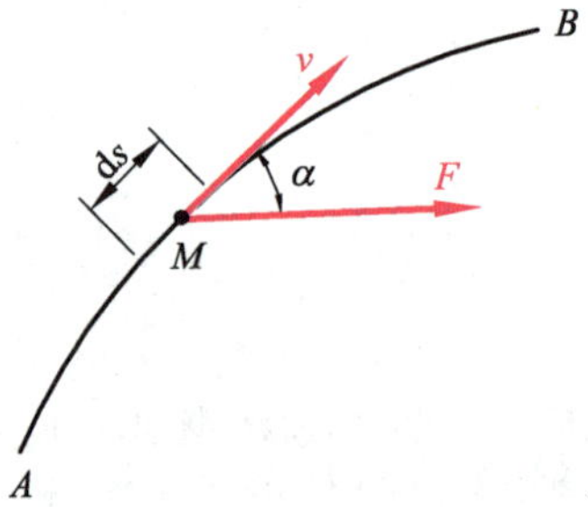

图 15.11

这时，变力 F 在曲线路程 $\overset{\frown}{AB}$ 上所作的功，就等于该力在各微段元功的总和，即

$$W = \int_{\overset{\frown}{AB}} \mathrm{d}W = \int_0^l F\cos\alpha \cdot \mathrm{d}s \tag{15.10}$$

这就是说，变力在某一曲线路程上所作的功，等于该力在轨迹切线的投影沿这段曲线路程的积分。

三、常见力的功

1. 重力的功

设一重力为 mg 的质点，从高度 z_1 位置沿任意轨迹降到高度 z_2 位置。于是，其元功为

$\mathrm{d}W = mg\cos\alpha \cdot \mathrm{d}s = -mg\mathrm{d}s$，负号表示质点在重力作用下移动的方向与高度轴 z 正向相反，将此代入式（15.10），得

$$W = mg(z_1 - z_2) \tag{15.11}$$

式（15.11）表明，重力的功等于质点重力与其重心在运动始末位置高度差的乘积，而且与质点运动轨迹的形状无关。

2. 弹性力的功

一端固定的弹簧与一质点相连接，使质点由弹簧的自然位置沿弹簧伸长方向产生位移，因为弹簧力 F 是变力，它的大小与弹簧的变形量 δ 成正比，即 $F = -k\delta$，k 为弹簧的弹性系数，弹性力总与弹簧的伸长方向相反。于是，由式（15.10）得弹性力的功为

$$W = \frac{k}{2}(\delta_1^2 - \delta_2^2) \tag{15.12}$$

式（15.12）表明，弹性力的功只与弹簧的起始变形和终了变形有关，而与弹性力所作用的质点运动轨迹的形状无关。

3. 定轴转动刚体上作用力的功

刚体在力 F 的作用下绕定轴 Oz 转动，现将力 F 分解为三个力 F_r、F_t 和 F_z（见图 15.12）。可以看出，三个力中轴向力 F_z 和径向力 F_r 不作功，只有切向力 F_t 作功。设力 F 作用点到转轴的距离为 r，由式（15.10）可得力 F 在刚体转过角 φ 时作的功为

$$W = \int_{M_1}^{M_2} F_t r \mathrm{d}\varphi = \int_{\varphi_1}^{\varphi_2} M_z \mathrm{d}\varphi = \pm M_z \varphi \tag{15.13}$$

式中，$\varphi = \varphi_2 - \varphi_1$；$M_z$ 为 F 对转轴 Oz 的力矩，且为常量。

式（15.13）表明：刚体绕定轴转动时，若作用在刚体上的力对转轴的矩为常量，则其功等于该力对转轴的矩乘以刚体所转过的角度。当力矩与转角的转向一致时，其功为正，反之为负。若刚体上作用的是力偶，其力偶矩 M 为常量，且力偶作用面垂直于转轴，则力偶使刚体转过转角 φ 时所作的功仍可用式（15.13）计算，即

$$W = \pm M\varphi \tag{15.14}$$

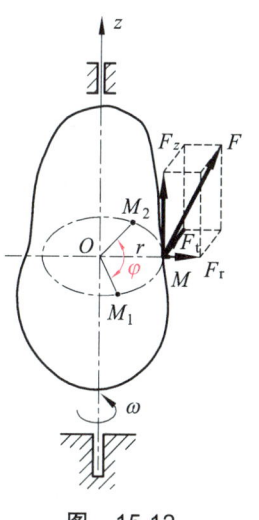

图 15.12

显然，当力偶与转角的转向一致时，其功为正，反之为负。

四、合力的功

质点 M 受 n 个力 F_1，F_2，$\cdots$，F_n 的作用，其合力为 F_R。这些力使质点沿曲线从点 M_1 运动到点 M_2，由合力投影定理，各力在自然坐标系的轴 τ 上的投影有

$$F_R \cos\alpha = F_1 \cos\alpha_1 + F_2 \cos\alpha_2 + \cdots + F_n \cos\alpha_n$$

将上式两边同乘以路程微段 $\mathrm{d}s$，则质点在整个路程上所作的功为

$$\int_{M_1}^{M_2} F_R \cos\alpha \cdot \mathrm{d}s = \int_{M_1}^{M_2} F_1 \cos\alpha_1 \cdot \mathrm{d}s + \int_{M_1}^{M_2} F_2 \cos\alpha_2 \cdot \mathrm{d}s + \cdots + \int_{M_1}^{M_2} F_n \cos\alpha_n \cdot \mathrm{d}s$$

由式（15.10），上式又可简写成：

$$W = W_1 + W_2 + \cdots + W_n \tag{15.15}$$

式（15.15）表明，作用于质点上力系的合力在任意一路程中所作的功等于各分力在同一路程上所作的功的代数和。

第四节　动能定理

前面讨论了质点和刚体的运动变化与受力之间的关系，可以解决较为简单的动力学问题，但是对于较为复杂的动力学问题，应用动能定理来求解，求解过程更便捷。动能定理是从能量的角度来分析质点和刚体的动力学问题，它阐述了力对物体所作的功与物体动能变化之间的关系。

一、质点和刚体的动能

运动着的物体都具有一定的作功能力。例如，飞行的子弹可以穿透钢板，转动的飞轮可以驱动机构运动，等等。物体由于机械运动而具有作功的能力称为**动能**。

1. 质点的动能

设质点的质量为 m，速度为 v，则质点的动能表示为

$$T = \frac{1}{2}mv^2 \tag{15.16}$$

即质点的动能等于它的质量与该瞬时速度大小的平方乘积的一半。动能是标量，恒取正值，并与质点运动的方向无关，其单位与国际单位制中功的单位相同，也为 J。

2. 质点系的动能

质点系的动能为质点系内各质点动能的总和。设质点系任意一质点的质量为 m_i，某瞬时速度为 v_i，则质点系的动能为

$$T = \sum \frac{1}{2} m_i v_i^2 \tag{15.17}$$

3. 刚体的动能

刚体是工程中常见的质点系，是一个由无数质点组成的不变质点系。刚体在作不同的运动时，因刚体上各质点的速度分布不同，故刚体的动能分别按刚体的不同运动形式来计算。

（1）刚体平动时的动能。

刚体平动时，刚体上各点的速度都等于质心的速度 v_C，故刚体平动时的动能为

$$T = \sum \frac{1}{2} m_i v_i^2 = \frac{1}{2} \sum m_i v_i^2 = \frac{1}{2} M v_C^2 \qquad (15.18)$$

式（15.18）表明，刚体平动时的动能等于刚体的质量与其质心速度平方乘积的一半。

（2）刚体绕定轴转动时的动能。

若刚体绕定轴 z 转动，某一瞬时的角速度为 ω，则在距转轴 z 为 r_i 的一质量为 m_i 的质点的速度大小为 $v_i = r_i \omega$，于是刚体绕定轴转动时的动能为

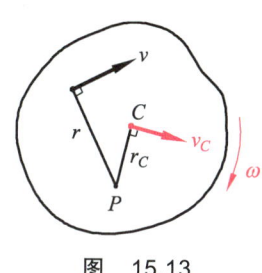

图 15.13

$$T = \sum \frac{1}{2} m_i v_i^2 = \sum \frac{1}{2} m_i r_i^2 \omega_i^2 = \frac{1}{2} J_z \omega^2 \qquad (15.19)$$

式（15.19）表明，刚体定轴转动时的动能等于刚体对转轴的转动惯量与角速度平方乘积的一半。

（3）刚体平面运动时的动能。

一平面运动刚体，取其质心 C 所在的截面图形如图 15.13 所示。设图形在某瞬时的速度瞬心为 P，角速度为 ω，于是作平面运动的刚体的动能为

$$T = \frac{1}{2} J_P \omega^2$$

式中，J_P 为刚体对通过速度瞬心的轴的转动惯量。

由于在不同的时刻，刚体以不同的点作为瞬心，因此用上式计算动能并不方便。若刚体的质心为 C，则由计算转动惯量的平行轴定理，有

$$J_P = J_C + m r_C^2$$

式中，m 为刚体的质量；r_C 为刚体质心 C 到速度瞬心 P 的距离。将其代入以上计算动能的公式，得

$$T = \frac{1}{2}(J_C + m r_C^2) \omega^2 = \frac{1}{2} J_C \omega^2 + \frac{1}{2} m r_C^2 \omega^2 = \frac{1}{2} J_C \omega^2 + \frac{1}{2} m v_C^2 \qquad (15.20)$$

式（15.20）表明，刚体平面运动时的动能等于随质心平动的动能与绕质心转动的动能的和。

二、质点的动能定理

设质点 M 的质量为 m，在力 $\boldsymbol{F}$ 的作用下沿曲线由 M_1 运动到 M_2 位置，速度由 $\boldsymbol{v}_0$ 变为 $\boldsymbol{v}$。根据质点动力学基本方程，列出质点沿切线方向的运动微分方程，即

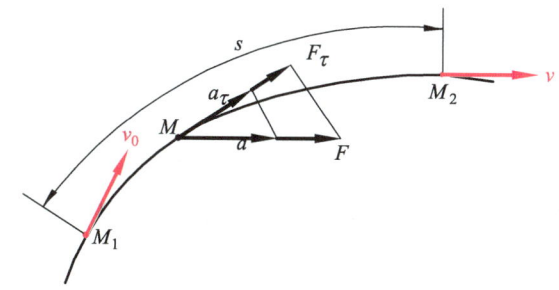

图 15.14

$$m\frac{dv}{dt} = F_\tau$$

在上式两侧同乘以路程微段 ds，得

$$m\frac{dv}{dt}ds = F_\tau \cdot ds \quad \text{或} \quad mvdv = d\left(\frac{1}{2}mv^2\right) = F_\tau \cdot ds = dW$$

对上式沿路程 $\widehat{M_1M_2}$ 积分，得

$$\frac{1}{2}mv^2 - \frac{1}{2}mv_0^2 = T_2 - T_1 = W \tag{15.21}$$

式中，T_1 和 T_2 分别为质点在 M_1 和 M_2 位置时的动能。

式（15.21）表明，在任意一路程上质点动能的变化，等于作用在该质点上所有的力在这段路程上所作的功，这就是**质点的动能定理**。

三、刚体的动能定理

刚体可以视为由无数质点所组成，于是刚体即为一个质点系。由于功和动能都是标量，故可将质点的动能定理直接推广到质点系上去。现取质点系中任意一个质点，其质量为 m_i，速度为 v_i，应用质点动能定理即式（15.21），有

$$\frac{1}{2}m_i v_{i2}^2 - \frac{1}{2}m_i v_{i1}^2 = W_e + W_i$$

对于质点系来说，作用在每个质点上的力有外力和内力之分，上式中 W_e 和 W_i 分别表示作用于每个质点上所有外力和内力的功。对质点系中的每个质点都列出上式并相加，即得

$$\sum \frac{1}{2}m_i v_{i2}^2 - \sum \frac{1}{2}m_i v_{i1}^2 = \sum W_e + \sum W_i$$

由式（15.17）可知，上式等号左边的两项分别表示质点系在某一段路程的末了和起始位置的动能 T_2 和 T_1，于是该式也可以写成如下形式：

$$T_2 - T_1 = \sum W_e + \sum W_i \tag{15.22}$$

式（15.22）表明，质点系在某一段路程上动能的改变，等于作用于该质点系上所有的力在同一段路程上所作的功的总和，这就是**质点系的动能定理**。动能定理提供了速度、力与路程之间的数量关系式，可用来求解这三个量中的任何一个未知量。

必须注意，质点系中质点内力所作的功的和，取决于质点系中各质点之间距离的改变。在一般情况下，质点系内各质点之间的距离是可变的，故内力所作的功的和不一定等于零。例如，内燃机中燃气膨胀对活塞的推力是内力，该内力作正功，使汽车的动能增加；又如，自行车刹车时，闸块与车轮间的摩擦力也是内力，这一内力作负功，使自行车的动能减小。

另外还须注意，对于刚体来说，由于刚体上任意两质点间的距离始终保持不变，所以刚

体内力所作的功的和应等于零，于是式（15.22）简化为

$$T_2 - T_1 = \sum W_e \tag{15.23}$$

在工程上，很多约束如光滑固定面、光滑圆柱铰链、绳索等约束，其约束力均不作功。约束力作功为零的约束称为理想约束。因此，在理想约束条件下应用动能定理时，只需计算作用在刚体上的主动力所作的功。

应用动能定理解题的<u>步骤</u>如下：

（1）选取质点系（或质点）为研究对象，对其进行受力分析；
（2）分析质点系的运动，计算选定过程起点和终点的动能；
（3）分析作用于质点系的力，计算各力在该过程中所作的功；
（4）应用动能定理建立方程，求解未知量。

【例 15.5】 一辆载重汽车如图 15.15 所示，以速度 $v = 30$ km/h 沿水平直线道路行驶，因遇紧急情况而刹车。已知汽车总质量为 m，轮胎与地面间的摩擦系数为 $f'_s = 0.6$，制动后轮子只滑动不滚动。试求汽车从开始刹车至停车所经过的距离 s。

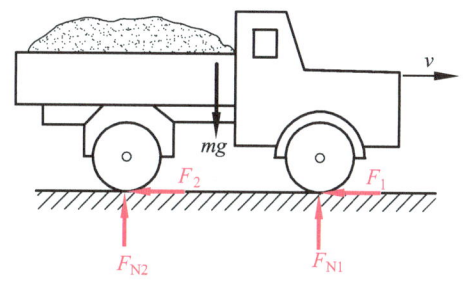

图 15.15

【解】 以汽车为研究对象。汽车重力 $m\boldsymbol{g}$，地面法向约束力 $\boldsymbol{F}_{N1}$、$\boldsymbol{F}_{N2}$，摩擦力 $\boldsymbol{F} = \boldsymbol{F}_1 + \boldsymbol{F}_2$。重力与地面法向力作用点没有位移，故不作功，摩擦力作负功，于是外力的总功为

$$\sum W_e = -F \cdot s = -f'_s mg \cdot s$$

汽车开始刹车时有动能，$T_1 = \frac{1}{2}mv^2$，刹车后汽车停下，$T_2 = 0$。应用动能定理，由式（15.23），得

$$0 - \frac{1}{2}mv^2 = -F \cdot s$$

即

$$0 - \frac{1}{2}m\left(\frac{30 \times 10^3}{60 \times 60}\right)^2 = -0.6\, mg \cdot s$$

由此求得汽车刹车至停车所经过的距离 $s = 5.90$ m。

将式（15.23）分别应用到刚体的各种运动中去，可得出以下各式：

（1）刚体作平动：

$$\sum W_e = \frac{1}{2}m(v_2^2 - v_1^2) \tag{15.24}$$

（2）刚体绕定轴 z 转动：

$$\sum W_e = \frac{1}{2}J_z\omega^2 - \frac{1}{2}J_z\omega_0^2 \qquad (15.25)$$

（3）刚体作平面运动：

$$\sum W_e = \frac{1}{2}m(v_{C2}^2 - v_{C1}^2) + \frac{1}{2}J_C(\omega_2^2 - \omega_1^2) \qquad (15.26)$$

【例 15.6】 如图 15.16（a）所示，已知制动轮重 $G = 588\,\text{N}$，直径 $d = 0.5\,\text{m}$，惯性半径 $\rho = 0.2\,\text{m}$，转速 $n_0 = 1\,000\,\text{r/min}$。若制动闸瓦与制动轮间的摩擦系数 $f_s' = 0.4$，人对手柄加力 $F = 98\,\text{N}$。试求闸瓦制动后制动轮转过多少圈才停止。

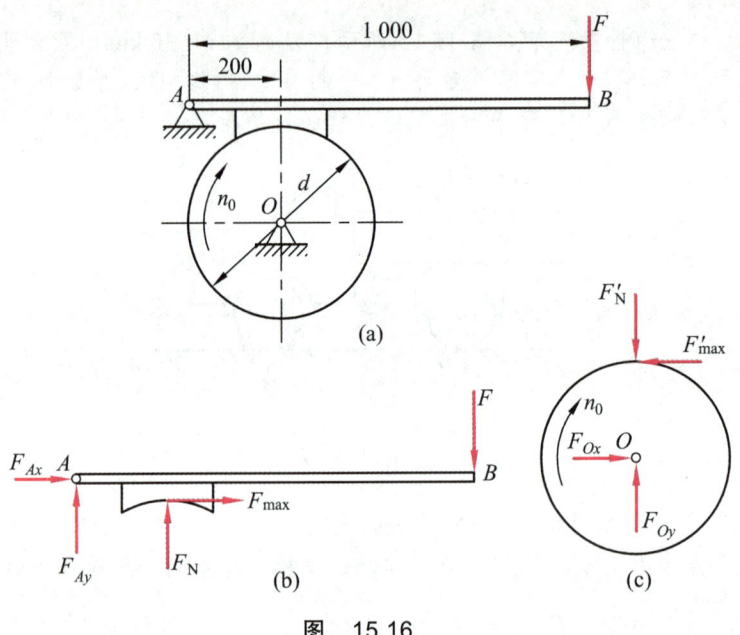

图 15.16

【解】 制动时闸瓦加给制动轮的力 F_N' 可由静力平衡方程求得，取制动闸瓦为研究对象，受力分析如图 15.16（b）所示，得

$$\sum M_A = 0, \quad 0.20F_N - F = 0$$

得

$$F_N = 5F = 5 \times 98\,\text{N} = 490\,\text{N}$$

取制动轮为研究对象，受力分析如图 15.16（c）所示，可求得制动轮所受的摩擦力及制动力矩为

$$F_{\max}' = f_s'F_N' = 0.4 \times 490\,\text{N} = 196\,\text{N}$$

$$M = F_{\max}' \cdot \frac{d}{2} = 196 \times \frac{0.5}{2}\,\text{N}\cdot\text{m} = 49\,\text{N}\cdot\text{m}$$

计算出制动轮的转动惯量为

$$J = m\rho^2 = \frac{G}{g}\rho^2 = \frac{588}{9.8} \times 0.2^2 \text{ kg} \cdot \text{m}^2 = 2.4 \text{ kg} \cdot \text{m}^2$$

初角速度 $\omega_0 = \frac{\pi n_0}{30} = \frac{1\,000\,\pi}{30}$ rad/s = 105 rad/s，由式（15.25）得

$$-M\varphi = 0 - \frac{1}{2}J\omega_0^2$$

由此得转角：
$$\varphi = \frac{J\omega_0^2}{2M} = \frac{2.4 \times 105^2}{2 \times 49} \text{ rad} = 270 \text{ rad}$$

于是，制动轮转过的圈数为

$$N = \frac{\varphi}{2\pi} = \frac{270}{2\pi} = 43$$

【例 15.7】 自动送料机构的小车连同矿石的质量为 m_1，鼓轮的质量为 m_2，半径为 r，对其转轴的回转半径为 ρ，轨道的倾角为 α（见图 15.17）。如在鼓轮上作用一不变的力矩 M 将小车提升，试求小车由静止开始沿轨道上升路程 s 时的速度（摩擦和绳的质量不计）。

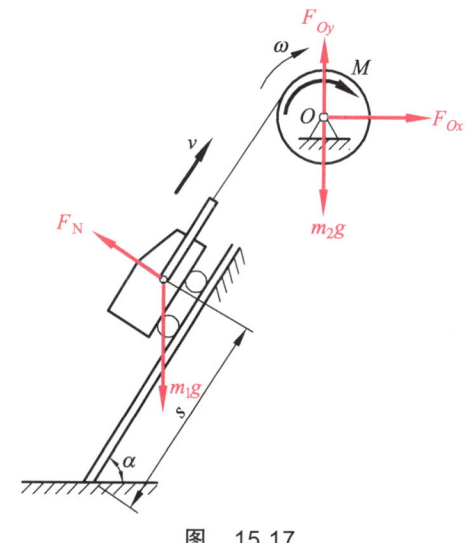

图 15.17

【解】 （1）选小车和鼓轮组成的系统为研究对象，画出受力分析图如图 15-17 所示。显然，本例中铰链约束、光滑接触面约束以及不可伸长的绳索均为理想约束，故只需考虑主动力和主动力偶的功。

（2）计算系统动能。在初始位置时系统静止，故系统在静止位置时的动能 $T_1 = 0$。设小车上升 s 时其速度为 v，鼓轮的角速度为 ω，则系统在图示位置时的动能 T_2 为小车动能与鼓轮动能之和，即

$$T_2 = \frac{1}{2}m_1 v^2 + \frac{1}{2}J_O\omega^2 = \frac{1}{2}m_1 v^2 + \frac{1}{2}m_2\rho^2\omega^2$$

以 $\omega = v/r$ 代入上式，整理后得

$$T_2 = \frac{1}{2}\left(m_1 + m_2\frac{\rho^2}{r^2}\right)v^2$$

（3）计算主动力的功。设小车上升 s 时鼓轮的转角为 φ，则

$$\sum W_e = M\varphi - m_1 g \cdot s \sin\alpha$$

因鼓轮转轴固定不动，故鼓轮重力 $m_2 \boldsymbol{g}$ 不作功。由于绳索不可伸长，把 $\varphi = s/r$ 代入上式后得

$$\sum W_e = M\frac{s}{r} - m_1 g \cdot s \sin\alpha = \left(\frac{M}{r} - m_1 g \sin\alpha\right)s$$

（4）求小车的速度。应用质点系动能定理，通过式（15.23）得

$$\frac{1}{2}\left(m_1 + m_2 \frac{\rho^2}{r^2}\right)v^2 - 0 = \left(\frac{M}{r} - m_1 g \sin\alpha\right)s$$

由上式解得小车沿轨道上升路程 s 的速度为

$$v^2 = \frac{2\left(\dfrac{M}{r} - m_1 g \sin\alpha\right)s}{m_1 + m_2 \dfrac{\rho^2}{r^2}} = \frac{2(Mr - m_1 g \cdot r^2 \sin\alpha)s}{m_1 r^2 + m_2 \rho^2}$$

$$v = \sqrt{\frac{2(Mr - m_1 g \cdot r^2 \sin\alpha)}{m_1 r^2 + m_2 \rho^2}s}$$

思考题

15.1 作曲线运动的质点能否不受任何力的作用？

15.2 为什么电梯向上起动时，人感觉重量加大，而向下起动时，人感觉重量减轻？若电梯向下的加速度等于重力加速度 $\boldsymbol{g}$，情况如何？

15.3 物体对任意一轴的转动惯量，等于物体对平行于该轴的质心轴的转动惯量加上物体的质量与_____平方的乘积。

15.4 在工程上，常常把刚体的转动惯量写成刚体的总质量与_____平方的乘积。

15.5 绕固定轴转动的刚体的动能，等于刚体对转轴的_____与角速度平方乘积的一半。

15.6 平动刚体的动能等于刚体质量与刚体_____速度平方乘积的一半。

15.7 工程上的一般约束，如固定铰支座、光滑面接触等的约束力都_____作功。

15.8 试比较图 15.18 中（a）、（b）、（c）、（d）四种情况下均质圆盘的动能有何不同。

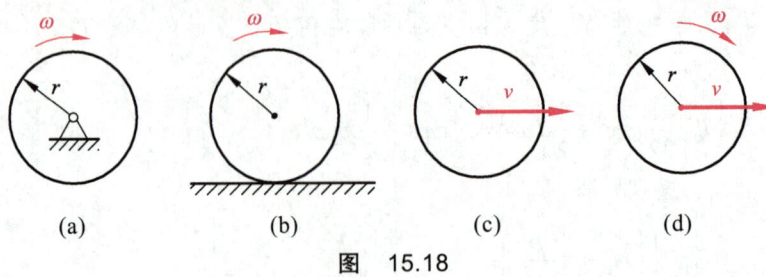

图　15.18

15.9 图 15.19 所示为一细长杆，质量为 m，C 为质心，z、z' 为不通过质心的两个平行轴，关系式 $J_{z'} = J_z + md^2$ 是否成立？为什么？

15.10 同一根细长杆，当绕端点 A 以角速度 ω 转动时［见图 15.20（a）］与当绕中点 C 以角速度 2ω 反向转动时［图 15.20（b）］，两者动能是否相同。

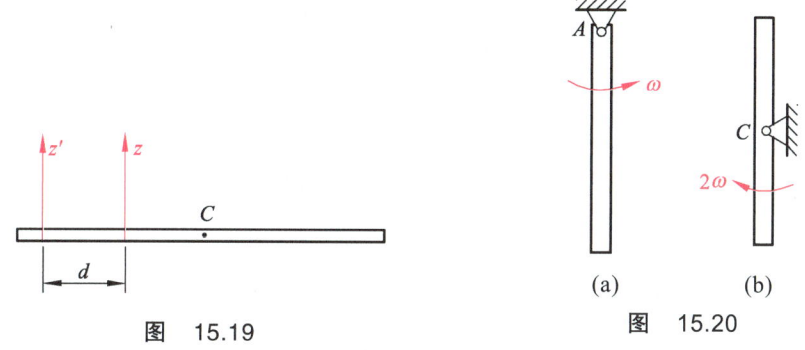

图 15.19 　　　　　图 15.20

习 题

15.1 计算图 15.21 中各均质物体的动能，已知质量均为 m：（a）长为 l 的直杆在铅垂平面内以角速度 ω 绕轴 O 转动；（b）半径为 r 的圆盘以角速度 ω 绕轴 O 转动；（c）半径为 r 的圆轮在水平面上作纯滚动，质心 C 的速度为 v。[答案：（a） $T = \dfrac{1}{6}ml^2\omega^2$；（b） $T = \dfrac{1}{4}m(r^2 + 2e^2)\omega^2$；（c） $T = \dfrac{3}{4}mv^2$]

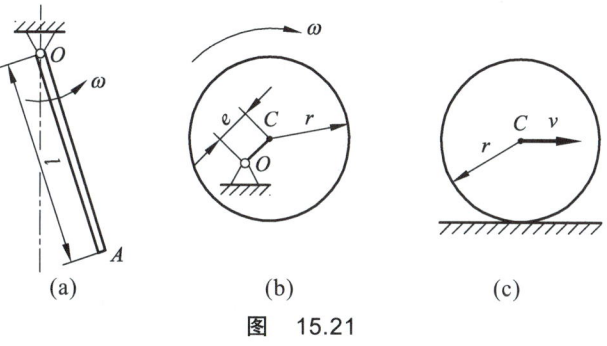

图 15.21

15.2 图 15.22 所示的均质杆 AB 长为 l，重力为 W，A 为固定铰链，AB 与铅垂墙成 30° 角。试求当绳 BE 被割断的瞬时，杆 AB 的角加速度。[答案：$\alpha = \dfrac{3g}{4l}$]

15.3 图 15.23 所示机构，已知启动时料车的加速度为 a，料车及矿石的质量共为 m_1，斜坡倾角为 θ，卷筒 O 的质量为 m_2，可视其为匀质圆环，忽略摩擦。试求启动时需加在转筒上的转矩 M。[答案：$M = [m_1 g \sin\theta + (m_1 + m_2)a]R$]

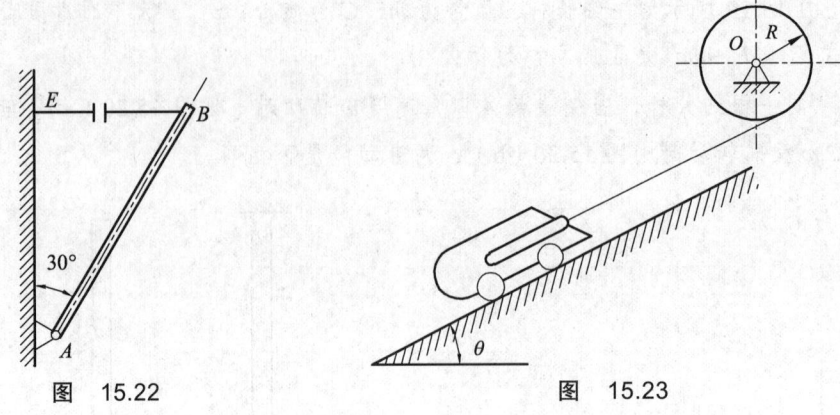

图 15.22　　　　　　　　　　图 15.23

15.4　图 15.24 所示手摇起重机的柄长为 0.36 m，工人在柄端作用力 $F = 15$ N，起重机作匀速转动，其转速 $n = 4$ r/min。试求工人在 10 min 内作的功。[答案：$W = 1.36 \times 10^3$ J]

15.5　一弹簧的弹性系数 $k = 331$ N/m，放在倾角 $\alpha = \arctan\dfrac{3}{4}$ 的斜面上，弹簧下端 A 固定，上端 B 自由（见图 15.25）。如将质量为 1.96 kg 的物块 M 连接在弹簧的 B 端，使其从弹簧的原长位置由静止开始运动，设物块与斜面间的动摩擦系数 $f_s' = 0.1$，空气阻力不计。试求物块沿斜面下滑的最大距离。[答案：$d_{\max} = 60.3$ mm]

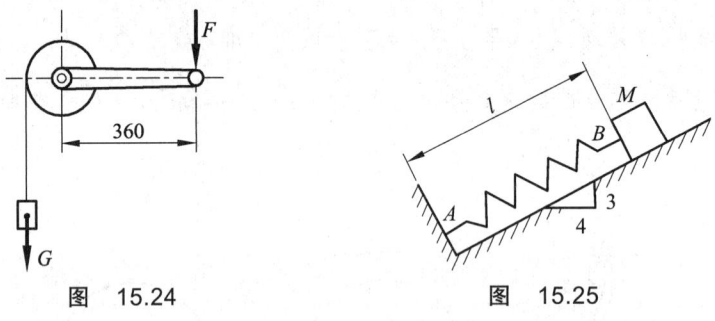

图 15.24　　　　　　　　　　图 15.25

15.6　半径为 r，转动惯量为 J 的轮以初角速度 ω_0 转动，现以力 F 压紧制动闸块，经过 N 圈后停止转动（见图 15.26）。试求闸块与轮间的摩擦系数 f_s'。[答案：$f_s' = \dfrac{J\omega_0^2}{4\pi rNF}$]

15.7　图 15.27 所示的摆锤的质量为 m，$OA = r$。试求摆锤由 A 至最低位置 B，以及由 A 经过 B 到 C 的过程中，摆锤重力所作的功。[答案：$W_{AB} = mgr(1 + \cos\varphi)$，$W_{AC} = mgr(\cos\varphi - \sin\theta)$]

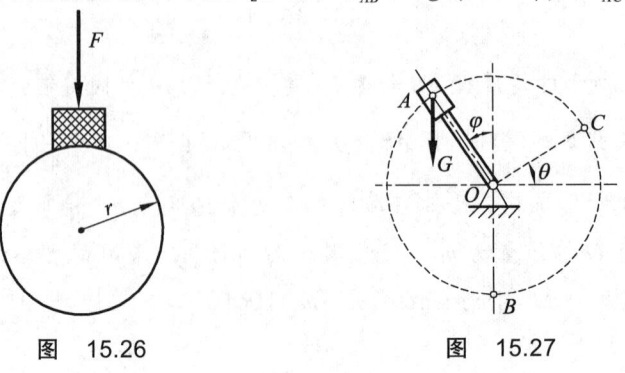

图 15.26　　　　　　　　　　图 15.27

15.8 已知轮子半径为 r，对转轴 O 的转动惯量为 J_O，连杆长 l，质量为 m_1，并将其看成均质细杆，滑块 A 质量为 m_2，可沿光滑铅垂导轨滑动（见图 15.28）。滑块在最高位置（$\theta = 0°$）受到微小扰动后，从静止开始运动。不计各处摩擦，试求当滑块到达最低位置时轮子的角速度。[答案：$\omega = 2\sqrt{\dfrac{3(m_1+m_2)gr}{m_1 r^2 + 3J_O}}$]

15.9 行星齿轮系的平面图形如图 15.29 所示。已知行星齿轮的半径为 r，质量为 m_1，曲柄的质量为 m_2，二者均为均质物体，固定齿轮半径为 R。今在曲柄上施加一不变力矩 M，使行星轮系从静止开始运动。试求曲柄的角速度 ω 与其转过的角度 φ 之间的关系。[答案：$\omega = \dfrac{2}{R+r}\sqrt{\dfrac{3M\varphi}{9m_1 + 2m_2}}$]

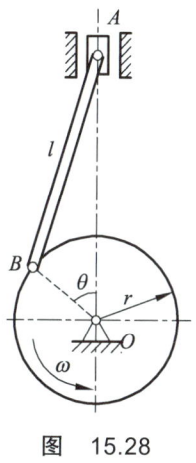

图 15.28

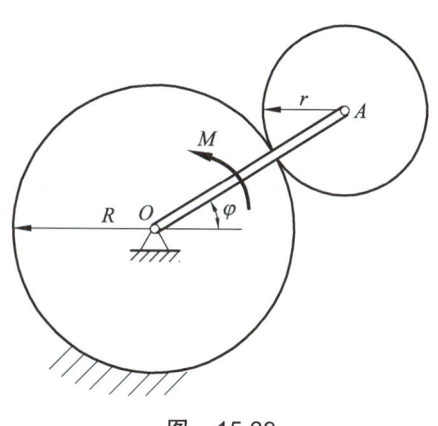

图 15.29

阅读材料

伽利略的大船与相对性原理

大约在 400 年前，意大利科学家伽利略以天才的思考，证实了物理学中著名的相对性原理。

他这样告诉我们：把你和几位朋友关进一条大船甲板下面的大房间里，带上一些苍蝇、蝴蝶和其他小飞虫，再找一个大桶，装满水，放几条鱼进去。找一个盛了水的瓶子挂起来，让它把水一滴一滴地滴进下面的一个细颈瓶里。船静止不动的时候，你可以观察到这些小飞虫以相同的速度向房内各个方向飞去，鱼向不同的方向游动，水滴落进下面的瓶子里。你把任何东西扔给你的朋友，只要距离相等，所使用的力量都相等。你立定跳远，无论向哪个方向跳，距离都是一样的远。当你仔细观察了上述现象之后，用你想用的任何速度开船，只要运动是匀速的，也不忽左忽右地摆动，你就看不出上述各种运动有任何变化。你也不能通过它们中的任何一个现象来判断船是运动着还是停着不动。归纳上述事实，就产生了物理学的相对性原理。

"相对"的情况在日常生活中是很常见的。如从飞机内部看机上的乘客，他是坐在那儿不动的；从地面来观察，乘客却随飞机一起飞行。究竟乘客是静止还是运动，由观察者所参照的标准来决定。物理学上把这种参照标准称作参考系，并把相对于观察者是静止的或在作匀速直线运动的参考系统称为惯性系。

第十六章 动静法

【问题导入】

动静法是求解动力学问题较为简便而有效的一种方法，它的原理是应用静力学研究平衡问题的方法去求解动力学问题，特别适合于受约束质点系求解约束力等相关问题，在工程技术中有着广泛应用。图 16.1 为一圆锥摆，小球在垂直于铅垂线的平面内作匀速圆周运动，θ、l、m 均已知，那么细绳对小球的拉力该如何求解呢？在这里，应用动静法把动力学问题转化为假想的"静力学平衡问题"，就可得到答案。

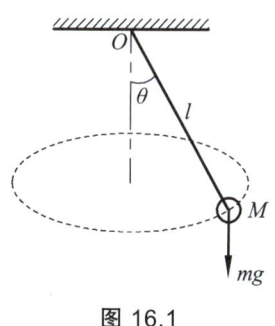

图 16.1

第一节 惯性力与达朗贝尔原理

一、惯性力的概念

在水平的直线轨道上，用水平推力 F 推动质量为 m 的小车，使小车获得加速度 a，如图 16.2（a）所示，由于小车具有保持其原有运动状态不变的惯性，因此给人一反作用力 F_g，如图 16.2（b）所示，因为这个反作用力与小车的质量有关，所以 F_g 称为小车的惯性力。根据作用与反作用定律，有 $F_g = -F$，若不计直线轨道的摩擦，则由牛顿第二定律，得

$$F_g = -F = -ma \tag{16.1}$$

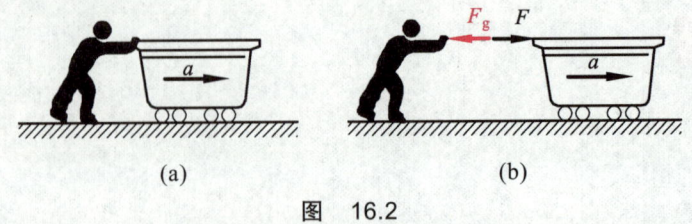

图 16.2

式中，负号表示惯性力 F_g 的方向与加速度 a 的方向相反。式（16.1）表明：当质点受力改变其运动状态时，由于质点的惯性，质点必将给施力体一反作用力，这个反作用力称为质点的惯性力。质点的惯性力大小等于质点的质量与加速度的乘积，方向与质点加速度的方向相反，作用在使质点改变运动状态的施力物体上。如在上述实例中，小车的惯性力是作用在人手上的。

二、质点的达朗贝尔原理

设一运动质点的质量为 m，加速度为 a，作用于质点上的力有主动力 F 和约束力 F_N（见图 16.3）。由牛顿第二定律，有

$$ma = F + F_N$$

对上式移项，可写成

$$F + F_N - ma = 0$$

将上式中的 $-ma$ 用力表示，即 $F_g = -ma$，此 F_g 就称为惯性力。于是，上式又可写为

$$F + F_N + F_g = 0 \qquad (16.2)$$

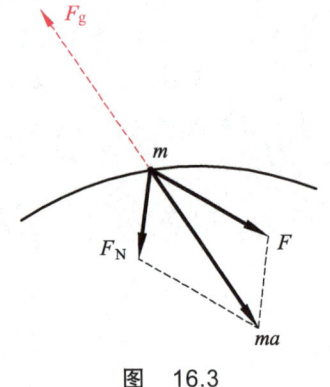

图 16.3

可见，引入惯性力 F_g 后，使得它和作用于质点的主动力、约束力在形式上构成平衡，因而也就有平衡方程（16.2）。惯性力 F_g 不是一个真实的力，它并不作用在质点上，而是作用在改变质点运动状态的施力体上。惯性力 F_g 出现在式（16.2）中，说明在这它是一个假想的平衡力，故这里的平衡并没有实际的物理意义，它只是借用人们熟知的静力学平衡方程来求解动力学问题，从而使之便于掌握和应用而已。对式（16.2）再阐释：作用于质点的真实的主动力、约束力和虚加的惯性力在形式上组成平衡力系，这就是质点的达朗贝尔原理。利用达朗贝尔原理，质点动力学问题就可化作为静力学问题求解，尽管质点并非真正处于平衡。这种方法在工程计算中通常称为动静法。

三、质点系的达朗贝尔原理

设一质点系由 n 个质点组成，其中任意一个质点的质量为 m_i，加速度为 a_i，作用于质点的主动力为 F_i，约束力为 F_{Ni}，对质点假想地虚加惯性力 F_{gi}，应用质点的达朗贝尔原理，则有

$$F_i + F_{Ni} + F_{gi} = 0 \quad (i = 1, 2, \cdots, n)$$

对于整个质点系，在任意瞬时，所有质点的内力系之和为零，而真实作用的主动力系和约束

力系以及虚加的惯性力系形式上构成平衡力系。这就是**质点系的达朗贝尔原理**。简言之，即质点系在任意瞬时，所作用的外力系 $\sum F_i^{(e)}$ 与虚加的惯性力系 $\sum F_{gi}$ 在形式上构成平衡力系，利用静力方程，即表示如下：

$$\left.\begin{array}{l}\sum F_i^{(e)} + \sum F_{gi} = 0 \\ \sum M_O(F_i^{(e)}) + \sum M_O(F_{gi}) = 0\end{array}\right\} \quad (16.3)$$

应用式（16.3），求解刚体不变质点系的动力学问题是很方便的。只要给定坐标系，就可利用式（16.3）列出方程而联立求解。如对于平面任意力系，其表达式为

$$\left.\begin{array}{l}\sum F_{ix}^{(e)} + \sum F_{gix} = 0 \\ \sum F_{iy}^{(e)} + \sum F_{giy} = 0 \\ \sum M_O(F_i^{(e)}) + \sum M_O(F_{gi}) = 0\end{array}\right\} \quad (16.4)$$

因质点的内力总是成对的，并且彼此等值反向，所以在以上这些平衡力系的平衡方程中，无论是主动力还是约束力所包含的内力都将自动消去。在实际应用时，同静力学一样选取合适的研究对象，建立直角坐标系并取合适的矩心，然后列平衡方程求解。

第二节　刚体惯性力系的简化

用质点系的动静法求解刚体的动力学问题时，需要对刚体内的每个质点加上它的惯性力，因组成刚体的质点数目有无限多个，故要在每个质点上加惯性力，显然不方便。若采用静力学中简化力系的方法将虚加在刚体上的惯性力系加以简化，对求解刚体的动力学问题会很方便。

下面分别讨论在几种不同运动形式下的刚体惯性力系的简化。

一、平动刚体惯性力系的简化

同一瞬时，平动刚体上各点具有相同的加速度 a，设任意一质点 i 的质量为 m_i，假想地虚加惯性力为 $F_{gi} = -m_i a_i$。可见刚体上各质点的惯性力方向相同，于是组成一同向平行力系，如图 16.4（a）所示，这个同向平行力系就可以简化为一个通过刚体质心的合力 F_{gR}，如图 16.4（b）所示，并且有

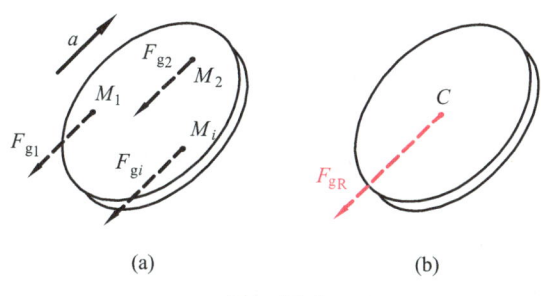

图　16.4

$$F_{\text{gR}} = \sum F_{gi} = \sum (-m_i a_i) = -(\sum m_i) a_C = -m a_C \qquad (16.5)$$

式中，$m = \sum m_i$，为刚体的质量。

由此得出结论：**刚体平动时的惯性力系可简化为通过质心的合力，合力的大小等于刚体的质量与加速度的乘积，合力的方向与加速度方向相反。**

二、定轴转动刚体惯性力系的简化

实际工程中的大多数转动刚体都具有与转轴相垂直的质量对称平面，所以这里仅讨论刚体具有质量对称平面的情形。此时刚体的定轴转动，即转化为具有质量的平面图形绕该平面图形与转轴 z 交点 O 的转动，相应的惯性力系即简化为平面力系。设某瞬时，刚体转动角速度为 ω，角加速度为 α，平面图形上任意一质点 M_i 的质量为 m_i，转动半径为 r_i，惯性力为 $F_{gi} = -m_i a_i$，a_i 为该点的加速度，如图 16.5 所示。现将平面惯性力系向质量对称平面与转轴的交点 O 点简化，则得到一个力和一个力偶。这个力与惯性力系的主矢相同，即为

$$F_{\text{gR}} = -m a_C$$

式中，m 为刚体的质量；a_C 为刚体质心的加速度。

这个力偶的力偶矩与惯性力系的主矩相同，即为

$$\begin{aligned}M_{gO} &= \sum M_O(F_{gi}) = \sum M_O(F_{gi}^\tau) \\ &= -\sum (m_i r_i \alpha) r_i = -(\sum m_i r_i^2) \alpha = -J_z \alpha \end{aligned} \qquad (16.6)$$

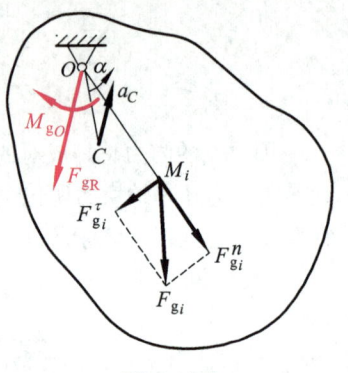

图 16.5

式中，$J_z = \sum m_i r_i^2$，为刚体对转轴 z 的转动惯量；负号表示惯性力偶矩主矩的方向与角加速度的方向相反。另外，在求解惯性力 F_{gi} 对交点 O 的矩 M_{gO} 时，其中法向惯性力 F_{gi}^n 对交点 O 的矩为零。

综上所述，即得出结论：**具有质量对称平面的刚体绕垂直于对称面的定轴转动时，其惯性力系可简化为平面内的一个力和一个力偶。这个力的大小等于刚体的质量与质心加速度的乘积，方向与质心加速度方向相反，作用线通过转轴；这个力偶的力偶矩等于刚体对转轴的转动惯量与角加速度的乘积，方向与角加速度方向相反。**

下面讨论几种特殊情形：

（1）当刚体转动轴通过质心，其角加速度 $\alpha \neq 0$。由于质心加速度 $a_C = 0$，因此 $F_{\text{gR}} = 0$。于是惯性力系简化为一个力偶，此力偶的力偶矩等于刚体对质心轴的转动惯量与角加速度的乘积，转向与角加速度方向相反，即 $M_{gC} = -J_C \alpha$，如图 16.6（a）所示。

（2）当转动轴不通过质心 C 并作匀速转动时，其角加速度 $\alpha = 0$，由于 $M_{gO} = 0$，因此惯性力系简化为一通过点 O 的法向惯性力 F_{gR}，此惯性力大小 $F_{\text{gR}} = m a_C = m e \omega^2$。式中，$e$ 为质心 C 至点 O 的距离，称为偏心距，如图 16.6（b）所示。

（3）当刚体转动轴通过质心 C 并作匀速转动时，其角加速度 $\alpha = 0$，加速度 $a_C = 0$，惯性力系简化后的力和力偶都为零，惯性力系为一平衡力系。

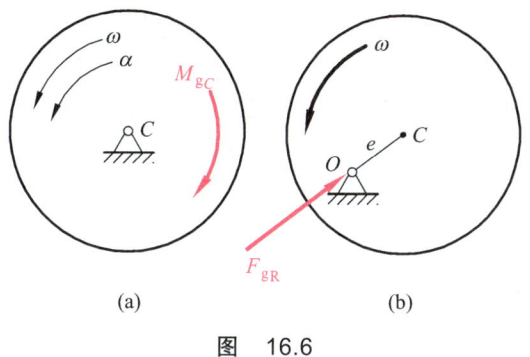

图 16.6

三、平面运动刚体惯性力系的简化

这里也仅讨论刚体具有质量对称平面,且作平行于该平面运动的情形(见图16.7)。由于刚体具有质量对称平面,故质心必在质量对称面内。与定轴转动情形相似,惯性力系最后可简化为平面力系。

由运动学知,若取质心 C 为基点,则刚体的平面图形的运动可以分解为随质心的平动和绕质心轴的转动。简化的对称平面的惯性力系分为两部分:随质心平动的惯性力系可简化为通过质心的一个力;绕质心轴转动的惯性力系可简化为一个力偶。该力为

$$\boldsymbol{F}_{\mathrm{gR}} = -m\boldsymbol{a}_C \qquad (16.7)$$

该力偶的力矩为

$$M_{\mathrm{g}C} = -J_C\alpha \qquad (16.8)$$

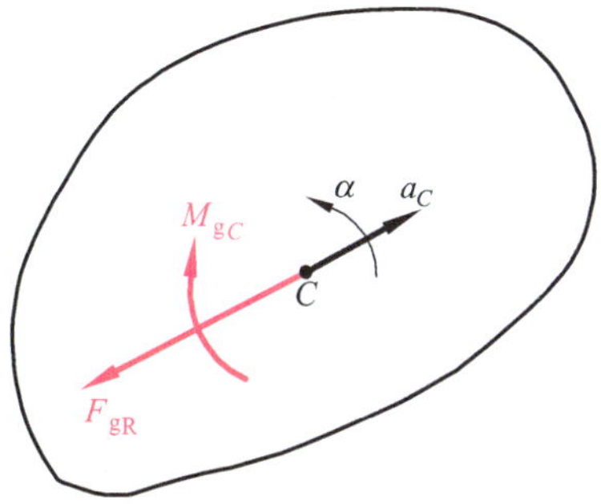

图 16.7

式中,J_C 为刚体对于轴 C 的转动惯量,轴 C 通过质心且垂直于图形;负号表示力偶矩的方向与角加速度的方向相反。

于是得出结论:具有质量对称平面且平行于此平面运动的刚体,其惯性力系向质心 C 简化可得一个通过质心的力和力偶。这个力的大小等于刚体的质量与质心加速度的乘积,方向与质心加速度方向相反;这个力偶的力偶矩等于通过质心且垂直于对称面的轴的转动惯量与角加速度的乘积,其方向与角加速度方向相反。

将达朗贝尔原理即动静法应用于分析和求解刚体动力学问题时,其关键是正确进行运动分析,从而对刚体惯性力系顺利进行简化。一般应按以下步骤进行:

(1)进行受力分析。先分析真实力,再根据刚体的运动,对惯性力加以简化;

(2)画受力图。分别画出真实力和惯性力。

(3)建立坐标系,列平衡方程并解方程。

【例 16.1】 质量为 m 的汽车以加速度 $\boldsymbol{a}$ 作水平直线运动,汽车的重心离地面的高度为 h,汽车的前、后轮到重心垂线的距离分别等于 c 和 b(见图16.8)。试求汽车前后轮的正压力以及欲保证前后轮正压力相等时汽车的加速度。

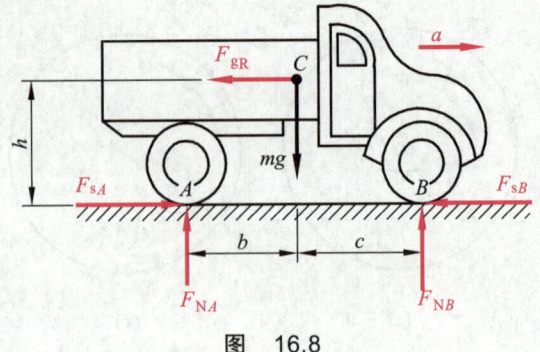

图 16.8

【解】 取汽车为研究对象,汽车受力有重力 mg,地面的正压力 F_{NA}、F_{NB} 和摩擦力 F_{sA}、F_{sB}。因汽车作平动,所以惯性力系的合力 F_{gR} 通过质心 C,其大小 $F_{gR} = ma$,方向与加速度方向相反。由动静法可知以上这些力在形式上组成平衡力系,列平衡方程,有

$$\sum M_A = 0, \quad F_{gR}h - mgb + F_{NB}(b+c) = 0$$
$$\sum M_B = 0, \quad F_{gR}h + mgc - F_{NA}(b+c) = 0$$

代入 $F_{gR} = ma$,得

$$F_{NB} = \frac{m(gb - ah)}{b+c}, \quad F_{NA} = \frac{m(gc + ah)}{b+c}$$

欲保证汽车前、后轮的压力相等,即 $F_{NA} = F_{NB}$,由此求得汽车的加速度为

$$a = \frac{g(b-c)}{2h}$$

【例 16.2】 如图 16.9(a)所示的均质杆 AB 重力为 G,长为 l,用两根长均为 l 且平行的绳吊起。设均质杆 AB 在图示位置时无初速度地释放,试求此时两绳的拉力和均质杆的角加速度 α。

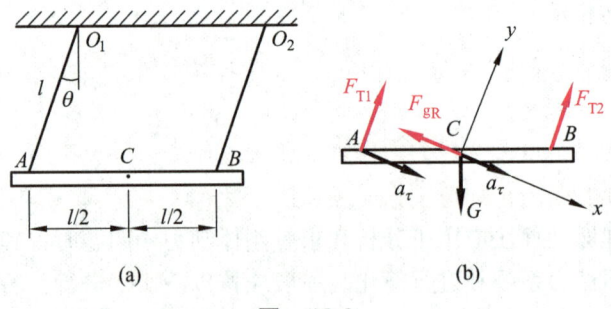

图 16.9

【解】 取均质杆 AB 为研究对象,杆 AB 受到重力 G 和绳的拉力 F_{T1}、F_{T2} 的作用。因绳 O_1A 与 O_2B 平行且长度相等,故 AB 作平动,并且杆上各点的运动轨迹均是以 l 为半径的圆弧。当杆 AB 开始运动的瞬时,其上每一点的法向加速度 a_n 等于零,切向加速度 a_τ 垂直于绳 O_1A,并有 $a_\tau = l\alpha$,其中 α 为杆 AB 转动的角加速度。若在杆 AB 的质心上虚加惯性力 $F_{gR} = \dfrac{G}{g}a_\tau = \dfrac{G}{g}l\alpha$,如

图 16.9（b）所示。选择坐标系 Cxy，由动静法列出平衡方程，有

$$\sum F_x = 0, \quad G\sin\theta - F_{gR} = 0$$

$$\sum F_y = 0, \quad F_{T1} + F_{T2} - G\cos\theta = 0$$

$$\sum M_A = 0, \quad lF_{T2}\cos\theta + \frac{l}{2}F_{gR}\sin\theta - \frac{l}{2}G = 0$$

解以上方程，得两绳的拉力和杆的角加速度为

$$F_{T1} = F_{T2} = \frac{G}{2}\cos\theta, \quad \alpha = \frac{g}{l}\sin\theta$$

请读者讨论：当杆 AB 处于什么位置时，两绳的拉力为最大？

【**例 16.3**】 如图 16.10 所示，电动机定子及外壳总质量为 m_1，质心位于 O 处，安装在水平的基础上，转轴 O 与水平面距离为 h。转子质量为 m_2，其质心为 C，偏心距 $OC = e$，运动开始时质心 C 在最低位置。设转子以匀角速度 ω 转动，试求基础对电动机的约束力。

【**解**】 以电动机整体为研究对象，电动机受到主动力 $m_1\boldsymbol{g}$ 和 $m_2\boldsymbol{g}$ 的作用，基础及地脚螺栓对电动机的约束可视为固定端约束，其约束力为 F_{Ax}、F_{Ay} 和 M_A。当转子绕定轴 O 以角速度 ω 匀速转动时，惯性力系简化为一个通过转轴 O 的力 $\boldsymbol{F}_g$，大小为 $F_g = m_2 e\omega^2$，其方向与质心 C 的加速度方向相反，即沿 OC 连线离开轴 O 指向。选择坐标系 Oxy，由动静法列平衡方程，有

$$\sum F_x = 0, \quad F_{Ax} + F_g\sin\varphi = 0$$

$$\sum F_{Ay} = 0, \quad F_y - m_1 g - m_2 g - F_g\cos\varphi = 0$$

$$\sum M_A = 0, \quad M_A - m_2 ge\sin\varphi - F_g h\sin\varphi = 0$$

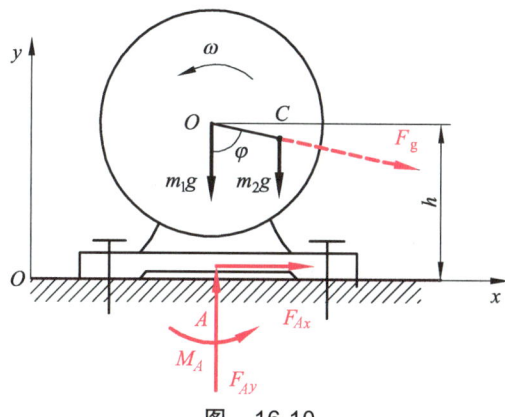

图 16.10

因转子匀速转动，故有 $\varphi = \omega t$，将其代入以上方程解，得基础对电动机的约束力为

$$F_{Ax} = -m_2 e\omega^2\sin\omega t$$

$$F_{Ay} = (m_1 + m_2)g + m_2 e\omega^2\cos\omega t$$

$$M_A = m_2 e\sin\omega t(g + \omega^2 h)$$

由以上例题可见，用动静法求解动力学问题的步骤与求解静力学平衡问题相似，只是在分析物体受力时，应再加上相应的惯性力；对于刚体，则应按其运动形式的不同，加上相应惯性力系的简化结果。为计算方便，加惯性力时，主矢与主矩的方向在图上最好与加速度 a 及角加速度 α 反向，而列出的惯性力的表达式只表示大小，在实际计算时，按图示方向考虑正负即可。

思考题

16.1 惯性力是当物体受力作用而改变其运动状态时，由于物体的惯性而产生的对＿＿＿的反作用力。

16.2 如果在一作变速运动的质点上假想地加上惯性力，那么作用于质点的惯性力、约束力、主动力在形式上组成一个＿＿＿＿力系。

16.3 刚体曲线平动时，惯性力系的合力应是质心切向惯性力与质心法向惯性力的＿＿＿和。

16.4 撑开的雨伞高速旋转时，雨珠自伞上飞出，这是由于雨珠受到惯性力的关系，还是由于雨珠具有惯性的缘故？为什么？

16.5 均质杆绕其悬挂的上端在铅垂平面内自由摆动。将杆的惯性力系向此端点简化或向杆中心简化，其结果有什么不同？两者之间有什么联系？

习 题

16.1 放置在水平面上的三棱柱体（见图 16.11），其斜面与水平面的夹角为 θ。当三棱柱体以一定的加速度 a 向右运动时，可以使放置在斜面上的物体保持相对静止。今不计物体与斜面间的摩擦，试求加速度 a 的值。[答案：$a = g\tan\theta$]

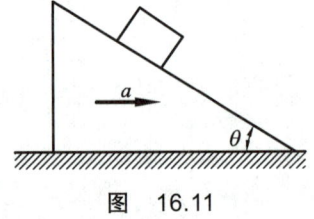

图 16.11

16.2 均质圆盘作定轴转动，其中图 16.12（a）、（c）的转动角速度为常量，图 16.12（b）、（d）的转动角速度不为常量。试对图示四种情形进行惯性力的简化。[答案：（a）$F_{gR} = r\omega^2$；（b）$F_{gR}^n = r\omega^2$，$F_{gR}^\tau = r\alpha$，$M_{gR} = J_O\alpha$；（c）$F_{gR} = 0$，$M_{gR} = 0$；（d）$M_{gR} = J_O\alpha$]

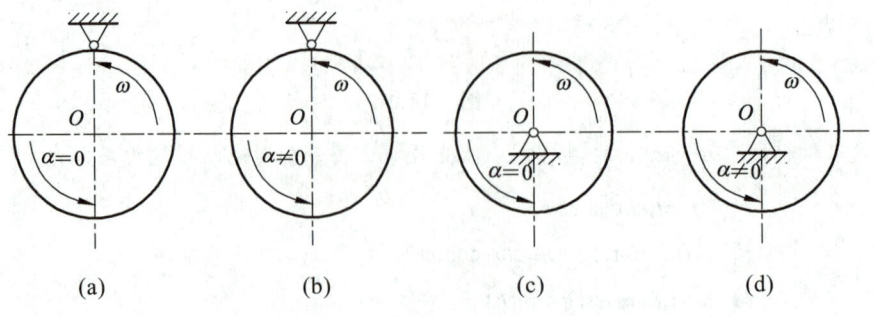

图 16.12

16.3 转速表的简化模型如图 16.13 所示。杆 CD 的两端各有质量为 m 的球 C 和球 D，杆 CD 与转轴 AB 铰接，质量不计。当转轴 AB 转动时，CD 杆的转角 φ 就发生变化。设 $\omega = 0$ 时，转角 $\varphi = \varphi_0$，且盘簧中无力。盘簧产生的力矩与转角的关系为 $M = k(\varphi - \varphi_0)$，$k$ 为弹簧弹性系数。试求角速度 ω 与角 φ 之间的关系。[答案：$\omega = \dfrac{1}{l}\sqrt{\dfrac{k(\varphi - \varphi_0)}{m \sin 2\varphi}}$]

16.4 图 16.14 所示为一绞车。鼓轮质量 $m_1 = 400\ \mathrm{kg}$，缠在轮上的钢丝绳的末端 A 系一重物，其质量 $m_2 = 3\ 000\ \mathrm{kg}$。由于轮上转矩的作用，因此重物沿倾角 $\theta = 45°$ 的光滑斜面以匀加速度 $a = 1.5\ \mathrm{m/s^2}$ 上升。试求钢丝绳的拉力 F 和 O 处轴承的约束力 F_{Ox} 和 F_{Oy}。[答案：$F = 25.29\ \mathrm{kN}$，$F_{Ox} = 17.88\ \mathrm{kN}$，$F_{Oy} = 21.8\ \mathrm{kN}$]

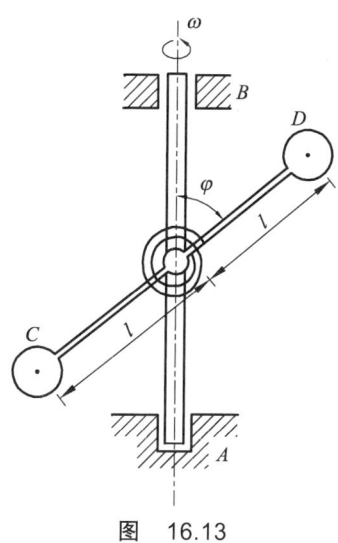

图 16.13

16.5 炉门质量 $m = 226\ \mathrm{kg}$，用滚轮 B 和 D 支持，可在光滑的水平轨道上自由移动。平衡锤 A 的质量 $m_1 = 45\ \mathrm{kg}$，用钢索系于门上的点 E，如图 16.15 所示。试求：（1）炉门的加速度 a；（2）滚轮 B 和 D 的约束力（图中长度单位是 cm）。[答案：（1）$a = 1.63\ \mathrm{m/s^2}$；（2）$F_D = 886\ \mathrm{N}$，$F_B = 1\ 329\ \mathrm{N}$]

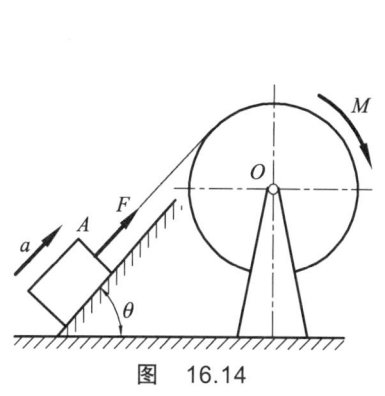

图 16.14

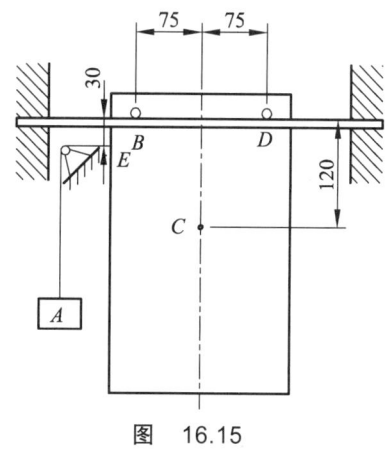

图 16.15

16.6 图 16.16 所示的水平匀质细杆 AB 长 $l = 1\ \mathrm{m}$，质量 $m = 12\ \mathrm{kg}$，杆 AB 的 A 端用铰链支承，B 端用铅垂绳吊住，并使杆保持水平。现把绳子突然割断，试求刚割断时杆 AB 的角加速度和铰链 A 的约束力。[答案：$\alpha = 14.7\ \mathrm{rad/s^2}$，$F_A = 29.4\ \mathrm{N}$]

16.7 图 16.17 所示机构中，鼓轮质量为 m_1，转轴 O 为其质心，重物 B 的质量为 m_2，重物 C 的质量为 m_3，斜面光滑，倾角为 θ。已知重物 B 的加速度为 a，试求轴承 O 处的约束力。[答案：$F_{Ox} = m_3\left(\dfrac{R}{r}a + g\sin\theta\right)\cos\theta$，$F_{Oy} = (m_1 + m_2 + m_3)g - m_2 a - m_3 g\cos^2\theta + m_3\dfrac{R}{r}a\sin\theta$]

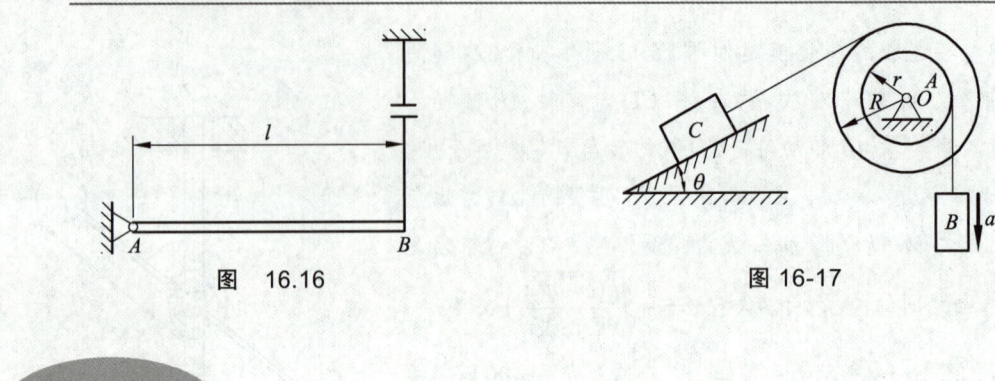

图 16.16　　　　　　　　　图 16-17

阅读材料

科学与工程中的应用力学

力学是研究物体运动规律的一门分支学科。一旦理解了"力学"这个术语，那么应用力学，即力学在科学与工程的其他分支学科中的应用，其含义就容易理解了。"工程"一词的早期含义仅为军事工程师的工作。今天，"工程"一词的含义既包括汇集各种技术领域所形成的知识体系，又包括那些"将合理利用丰富资源为人类造福作为一门艺术"。

现代科学以物理学为开端，而物理学以力学为开端。力学的开山鼻祖是伽利略。1594年，伽利略出版了首本现代力学著作。他在该书中提出古典几何静力学理论，讨论了自由落体运动。1638年，他在《关于两门新学科的谈话及数学证明》一书中总结了前期的研究，包括质点动力学和结构材料的力学性能（梁的破裂及强度）。他在书中开创了力学的两门分支学科——质点及刚体动力学和变形体力学。

到19世纪中期，力学已经发展为一门成熟的学科，在大量观察实验的基础上形成了一套完善的定律、原理、定理、方程及其数学方法。这个广泛的力学基础还涵盖了声学及热的机械理论。

附录 A 常见截面几何性质

序号	截面形状	形心位置	惯 性 矩
1	矩形（宽 b，高 h）	截面中心	$I_z = \dfrac{bh^3}{12}$
2	平行四边形（宽 b，高 h）	截面中心	$I_z = \dfrac{bh^3}{12}$
3	三角形（底 b，高 h）	$y_C = \dfrac{h}{3}$	$I_z = \dfrac{bh^3}{36}$
4	梯形（上底 a，下底 b，高 h）	$y_C = \dfrac{h(2a+b)}{3(a+b)}$	$I_z = \dfrac{h^3(a^2+4ab+b^2)}{36(a+b)}$
5	圆形（直径 d）	圆心处	$I_z = \dfrac{\pi d^4}{64}$
6	圆环（外径 D，内径 d）	圆心处	$I_z = \dfrac{\pi(D^4-d^4)}{64} = \dfrac{\pi D^4}{64}(1-\alpha^4)$

续表

序号	截面形状	形心位置	惯性矩
7		圆心处	$I_z = \pi R_0^3 \delta$
8		$y_C = \dfrac{4R}{3\pi}$	$I_z = \dfrac{(9\pi^2 - 64)R^4}{72\pi} = 0.1098 R^4$
9		$y_C = \dfrac{2R\sin\alpha}{3\alpha}$	$I_z = \dfrac{R^4}{4}\left(\alpha + \sin\alpha\cos\alpha - \dfrac{16\sin^2\alpha}{9\alpha}\right)$
10		椭圆中心	$I_z = \dfrac{\pi ab^3}{4}$

附录 B 型 钢 表

表 1 热轧等边角钢（GB 9787—88）

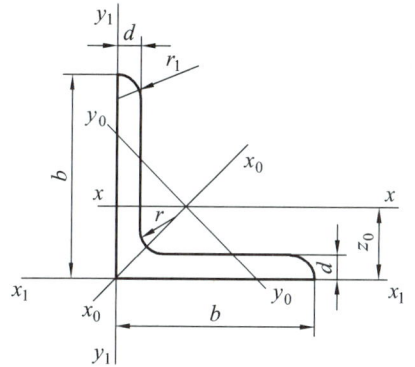

符号意义：
b —— 边宽度； I —— 惯性矩；
d —— 边厚度 i —— 惯性半径；
r —— 内圆弧半径； W —— 截面系数；
r_1 —— 边端内圆弧半径； z_0 —— 重心距离

角钢号数	尺寸 (mm)			截面面积 (cm^2)	理论重量 (kg/m)	外表面积 (m^2/m)	参考数值										z_0 (cm)
							$x-x$			x_0-x_0			y_0-y_0			x_1-x_1	
	b	d	r				I_x (cm^4)	i_x (cm)	W_x (cm^3)	I_{x0} (cm^4)	i_{x0} (cm)	W_{x0} (cm^3)	I_{y0} (cm^4)	i_{y0} (cm)	W_{y0} (cm^3)	I_{x1} (cm^4)	
2	20	3	3.5	1.132	0.889	0.078	0.40	0.59	0.29	0.63	0.75	0.45	0.17	0.39	0.20	0.81	0.60
		4		1.459	1.145	0.077	0.50	0.58	0.36	0.78	0.73	0.55	0.22	0.38	0.24	1.09	0.64
2.5	25	3		1.432	1.124	0.098	0.82	0.76	0.46	1.29	0.95	0.73	0.34	0.49	0.33	1.57	0.73
		4		1.859	1.459	0.097	1.03	0.74	0.59	1.62	0.93	0.92	0.43	0.48	0.40	2.11	0.76
3.0	30	3	4.5	1.749	1.373	0.117	1.46	0.91	0.68	2.31	1.15	1.09	0.61	0.59	0.51	2.71	0.85
		4		2.276	1.786	0.117	1.84	0.90	0.87	2.92	1.13	1.37	0.77	0.58	0.62	3.63	0.89
3.6	36	3	4.5	2.109	1.656	0.141	2.58	1.11	0.99	4.09	1.39	1.61	1.07	0.71	0.76	4.68	1.00
		4		2.756	2.163	0.141	3.29	1.09	1.28	5.22	1.38	2.05	1.37	0.70	0.93	6.25	1.04
		5		3.382	2.654	0.141	3.95	1.08	1.56	6.24	1.36	2.45	1.65	0.70	1.09	7.84	1.07
4.0	40	3	5	2.359	1.852	0.157	3.59	1.23	1.23	5.69	1.55	2.01	1.49	0.79	0.96	6.41	1.09
		4		3.086	2.422	0.157	4.60	1.22	1.60	7.29	1.54	2.58	1.91	0.79	1.19	8.56	1.13
		5		3.791	2.976	0.156	5.53	1.21	1.96	8.76	1.52	3.01	2.30	0.78	1.39	10.74	1.17
4.5	45	3	5	2.659	2.088	0.177	5.17	1.40	1.58	8.20	1.76	2.58	2.14	0.90	1.24	9.12	1.22
		4		3.486	2.736	0.177	6.65	1.38	2.05	10.56	1.74	3.32	2.75	0.89	1.54	12.18	1.26
		5		4.292	3.369	0.176	8.04	1.37	2.51	12.74	1.72	4.00	3.33	0.88	1.81	15.25	1.30
		6		5.076	3.985	0.176	9.33	1.36	2.95	14.76	1.70	4.64	3.89	0.88	2.06	18.36	1.33
5	50	3	5.5	2.971	2.332	0.197	7.18	1.55	1.96	11.37	1.96	3.22	2.98	1.00	1.57	12.50	1.34
		4		3.897	3.059	0.197	9.26	1.54	2.56	14.70	1.94	4.16	3.82	0.99	1.96	16.60	1.38
		5		4.803	3.770	0.196	11.21	1.53	3.13	17.79	1.92	5.03	4.64	0.98	2.31	20.90	1.42
		6		5.688	4.465	0.196	13.05	1.52	3.68	20.68	1.91	5.85	5.42	0.98	2.63	25.14	1.46
5.6	56	3	6	3.343	2.624	0.221	10.19	1.75	2.48	16.14	2.20	4.08	4.24	1.13	2.02	17.56	1.48
		4		4.390	3.446	0.220	13.18	1.73	3.24	20.92	2.18	5.28	5.46	1.11	2.52	23.43	1.53
5.6	56	5	6	5.415	4.251	0.220	16.02	1.72	3.97	25.42	2.17	6.42	6.61	1.10	2.98	29.33	1.57
		8	7	8.367	6.568	0.219	23.63	1.68	6.03	37.37	2.11	9.44	9.89	1.09	4.16	47.24	1.68

续表

角钢号数	尺寸 (mm) b	d	r	截面面积 (cm²)	理论重量 (kg/m)	外表面积 (m²/m)	参考数值 x—x I_x (cm⁴)	i_x (cm)	W_x (cm³)	x_0—x_0 I_{x0} (cm⁴)	i_{x0} (cm)	W_{x0} (cm³)	y_0—y_0 I_{y0} (cm⁴)	i_{y0} (cm)	W_{y0} (cm³)	x_1—x_1 I_{x1} (cm⁴)	z_0 (cm)
6.3	63	4	7	4.978	3.907	0.248	19.03	1.96	4.13	30.17	2.46	6.78	7.89	1.26	3.29	33.35	1.70
		5		6.143	4.822	0.248	23.17	1.94	5.08	36.77	2.45	8.25	9.57	1.25	3.90	41.73	1.74
		6		7.288	5.721	0.247	27.12	1.93	6.00	43.03	2.43	9.66	11.20	1.24	4.46	50.14	1.78
		8		9.515	7.469	0.247	34.46	1.90	7.75	54.56	2.40	2.25	14.33	1.23	5.47	67.11	1.85
		10		11.657	9.151	0.246	41.09	1.88	9.39	64.85	2.36	14.56	17.33	1.22	6.36	84.31	1.93
7	70	4	8	5.570	4.372	0.275	26.39	2.18	5.14	41.80	2.74	8.44	10.99	1.40	4.17	45.74	1.86
		5		6.875	5.397	0.275	32.21	2.16	6.32	51.08	2.73	10.32	13.34	1.39	4.95	57.21	1.91
		6		8.160	6.406	0.275	37.77	2.15	7.48	59.93	2.71	12.11	15.61	1.38	5.67	68.73	1.95
		7		9.424	7.398	0.275	43.09	2.14	8.59	68.35	2.69	13.81	17.82	1.38	6.34	80.29	1.99
		8		10.667	8.373	0.274	48.17	2.12	9.68	76.37	2.68	15.43	19.98	1.37	6.98	91.92	2.03
7.5	75	5	9	7.367	5.818	0.295	39.97	2.33	7.32	63.30	2.92	11.94	16.63	1.50	5.77	70.56	2.04
		6		8.797	6.905	0.294	46.95	2.31	8.64	74.38	2.90	14.02	19.51	1.49	6.67	84.55	2.07
		7		10.160	7.976	0.294	53.57	2.30	9.93	84.96	2.89	16.02	22.18	1.48	7.44	98.71	2.11
		8		11.503	9.030	0.294	59.96	2.28	11.20	95.07	2.88	17.93	24.86	1.47	8.19	112.97	2.15
		10		14.126	11.089	0.293	71.98	2.26	13.64	113.92	2.84	21.48	30.05	1.46	9.56	141.71	2.22
8	80	5	9	7.912	6.211	0.315	48.79	2.48	8.34	77.33	3.13	13.67	20.25	1.60	6.66	85.36	2.15
		6		9.397	7.376	0.314	57.35	2.47	9.87	90.98	3.11	16.08	23.72	1.59	7.65	102.50	2.19
		7		10.860	8.525	0.314	65.58	2.46	11.37	104.07	3.10	18.40	27.09	1.58	8.58	119.70	2.23
		8		12.303	9.658	0.314	73.49	2.44	12.83	116.60	3.08	20.61	30.39	1.57	9.46	136.97	2.27
		10		15.126	11.874	0.313	88.43	2.42	15.64	140.09	3.04	24.76	36.77	1.56	11.08	171.74	2.35
9	90	6	10	10.637	8.350	0.354	82.77	2.79	12.61	131.26	3.51	20.63	34.28	1.80	9.95	145.87	2.44
		7		12.301	9.656	0.354	94.83	2.78	14.54	150.47	3.50	23.64	39.18	1.78	11.19	170.30	2.48
		8		13.944	10.946	0.353	106.47	2.76	16.42	168.97	3.48	26.55	43.97	1.78	12.35	194.80	2.52
		10		17.167	13.476	0.353	128.58	2.74	20.07	203.90	3.45	32.04	53.26	1.76	14.52	244.07	2.59
		12		20.306	15.940	0.352	149.22	2.71	23.57	236.21	3.41	37.12	62.22	1.75	16.49	293.76	2.67
10	100	6	12	11.932	9.366	0.393	114.95	3.01	15.68	181.98	3.90	25.74	47.92	2.00	12.69	200.07	2.67
		7		13.796	10.830	0.393	131.86	3.09	18.10	208.97	3.89	29.55	54.74	1.99	14.26	233.54	2.71
		8		15.638	12.276	0.393	148.24	3.08	20.47	235.07	3.88	33.24	61.41	1.98	15.57	267.09	2.76
		10		19.261	15.120	0.392	179.51	3.05	25.06	284.68	3.84	40.26	74.35	1.96	18.54	334.48	2.84
		12		22.800	17.898	0.391	208.90	3.03	29.48	330.95	3.81	46.80	86.84	1.95	21.08	402.34	2.91
		14		26.256	20.611	0.391	236.53	3.00	33.73	374.06	3.77	52.90	99.00	1.94	23.44	470.75	2.99
		16		29.627	23.257	0.390	262.53	2.98	37.82	414.16	3.74	58.57	110.89	1.94	25.63	539.80	3.06
11	110	7	12	15.196	11.928	0.433	177.16	3.41	22.05	280.94	4.30	36.12	73.38	2.20	17.51	310.64	2.96
		8		17.238	13.532	0.433	199.46	3.40	24.95	316.49	4.28	40.69	82.42	2.19	19.39	355.20	3.01
		10		21.261	16.690	0.432	242.19	3.38	30.60	384.39	4.25	49.42	99.98	2.17	22.91	444.65	3.09
		12		25.200	19.782	0.431	282.55	3.35	36.05	448.17	4.22	57.62	116.93	2.15	26.15	534.60	3.16
		14		29.056	22.809	0.431	320.71	3.32	41.31	508.01	4.18	65.31	133.40	2.14	29.14	625.16	3.24
12.5	125	8	14	19.750	15.504	0.492	297.03	3.88	32.52	470.89	4.88	53.28	123.16	2.50	25.86	521.01	3.37
		10		24.373	19.133	0.491	361.67	3.85	39.97	573.89	4.85	64.93	149.46	2.48	30.62	651.93	3.45
		12		28.912	22.696	0.491	423.16	3.83	41.17	671.44	4.82	75.96	174.88	2.46	35.03	783.42	3.53
		14		33.367	26.193	0.490	481.65	3.80	54.16	763.73	4.78	86.41	199.57	2.45	39.13	915.61	3.61
14	140	10	14	27.373	21.488	0.551	514.65	4.34	50.58	817.27	5.46	82.56	212.04	2.78	39.20	915.11	3.82
		12		32.512	25.522	0.551	603.68	4.31	59.80	958.79	5.43	96.85	248.57	2.76	45.02	1 099.28	3.90
		14		37.567	29.490	0.550	688.81	4.28	68.75	1 093.56	5.40	110.47	284.06	2.75	50.45	1 284.22	3.98
		16		42.539	33.393	0.549	770.24	4.26	77.46	1 221.81	5.36	123.42	318.67	2.74	55.55	1 470.07	4.06
16	160	10	16	31.502	24.729	0.630	779.53	4.98	66.70	1 237.30	6.27	109.36	321.76	3.20	52.76	1 365.33	4.31
		12		37.441	29.391	0.630	916.58	4.95	78.98	1 455.68	6.24	128.67	377.49	3.18	60.74	1 639.57	4.39
		14		43.296	33.987	0.629	1 048.36	4.92	90.95	1 665.02	6.20	147.17	431.70	3.16	68.24	1 914.68	4.47
		16		49.067	38.518	0.629	1 175.08	4.89	102.63	1 865.57	6.17	164.89	484.59	3.14	75.31	2 190.82	4.55
18	180	12	16	42.241	33.159	0.710	1 321.35	5.59	100.82	2 100.10	7.05	165.00	542.61	3.58	78.41	2 332.80	4.89
		14		48.896	38.388	0.709	1 514.48	5.56	116.25	2 407.42	7.02	189.14	625.53	3.56	88.38	2 723.48	4.97
		16		55.467	43.542	0.709	1 700.99	5.54	131.13	2 703.37	6.98	212.40	698.60	3.55	97.83	3 115.29	5.05
		18		61.955	48.634	0.708	1 875.12	5.50	145.64	2 988.24	6.94	234.78	762.01	3.51	105.14	3 502.43	5.13
20	200	14	18	54.642	42.894	0.788	2 103.55	6.20	144.70	3 343.26	7.82	236.40	863.83	3.98	111.82	3 734.10	5.46
		16		62.013	48.680	0.788	2 366.15	6.18	163.65	3 760.89	7.79	265.93	971.41	3.96	123.96	4 270.39	5.54
		18		69.301	54.401	0.787	2 620.64	6.15	182.22	4 164.54	7.75	294.48	1 076.74	3.94	135.52	4 808.13	5.62
		20		76.505	60.056	0.787	2 867.30	6.12	200.42	4 554.55	7.72	322.06	1 180.04	3.93	146.55	5 347.51	5.69
		24		90.661	71.168	0.785	3 338.25	6.07	236.17	5 294.97	7.64	374.41	1 381.53	3.90	166.55	6 457.16	5.87

注：截面图中的 $r_1 = d/3$ 及表中 r 值的数据用于孔形设计，不作交货条件。